Hydrogen Energy
and Its Comprehensive Utilization Technology

氢能源
及综合利用技术

郑 欣　郭新良　张胜寒　编著

化学工业出版社

·北京·

内容简介

《氢能源及综合利用技术》系统介绍了氢能在制备、储运和利用等各个环节的技术发展现状。本书共分五章,主要内容包括氢能技术研究现状、制氢技术、储氢技术、氢的运输技术、氢能利用技术,基本涵盖了氢能从获取到应用的完整流程,对现有应用的技术手段和研究发展方向做了较为全面的介绍。

《氢能源及综合利用技术》可供电力、交通、能源及相关行业的技术人员开展相关工程和研究工作使用和参考,也可作为高校相关专业师生的教材和参考书。

图书在版编目(CIP)数据

氢能源及综合利用技术/郑欣,郭新良,张胜寒编著.—北京:化学工业出版社,2022.11
ISBN 978-7-122-42076-3

Ⅰ.①氢… Ⅱ.①郑…②郭…③张… Ⅲ.①氢能-能源利用 Ⅳ.①TK91

中国版本图书馆 CIP 数据核字(2022)第 160956 号

责任编辑:刘俊之 汪 靓 　　　　　　　装帧设计:韩 飞
责任校对:边 涛

出版发行:化学工业出版社(北京市东城区青年湖南街 13 号　邮政编码 100011)
印　　装:北京七彩京通数码快印有限公司
787mm×1092mm 1/16 印张 16½ 字数 400 千字 2023 年 1 月北京第 1 版第 1 次印刷

购书咨询:010-64518888 　　　　　　　售后服务:010-64518899
网　　址:http://www.cip.com.cn
凡购买本书,如有缺损质量问题,本社销售中心负责调换。

定　　价:86.00 元

前　言

现代能源主要依赖基于化石能源的燃料，化石能源产生的温室效应及其对环境的负面影响，引起了人们对可再生能源的兴趣。氢气是一种清洁环境友好的二次能源，一直以来备受关注。但由于其安全性问题，一直没有实现广泛应用。随着环境问题日益严重，氢气的利用近几年得到了特别的重视，应用技术也取得了飞速发展，氢气已经被视为未来最具发展潜力的清洁能源。随着"碳达峰、碳中和"目标的提出，未来氢储能技术在航运、汽车、电力、化工领域均具有非常广泛的应用前景，对于国家双碳目标的实现和新能源的利用具备重要的战略意义和实际应用价值。

氢储能系统主要包括氢气的制取、储运和利用三个方面。本书对氢气的制取、存储和利用技术进行了总结。介绍了制氢技术的常见方法，包括目前工业上应用广泛的化石原料制氢，未来将大规模应用的电解水制氢、光解水制氢和生物质制氢等前瞻性技术；介绍了氢气存储的主要方法，包括高压储氢、低温液态储氢、固态储氢、有机液体储氢等方法，各类储氢材料的分类、加脱氢方法和机理、加脱氢控制技术、优缺点及应用的场景；介绍了各类储氢材料的储运方式，主要介绍了管道运输和车船运输，针对不同的储氢技术需要采用不同的运输方法；氢能的利用技术，包括氢能的热能利用、氢燃料电池技术、氢燃料热机技术、氢燃烧的特性和安全管控等。

氢作为理想的清洁二次能源，是最有希望取代传统能源成为能源的终极解决方案，未来我们将跨入一个崭新的能源社会，氢能和电能共同构成整个能源网络，成为能源结构中的两大支柱，并实现能源的标准化。

本书是云南电网有限责任公司电力科学研究院氢储能团队和华北电力大学集体智慧的结晶，是数十位相关领域专家和技术人员辛勤劳动的结果，本书的出版受到云南省重大科技专项"氢储能促进可再生能源消纳、利用及装备技术研究与示范"（2019ZE004）资助。相信本书会对氢能的利用领域、电力行业及相关行业的技术人员及高校师生开展相关工作提供借鉴和参考。

编著者
2022 年 5 月

目录

第1章

氢能技术研究现状

1.1 氢能基本介绍

氢是理想的清洁二次能源，其使用后的产物为水。氢能有可能取代传统能源，成为终极能源，使我们进入一个崭新的能源社会。近年来，随着氢能应用技术发展逐渐成熟，以及全球应对气候变化压力的持续增大，氢能产业的发展在世界各国备受关注，美国、德国、日本等发达国家相继将发展氢能产业提升到国家能源战略高度。

1.1.1 氢气的特性

氢气，化学式为 H_2，分子量为 2.01588，无色透明、无臭无味且难溶于水的气体，极易燃烧。氢气是世界上已知密度最小的气体，氢气的密度只有空气的1/14，即在1标准大气压、0℃条件下，氢气的密度为 0.089g/L。氢气是分子量最小的物质，还原性较强，常作为还原剂参与化学反应。

氢气最早于16世纪初被人工制备，当时使用的方法是将金属置于强酸中。1766～1781年，亨利·卡文迪许发现了氢元素，并确认了氢气的燃烧产物为水。拉瓦锡根据氢气的这一性质将该元素命名为"hydrogenium"（"生成水的物质"之意，"hydro"是"水"，"gen"是"生成"，"ium"是元素通用后缀）。19世纪50年代英国医生合信（B. Hobson）编写《博物新编》（1855年）时，把"hydrogen"翻译为"轻气"，意为最轻气体。

氢气燃点为574℃，在空气中的体积分数为4%至75%时都能燃烧，体积分数为18.3%至59%易引爆。纯净的氢气与氧气的混合物燃烧时放出紫外线。因为氢气比空气轻，所以氢气的火焰倾向于快速上升，故其造成的危害小于碳氢化合物燃烧的危害。

氢气热值高。氢燃烧的热值居各种燃料之冠，氢气燃烧的焓变为 $-286kJ/mol$，每千克氢燃烧放出的热量为 $1.4×10^8J$，为石油热值的3倍多。因此，它储存体积小，携带能量大，行程远。氢的燃烧产物是水，对环境不产生任何污染。相反，以汽油、柴油为燃料的车辆，排放大量氮氧化物、四乙基铅 $[Pb(C_2H_5)_4]$，会导致酸雨、酸雾和严重的铅中毒。更重要的是，石化燃料废气中还含有 3,4-苯并芘的强致癌物质，污染大气，危害健康。

1.1.2 氢能的制取、存储与利用

氢能可以通过一次能源（太阳能、风能、海洋能、热能等）的转换来获取，另一方面氢气可以通过燃料电池技术来发电，而电也可以作用于水制取氢气，从而实现了整个能源网络的互联互通。氢能技术领域主要包括氢的制取、氢的储存、氢的输运和氢的应用等环节。

随着科技的不断进步，制氢的方法也越来越多，其中比较常见的制氢方法有化石燃料制氢、电解水制氢、光解水制氢和生物质制氢。制氢过程按照碳排放强度分为灰氢（煤制氢）、蓝氢（天然气制氢）、绿氢（电解水制氢、可再生能源制氢）。氢能产业发展的初衷是零碳或低碳排放，因此灰氢、蓝氢将会逐渐被基于可再生能源的绿氢所替代，绿氢是未来能源产业的发展方向。近年来，可再生能源电解水制氢在国际上呈现快速发展态势，许多国家已经开始设定氢能在交通领域之外的工业、建筑、电力等行业发展目标，在政府规划、应用示范等方面都有积极表现。目前，世界上约 4%～5% 的氢气来源于电解水，生产过程没有 CO_2 排放。

根据储氢机制不同，可以将储氢方式分为物理和化学储氢两大类。物理储氢主要包括：高压气态储氢，低温液态储氢以及多孔材料低温吸附储氢。前二者是目前较为常见的储氢方式。多孔材料（如活性炭、碳纳米管、金属有机框架配合物等）低温吸附储氢主要是通过多孔材料与氢气分子间的范德华力作用将氢气存储，该储氢方式一般只能在较低的温度下进行，且在受热或减压的情况下氢气分子容易发生脱附。

化学储氢方式主要包括金属氢化物储氢、金属配位氢化物储氢、有机液体储氢和其他储氢材料储氢等，其中金属氢化物又可细分为储氢合金和轻金属氢化物。在储氢合金中，H 以原子的形式储存在合金的晶格间隙中，此类材料具有较为适中的操作温度和吸放氢动力学，但是其储氢密度较低，一般很难超过 2%（wt，质量分数）。轻金属氢化物，如 AlH_3 和 MgH_2，具有较高的储氢容量，但其吸放氢热力学及动力学性能较差。金属配位氢化物主要是由碱金属或碱土金属及第Ⅲ、Ⅴ主族元素与 H 形成的复合氢化物，如 $LiBH_4$，$Na AlH_4$，$LiNH_2$ 等。金属配位氢化物与轻金属氢化物类似，也具有较高的储氢容量，但同时存在可逆吸放氢性能差的缺点。有机液体储氢的原理是利用不饱和液态芳烃与氢气之间的可逆反应来实现氢的储存。其优点是具有较好的储氢量、循环可逆性及方便运输性。

氢气的存储方式有高压气态储氢、低温液态储氢、有机液态储氢以及固态储氢材料储氢等方式。对应的运输物质便相应为高压气态氢、液态纯氢、液氨、有机液态氢化物，以及固态介质。高压气态、液态纯氢、液氨以及有机液态氢化物可以采用管网输送以及车船运输。固态介质形式运输一般可用车船，但目前报道较少。具体应该采取哪种运输方式，与运输距离、运输的规模（或者加氢站的需求）、氢的应用场景有关，需要做全流程的设计和经济性测算。

氢能的利用可以实现大规模、高效可再生能源的消纳；在不同行业和地区间进行能量再分配；充当能源缓冲载体提高能源系统韧性；降低交通运输过程中的碳排放；降低工业用能领域的碳排放；代替焦炭用于冶金工业降低碳排放，降低建筑采暖的碳排放。2018年下半年以来，我国氢能产业发展热情空前高涨，在氢燃料电池汽车领域的布局已初见成效。然而，作为一种二次能源，氢能的潜力却远不止于氢燃料电池汽车，利用氢能在电力、工业、热力等领域构建未来低碳综合能源体系已被证明拥有巨大潜力。我国在氢能技术与产业发展方面开展了许多相关研究，但重点仍主要集中在制氢、储氢技术及氢燃料电池汽车产业发展方面，对于如何更广泛地利用氢能，以及氢能在改善我国能源结构方面如何发挥作用需进一步深入地研究。

1.2 氢能的研究现状

作为一种战略性高效清洁能源，氢能源产业目前正在受到国内外的广泛重视，随着相关技术加快成熟，日、美、德、法、澳等国相继发布国家氢能路线图或行动计划，不断加大对氢能源研发、产业化的扶持推动力度。日本将氢能源开发利用确定为国家未来重要的战略性产业。韩国将氢能产业定为三大战略投资领域之一，并于2019年1月发布"氢能经济路线图"。氢能经济开始全面进入产业化导入期，成为全球经济新的重要增长点。

根据 H2stations 统计，截至 2020 年底，全球运营中的加氢站共有 553 座，另外有225 座加氢站正在计划投建。欧洲共有 200 座加氢站，其中 100 座在德国。法国加氢站数量排在欧洲第二，已运营的有 34 座，还有 38 座正在计划中，目前法国是欧洲增长最强劲的国家。然而，当其他欧洲国家专注于乘用车加氢站时，大多数法国的加氢站都是为公共汽车和定制车队服务的。预计荷兰的加氢站也将显著增加，计划设立的加氢站已增加到23 座。亚洲共有 275 座加氢站，其中有 142 座在日本，60 座在韩国。69 座位于中国的加氢站几乎只用于公共汽车或卡车车队加氢。北美的 75 座加氢站中，大多数位于加州，该地区有 49 座正在运行的加氢站。2020 年还新增了 4 座新的加氢站，规划中的专用加氢站数量显著增加到了 43 座。其中，欧洲加氢站占比较高，亚洲追赶速度加快，占比与欧洲持平。从国家来看，日本、德国和美国位居前三位，中国排名第四。

国际燃料电池汽车主要发力在乘用车市场。近两年，外国也开始推动燃料电池商用车的应用。基于燃料电池在中长途载重运输领域的优势，中重型商用车应用加大。

2019 年，全球燃料电池总出货功率高达 1.1GW，其中交通运输类燃料电池出货功率达到 900MW，占总功率的 80%，同比 2018 年上涨 55%（图 1.1）。由此可见，三类燃料电池中交通运输类发展最快，而现阶段生产的交通运输类燃料电池绝大多数用于汽车驱动，燃料电池汽车目前正处于高速推广阶段。

1.2.1 国外研究现状

目前各国均已进入加氢站加速建设和投入使用阶段，主要分布在欧洲（德国、法国、荷兰、瑞士等）、亚洲（日本、韩国、中国）和北美。此外，还有许多座加氢站正处于规划阶段。

图 1.1 全球 2015—2019 年燃料电池出货量（MW）

美国在氢能利用方面做了大量研究，在氢气生产和储运方面，美国有 Air Products、Praxair 等世界先进的气体公司，并且有技术领先的小规模电解水制氢公司，同时还掌握着液氢储气罐、储氢箱等核心技术。液氢方面，美国在液氢生产规模、液氢产量、价格方面都具有绝对优势。美国燃料电池乘用车和叉车保有量领先全球。丰田 Mirai 在美国销售了超过 2900 辆 FCEV。美国拥有世界最大的燃料电池叉车企业 Plug Power，目前已有超过 2 万辆燃料电池叉车，进行了超过 600 万次加氢操作。加氢站建设。目前北美分布的 70 多座加氢站仅一座位于加拿大，其余全部分布在美国，加州地区集中度最高。美国燃料电池汽车液氢使用量非常高，全年液氢市场需求量的 14％都被用于燃料电池车。

德国在氢能方面的推广应用走在欧洲前列，在燃料电池车、通信基站、家庭热电联站、加氢站等方面都有很好的应用。德国在 2015 年成立了 H2 Mobility 企业，主要是为燃料电池车在全国打造氢基础设施，将为燃料电池车在德国的发展提供良好环境。德国确立 "氢和氢燃料电池技术创新计划（NIP）"，通过 NIP 计划，共募集 14 亿欧元的专项资金用于 2007～2016 年的氢能项目开发。募集资金中的 7 亿欧元由德国政府出资，剩余资金则按项目合作制度由产业提供。

韩国在氢能和燃料电池领域的预期规模也很大，但是其相关技术实力较欧美日略差一截。以现代等汽车企业为依托，韩国政府未来五年内用于氢燃料电池以及加氢站的补贴将达到 20 亿欧元。目标是到 2022 年为 15000 辆燃料电池汽车和 1000 辆氢气公交车提供资金。最重要的是，资助计划包括 310 个新的氢气加气站，政府还会制定使用法规。在固定式燃料电池方面，韩国目前的发展重点在于大型燃料电池发电站。斗山集团是推动该项目建设的主体，并将建成年产 63MW 规模的韩国最大燃料电池生产基地。

1.2.2　国内研究现状

2016 年 10 月，中国标准化研究院资源与环境分院和中国电器工业协会发布的《中国氢能产业基础设施发展蓝皮书（2016）》首次提出了我国氢能产业的发展路线图。对我国中长期加氢站和燃料电池车辆发展目标进行了规划。《中国制造 2025》明确提出燃料电池汽车发展规划，更是将发展氢燃料电池提升到了战略高度。在国家政策的大力引导下，我国已经发展了一批拥有核心技术的燃料电池和燃料电池汽车生产企业，并且开始布局燃料电池零部件、制氢、储运、加氢站等产业链各个环节。

　　氢能源生产、储运、利用过程图 1.2 所示，制氢方面，我国拥有非常庞大的副产氢气资源，在制氢总产量规模、产量、氢气提纯、液态储氢方面处于世界领先地位。液氢方面，我国目前还处在航空用的阶段，目前国内已有多家企业布局这一领域。储运方面，车用储氢瓶是氢燃料电池储氢系统的核心，成本占储氢系统成本的 1/3 左右。目前车载储氢罐技术主要掌握在日本和美国企业手中，目前我国在 70MPa 车用高压缠绕氢气瓶方面也取得了突破。

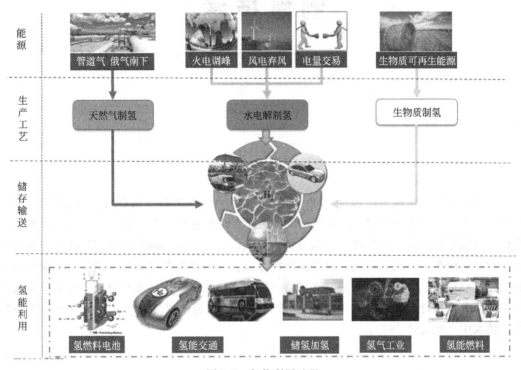

图 1.2　氢能利用过程

　　与国外丰田、现代等燃料电池生产企业发展路线不同，中国氢燃料电池汽车企业主要分布在商用车领域，氢燃料电池商用车已实现量产。氢燃料电池乘用车还处于示范运行阶段，其中上汽集团对燃料电池乘用车投入力度最大，已累计实现近百辆示范运行。燃料电池叉车方面，我国已有东莞氢宇等企业布局，随着氢能市场不断成熟，我国叉车市场会是燃料电池另一个巨大的应用场景。

第2章

制 氢 技 术

目前，我国制氢能力已超过 4100 万吨/年，其中化石原料（煤制氢、天然气重整等）制氢占 70%，工业副产氢占近 30%，而用于制氢的电解水占比不到 1%。氢能作为一种清洁、高能量密度的二次能源，可以有机连接气、电、热等能源网络，实现能源的双向流动，构建出绿色、低碳、清洁、高效的能源体系。在世界能源格局深度调整、全球应对气候变化行动加速、各国争相实现"双碳目标"的复杂背景下，氢能有望成为能源领域的重要组成部分。预计到 2050 年，全球终端能源中的 18% 将由氢能承担，而氢能在我国终端能源体系中占比高达 10%。

2.1　化石原料制氢

2.1.1　煤制氢

我国是煤炭资源最为丰富的国家之一。作为我国最主要的化石能源，煤占据能源结构的 70% 左右，预计在未来很长一段时间，煤仍是我国的主要能源。据此可以预估，煤制氢仍将是未来一段时间内主要的制氢路线。

气化被认为是利用空气、水蒸气或氧气将任何碳基原料转化为合成气体的过程。利用气化技术，许多原料和废物，如煤、汽车轮胎、污水污泥、锯末、木材和塑料废物，可以轻松有效地转化为有用的产品。在气化过程结束时，产品气体可能包含 CO、H_2、甲烷、灰分、焦油、硫化氢、氨、盐酸和氢氰酸等。随后，需要从污染物、颗粒和其他真正降低热值的物质中净化产物气体，并将有用气体，如 CO、H_2、甲烷等分离。在气化过程中，四种不同类型的煤通常以合适的方法使用：褐煤（低等级）、亚烟煤（低等级）、烟煤（中等级）和炭（高等级）。然而，值得注意的是，这些材料通常是在高于 900℃ 的温度下，通过应用以下技术进行气化的：固定床气化、活动床气化、流化床气化、引入气流气化和等离子体气化。在这些气化过程中，引入气流气化和等离子气化通常可以分别在 1200℃ 和 1700℃ 之间的较高温度下进行，其他的可能需要低于 1200℃ 的工作温度。

与传统的煤炭燃烧过程相比，煤气化似乎是生产更清洁、更具成本效益的能源和其他化学产品的重要过程，煤气化具有以下优势：煤气化可以更有效地将煤的高水分和灰分含量转化为有用的产出；煤气化提供了高热值的合成气；由于煤气化，使用富氢气体可以更有效地发电；由于煤气化，碳排放量大大减少。

在煤炭气化方法中，等离子气化生产清洁和可再生燃料被认为是一种相对较新的技术。在此过程中，系统中的原料被分解，而且由于温度非常高，有可能实现更高的转换效率。该过程中释放的产物基本上是合成气和矿渣。在这种等离子煤气化过程中，气体纯化后可以得到 CO 和 H_2。载入等离子气化装置的煤通过等离子火炬在高温下气化。其中产生的合成气经过热交换器，并在相应冷却后送往气体净化单元。此外，净化后的气体由压缩机加压，并送到氢分离单元，使用变压吸附、低温蒸馏或膜分离。在分离过程结束时，得到了 H_2 燃料。根据文献结果，在煤等离子气化结束时，1kg 煤产生约 0.1～0.17kg 氢气。为了从煤的等离子体气化产生的合成气中获得氢，需要正确地实施氢分离过程。压力摆动吸附（PSA）是一种批处理过程，其中多个容器被用来净化合成气并获得恒定的产物气。在 PSA 过程中，使用吸附剂在高压下大量去除合成气中的杂质。在氢气分离过程中，合成气中的杂质在较高的分压下被吸附，然后在较低的分压下被解吸。分离过程发生在它与压力容器中的吸附剂/溶剂接触时。吸引力最高的气体被捕获，而其他的气体则通过该系统。采用 PSA 法可以得到高纯度氢。低温蒸馏是另一种根据饱和蒸气压从不同沸点中分离气体的方法。这种方法是通过增加和降低储存混合气体系统的温度/压力而发生的分离过程。将煤气化产生的合成气送入低温蒸馏装置进行分离，经低温分离工艺得到高纯氢气。分离膜，可以被认为是分离气体或液体的半渗透屏障，使产物选择性分离。这种分离过程是通过压差、电位差和温差产生的驱动力进行的，这取决于所使用的膜的类型和性能。煤气化释放的合成气的分离过程采用硅复合膜或陶瓷膜，可在高温和压力下长期运行。

如图 2.1 所示，气化炉大致分为固定床气化炉、流化床气化炉、气流床气化炉和等离子体气化炉。

固定床气化炉分为上气流气化炉和下气流气化炉。在上气流气化炉中，燃料从反应堆的上部装载，气化剂从反应器的下部供应给系统。所产生的合成气从反应器的上部取出。在下气流气化器中，燃料从反应器的上部装载，气化剂通过反应器中间打开的通道送到系统，并从反应器的下部取出合成气。流化床气化炉有许多不同的设计，如冒泡床、循环床、内循环床、喷口床和双床等。在这些反应堆中，燃料从反应堆的一侧装载到系统。快速与床料混合，在极短的时间内加热到床温，气化剂从反应器下部排出，合成气从反应器上部排出，炉渣从反应器下部排出。在至少 50MW 功率以上使用的气流床气化炉供给燃料，气化剂从反应堆的顶部提供。当合成气从反应器的中部流出时，灰分则从底部流出。反应时间很短，并采用高温来实现高碳转化率。

Messerle 等人提出了一种处理低质量褐煤样品的等离子体技术，并进行了热力学评价和实验研究。在实验中，他们试图用含有 100kg 煤和 41kg 水蒸气的图尔盖褐煤来生产包括 H_2 在内的合成气。Long 等研究了富二氧化碳大气中压力和燃料供给速率对德国褐煤气化程度的影响。合成气中产生的氢气随着压力的增加而减少。Qiu 等建立了管式机气流化反应在1200℃或1300℃温度下进行。其他可用能源还有为100℃的工作温度。

下气流或横流式流化床(图2.1b)。煤从炉顶加入后向下移动并且被干燥、脱气,产生的煤气也向下通过反应区域。煤气在高温火焰区域离开气化炉,由于具有相对较高的含尘量,在离开气化炉之前需要进一步的处理。横流式气化炉中加入的空气或蒸汽在进入气化炉之前需要保持干燥。在工作过程中应实时监控煤气的主要成分。采用横流式气化炉时,灰分会从炉底排出,煤从炉顶加入,此时空气流以很高的速度进入到炉床。在横流式气化炉进气口中,在灰分区域与火焰区域有比较高的工作温度,其中在火焰区域可能高达2000℃。横流式气化炉具有很好的负荷适应性,其气化反应对煤层高度变化的适应性很好,反应速度也很快。由于横流式气化炉具有适应负荷变化的特性,而且在反应过程中产生的焦油很少,所以非常适合未经处理的煤在气化炉中进行气化反应。

流化床气化炉(图2.1c)的工作温度通常在800~1050℃之间,煤、焦炭以及空气在流化床中实现良好的混合反应。煤从侧面进入气化炉中,与炉内已经发生反应的焦炭实现良好的混合,一般会按照1~5的比例加入到气化炉中。需要正常调节流化床反应床的温度,以保证流化床气化炉平稳运行,防止发生异常情况。被处理的煤需要具有很好的流动性,否则会导致流化床结渣现象的出现。流化床气化炉包括固定流化床、循环流化床和气流床。它们之间的主要区别在于煤粒在气化炉中的流动状态不同。

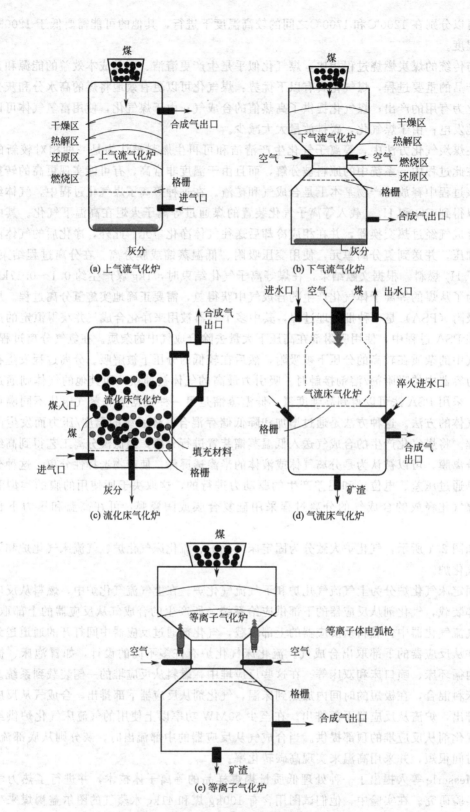

(a) 上气流气化炉
(b) 下气流气化炉
(c) 流化床气化炉
(d) 气流床气化炉
(e) 等离子气化炉

图2.1 气化炉类型示意图

构，在蒸汽和空气等离子体条件下生产合成气。采用等离子体发射光谱法分析等离子体，采用气相色谱法对合成气进行了分析。结果表明，合成气中 H_2 和 CO 含量随着电弧输入功率的增加而增加，H_2 含量随着进煤速率的增加随 CO 含量的增加而增加。Janajreh 等人研究了等离子体气化和常规空气气化方法，用于煤、汽车轮胎和木材等各种原料的气化。他们指出，等离子体气化的 H_2 产率比传统的空气气化要高得多，而且效率更高。Messerle 等人使用地球通用热力学计算代码对带有蒸汽和空气的煤的等离子体气化进行了实验和数值研究。他们发现烟煤水蒸气气化的合成气的速率明显高于空气气化的合成气，而且含有更高的氢含量。Galvita 等研究了电弧等离子体条件下的褐煤和加拿大石油焦炭在电弧等离子体条件下蒸汽和空气气氛中的气化。通过研究库切金斯基烟煤用空气代替蒸汽的气化，他们发现蒸汽气化在制氢气方面比空气气化更有利。Smolinski 等在实验室规模的固定床反应器中对 700℃下的褐煤、硬煤和生物质进行了蒸汽气化实验，并对结果进行了比较。在褐煤和硬煤气化试验中，他们观察到产物气体主要由氢气和二氧化碳组成。他们观察到褐煤合成气中的氢含量最高，而硬煤和生物质中的氢含量相似。Yoon 和 Lee 利用蒸汽和空气作为等离子体形成气体，对三种不同类型的煤的氧气进行了微波等离子体气化。他们观察到，当使用纯蒸汽作为等离子体形成气时，有可能产生具有高 H_2 含量的合成气。Hong 等人使用大气压纯蒸汽火炬等离子体气化印度尼西亚褐煤和灰含有大量水分。因此，可以观察到制氢率随煤/蒸汽比的增加而增加。Shin 等人利用常压纯蒸汽等离子体火炬研究了煤的气化过程。通过实验，研究了气体温度对合成气组分含量的影响，实现了在 0.55 蒸汽/煤的比例下的最大产氢速率。Uhm 等人，通过使用旋流式气化炉和两个微波蒸汽等离子体气化了高灰分含量的印度尼西亚褐煤，以提高反应室中的气体温度，以生产富氢合成气体。他们在 1640℃ 和 150min 的条件下对低品位煤中的碳完全气化。Duan 等进行了利用高温炉渣进行蒸汽气化生产富氢气体的实验。利用拉格朗日乘子法对吉布斯自由能最小化进行了热力学分析。在他们的研究中，选择了大同煤作为原料，他们得出结论，增加蒸汽比会导致 H_2 浓度增加，但额外的蒸汽会消耗更多的能量。Jin 等在高压釜和超临界水流化床反应器中进行了实验研究，获得了准东煤的超临界水气化和钠分散特性。他们认为准东煤气化产生的合成气中分别含有显著的 H_2（平均 50%）和二氧化碳（平均 33%），并验证了超临界水流化床反应器是一种很有前途的反应器。Xie 等以三氧化二铁为氧载体，研究了宁东煤的化学循环气化，得到了气体的气化特性。他们建立了一个计算流体动力学（CFD）模型，并分析了气化过程的数值模拟。Paul 等人使用 AspenPlus 对三种不同的煤类型进行了模拟研究，其灰分含量高达 48.9%。他们确定，碳转化效率随温度和汽煤比的增加而增加。

与传统的燃烧方法相比，煤气化法减少环境影响以及提高了生产氢气的工艺效率。煤气化对环境影响的考虑是必要的，以表明该系统是一个可持续和清洁的系统。考虑到近年来进行的研究，与传统的能源生产系统相比，具有实验室规模、工业或商业过程的煤炭气化是一种对人类健康更有利、对环境更清洁、更可持续的做法。此外，与焚烧相比，气化产生的固体废物量非常低。与传统的方法相比，煤气化过程通过减少空气污染，对人类的生命和自然都有积极的影响。煤气化过程结束后，排放到环境空气中前应检查离开反应器的产品（焦油、NO_x、SO_x、呋喃、碳氢化合物和 CO）。煤气化过程后释放的固体废物可作为工业肥料或送到垃圾填埋场储存。

此外，还根据二氧化碳和甲烷的排放量，计算了气化炉的全球变暖潜力（GWPs）。

众所周知，二氧化碳的 GWP 值为 1，对于其他气体，GWP 值随气体和时间周期而变化。例如，甲烷的 GWP 值为 25。任何系统对全球变暖的影响通常都是通过考虑释放的气体的二氧化碳当量来确定的。当检测根据气化废气的二氧化碳量计算的 GWP 值时，可以理解气化炉是否最清洁和环保。Liu 等发现，生物质和煤共同气化释放的气体排放值低于煤气化所释放的气体的排放值。

等离子体煤炭气化过程示意图如图 2.2 所示。等离子体气化发生的气化炉的内表面覆盖着陶瓷材料。利用直流等离子体火炬进行了等离子体煤气化过程。在等离子体气化过程中，空气和蒸汽被用作气化剂。在室内条件下的空气在压缩机的帮助下加压，并送到等离子体气化炉。蒸汽，另一种气化剂，是通过蒸汽发生器将环境水转化为蒸汽而获得的。所产生的蒸汽的温度高于 250℃。蒸汽发生器中产生的蒸汽被送到气化炉中。用作原料的煤从靠近火炬的气化炉上部装载进入系统。等离子气化过程在高温下进行，在等离子体气化后，释放原合成气，并观察到极少量的矿渣输出。氢燃料是通过将产生的原始合成气通过几种不同的工艺而获得的。为了获得纯氢，在等离子气化装置之后的第一步是冷却原合成气。原合成气在热交换器的帮助下用水进行冷却，通过热交换器的水变成了蒸汽的形式。一般来说，这种非放射性蒸汽会被排放到大气中。离开热交换器的原合成气被送到净化单元。在净化单元中，合成气从它所包含的颗粒和灰烬中分离出来。

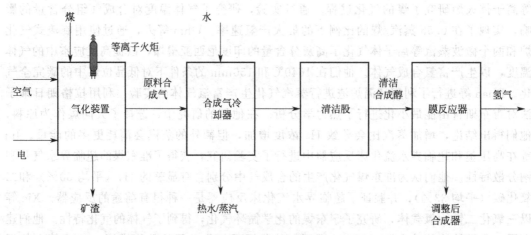

图 2.2 等离子体煤炭气化工艺示意图

分离膜被认为是分离气体的半渗透屏障。分离过程是由压差、电位差和温差所产生的驱动力进行的，这取决于所使用的膜的类型和性能。用硅复合膜或陶瓷膜分离煤气化释放的合成气，得到的纯氢可用于燃料电池、运输车辆和许多其他领域。

在进行上述实验过程时，可以使用外部或内部设备来测量流量、温度和电流等参数的值。温度测量有两种方式。第一种是测量反应器的横截面上的表面温度，第二种是测量反应器内部的高温。红外线温度计用于测量反应器的横截面上的表面温度。高温计用于反应器内的高温测量。在等离子气化反应器上钻额的温度外的孔，以连接高温测量设备并测量反应区的温度。通过这些孔可测量高达 3273K，最大误差为 1%。使用万用表和钳位计来测量等离子体焊炬的电流。通过电缆进入等离子体焊炬的电流通过钳位计进行测量。用万用表在电杆上进行测量。流量计用于测量进入系统的气化剂的量。通过增加或减少空气流量来调整适当的实验条件。采用气相分析仪和气相色谱法对等离子煤气化工艺后产生的合成气进行分析。

与传统方法相比，煤炭气化释放的二氧化碳要低得多。特别是在清洁煤技术中，效率高达57％的等离子气化系统可在减少煤炭排放方面有很大的贡献。从环境的角度来看，等离子气化煤制氢可以减少对自然的危害。在用常规方法进行的能源生产过程中，会释放出大量的灰分和废物。当等离子煤气化进行相同过程时，产渣量极低。这样就实现了对将要产生的危险废物的处置。煤的热值比氢气低得多，用不同方法将煤气化释放的合成气分离得到的高纯氢可作为不同系统中的清洁燃料。

2.1.2　天然气制氢

由于其巨大的能源储存和运输能力，德国和欧洲的天然气基础设施可以为能源转型的成功实施做出重大贡献。为了实现二氧化碳减排目标，化石天然气在中期内必须越来越多地被气候中性气体所取代。除了来自可再生来源的气体，如生物质发酵或气化产生的沼气和PtG过程中的氢气或甲烷（SNG）外，目前正在讨论通过天然气重整或热解提供氢气。在后两种选择中，天然气分子中所含的碳以二氧化碳或固体碳形式存留在环境中。为了在温室气体排放方面取得积极的效果，必须将所形成的含碳产品从全球碳循环中永久去除，或用于材料生产。虽然制氢天然气的蒸汽重整是最先进的技术，特别是在化工和石化行业，但制氢天然气的热解技术尚未大规模商业化。

甲烷的热分解反应在700℃以上的温度开始。为了达到技术上相关的反应速率和甲烷转化速率，温度必须要高得多，即800℃以上的催化过程，1000℃以上的热过程。甲烷热解的主要反应是吸热反应，理想的反应是产生固态碳和气态氢。在大多数文献中，甲烷的热解被作为天然气热解的同义词，用于大规模制氢，制备过程中无二氧化碳排放。天然气的蒸汽重整是一种吸热过程，通过镍基催化剂的催化，反应温度为750～900℃，压力超过30bar。从材料的角度来看，甲烷热解由一个甲烷分子产生两个氢分子和一个碳分子。在蒸汽重整中，水蒸气的转化可释放两倍的氢，但也释放一个二氧化碳分子。

在评估能源效率时，必须考虑所需的工艺热损失和所需的氢压缩支出。除了实际的目标产物氢和碳外，副反应还会进一步产生饱和和不饱和烃和（聚）环状芳香族化合物。如果必须生产纯氢，例如作为化工或石化行业的原料，甲烷热解的产物气体必须通过适当的气体净化进一步调节。如果氢被用作化学燃料，氢的纯度要求则明显降低。在技术过程中，使用天然气而不是甲烷作为原料；因此，在评估文献中描述的各种工艺的技术准备水平时，必须区分甲烷和天然气热解。理论考虑和实验室实验通常是用甲烷进行的。然而，除了甲烷之外，真正的天然气通常还含有大量的其他化合物（二氧化碳、水、高碳氢化合物、硫化合物等），对选择性、产物和转化率有显著影响。因此，甲烷热解的实验和理论结果只能在有限的程度上转移到天然气中。这尤其适用于产品的气体质量、催化剂的使用寿命和反应器中的固体沉积物。

从质量平衡的角度来看，碳是甲烷热解的主要产物，应作为工艺产品使用，以提高工艺的经济性。根据热解过程的不同，碳产物，通常也被称为热黑或炭黑，其特征是高密度和初级纯度的大颗粒，可以是一种有价值的工业产品。如果需要进行碳封存，那么来自甲烷热解的固体碳比来自蒸汽重整的气态二氧化碳更有利，因为该固体可以沉积下来。天然气热解在1930年左右首次用于炭黑生产工艺。这种工艺至今仍在偶尔使用，用于生产高质量的炭黑产品。固体碳的产率约为40%，所产生的氢气副产品用作燃料加热不连续运行的反应器。在过去的几十年里，热黑工艺已经越来越多地被炉黑工艺所取代。原料通常是劣质的副产品。由于从化石燃料的转换和使用中减少二氧化碳排放的努力，氢的生产越来越成为焦点。假设有廉价的天然气，如果热解所需的反应焓，热解过程有可能以适中的价格和较低的二氧化碳足迹生产氢。

文献中描述的甲烷热解过程可分为三类（图2.3）。对于甲烷的热分解，反应温度远远超过1000℃。如果工艺热通过反应堆壁提供，灰分会沉积在表面，这通常会导致操作干扰和热传递的恶化。

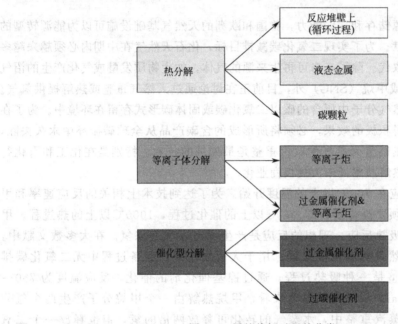

图2.3　甲烷热解过程的分类

在等离子体分解过程中，通过等离子体火炬产生高达2000℃的高局部能量密度和温度。大体积的气体流动通常被再循环以稳定等离子体。在实际的等离子体火炬领域，冷却、电极磨损和碳沉积是最大的技术挑战。甲烷的催化分解通常在远低于1000℃的温度下表现出令人满意的反应速率和转化率。然而，活性催化剂表面通常在短时间内被其上形成的固体碳导致失活。据报道，在催化剂表面沉积碳会导致载体的破坏。

BASF SE开发了一种天然气热解工艺。该过程的主要目标是生产氢用于商业用途。在移动床反应器中，碳颗粒在高达1400℃的温度下逆流至气相（图2.4）。冷气体流被离开反应器的热颗粒在反应区预热，碳床直接被电极加热。推测热解反应主要发生在颗粒的表面，这一假设得到了通过反应器的碳颗粒生长情况的支持。离开反应器的热产物气体最终加热进入反应器的冷碳颗粒。根据所需的氢气质量，采用变压吸附（PSA）来处理产品气体。作者指出，冷却产品气体进行热回收也可能导致副产品冷凝。

卡尔斯鲁厄理工学院（KIT）的研究小组，开发了一种在液态金属中甲烷热解产生氢的方法。在此过程中，当甲烷通过充满液态锡的气泡柱反应器时，在高达1200℃的温度

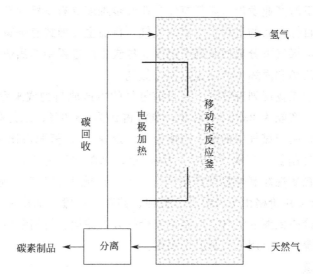

图 2.4　直接电加热运动床反应器的工作参数和原理图

过程温度：1000～1400℃，天然气原料：10m³/h（标准状态温度和压力，NTP）

下被热分解。在测试中发现少量的碳沉积在加热的壁上（大约 10mm 厚）。理想情况下，产生的大多数固体碳以粉末的形式漂浮在液体锡上，并可能被分离。实验室反应器的甲烷体积流量可达 0.012m³ · h⁻¹（标准状态温度和压力，NTP）。

20 世纪 90 年代，挪威克瓦纳公司为等离子焰炬申请了专利，用于通过热解天然气和高级碳氢化合物生产炭黑。在这个过程中，天然气被送入等离子火炬，火炬由循环氢和电力运行。在成功运行等离子输出 3MW 的中试工厂后，1997 年在加拿大建立了年炭黑产量 2 万吨的卡博蒙特工厂。该工厂于 2003 年退役和拆除；其中一个原因是炭黑的质量不稳定。

2012 年，美国巨石材料公司开始开发基于克瓦纳技术和富尔切里等人的等离子体工艺。与此项目并行，2016 年开始建设位于内布拉斯加州的橄榄溪工厂，计划的炭黑产量为 10～15kt/a，生产的氢计划用于附近的发电厂。

天然气的蒸汽重整是一种先进的制氢工艺。天然气的热解反应在氢气生产方面尚未商业化。甲烷热解的工艺可分为三类：①热分解，②等离子体分解，③催化分解。用天然气生产炭黑的等离子体工艺已经在工业规模上实现（例如，克瓦纳工艺，卡博蒙特工厂，TRL8），并仍在进一步发展（橄榄溪工厂，TRL8）。在这些过程中，氢被用作产生热能的副产品。在一个试点工厂（碳保存工艺，TRL5）成功运行后，用于生产富氢天然气的等离子体火炬没有进一步开发。热分解（KIT 工艺，TRL3）、催化剂/等离子体分解（托姆斯克-俄罗斯天然气工业股份公司联盟，TRL3）和催化分解（如 Hazer 集团，TRL3）的工艺方法仍处于非常早期的发展阶段。只有巴斯夫的热过程（移动床中的碳颗粒，TRL4）已经被进一步开发以扩大规模。

2.1.3　工业副产氢

当前我国的氢气制备主要在化工、石化、焦化领域，作为中间原料生产多种化工产品，少量作为工业燃料应用。在氢能产业发展的初期，依托现有氢气产能提供易得廉价的氢源，支持氢能中下游产业发展、降低氢能产业起步难度具有积极意义。工业副产氢气是指现有工业在生产目标产品的过程中生成的氢气，目前主要形式有烧碱（氢氧化钠）行业副产氢气、钢铁高炉煤气可分离回收副产氢气、焦炭生产过程中的焦炉煤气可分离回收氢气、石化工业中的乙烯和丙烯生产装置可回收氢气。

根据石油和化学工业规划院统计，从目前氢气的生产原料构成来看，我国氢气来源，一是主要以煤为主，产能为 2388 万吨/年，氢源占比为 58.9%；二是高温焦化和中低温焦化（兰炭、半焦）副产煤气中的氢，产能为 811 万吨/年，氢源占比为 20.0%；三是天然气制氢和炼厂干气制氢，产能为 662.5 万吨/年，氢源占比为 16.3%；四是甲醇制氢、烧碱电解副产氢、轻质烷烃制烯烃副产尾气含氢等，产能为 195.5 万吨/年，氢源占比为 4.8%。氢能的终端使用价格由氢气制备、提纯、储存、运输、加注和终端应用等环节构成，其中如何获得价格低廉的氢气、以经济安全的方式储运、终端使用规模化以及低成本制造，是决定氢能源产业应用规模提升的关键。

（1）焦化副产氢

焦炉气是混合物，随着炼焦配比和工艺操作条件的不同，其组成也会有所变化，焦炉气的主要成分为 H_2（55%~67%）和 CH_4（19%~27%），其余为少量的 CO（5%~8%）、CO_2（1.5%~3%）、C2 以上不饱和烃、氧气、氮气，以及微量苯、焦油、萘、H_2S 和有机硫等杂质。通常情况下，焦炉气中的 H_2 含量在 55% 以上，可以直接净化、分离、提纯得到氢气，也可以将焦炉气中的 CH_4 进行转化、变换再进行提氢，可以最大量地获得氢气产品。按照焦化生产技术水平，扣除燃料自用后，每吨焦炭可用于制氢的焦炉气量约为 $200m^3$。

以焦炉气为原料制取氢气的过程中广泛采用变压吸附技术（PSA）。小规模的焦炉气制氢一般采用 PSA 技术，只能提取焦炉气中的 H_2，解吸气返回回收后做燃料再利用；大规模的焦炉气制氢通常将深冷分离法和 PSA 法结合使用，先用深冷法分离出液化天然气，再经过变压吸附提取 H_2。通过 PSA 装置回收的氢含有微量的 O_2，经过脱氧、脱水处理后可得到 99.999% 的高纯 H_2。

我国作为焦化产业大国，焦炉气是重要的能源和化工原料，充分挖掘焦炉气产能，实现利用方式清洁化、产品高附加值化，是该行业重点关注的方向之一。我国每年可供综合利用的焦炉气量约为 900 亿立方米（标准状态），由于近年来环保要求趋严，目前大部分焦炭装置副产的焦炉气下游都配套了综合利用装置，将焦炉气深加工制成天然气、合成氨、氢气以及联产甲醇合成氨等。但由于氢气储运困难，其下游市场局限性较大，目前焦炉气制氢在其下游应用中所占比例较小。目前，焦炉气直接提氢项目投资较低，比直接使用天然气和煤炭制氢等方式在成本上更具优势，是大规模、高效、低成本生产廉价氢气的有效途径，在我国具备良好的发展条件。同时，焦化产能分布广泛，在山西、河北、内蒙古、陕西等省份可以实现近距离点对点氢气供应。

采用焦炉气转化制氢的方式虽然增加了焦炉气净化过程，增加了能耗、碳排放和成本，但氢产量大幅提升，且焦炉气成本远低于天然气价格，相较于天然气制氢仍具有成本优势。未来随着氢能产业迅速发展，氢气储存和运输环节成本下降，焦炉气制氢将具有更好的发展前景。以 200 万吨大型焦化厂为例，可综合利用焦炉气规模为 4.6 亿立方米/年（标准状态），直接提氢和转化制氢的对比见表 2.1。

表 2.1 直接提氢和转化制氢的对比

制氢方式	制氢规模/(亿立方米/年(标准状态)	项目总投资/万元	建设投资/万元
直接提氢	2.45	9330	7880
转化制氢	4.36	22410	20200

（2）氯碱副产氢

氯碱厂以食盐水为原料，采用离子膜或石棉隔膜电解槽生产烧碱和氯气，同时可以得到副产氢气。电解直接产生的 H_2 纯度约为 98.5%，含有部分氯气、氧气、氯化氢、氮气以及水蒸气等杂质，把这些杂质去掉即可制得纯氢。我国氯碱厂大多采用 PSA 技术提氢，获得高纯度氢气后用于生产下游产品。在氯碱工业生产中，每生产 1t 烧碱可副产氢气 280m^3。

我国氯碱副产氢气大多进行了综合利用，主要利用的方式是生产化学品，如氯乙烯、双氧水、盐酸等，部分企业还配套了苯胺。另外，氯碱副产氢气不仅可以作为本企业的锅炉燃料，还可以销售给周边人造刚玉企业采用焰熔法生产人造蓝宝石、红宝石，或者少量充装就近外售，还有部分氯碱副产氢气会直接排空。据统计，我国氯碱副产氢气的放空约为 20 亿立方米/年，放空率约为 20%，造成了氢气资源浪费。以 50 万吨/年的烧碱装置为例，其副产氢气规模约为 1.39 亿立方米/年，净化后的氢气产品量约为 1.25 亿立方米/年（收率按 90% 计算）。氯碱工业副产氢净化回收成本低、有利于环保、生产的氢气纯度高，经 PSA 等工艺净化回收后，适用于汽车用燃料电池所需的氢气原料。我国氯碱企业在解决好碱氯平衡的前提下，可进一步开拓氢气的高附加值利用途径。

在目前的化工副产制氢路线中，氯碱产能的覆盖面较广，其中山东、江苏、浙江、河南、河北以及新疆、内蒙古等是主要生产地，此外，在山西、陕西、四川、湖北、安徽、天津等地也有分布。氯碱产业主要生产地与氢能潜在负荷中心重叠度较好，是未来低成本氢源的良好选择，尤其是在氢能产业发展导入期，可优先考虑利用周边氯碱企业副产氢气，降低原料成本和运输成本，提高项目竞争力。氯碱副产制氢成本较低，大型先进氯碱装置的产氢成本可以控制在 1.3~1.5 元/m^3（标准状态）区间。

（3）丙烷脱氢副产氢

目前我国共建有 13 个丙烷脱氢项目，并有多个 PDH 项目正处于前期工作。"十四五"期间，我国丙烷脱氢项目的丙烯总产能将突破 1000 万吨/年，副产氢气超过 40 万吨/年。在已经投产的丙烷脱氢企业中，除了宁波海越新材料有限公司没有配套下游产能，其余企业均有下游配套，多数配套 PP（聚丙烯生产）装置，部分配套丙烯酸、丁辛醇、环氧丙烷等化工类下游产品，其中丁辛醇、环氧丙烷和 PP 等装置都需要消耗一部分氢气。已投产的丙烷脱氢装置开工率按 90% 计算，扣除企业自用的氢气部分，剩余可销售的氢气产品有十几万吨。以 60 万吨/年的丙烷脱氢制丙烯装置为例，其副产粗氢气规模约为 3.33 亿立方米/年（标准状态）。当丙烷脱氢装置富氢尾气价格在 0.6~1.0 元/m^3（标准状态）的范围内波动时，相应净化后的氢气产品（纯度≥99.999%）单位完全成本为 0.89~1.43 元/m^3（标准状态），即经 PSA 分离提纯后精制氢气成本增加 0.3~0.4 元/m^3（标准状态）。按 1 元/m^3（标准状态）的价格计算，则 60 万吨/年的丙烷脱氢制丙烯装置每年可增加收入约 3.33 亿元，同时下游市场可获得价格为 1.43 元/m^3（标准状态）的低成本氢气。

丙烷脱氢制丙烯装置的原料大多依赖进口，东部沿海地区具有码头区位优势，因此丙烷脱氢产能大多数分布在东部沿海地区（京津冀、山东、江浙以及福建、广东）。从产业布局来看，丙烷脱氢产业与氢能产业负荷中心有很好的重叠，丙烷脱氢装置副产氢接近氢能负荷中心，可有效降低氢气运输费用，而且该产业副产氢容易净化，回收成本低，因此丙烷脱氢装置副产氢将会是氢能产业良好的低成本氢气来源。

2.1.4 甲醇制氢

甲醇作为一种被广泛使用的基本化学原料，目前约占生产烯烃、汽油、芳烃等工业原料的 30%。甲醇不仅被公认为是最清洁的燃料之一，而且也是一种理想的氢载体。近年来，涉及甲醇的制氢策略逐渐兴起。与水分子相比，甲醇分子可以在更温和的条件下释放氢气。甲醇的裂解和水重整通常分别在 300~500℃ 和 150~350℃ 下运行，而水的直接裂解需要 900~2000℃。因此，与纯水裂解相比，涉及甲醇制氢的过程在热催化和室温光催化中往往具有更高的动力学可行性。据报道，甲醇裂化的制氢成本接近于甲烷蒸汽重整的成本。此外，甲醇绿色合成的研究也取得了创新进展，如低温甲烷直接氧化、二氧化碳加氢等，与传统的能源密集型合成气路线相比，在原子经济和能量经济方面具有许多优势。未来甲醇在制氢过程中的实际应用可能性将会越来越大。

目前，对涉及甲醇制氢的研究主要包括三种典型的策略，如图 2.5 所示：①热催化甲醇重整；②光催化甲醇重整；③以甲醇作为空穴捕获剂进行光催化水还原。它们有几个共同的问题值得研究，如类似的反应公式：甲醇＋水$\longrightarrow$HCHO/HCOOH/CO$_x$＋H$_2$（仅在条件、反应物比例和副产物上有轻微差异），催化活性中心的组成和结构相似，反应机理的区别模糊（例如，光催化甲醇重整和用甲醇进行水还原的定义不明确）。

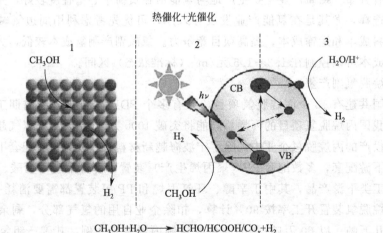

图 2.5　甲醇制氢工艺流程示意图

目前，全球近 96% 的氢气产量来自于热化学过程。由于甲烷分子中的 C—H 键非常稳定，最广泛使用的甲烷蒸汽重整需要高温进行，这使得甲烷重整成为典型的成本效益高但能源密集型的过程。如何在温和的条件下达到满意的制氢效率成为近年来的热点。热催化甲醇重整反应主要包括甲醇分解、水重整、水气位移和其他步骤，如图 2.6 所示。与甲烷重整相比，它具有相当高的制氢成本效率，通常在相对较温和的条件下（250~300℃，1~5MPa，水与甲醇 0~5.0 摩尔比）进行。

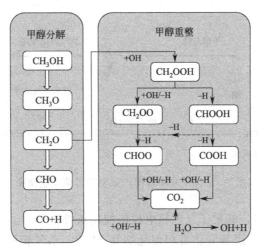

图 2.6　甲醇分解与蒸汽重整工艺对比

相比较甲烷蒸汽重整和电解水等产氢过程，甲醇蒸汽重整（MSR）由于其相对温和的运行条件和较高的产氢率，是一种潜在的替代方法。此外，与直接甲醇分解释放大量的 CO 作为副产物相比，具有低 CO 选择性的 MSR 明显更适用于燃料电池系统。其缺点是需要通过变压吸收技术来提取和净化尾气。整个 MSR 过程涉及多种反应途径，形成了一个非常复杂的反应机制。如图 2.7 所示，MSR 机理中主要有 4 种反应途径：甲醇分解-水气位移（MD-WGSR）、一步 MSR、反向水气位移和甲酸甲酯中间途径。在考虑这些反应途径时，可能会有更加复杂的沉积碳物种的形成。对于 MSR 体系中首次提出的 MD-WGSR 路线，首先通过甲醇分解形成 CO，然后通过水气移位反应转化为二氧化碳。在此之后，一些研究提出了直接甲醇与水重整一步生成二氧化碳和氢气，因为最终的 CO 浓度低于水气位移反应平衡计算确定的浓度。在这种方法中，随着反应温度和甲醇转化率的提高，二氧化碳和氢气的高平衡浓度将通过反向水气位移反应促进 CO 副产物的生成。Breen 和同事发现，当温度高于 300℃时，可以检测到 CO 的形成，而在短接触时间时没有检测到。此外，其他研究表明，通过减少其在催化剂上的接触时间，可以有效地抑制 CO 的浓度。还有另一种途径，甲醇脱氢形成甲酸甲酯（$2CH_3OH \longrightarrow HCOOCH_3 + 2H_2$），然后甲酸甲酯转化为甲酸（$HCOOCH_3 + H_2O \longrightarrow CH_3OH + HCOOH$），氢通过甲酸分解进一步产生（$HCOOH \rightarrow CO_2 + H_2$）。在该途径中，CO 是甲酸甲酯分解的副产品，这可能解释了为什么出口中 CO 的浓度远低于基于 MD-WGSR 预测的平衡值的原因。

铜基催化剂是最常用的和商业生产的催化剂，因为其成本比贵金属低，且在 250℃左右的比活性非常高。但铜基催化剂的稳定性较差。铜基催化剂的失活主要是由于反应过程中的烧结、焦炭沉积和活性部位的 CO 中毒，特别是在高温高压下。因此，最近的研究致力于改善 Cu 颗粒的分散，还原反应条件，和阻碍 CO 中毒。例如，Ribeirinha 和同事通过共沉淀法合成 $CuO/ZnO/Ga_2O_3$ 催化剂，得到了高度分散的铜颗粒。$CuO/ZnO/Ga_2O_3$ 的 MSR 性能在 180℃和 1bar 时的性能是商用铜基催化剂（巴斯夫的 RP60 和 Sud 化学公

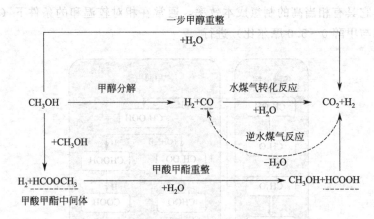

图 2.7　热催化甲醇蒸汽重整的可能反应途径

司的 G66MR) 的 2.2 倍，满足了氢燃料电池的使用条件。

在原位还原策略中，铜基尖晶石相催化剂在 MSR、水气转移反应和 CO 氧化中具有较高的活性。在 $CuAl_2O_4$、$CuFe_2O_4$ 和 $CuMn_2O_4$ 等尖晶石氧化物中，可以形成高度分散的 Cu 物质，在反应条件下从尖晶石结构中释放出活性 Cu 金属。这种缓释性能使铜基尖晶石相金属氧化物能够有效地防止铜颗粒的烧结，与预还原技术相比，明显提高了催化性能。更重要的是，所使用的催化剂在一定程度上在空气中快速再生。除了尖晶石相催化剂外，还开发了具有缓释性能的其他类型的铜催化剂。Qing 等制备了层状 $CuAlO_2$ 催化剂 （CA-T，T 表示烧结温度）。对于测试催化剂和再生催化剂，加入 t 和 R 分别得到 CAT-t 和 CA-T-t-R。CA-T-t-2R 代表第二次再生。CA-1100-t 催化剂对 MSR 的催化活性最高，稳定性为 1047h。此外，在空气中 500℃ 和氮气中 1100℃ 时，它很容易再生。再生的 CA-1100-t-R 催化剂的 X 射线衍射模式和 MSR 性能与新鲜的 CA-1100-t 催化剂的性能几乎相同（图 2.8）。使用 334h 后，CA-1100-t-R 催化剂经相同处理后仍能完全再生，得到 CA-T-t-2R 催化剂。

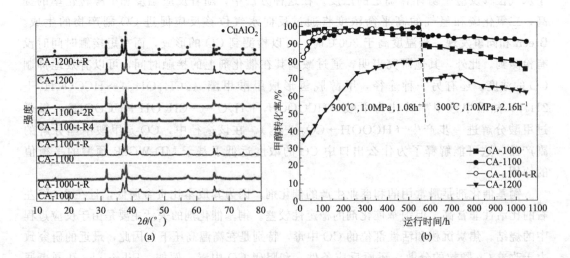

图 2.8　新制备和再生的 (a) X 射线衍射 (XRD) 图和 (b) $CuAlO_2$ 催化剂的甲醇重整性能

聚合物电解质膜燃料电池（PEMFCs）是一种潜在的替代能源载体和其他应用形式。传统的甲醇重整通常在 250～300℃下进行。虽然重整的温度低于甲烷（>500℃）和乙醇（>300℃）的重整温度，但它在 PEMFCs 的应用中仍面临着巨大的挑战。此外，较高的温度通常会导致较高的 CO 选择性，导致金属有机污染物的催化剂中毒（如 Pt）。因此，在燃料电池等绿色工业应用中实现低温 MSR 具有重要意义。

通过甲醇（APRM）的水相重整，氢气从液相中释放出来，避免了尾气分离。实现这一过程的关键是在低温条件下开发高活性催化剂。腐蚀等首次报道在 200～225℃和 2.9～5.6MPa 下使用 Pt/Al_2O_3 催化剂进行 APRM。最近，Lin 和他的同事开发了一种新的 Pt 单原子装载 α-MoC 催化剂，用于在 150～190℃下的 APRM。

更有效的催化剂设计、更温和的反应条件和更深入的机理研究，将进一步确保绿色、高效的氢气制备工艺的发展。通过不同优秀的制氢策略之间的经验交流和相互学习，我们相信将最终实现结合经济效益与环境可持续性的甲醇氢转化技术。

2.1.5　化石原料制氢技术发展前景

在氢气作为能源被广泛应用之前，还有许多挑战需要完成。氢气的生产、储存和使用是能够有效地向工业界输送大量氢气的成熟技术。然而，许多现有的氢能技术需要进一步发展，以提高性能和降低成本，然后才能商业化。通过催化蒸汽重整和其他种类的重整，从天然气和其他可用的碳氢化合物中大规模生产氢气仍然是最便宜的氢气来源。即使使用最便宜的生产方法，一些学者认为，对于相同能量，制氢气仍然是汽油生产成本的 4 倍。此外，甲烷的生产并不会减少化石燃料的使用或二氧化碳的排放。此外，该方法不仅存在技术问题，而且在其先进的应用中也存在化学缺陷，例如燃料电池应用通常需要高纯的氢气。传统烃重整的这些缺点导致了 H_2 与碳氧化物混合生产，往往需要从获得的合成气中经过严格的提取和净化。

通过能够抑制碳沉积的形成和增强表面再生反应的新催化体系，可以对现有的 H_2 批量生产技术进行一些改进。针对反应器的改进或新合金以及将热量从外部输送到反应区的改进方法有望提高总收率。微通道反应堆是通过加强反应堆设备来降低资本成本以及通过改善热和传质来降低运行成本的最有吸引力的选择之一。在流隙附近的 0.28mm 厚的多孔催化剂结构中，实验表明在 1ms 以下的接触时间下可以达到大于 98%的平衡甲烷转化。

其他同样重要的研究领域包括获得对重整操作所涉及的化学和物理过程的精确认识。其中包括：①高活性表面部位的硫钝化；②由于热烧结导致的活性相金属颗粒的生长；③金属粉尘的形成；④能源的有效利用。由于硫存在于大多数原料中，因此应努力解决硫去除问题，以及开发改进耐硫催化剂。由于重新形成反应在 1000K 以上的温度下进行，镍晶石的烧结限制了催化剂的性能。因此，应该更好地了解导致颗粒聚集的因素和防止这种现象的方法。需要了解反应堆壁的腐蚀和粉尘形成所涉及的化学过程，并调查导致粉尘形成的因素。需要开展旨在阐明 SMR 操作中更有效利用能源的研究，以提高效率和减少二氧化碳排放。

为了充分利用氢气的环境效益，需要采用低碳排放、低污染、低成本的制氢系统。今天，大规模的氢气生产是通过对化石燃料的改造或气化来完成的。这些都是成熟的技术，但会产生大量的二氧化碳。碳封存是在地质或海洋油藏中永久储存二氧化碳气体的一个过程。如果被证明是安全的、永久的、对环境无害的，可以用来减少燃烧煤炭和其他化石燃料的二氧化碳排放。储存的安全性和长期生存能力尚不确定，以及煤矿开采对环境和健康的不利影响，即使是对最先进的燃煤发电厂和碳封存技术来说，发电厂的废物处理仍然是一个问题。

最后需要指出的是，无论采用哪种原料制氢，制氢装置一般都要安装在原料供应比较方便的地方。由于制氢装置（尤其是化石原料制氢）一般占地面积大，为节约土地空间、减少碳排放，同时也从加氢站安全运营角度考虑，一般不允许采用现场制氢的方式。现场制氢虽然节省了氢气运输环节，但只适用于对氢气需求量不大的一些特定场合，必须达到规模灵活调整、控制系统先进、运行可靠、安全环保等要求。

2.2 电解水制氢

目前，世界上约 $4\%\sim5\%$ 的氢气来源于电解水，生产过程没有 CO_2 排放。制氢过程按照碳排放强度分为灰氢（煤制氢）、蓝氢（天然气制氢）、绿氢（电解水制氢、可再生能源）。氢能产业发展初衷是零碳或低碳排放，因此灰氢、蓝氢将会逐渐被基于可再生能源的绿氢所替代，绿氢是未来能源产业的发展方向。近年来，可再生能源电解水制氢在国际上呈现快速发展态势，许多国家已经开始设定氢能在交通领域之外的工业、建筑、电力等行业发展目标，在政府规划、应用示范等方面都有积极表现。

2.2.1 碱性电解水制氢

水电解在小规模上运行良好，如果电力来自可再生能源（如风能、太阳能、水电等），这个过程就更可持续。在涉及偏远社区的生产、转换、储存和使用的能源系统中，水电解可能发挥重要作用。当有丰富的可再生能源时，额外的能量可以通过水电解以氢的形式储存起来。储存的氢气可以用于燃料电池发电或用作加热应用的燃料气体。因此，由可再生能源产生的电力要么直接并入电网，要么用于产生氢气。图2.9说明了这样一个能量系统。

偏远地区有丰富的太阳能和/或风能资源发电，可以利用水电解生产氢，以满足家庭应用的能源需求，如照明和供暖，用于供电电信站，小型轻工工业，电力削峰，以及系统集成，电网连接和独立电网。可再生能源产生的氢具有移动性的优势，这对于在远离主电网的偏远地区提供能源至关重要。

小型水电解槽可以避免需要大量的低温液氢罐或大型氢气管道系统。现有电网可作为氢基础设施系统的骨干，根据电力需求的变化改变运行电流密度，实现负荷均衡。小型水电解槽可用于生产纯氢和氧，如在实验室中使用氢气和在医院的生命支持系统中使用氧气。已经表明，对于小系统，决定电解氢成本的主要因素是电解电池的成本，而对于大型系统，电力成本和氢值占主导。

尽管氢具有可用性、灵活性和高纯度的优点，但由于其广泛应用，水电解制氢需要提高能源效率、安全性、耐用性、可操作性和便携性，最重要的是，降低安装和操作成本。

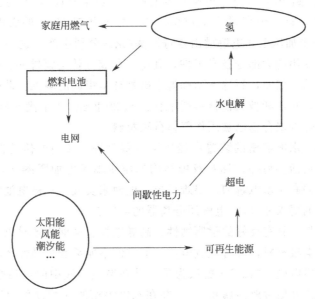

图 2.9 利用水电解产生氢气作为燃料气或储能介质的能量系统

这些特点为研究和开发提供了许多机会，促进了水电解技术的进步。

从水电解分解成氢和氧的现象发现到现代电解槽的发展，水电解技术在过去的 200 多年里取得了不断的进步。在发现电力后，J. R. Deiman 和 A. P. van Troostwijk 于 1789 年使用静电发电机通过放置在一根充满水的管子里的两根金属导线放电，产生气体。亚历山德罗·沃尔特在 1800 年发明了伏打电堆，几周后，威廉·尼科尔森和安东尼·卡莱尔用伏打电堆实现了电解水。后来，在水电解过程中产生的气体被鉴定为氢气和氧气。随着电化学的发展，通过法拉第电解定律建立了电能消耗与气体产生量之间的比例关系。最后，对水电解的概念进行了科学的定义和认可。随着 1869 年泽诺贝·格拉姆发明了格拉姆机，水电解成为一种经济的生产氢的方法。1888 年后期，德米特里·拉奇诺夫开发了一种通过水电解工业合成氢和氧的技术。到 1902 年，已经有 400 多个工业水电解槽投入使用。图 2.10 为用于水电解的早期装置。

图 2.10 早期工业电解水装置

20 世纪 20 年代到 70 年代是水电解技术发展的"黄金时代"，当时大多数工业设计被创造出来。1939 年，第一个容量为 $10000m^3/h$（标准状态 H_2）的大型水电解厂投入使用，1948 年，第一个加压工业电解槽由兹丹斯基/龙沙公司生产。这一时期发展的商业水电解装置包括目前使用的大部分技术组件，其中一种成分就是膜材料。第一批被商业化的薄膜是由石棉制成的。然而，石棉不耐高温强碱性环境引起的腐蚀。此外，由于石棉对健康的严重不利影响，它逐渐被其他材料所取代。从 20 世纪 70 年代开始，基于全氟磺酸、芳烃醚或聚四氟乙烯的聚合物已被用作气体分离材料。

随着时间推移，水电解槽的装置也经历了一些改进。典型的传统储槽单元为单极配置，简单、可靠、灵活。另外，具有双极结构的压滤单元更加紧凑并具有更低的欧姆损耗。采用双极结构的高压水电解槽，很难用单极电池来实现。双极电池的缺点与其结构复杂性、电解质循环的要求和气体/电解质分离器的使用有关。

所选的电极材料应具有良好的耐腐蚀性、高导电性、高催化效果以及低廉的价格。不锈钢和铅是廉价的电极材料，具有低过电位，但它们不能承受高碱性环境。贵金属过于昂贵，不能用作大规模电极材料。Ni 被认为是一种在碱性溶液中的电活性阴极材料，具有良好的耐腐蚀性（与其他过渡金属相比），并在水电解槽的开发过程中迅速流行起来。镍基合金已经开始成为广泛研究的对象。

这些进展推动了水电解槽的商业化。商业水电解的第一个记录可以追溯到 1900 年，当时这项技术还处于早期阶段。20 年后，加拿大开发了额定功率为 100MW 的大型电解工厂。在 20 世纪 80 年代末，阿斯万安装了 144 个电解槽，标称额定功率为 162MW，产氢能力为 $32400m^3/h$。波弗里电解槽是另一个高度模块化的单元，它能够以约 $4300m^3h^{-1}$ 的速率产生氢气。斯图尔特电池（加拿大）是一个著名的单极罐型电池制造商。汉密尔顿公司（美国）、质子能源系统（美国）、新光潘 tec（日本）和 Wellman-CJB（英国）生产最新的质子交换膜（PEM）电解槽。

在 20 世纪上半叶，合成氨对氢有巨大的需求。这种对氢气的需求刺激了水电解技术的发展，这得益于当时水力发电的低成本。然而，碳氢能源开始在工业上大量应用。通过煤的气化和天然气重整，可以大规模生产氢气，而且成本要低得多，从而使水电解的经济优势逐渐减弱，水电解制氢的进展完全停止了。

20 世纪 70 年代的石油危机重新引起了全世界对水电解技术的兴趣。在新的氢经济思想中，氢被认为是未来的能源载体，是解决可持续能源供应问题的关键，提高水电解的效率成为一个主要目标。随着 PEM 和压水电解槽的出现，在电解槽水平上取得了新的突破。

作为生命维持系统的一部分，核动力潜艇上使用紧凑的高压水电解槽在核动力潜艇上产生氧气。紧凑的设计消除了单元之间的垫圈，需要高精度的单元框架。然而，这些水电解槽的高工作压力（高达 3.5MPa）造成了一个重大的安全问题。

1966 年，通用电气公司首次使用 Nafion 薄膜为太空项目提供能源。PEM 的发现使 PEM 水电解的发展成为可能，也被称为固体聚合物电解（SPE），其工作原理基本上与 PEMFC 相反。深入的研究降低了膜的成本。在 20 世纪 70 年代早期，小型 PEM 水电解槽被用于太空和军事应用。然而，薄膜的耐久性较短，使得 PEM 电解槽对于一般应用来说过于昂贵。与传统的碱性水电解技术相比，PEM 水电解系统可以提供更高的能源效率、更高的生产速率和更紧凑的设计。然而，其一些组件（如昂贵的聚合物电解质膜、多孔电极和集流器）需要特殊要求，这是其严重的缺点。

目前，许多人正在努力将可再生能源技术作为水电解制氢的能源，作为分布式能源生产、储存和使用的手段，特别是在偏远社区。新的水电解概念，如光伏（PV）电解和蒸汽电解正在出现。

图 2.11 显示了最简单的水电解单元，由一个阳极和一个阴极组成，通过外部电源连接，并浸没在导电电解质中。对该装置采用直流电（DC）；电子从直流电源的负端流向阴极，在那里它们被氢离子（质子）消耗，形成氢原子。在一般的水电解过程中，氢离子向阴极移动，而氢氧根离子向阳极移动。隔膜是用来分隔两个反应，气体接收器用于收集分别在阴极和阳极上形成的氢气和氧气。

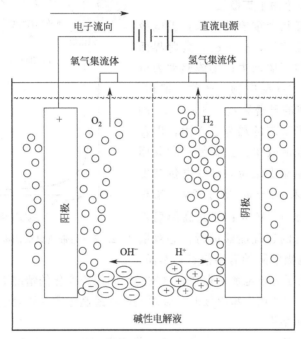

图 2.11　水电解系统的基本结构示意图

对于碱性水电解的具体情况，使用强碱作为电解质，氢氧根阴离子通过电解质转移到阳极表面并失去电子，然后返回到直流电源的阴极。镍（Ni）由于其低成本、良好的活性和丰富的储量，是一个普遍的选择。为了提高电导率，电池中使用的电解质应由高迁移率的离子组成。氢氧化钾通常用于碱性水电解，从而避免了由酸性电解质引起的腐蚀问题。氢氧化钾比氢氧化钠更可取，因为氢氧化钾作为电解质的溶液具有更高的电导率。为了进行水电解反应，必须克服一些障碍，这些障碍取决于电解电池组件：电极表面的边界层、电极相、电解质相、隔膜和电路的电阻。

上述描述的电解反应是非均相反应，即它们发生在电极相（通常是固体金属或碳质材料）和电解质相（通常是盐水溶液）之间的界面处。不连续的"间相"区域在电解质速度、电活性物质浓度和电势与电极的距离上存在差异。每一个梯度都会在电极表面附近产生不同的边界层，并产生不同的物理结果。

浓度边界层导致溶液中反应物和产物的传质，这里的重点是由电势梯度引起的双电层的简化处理。双电层定位于电极/电解质界面的分子尺寸上。它产生于电极和周围的电解质之间的电荷分离。图 2.12(a) 显示了一个带负电荷的电极表面的双电层的一个简化模型。

内部，或"紧凑"层，由静电固定在电极表面的阳离子和吸附的溶剂分子组成。在这个高度结构化的内层之外是"扩散"层，在那里离子保留了一个比整体电解质的程度更高的结构。由该模型得到的电势场如图 2.12(b) 所示。电势在致密层上呈线性衰减，然后在扩散层上呈指数衰减。该系统表现为两个电容，一个用于紧凑层，另一个用于扩散层。

双电层的存在有几个重要的后果：①电极和溶液相之间的电位差异，$\varphi_e - \varphi_s$，为跨界面的电子传递反应提供了驱动力；②该驱动力可能受到电极表面物质（反应物、产物、溶剂、离子或污染物）吸附的显著影响；③$\varphi_e - \varphi_s$ 的局部差异可能会改变反应的局部驱动力，以及电极过程的速率、电流效率或选择性；④界面上的电位差在分子距离上定位，导致电位梯度非常大，例如，如果 $\varphi_e - \varphi_s$ 等于 2V，超过 0.2nm，电位梯度为 $10^{10}\,V/m$；如此高的局部驱动力使得能垒很高的过程能够进行；⑤双层电容测量可以提供电极吸附的有用信息；然而，

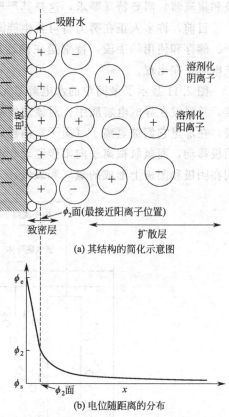

(a) 其结构的简化示意图

(b) 电位随距离的分布

图 2.12　在带负电荷的电极表面附近的双电层

在高表面积电极，由于充电电流的存在，电位随时间快速变化的情况下其动力学研究存在问题。在工业反应器中使用大型电极时，必须设计和控制电源，以处理启动、关闭和其他电极电位突然变化的情况。

在关于电极过程速率方面，动力学表达式将用电极电位 E 来表示，E 是工作电极和位于溶液中靠近其表面的参考电极的电位之差。电极电位 ΔE 的任何变化都可以通过界面上电位差的变化来确定，即 $\Delta E = \Delta(\varphi_e - \varphi_s)$。

电解池中的两个电极都必须具有足够的机械强度，并能抵抗电解质、反应物和产物的侵蚀。电极的物理形式通常是非常重要的，因为它必须很容易地与相应的反应设计相容，以实现良好的电气连接，也可以方便检查和维护。电极表面的形状和条件的设计应考虑到产物分离的需要，如气体或固体的分离。在许多情况下，需要保持高表面积、具有促进湍流的特性结构、或具有合理的低压降的多孔基体。活性电极材料也可以是薄的涂层，而不是大块材料的表面。电极表面必须达到并保持所需的反应，在某些情况下，必须具有特定的电催化特性，这对于在低过电位下促进目标产物的高反应速率至关重要，同时抑制所有相互竞争的化学反应。整个电极系统的电导率必须足够高，包括电触点和整个电极表面，以避免电压损失、产生不必要的热量，以及不均匀的电流分布。

最后，电极性能必须以合理的成本获得，并在可接受的使用寿命内保持。用作析氢反应（HER）最常用的阴极电极材料是钢、不锈钢和 Ni，用作析氧反应（OER）阳极的是镍氧化物和镍及钴基尖晶石，例如 Ti 上的 $NiCo_2O_4$。

电阻率是电极材料和电极结构的一个关键特性。对于具有均匀截面积 A 和电阻 R 的均匀材料，在其长度为 L 时，电阻率定义为

$$\rho_e = RA/L$$

电导率为 ρ_e 的倒数，通常定义为

$$k = CL/A$$

其中电导 C 为电阻 R 的倒数。

电阻率 ρ_e 决定了通过电极的电位降的大小，这反过来又导致了功率成本、可能的加热问题和不均匀的电位分布。电极结构中常用材料的典型 ρ_e 值如图 2.13 所示。只有导电性最好的材料，如铜和铝，可以用于广泛的电气连接和载流母线。在电流馈电器的情况下，高导热率也有助于散热到周围的环境，因为大多数固体导体的电导率随着温度的增加而增加。成本和重量也很重要；适当使用固体铝母线（有时有铜芯）、铜或黄铜电极间连接器，或铜芯柔性电缆。在外部铝表面形成的无源膜有助于避免腐蚀，但如果不采取预防措施，可能会导致高电阻。

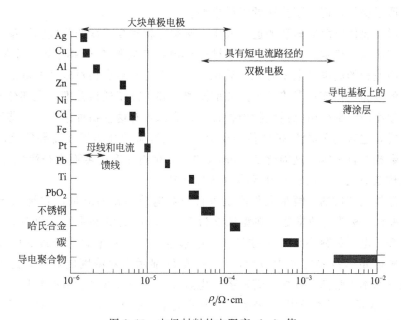

图 2.13　电极材料的电阻率（ρ_e）值

电极材料必须在使用操作条件下保持其物理、机械和化学稳定性。在某些情况下，电极在开关时可能发生电气短路或电流反转；它们必须承受电源中的交流电流（AC）波纹。由于这些因素和表面化学的复杂性，在现实的工艺条件下，较长时间地测试电极材料是很重要的。

电极工艺有两种类型，在一种情况下，电极只作为电子源或集流体，而反应动力学与电极材料无关。在另一种情况下，电极表面起到催化剂的作用，反应的类型和速率主要取决于电极表面和电解质种类之间的特定相互作用。在第二种情况下，需要使用分散的微粗糙表面，这提供了一个高的活性电极面积，以增加电催化效果。我们应该认识到，大多数的反应都发生在这两个极端之间。事实上，几乎所有的反应，即使是简单的氧化还原反应和金属沉积，都显示出依赖于电极表面的性质。

在水电解槽中或燃料电池中，需要一个电催化电极表面来促进在低过电位下的高析氢

速率，或氢氧化。碱性水电解槽通常使用高比表面的镍和镍合金涂层，而氢在阳极电离的酸性电解质燃料电池通常使用铂（Pt）和聚四氟乙烯分散在碳衬底上。Ni 和 Pt 对 H_2/H^+ 偶联均具有较高的交换电流密度 j_0，并通过与催化加氢反应密切相关的机制稳定被吸附的 H 质子。

电解质相中至少包含三种基本成分：溶剂、惰性材料（支撑）、电解质（高浓度）和电活性物质（反应物）。在实验室中广泛应用的溶剂，诸如成本、危害和回收/处置问题等因素极大地限制了它们在工业电化学技术中应用的选择。溶剂一般应具有以下特性：①在操作温度下必须是液体，②必须溶解电解质以提供导电溶液，③必须是化学/电化学稳定的，④在储存或处理过程中必须出现较少的问题。

水作为最常见溶剂的重要性不仅是因为它的低成本、固有的安全性和易于处理，还因为其特殊的特性：①水的特征是通过氢键形成动态低聚物；②水分子体积小，具有大的偶极矩，允许它与带电物质相互作用，因此容易通过离子-偶极相互作用产生溶剂离子；③水的自电离在中性水溶液中提供了低离子浓度（$\approx 10^{-7} \text{mol/dm}^3$）。此外，水通过作为质子供体和质子受体，促进了快速的酸碱平衡。

一般来说，要使电解以显著的速率发生，必须有相对高浓度的反应物浓度，而过程经济学要求溶剂应该是稳定的。惰性电解质被广泛地解离成阳离子和阴离子通常是必要的。由此产生的溶液相的高电导电率有几个后果：①电极之间存在相对较低的溶液电阻，避免了给定电流的极高电位值；②惰性电解质的阴离子和阳离子迁移并携带大部分电流通过电解质，只有很小的一部分由电活性物质携带，这意味着对这些物种来说，迁移不是一个重要的传质模式，这有利于对流-扩散传质研究；③电解质的高离子强度导致反应物和生成物的活度系数相等且恒定，这简化了 Nernst 方程，促进了在浓度而不是活性方面的处理；④电双层结构被简化，以及它对电极动力学的影响。

目前对液体电解质的了解很大程度上来自于对电导率 κ 的测量，它是电导率 C 和校准因子 s 的乘积，称为电池常数。典型浓度为 1mol/dm^3 的电解质的 κ 值在 $5\sim25\text{S/m}$ 范围内，比大多数电极材料小约 6 个数量级。电解电导率 κ 随电解质浓度 c 的变化变化很大；摩尔电解电导率 D 被定义为 $D=\kappa/c$。参数 D 显示出对浓度的依赖，这种行为可以用来区分强（基本上解离）和弱（解离差）电解质。离子所携带的电荷数称为输运数，阳离子用符号 t^+ 表示，阴离子用 t^- 表示。随着盐类浓度的增加，阳离子的转运数略有下降的趋势；相反的趋势是酸中的 H^+。

只有在必要时，才应加入离子渗透膜（用于分离阳极和阴极）。除了增加电池构建的成本和复杂性外，分离膜还大大增加了电池的电阻，从而增加了给定电流密度所需的电池电位。然而，用分离膜的原因如下：

① 可以防止阳极和阴极产物混合，以保持化学稳定性或安全性（例如，可以避免爆炸性 H_2/O_2 气体混合物）；

② 在一定程度上，阳极/阳极物和阴极/阴极可以独立选择，例如，可以选择阳极物以允许使用廉价的阳极或避免腐蚀性的阴极物质；

③ 防止寄生氧化还原穿梭（副反应包括在阴极还原，然后在阳极再氧化）所需反应的高电流效率；

④ 通过膜的选择性离子传输是该过程的基本要素；

⑤ 如果电极间隔紧密，分离膜可以防止阳极和阴极之间的物理接触。

分离膜主要有三类：

① 多孔间隔层是一种开放的结构，如塑料网格，它在电极之间提供了一个物理屏障。它们可以为脆弱的电极、膜或微孔分离器提供支持。其他用途包括防止电极间接触和促进电极附近的湍流，以增强传质。间隔体对阳极液和阴极液的混合几乎没有阻力，孔隙大小在 0.5～12mm 之间。

② 微孔分离膜，允许运输溶剂和溶质以及离子，由于液压渗透性。然而，由于隔膜相对较小的孔径（0.1～50μm），它们同时起着对流和扩散屏障的作用。实例包括多孔陶瓷（例如石棉、玻璃碎屑）和多孔聚合物（例如多孔聚氯乙烯、聚烯烃和聚四氟乙烯）。

③ 离子交换膜将电解槽分成两个液压分离的隔间；它们作为对流和扩散的屏障，同时允许离子的选择性迁移。这些材料具有化学设计的分子大小的孔隙，通常在 10^{-9}～10^{-8}m 之间。离子交换膜包括氟碳和具有离子交换基团的碳烃材料的整个结构。通常，膜是一张聚合物薄膜，它被设计用来允许阴离子或阳离子通过，但不能同时通过。在过去的三十多年里，已经开发出了各种基于全氟烃骨架的膜。

微孔或离子交换膜分离器的有效电导率可以通过测定在固定的电流密度 j 时工作的材料的势降（即电流 i 和分离器的电阻 R_{sep}）即 $k_{eff}=jx/(iR_{sep})$ 来测量。然而，需要注意的是，分离膜并不总是显示欧姆行为。分离膜的有效电阻率 ρ_{eff} 是 k_{eff} 的倒数，在对 R_{sep} 进行重新排列后，得到了 $R_{sep}=\rho_{eff}x/A$。分离器供应商通常指定"区域电阻"为电阻和面积的产物，$R_{sep}A=x/k_{eff}$。因此，使用具有高离子电导率的聚合物薄片（0.01～0.03mm）来最小化膜的电阻。许多现代膜的面积电阻在 2×10^{-5}～$50\times10^{-5}\Omega\cdot m^2$ 的范围内。当 j 为 $10^3 A/m^2$ 时，跨膜的电位下降为 0.02～0.50V，这通常与洞穴液或阳极液溶液的电位下降相当。物种通过离子交换膜的运输可以通过通量平衡来定量描述。

电解电池的组件和电解反应过程中可能产生的大多数屏障或电阻，包括电路的电阻、电化学反应的活化能、气泡部分覆盖的电极表面的可用性，以及电解质溶液中对离子转移的电阻。反应电阻是由于克服阴极和阳极表面的氢和氧形成反应的活化能所需的过电位，这直接增加了电池的整体电位。这些是固有的能垒，依赖于所使用的电极的表面活性，并决定了电化学反应的动力学。传输电阻包括覆盖电极表面和电解质溶液中的气泡的物理电阻，以及电解质和用于分离产生气体的膜中离子转移的电阻。

反应电阻的最小化需要使用良好的电催化剂，可以降低电极过电位，而输运和电阻的最小化依赖于良好的电化学工程，例如，最小化电极间间隙，确保电极之间只存在高离子导电性材料，并确保演化的气体有效地逃脱电极间间隙。显然，提高水电解的能源效率从而提高系统性能的策略必须包括在内。

对于自发的电解反应，$T\Delta S_{cell}>\Delta H_{cell}$，这意味着 $\Delta G_{cell}<0$。水电解 E_{cell} 为 $-1.23V$，自由能变化为 $+238kJ/mol$。虽然水电解将液体转化为两种气体，导致系统熵的大幅增加，但焓值过高（$+286kJ/mol\ H_2$ 在 25℃ 和 1atm）。因此，水转化为氢和氧的过程在热力学上是不利的，只有在提供足够的电能时才能发生。化学变化的速率将取决于两个电极反应的动力学。有些反应本身是快速的，并给出合理的 j 值，甚至接近平衡电势。

反应过电位的增加可能导致 HER 机制的改变。因此，速率决定步骤取决于应用的电势范围。当过电位较低时，电子转移不如解吸快，氢吸附将是决定速率的步骤。相反，当电位足够高时，氢解吸将是决定速率的步骤。

H 的吸附/解吸机制需要氢与金属 M 表面的反应位点的良好结合。火山图用于描述交换电流的变化作为 M—H 键强度的函数，对 Pt 的最大结合能约为 240kJ/mol。H 吸附能是确定 HER 材料是否有前途的一个很好的参数。Pt 在酸性介质中的 HER 交换电流比在碱性电解质中至少高 2 个数量级。这是由于在碱性介质中 Pt-H$_{ads}$ 距离较短，如理论估计所述。Pt 表面的 Ni(OH)$_2$ 纳米团簇将 0.1mol/L 氢氧化钾中的 HER 速率提高了 1 个数量级，尽管没有尝试对这种协同效应的理论解释。Ni(OH)$_2$ 在阴极处强还原环境中的长期稳定性也没有被讨论。通过合金化能量大于最佳氢键能的金属（如 Ni），而这些金属（如 Mo）的能量较低，预计反应中心的周转率和内在催化活性将会增加。直到最近，这些协同效应的证据还有些模糊，理论分析也不够全面。

将催化活性与电子结构计算联系起来是一项具有挑战性的任务，但密度泛函理论（DFT）现在已经在电催化领域取得了关键的进展，特别是在协同效应方面。例如，最近通过大规模的组合筛选，实验证实，BiPt 合金在 pH 值为 0 的情况下是比 Pt 更好的 HER 催化剂。此外，二硫化钼纳米颗粒被提出作为酸性溶液中 Pt 作为 HER 催化剂的低成本替代品。DFT 模拟和实验证明，只有铂基金属催化剂优于二硫化钼纳米颗粒的性能。非晶态 MoS$_3$ 最近被证明在相同的条件下比晶体二硫化钼表现得更好，尽管它与实际应用还有一定距离。在公开文献中有大量的研究致力于开发 HER 的新型电催化剂，但它们的实际应用受到流行的试错方法和缺乏长期稳定性测量的限制。

一般认为，很少有贵金属化合物在低 pH 值和高电位下具有热力学稳定性。然而，酸性溶液或 PEM 被认为是水电解槽中的电解质，因为酸性介质与碱性电解质相比，没有形成水电解槽中的电解质。用极化技术初步研究贵金属作为酸性介质中 OER 的电催化剂时发现，钌（Ru）和铱（Ir）对 OER 具有较高的活性，但金属元素在达到较高的阳极电位时立即被钝化。此外，对金属氧化物有趣的是，在金属表面双向生长的氧化物层比其他程序形成的更不稳定。在水电解槽中作为尺寸稳定的阳极（DSA）在基板上制备的厚层氧化钌（RuO$_2$）具有较高的电催化活性，这取决于化学物质的吸附、中间体的浓度和形貌。然而，在阳极过程中金红石 RuO$_2$ 进一步氧化形成四氧化钌（RuO$_4$）显著增加了阳极的动力学损失。相比之下，氧化铱（IrO$_2$）薄膜即使在接近 2V 的电位下也非常稳定，尽管它表现出比 RuO$_2$ 薄膜具有更高的 OER 过电位。IrO$_2$ 表现出更高的稳定性，而不是被进一步氧化。为了获得不同金属氧化物的协同效应，开发了多种混合金属氧化物。氧化钌-铱表现出更好的电子性能，抑制了 RuO$_4$ 的形成；上述两种金属与钽（Ta）合金化增强了 OER 动力学，锡（Sn）的加入导致生成亚稳态混合氧化物。近年来，人们提出了富钌铂电催化剂和钛（Ti）或碳化钛（TiC）负载的 OER 电催化剂。

双功能电催化剂，既可以用于氧演化和氧还原，也被用于水电解。一种典型的双功能电催化剂是由诸如 IrO$_2$ 等贵金属氧化物组成的。对于不负载的双功能电催化剂，已经开发了 Pt-MO$_x$（M＝Ru、Ir、Na）、双金属（如 Pt-Ir）和三金属（如 Pt$_{4.5}$Ru$_4$Ir$_{0.5}$）材料。另一方面，为了提高阳极的电化学表面积和电子性质，人们提出了几种负载的双功能电催化剂，例如 IrO$_2$ 负载的铂电催化剂对 OER 具有较高的电催化活性。新型 OER 电催化剂的开发已经取得了重大进展，但仍存在相当大的挑战，特别是在催化剂的成本和耐久性方面。水电解槽电位同时影响阳极和阴极反应。氢和氧演化的过电位是阻抗的主要来源。在高电流密度下，另一个明显的电阻是电解质中的欧姆损失，其中包括来自气泡、隔膜片和离子转移的电阻。识别这些电阻性对于提高水电解的效率至关重要。

根据欧姆定律，电阻会以产生热量的形式导致能量浪费。水电解系统中的电阻有三个主要组成部分：①系统电路中的电阻；②传质现象，包括电解质内的离子传递；③覆盖在电极表面和隔膜上的气泡。电路中的电阻由材料的类型和尺寸、制备方法以及电路中每个单独部件的电导率决定，包括导线、连接器和电极。这些电阻可以通过减少导线的长度，增加其横截面积，并采用更多的导电导线材料来降低。电解质内的离子转移取决于电解质的浓度、电极之间的距离和膜。通过改变电解质浓度或添加适当的添加剂来增加其电导率，可以使电阻最小化。在电解质和电极表面存在的气泡也会对离子转移和电化学反应产生额外的电阻。用于分离产生的氢气和氧气的膜的有效电阻通常比等效厚度的电解质溶液的电阻高 3～5 倍。电路中的能量损失总是相对较小的，但在较高的电流密度下，由于离子转移造成的能量损失变得更加显著。电极表面气泡的形成对总能量损失有重要影响。

对流传质也控制着离子传递、散热和分布，以及电解液中气泡的作用。电解质的黏度和流动性在气泡的传质、温度分布、尺寸、分离和上升速度中起着重要作用，进而影响电解池中的电流和电位分布。电解质的浓度随着电解的进行而增加，导致溶液黏度的增加。水通常连续地添加到系统中以保持恒定的电解质浓度，从而得到恒定的黏度。更好的传质性能会导致更高的反应速率，但不一定会增加产氢量。较高的反应速率会产生更多的气泡，这会阻碍电极与电解质之间的接触。电解质溶液的机械再循环加速了气泡的分离，并将其带到气体集气器中。电解质的再循环对于防止细胞内的浓度梯度和在电解质中均匀地分配热量也很重要。在启动时，电解液再循环可以用来将电解液加热到工作温度，通常为 80～90℃。

考虑到气泡现象是电池内电阻的主要来源，最小化其影响是提高电解槽效率的关键。在电解过程中，氢气和阳极表面分别形成氢气和氧气泡，只有当它们长得足够大时才会与表面分离。气泡的覆盖范围减少了电解质和电极之间的接触，从而阻碍了电子的转移，增加了整个系统的电阻损耗。气泡的分离也取决于电极的润湿性，即在电极/电解质界面上的电解质替换。可以在电极表面涂上适当的涂层，使其更具亲水性，从而减少表面被气泡覆盖。另一种方法是基于在电解质溶液中加入表面活性剂，以降低其表面张力，并促进气泡从电极上分离。总之，气泡效应是一个需要解决的问题，通过修改电极表面，降低电解质表面张力，或使用机械流体循环来迫使气泡离开电池。在电解系统中对气泡行为已经做了大量的工作，但仍需要进一步的研究来减少其负面影响。

为了比较不同的水电解系统，有必要讨论一些与水电解槽性能相关的实际参数，包括电解电池的配置、操作条件和一些外部要求。关于电解池的配置，电解槽可以采用单极或双极设计（图 2.14）。单极（或"罐式"）电解槽由交替的正负极组成，由多孔分离器，即膜分开。正电极平行耦合在一起，负电极也一样，整个组件浸在一个电解液槽中形成一个单元电池。然后，通过将这些单元电串联起来，建立了一个工厂级的电解槽。施加于整个电解电池的总电压与施加于单个单元电池的总电压相同。

另一方面，在双极电解槽中，一块金属片（或"双极子"）串联着相邻的电单元。如图 2.14(b) 所示，负极的电催化剂涂在双极的一面，相邻电池正极的电催化剂涂在相反的一面。在这种情况下，总电池电压是单个单元电池电压的和。因此，这种电池的串联叠

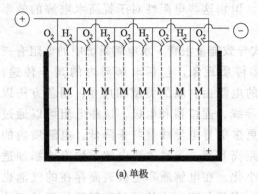

(a) 单极

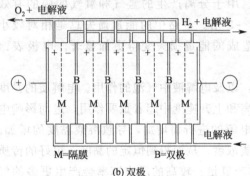

M=隔膜   B=双极

(b) 双极

图 2.14 具有单极电解池模块和
双极电池配置的电解池模块

加形成了一个模块，在比罐型（单极）设计更高的电压和更低的电流下工作。为了满足大型电解装置的要求，这些模块是并联连接，以增加电流。

这两种不同的电池构型呈现出不同的电极反应。对于单极构型，在每个电极的两侧都发生了相同的电化学反应（HER 或 OER）。另一方面，在双极构型中，两种不同的反应（HER 和 OER）同时发生在不直接连接到电源的每个电极的相反两侧。这意味着每个电极的一边作为阴极，另一侧作为阳极（尽管两侧具有相同的电位），但连接到直流电源的两端电极除外。这两种基本配置所产生的电池电压是完全不同的。对于典型的工业过程，单极结构的电池电压约为 2.2V，双极结构为 $2.2 \times (n-1)$V（其中 n 为电极数）。

由于单极结构的简单性，这种类型的电解槽易于制造，维护费用低，但在低电压下呈现高电流，造成很大的电阻损失。另一方面，双极结构降低了电路连接器的电阻损耗；然而，它的设计和制造要求更高的精度，以防止电池之间的电解液和气体泄漏。

在电池设计时，也必须考虑电极之间的间隙。它对应于离子在电解质中移动的距离。间隙越小，具有对离子传输的阻力越小。但是，如果间隙太小，就会引起电火花，造成爆炸危险。必须为每个特定的电池确定一个最佳的电极间隙。电解质的流动迫使电池内的对流传质。在高电流密度下，电化学反应受到电解质传质作用的限制。搅拌和/或诱导湍流可以降低电解质中的浓度梯度，增强传质能力。

电解槽的工作电池电压与其能量消耗和电气效率直接相关。如果需要更高的电压来产生等效的氢，同时保持电流恒定，电池被认为是低效的。工作电流密度也决定了电解槽的能源效率。传统的水电解槽的电流密度一般在 $1000 \sim 3000 \text{A/m}^2$ 之间。电流密度决定了产氢的速率，越高的电流密度导致电化学反应的速率越高。然而，由于产气速率的增加而导致的气泡快速形成也增加了由于气泡的阻力而导致的过电位。因此，电流密度应保持在一定的范围内，与气体生产速率和能源效率之间取得平衡。

工作温度是另一个重要的参数。传统的碱性水电解槽设计在 $80 \sim 90$℃ 的温度下运行。提高工作温度可以降低平衡电池的电压。然而，高温会增加由于蒸发而造成的水分损失，并需要高耐受性材料来保持设备的结构完整性。此外，热管理和制造隔膜所需的材料在更高的工作温度下带来更多的工程问题。电解槽运行时的压力应取决于所产生的氢气的最终用途。在 3.5MPa 的高压下工作的电池可以减少气泡的尺寸，从而最小化电阻损失。然而，加压电池的效率并不明显优于环境压力电池。此外，这些电池与更高比例的溶解气体一起工作，需要一个更持久的隔膜。

电解质的类型和浓度决定了溶液的离子电导率，从而决定了电池内的离子转移。氢氧化钾（25%～30%，质量分数）广泛用于商用电解槽。电极材料必须在高腐蚀性的碱性环境中保持稳定，以尽量减少电解槽的运行和维护成本。贵金属具有良好的耐碱腐蚀性和较高的电催化活性，但在水电解过程中的广泛应用过于昂贵。铁等过渡金属和铜具有良好的电催化活性，但不耐碱的腐蚀。Ni 被认为是碱性水电解的最佳电极材料之一，具有良好的抗碱腐蚀性和较高的电催化活性，又不太昂贵。

膜的功能是分离产生的氢气和氧气，同时仍然允许离子转移。膜分离气体的好处补偿了由膜片的存在所引起的电阻损失。目前对碱性水电解槽分离器的研究旨在开发具有低电阻、高腐蚀稳定性的新材料。水质是保证电解槽运行寿命的核心因素。杂质会在电池内积累，并沉积在电极表面和细胞膜上，从而阻碍质量和电荷的转移。电解池中的高碱性环境要求镁离子和钙离子的浓度足够低，以避免它们的氢氧化物沉淀。这些化合物的沉积由溶解度乘积常数（K_{sp}）决定。当这些杂质的浓度达到这个值时，就会发生沉积。此外，当电流密度超过所谓的羟基离子限制电流时，溶液中存在的氯离子在阳极表面被氧化为氯，对电解槽中的大多数金属成分具有极强的腐蚀性。

设计了不同规模的电解槽，以满足人们对氢气的不同需求。在商业上，一个电解槽的功耗可以从几千瓦到几百兆瓦不等。电解槽技术可以在其能源效率或制氢效率方面进行比较。对于低温碱性水电解，50%左右的净效率 η_{net} 被认为是可以接受的。另一方面，$\eta_{H2yield}$ 在考虑单位时间产单位体积氢时是有用的。在安全方面，整个系统，包括膜的设计应仔细考虑到氢和氧混合物的可燃性。此外，由于碱性电解质的腐蚀性，在电解槽的连接和密封处可能会发生泄漏。双极电池结构具有更复杂的设计，比单极结构具有更高的电解质泄漏风险。用于电池制造的材料决定了电解槽的耐久性。这些材料应耐强碱性电解质。由于接头和连接处通常腐蚀较严重，因此接头密封胶材料在操作条件下必须稳定。

水裂解是电化学中最重要的反应之一，涉及许多应用，涉及能量储存和转换的应用。考虑到电极反应是能量损失的主要原因，多年来一直在追求设计高效的电解池，必须使用更好的电催化剂。然而，电化学中的传统理论，如古伊-查普曼理论、能斯特方程和巴特勒-沃尔默模型，并不完全符合在原子水平上对电解池中的 HER/OER 的理解。特别是，电催化的详细机理一直非常复杂，这主要是因为电极和溶液的几何结构和电子结构的复杂性。因此，人们已经认识到，严格的量子力学（QM）处理对于获得可靠的电化学反应的能量学是必不可少的。电化学界面的 QM 处理，基于计算设备和理论模型，可以更好地理解电解过程，其中电化学电位、水环境和电极都被明确地考虑在内。因此，许多研究正在逐步揭示水电解电池中电极反应的原子级细节。

早期电解电池的效率约为 60%～75%。然而，目前的小规模、最佳实践的数字接近80%～85%，而较大规模的效率略低（70%～75%）。然而需要注意的是，当使用热电站发电时，化石燃料转化成氢气转换的总效率只有 25%～30%。这对所投资的能源来说并不是一个很有吸引力的回报。最近的研究大多集中在减少系统阻力，从而减少能量损失。这样，人们就会实现"制造"氢作为一种清洁和经济的能源载体的最终目标。

真正清洁的氢气只能通过使用可再生能源的形式来获得。这可以通过光化学水分解或通过中间发电，使用风能资源或光伏电池，然后进行水电解来实现。人工光合系统的使用是化学领域的主要挑战之一。用人工光合系统生产太阳能燃料的最简单和实用的方法是模拟自然光合过程。光捕获导致电荷分离，然后是电荷运输，将氧化和还原等价物传递到氢和氧演化的催化位点。

自然光合系统的复杂性在很大程度上与它们的生命本质有关。众所周知，单一的光合功能，如光诱导能量和电子转移，可以被简单的人工系统复制。然而，自然界告诉我们，光转化为化学能的有效转换需要在空间维度（成分的相对位置）、能量（激发态能量和氧化还原电位）和时间（竞争反应的速率）上具有精确组织的超分子结构的参与。这种组织是自然进化的结果，并由复杂的分子间相互作用所决定。它换位到人工系统可以通过分子工程使用共价或非共价键。

虽然用于将水分解成氢和氧的人工光合作用的每个单独组成部分都取得了进展，但这些组成部分在工作系统中的集成尚未实现。然而，现在可以使用光伏电池和光电化学（PEC）电池来将太阳能光化学转化为电能。PV电池通过激发电子穿过半导体的带隙来捕获光子。这一过程产生的电子-空穴对随后被分离，通常是由掺杂引入的p-n结来分离。在器件的n型区域，导带电子可以很容易地进出，而价空穴则不能；p型区域具有相反的性质。

不对称性导致光生电子和空穴向相反的方向流动，在外部电极上产生电位差。第一代光伏电池，占目前市场的85%，是基于昂贵的多晶硅晶片。较便宜的光伏组件的效率为15%～20%，使用寿命约为30年。然而，要想使太阳能电力在公用事业规模上与化石基电力具有成本竞争力，就必须大幅降低制造成本。这一目标部分通过第二代电池实现，第二代电池是基于较便宜的薄膜材料，如非晶或纳米晶硅、CdTe或CuInSe$_2$。然而，还需要进一步的研究来提高效率，以提高它们的经济竞争力。

藤岛和本田在1972年首次报道了一种应用光伏电解的实用方法。二氧化钛电极捕获紫外线（UV）光的能量并将其转化为电，用于将水直接分解成氢和氧气。随着人们对可再生能源的日益关注，光伏电解已成为氢气生产的主要贡献者。一种光伏电解系统，包括一个光伏电池和一个电解电路。光电极吸收紫外线产生的能量，并释放出水分解所需的电能。目前，许多研究都致力于开发光电化学活性半导体材料。PV电解的低效率（2%～6%）阻止了其用于大规模制氢。低太阳能密度、太阳辐射能量的变化、低工作电流密度以及昂贵且不稳定的电极材料，使得光伏电解在这个阶段的大规模应用不可行。

PEC电池，也被称为染料敏化太阳能电池或Gratzel电池，是基于能够使用太阳能（即可见光）的染料对宽带隙半导体的敏化。虽然半导体染料敏化的基本原理早已确立，只有在开发出非常高表面积的新型纳米晶半导体电极之后，这种技术在光能转换中的应用才变得有吸引力。敏化剂首先被光吸收激发。然后，被激发的敏化剂在飞秒到皮秒的时间尺度上将一个电子注入到半导体的导带中。氧化的敏化剂被中继分子还原，然后在导电玻璃对电极扩散放电。在开路条件下，两个电极之间产生光敏化，通过适当的负载闭合外部电路，可以得到相应的光电流。因此，PEC电池与光合系统的主要区别在于，电荷分离态的氧化还原势能并没有存储在后续反应的产物中，而是直接用于产生光电流。

高温电解（HTE），也称为蒸汽电解，使用固体氧化物电解池（SOEC）进行。它采用固体氧化物作为电解质，这一过程本质上是固体氧化物FC的反向操作。由于高温下的热力学和动力学操作条件，通过SOEC产氢通常比传统的低温水电解槽消耗更少的电能。例如，对于平均电流密度为 $7000A/m^2$，入口蒸汽温度为 750℃，明显低于典型的低温碱性水电解槽（4.5kW·h）的能耗。然而，应该强调的是，这种比较没有考虑到循环和热能的损失。此外，HTE 还必须解决更严格的温度控制和安全问题，以及使用适当的建筑材料。

虽然碱性水电解技术正在不断改进，但它目前还可能被认为是一种成熟的技术，与其他紧急水电解系统相比具有合理的效率。虽然 PEM 电解槽的效率很高，但它们需要克服一些技术缺陷。光伏电解技术面临着许多工程上的挑战。由于 SOEC 的工作温度很高，所以它必须处理腐蚀问题。提高低温碱性水电解技术，提高其效率，似乎是不久将来大规模制氢的更现实的解决方案。由于碱性水电解的广泛商业应用，目前的研究趋势特别集中在电极、电解质、离子传输和气泡形成方面。

Ni 由于其良好的稳定性和电催化活性，是应用最广泛的水电解电极材料。然而，电极材料的失活是电解过程中的一个主要问题，甚至镍也受到它的影响。镍电极失活是由于电极附近的高氢浓度，导致在表面形成镍氢化物相。已知铁涂层可以抑制镍氢化物相的形成，从而防止电极失活。溶解的钒在碱性介质中析氢过程中具有激活 Ni 阴极的能力。电极材料影响电化学反应的活化能。电催化剂用于促进电荷转移和/或提高化学反应速率。它们通过降低相关的过电位来降低过程的活化能。电催化剂的作用取决于电极的电子结构。Ni、d^8s^2、$d^{10}s^0$ 和 d^9s^1 电子结构的 Pd 和 Pt 分别显示出 HER 的最小 η 值。相比之下，具有 $d^{10}s^2$ 电子结构的 Zn、Cd 和 Hg 显示为最大值。Bockris 等的电催化中的溢出理论解释了物质之间的相互作用。

布鲁尔-恩格尔价键理论也被广泛用于氢电极的研究。Jaksic 报道，通过合金金属的左一半过渡系列元素周期表中空或少填充 d 轨道的金属的右边系列更多的 d 带，最大结合强度和稳定的金属间合金阶段可以实现。这导致了电催化中明显的协同作用。这表明，一些填充 d 带的金属电子与填充或空 d 轨道的金属共享。观察到的协同效应通常超过个别母金属的性能，并在很大的电流密度范围内接近可逆行为。因此，采用具有不同电子分布的金属形成的合金来提高电极的电催化活性。Santos 等研究了使用铂-稀土（Pt-RE）合金（RE＝Ho、Sm、Ce、Dy）的氢放电，发现等原子组成的 Pt-RE 合金比单个铂电极具有优越的性能。含有 Pt-Mo 合金的阴极的活性也远高于含有单独母金属的阴极。电沉积制备的 Ni、Fe、Zn 复合阴极，在电流密度为 $1350A/cm^2$ 的条件下，在 200h 内具有良好的稳定性。该复合材料在 28％氢氧化钾和 80℃ 时也表现出良好的活性；其过电位约为 100mV，明显低于低碳钢（约 400mV）。

贵金属氧化物是常用的电催化剂。二氧化钌（RuO_2）、二氧化铱（IrO_2）和含有这两种贵金属的混合氧化物已被证明对 OER 具有较高的电催化活性。$Ir_xRu_yTa_zO_2$ 作为阳极电催化剂，其总贵金属负载小于 $2.04mg/cm^2$，能够实现电池电压 1.57V 下，能量消耗 3.75kW·h/m³ H_2（标准状态），同时效率达到 94％。然而，有一些非稀有的、较便宜的金属也具有电催化活性，并被引入用于氧和氢析出反应。此外，在设计一个电极时，它通常被掺杂或涂覆有更稳定和更有活性的层。该掺杂材料可以从多种金属中选择。增加了电极材料的电导率和其粗糙度系数（当增加到 3％的 Li 时），有利于 OER。使用锂掺杂 Co_3O_4 阳极电催化剂的单电池电解槽，在 45℃电压为 2.05V 下，电流密度为 $300mA/cm^2$。$Li_{0.21}Co_{2.79}O_4$ 阳极在 $300mA/cm^2$ 和 30℃条件下连续运行 10h 表现出良好的稳定性。

纳米结构电极具有更大的比表面积，并具有独特的电子性质。纳米结构电极的活性面积的增加降低了电解槽的工作电流密度。与普通平面 Ru 阴极相比，在使用 Ru 纳米阴极棒时，过电位降低了 25%，能量消耗降低了 20%。这种改进可以归因于纳米结构电极的活性面积增加，从而降低了电解槽的工作电流密度。Kamat 提出利用纳米结构，通过增强电荷转移来提高光电解的性能，有可能作为水电解的电极。

关于电解质，如前所见，大多数商用电解槽都采用了氢氧化钾或氢氧化钠的碱性溶液。然而，通过添加少量的活化化合物，可以显著降低水电解过程中的能量消耗。离子液体（ILs）是室温下液体的有机化合物，它们只由阳离子和阴离子组成，因此具有相当高的离子电导率和稳定性。咪唑 ILs 已被用作电解水电解介质。在室温和大气压力下，使用具有铂电极的常规电化学电池中，电流密度高达 $200A/m^2$，效率高于 94.5%。ILs 的主要问题是它们通常具有高黏度和低水溶性。阻碍了传质，并导致低电流密度，从而导致低制氢率。需要电导率和水溶性的高离子转移，改善水电解过程。

与致力于开发新型电催化材料的大量研究相比，对用于水电解的新型电解质介质的研究工作仍然相对较少。利用电解质添加剂提高整体电解效率具有巨大的潜力，可以提高传质性能，从而降低电解质电阻。电解质添加剂的添加也会影响电解质和电极之间的亲和力，控制气泡形成。如前所述，气泡的形成和运输会在细胞内造成相当大的欧姆损失。溶解的气泡和电极与电解质之间的气体界面对水产生较大的电解阻力。气泡现象已经被深入研究，但尚未有机制或模型应用于碱性水电解。讨论了气泡对电极表面的覆盖和电解液相泡空隙分数对电阻的影响。减少气泡在电极表面的停留时间是最小化其尺寸从而降低其电阻的基础。

亲水电极对水的亲和力高于对气泡的亲和力。它们的应用有助于从电解质到电极的传质。可以在电解液中加入表面活性剂，以降低表面张力。这将减少气泡的大小，并加速它们从电极表面的分离。所添加的表面活性剂必须对电化学反应是惰性的，并且在整个过程中保持稳定。电极表面也可以通过在其上引入缝隙和孔来机械地修改，以促进气泡的逃逸。为了避免气体滞留在孔中，碱性水电解电极穿孔的典型直径为氢和氧分别为 0.1mm 和 0.7mm。电解液溶液的强制机械循环也可以帮助将气泡清除出电极表面。电解质的循环速度应足够高，以促进传质和消除浓度梯度。总之，新型电解槽的整体性能令人印象深刻，特别是关于其高工作电流密度和相对较低的电池电压，预计将会有进一步的改进。

碱性水电解，由可再生能源（如太阳、风和波浪）提供动力，可以集成到一个分布式能源系统中，产生最终用途的氢或作为能源储存介质。与目前主要的制氢方法相比，碱性水电解通常被认为是一种更简单的技术；然而，提高目前的效率还需要大量的工作。需要进一步的研究来克服阻碍碱性水电解广泛使用的耐久性和安全性问题。研究了水电解的基础，并比较了各种水电解设计的性能。已经设想了碱性水电解技术的热力学和动力学方法。阻碍电解效率的电阻，包括气泡产生的电阻、电化学反应的活化能、传质和电路中的电阻。通过修改电极和/或使用电解质添加剂，可以尽量减少气泡电阻的影响。反应过电位可以通过选择合适的电极材料来调整。通过电解质循环，可以大大降低传质电阻。清楚地认识到所涉及的电阻对于提高电解槽的效率至关重要，特别是在高电流密度下工作时。对电解槽开发的一些实际考虑表明，碱性水电解是一种可行的制氢方法。为了进一步提高碱性水电解的效率，迫切需要重点开发新的电催化剂和有效的电解质添加剂，利用物理/

化学电极改性，并对气泡现象进行适当的控制。

2.2.2　质子交换膜电解水制氢

20 世纪 60 年代，通用电气开发了第一个基于固体聚合物电解质的水电解槽，该电解槽克服了碱性电解槽的缺点。这个概念被 Grubb 理想化，其中固体磺化聚苯乙烯膜被用作电解质。这个概念也被称为质子交换膜或聚合物电解质膜（缩写为 PEM）水电解，也被称为固体聚合物电解质（SPE）水电解。聚合物电解质膜（Nafion，Fumapem）负责提供高质子电导、低气体交叉、紧凑的系统设计和高压操作条件。固体聚合物电解质的膜厚度在 20～300mm 之间。

PEM 电解槽可以在更高的电流密度下运行，能够达到 $2A/cm^2$，降低了操作成本和可能的电解总成本。电阻损耗限制了最大可达到的电流密度，用一个能够提供良好的质子电导率（0.1±0.02）S/cm 的薄膜，可以获得更高的电流密度。固体聚合物膜允许比碱性电解槽更薄的电解质。聚合物电解质膜的低气体交叉率（产生氢的纯度高），使得 PEM 电解槽可以在广泛的功率输入范围下工作。这是由于质子跨膜的传输对功率输入反应迅速，而不是像在液体电解质中那样因惯性而延迟。如上所述，在低负荷下运行的碱性电解槽中，氢和氧的产生速率降低，而通过隔膜的氢的渗透性保持不变，在阳极（氧）侧产生更大的氢的浓度，从而创造了一个危险和较低效率。与碱性电解相比，PEM 电解实际上覆盖了整个功率密度范围（10%～100%）。我们可以推测，PEM 电解可以达到额定功率密度的 100% 以上，其中额定功率密度来自于一个固定的电流密度及其相应的电池电压。这是由于氢通过 Nafion 的渗透性较低（Nafion117 小于 $1.25×10^{-4}cm^3/(s·cm^2)$，标准压力，80℃，$2mA/cm^2$）。

固体电解质允许紧凑的系统设计，具有强/抗结构特性，可达到高操作压力。一些商业模型声称其压力高达 350bar。电解槽的高压操作带来了给最终用户高压（有时称为电化学压缩）下输送氢的优点，因此进一步压缩和存储氢所需的能量更少。它还减少了电极上的气相体积，从而显著提高了产物气体的脱离效率，遵循 Fick 扩散定律。在压差配置中，只有阴极（氢）侧处于高压力下，这可以消除处理加压氧的危险和 Ti 在氧中自燃的可能性。压力的增加使膜的膨胀和脱水最小化，保持了催化层的完整性。工作压力的增加也导致了更高的热力学电压（每两个数量级 100mV），然而，只有总体效率略有提高，特别是在高电流密度条件下。

在 PEM 电解过程中，与较高的操作压力相关的问题也存在，如随着压力的增加而增加的交叉渗透现象。超过 100bar 的压力将需要使用更厚的膜（尽管耐受性更高）和内部气体重组器，以保持临界浓度（主要是 O_2 中的 H_2）在安全阈值（O_2 中的 H_2 为 4%，体积分数）下。通过在膜材料中加入其他填料，可以降低通过膜的气体渗透性（交叉），但这通常会导致使用导电性较差的材料。质子交换膜所提供的腐蚀酸性状态需要使用不同的材料。这些材料不仅要抵抗低 pH 条件（pH 约为 2），而且要承受高的过电压（约 2V），特别是在高电流密度下。耐腐蚀性不仅适用于所使用的催化剂，也适用于集流器和分离板。只有少数材料可以维持在这种强腐蚀性的环境下工作。这将要求使用稀缺、昂贵的材料和组件，如稀有催化剂（铂族金属-PGM，如 Pt、Ir 和 Ru）、钛基集流器和分离板（图 2.15）。

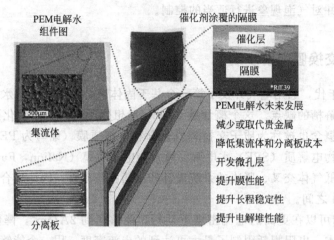

图 2.15　典型的 PEM 水电解槽的部件示意图

铱有一个特殊的限制，因为它是地壳中最稀有的元素之一，在地壳岩石中的平均质量分数为 0.001×10^{-6}。相反，金和铂的含量分别是前者的 40 倍和 10 倍。铱的主要商业来源是南非的辉石和硫化矿，以及俄罗斯和加拿大镍矿区的五角矿。由于铱被用于为智能手机、平板电脑、电视和汽车制造 LED，人们对铱的需求最近有所增加。因此，预计 PEM 电解技术在市场上的高渗透率将大大影响对铱的需求，从而影响价格。自 GE 的首次研究以来，研究小组一直试图通过众多的替代方案来克服高成本问题。然而，已发表的与 PEM 电解相关的论文数量较少（图 2.16），特别是与 PEM 燃料电池的研发相比。基于目前 PEM 电解技术的研发水平，有必要探讨如何进一步发展该技术、提高耐用性和进一步降低成本，以最终为未来的氢基经济做出贡献。

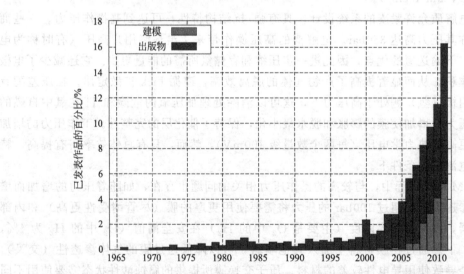

图 2.16　近年来与 PEM 水电解直接相关的出版物总数的百分比，包括与建模相关的发表百分比

首次关于 PEM 电解的文章是由 Russele 等于 1973 年在 GE 使用 PEM 电解槽。然而，1967 年至 1972 年的研发提出了电压曲线，如图 2.17 所示。在 1973 年的出版物中，就提出了诸如"未来的氢经济""氢作为能源储存""太阳能系统"和氢作为"明天的能源动力系统"等关键词。这些早期的 PEM 电解系统已经具有一定效果，在 $1A/cm^2$ 时性能为

1.88V 或在 2A/cm^2 时性能为 2.24V。他们也已经呈现了超过 15000h 的电解槽寿命，而没有实质性的性能损坏。作者还讨论了与催化剂使用的高成本有关的问题，对于这些早期的体系，催化剂层是基于铱和铂黑。他们建议，通过减少负载和/或替代用于制造催化剂层和装置的昂贵的稀有材料，可以降低资本成本。用酸性电解质进行水电解的催化剂已经开发，包括用于氢析出反应和氧析出反应。例如，在 1966 年的早些时候，Damjanov 等使用液体电解液研究了 Rh、Ir 和 Pt-Rh 合金上的 OER 动力学，显示了以下顺序的活性：Pt<Pt-Rh<Rh<Ir。

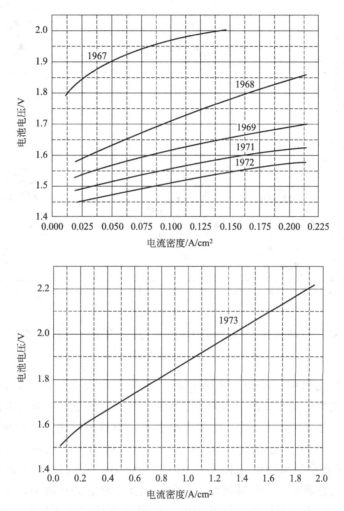

图 2.17　Russelel 等 1973 年在通用电气公司研究的 PEM 水电解性能
（电解槽在 48.8℃和标准压力下）

　　在接下来的几年里，对 PEM 水电解的研究主要集中在电催化剂上，以减轻 OER 的不可逆性和动力学缓慢的缺点。人们已经广泛尝试寻找一种更可逆的氧催化剂，电催化剂必须抵抗 PEM 电解槽的恶劣氧化环境。迈尔斯和托马森使用循环伏安技术总结了 HER 和 OER 的各种元素的活性（图 2.18）。很明显，当单独使用单一元素时，HER 和 OER 将基本上依赖于贵金属元素。对于 HER，在 80℃的 0.1mol/L 硫酸中，催化活性顺序为 Pd>Pt>Rh>Ir>Re>Os>Ru>Ni。对于 OER，活性顺序为 Ir≈Ru>Pd>Rh>Pt>Au

＞Nb。作者讨论了针对 OER 的每种催化剂的氧化物似乎是影响其电催化活性的主要因素。事实上，人们发现 RuO_2 的氧化过电压比任何其他测试材料都要低得多，这与早期研究中发现的许多观察结果一致。例如，RuO_2 或 Ru 的 OER 的过电压比 Pt 低得多。由于在铂表面形成的高电阻氧化膜，铂的存在会对 OER 的电催化活性产生不利影响（同样的效果也适用于钯）。

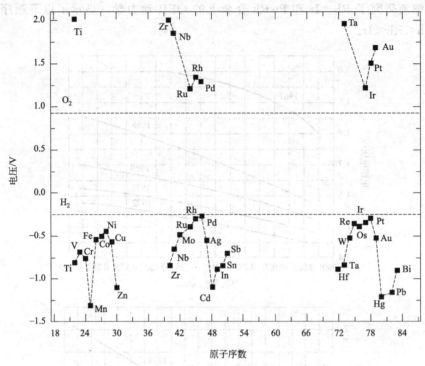

图 2.18　在 80℃ 条件下，0.1mol/L 硫酸中各种金属元素的循环伏安结果总结

（电流密度 $2mA/cm^2$，电位扫描率为 $50mV/s$）

在过渡金属氧化物中，RuO_2 和 IrO_2 具有较高的电导率，其值约为 $10^4/(cm \cdot \Omega)$（单晶）。这些氧化物中的金属距离和阳离子半径使内部 d 轨道的重叠是可能的，这些 d 带中的电子负责电子传导。RuO_2 的一个主要缺点是，随着氧析出腐蚀以明显的速度加快。Kotz 等提出了一个在酸性电解质中 Ru 和 RuO_2 电极的阳极氧化模型（图 2.19），指出 RuO_2 在酸性电解质中被腐蚀形成 RuO_4。在这个模型中，Ru 以离子形式或通过电泳作用从催化剂层中浸出到膜中，最终被沉淀。即使是负离子状态的钌离子，也可以从阴极反向扩散，溶解在膨胀的膜、裂纹或气体通道中。利用 X 射线光电子能谱，Kotz 等发现，在 Ru 的 OER 过程中，腐蚀形成了高度缺陷的水合氧化物。由于 RuO_x 比 IrO_2 更丰富，研究人员多年来一直试图寻找稳定的 RuO_x 以防止腐蚀/溶解的替代方案。这些替代方法主要是通过在钌催化剂结构中引入其他元素或氧化物，使该固态溶液能够降低钌的侵蚀速率。当将 IrO_2 与 RuO_2 混合时，Kotz 和 Stucki 假设在 IrO_2 和 RuO_2 轨道之间存在一个共同的能带。在这种情况下，IrO_2 位点上的电子可以与 RuO_2 位点共享，从而提高 Ru 的氧化电位。研究人员已经证明，IrO_2 的混合物显著提高了 RuO_2 在 OER 期间的稳定性。相对较少的 IrO_2（20%）具有显著的影响，并将氧化物的腐蚀速率降低到原始值的 4% 左右。除 Ru 外，Ir 对酸性电解质中的 OER 具有最好的催化性能，但不像 Ru 那样具有严重

的腐蚀性。从这个意义上说，绝大多数关于 PEM 水电解对 OER 的研究都集中在 Ir 基催化剂上。对于 HER，铂基催化剂是最常用的。在电流密度为 $1A/cm^2$ 时，大部分的活性损失将来自阳极反应，因为阴极在此电流密度下通常表现出良好的动力学。值得一提的是，不同的文章可能有不同的实验条件（温度、压力、电极尺寸和堆栈压缩/扭矩），也有不同的材料或组件（膜、离聚物、催化剂、集流器和分离板）。这意味着因为不同的条件和材料将直接影响性能，导致无法进行直接的性能比较。然而，这些研究的主要目的，无论使用的材料和条件如何，都是为了提高性能，这通常意味着降低电池电压和提高电流密度。

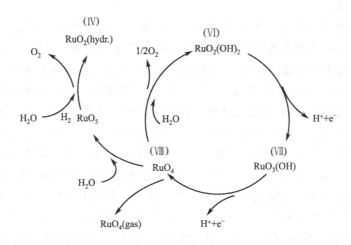

图 2.19　Ru 和 RuO_2 电极上的氧析出和催化剂腐蚀模型

多年来，电池电压并没有显著下降，必须考虑几点来解释这一观察结果。首先，与碱性电解相比，初始的 PEM 电解槽使用铂基金属（PGM）基催化剂和 Nafion 膜已经具有良好的性能。这意味着进一步降低电池电压将是相当具有挑战性的。其次，早期的研究不仅旨在提高性能或降低电池电压，而且还旨在降低成本，这通常意味着减少催化剂的负载和/或使用替代的、不那么稀有的催化剂系统。因此，对负荷降低和贵金属替代品的研究通常会导致性能水平的下降。在早期，阴极的催化剂负载相当高。在意识到 HER 不需要大量的催化剂（因为 OER 是主要反应）后，负载迅速下降。迄今为止，阴极侧的催化剂负载已减少到 $0.5\sim1mg/cm^2$ 的范围。对于发生 OER 的阳极侧，由于持续依赖于低利用率和低表面积的铱催化剂，催化剂负载多年来降低有限。目前，阳极催化剂层的负载范围约为 $2mg/cm^2$。

如前所述，Ir（IrO_2）通常被认为是 PEM 电解中 OER 的最先进的技术。Ru（RuO_2）比 Ir（IrO_2）更活跃，但不耐腐蚀的问题限制了其使用。直到 20 世纪 90 年代早期，PEM 电解研究主要集中在 Ru 和 Ir 催化剂及其合金的使用上。为了提高效率、稳定性和降低成本，研究人员在接下来的几年里开始为 OER 尝试不同的催化剂替代品。第一种方法集中在将 IrO_2 与一种更便宜的"稀释剂"混合，形成一种更便宜、更耐用、更容易制造的固溶体，这将大大降低成本。1995 年，DePauli 和三星制备了氧化锡和 IrO_2 的混合氧化物层，并在酸性液体状态下进行了电化学表征。他们发现，只有 10% 的 Ir，氧化锡的表面几乎完全被 Ir 饱和，但是没有显示出 OER 活性。

其他的研究则是在 IrO_2 催化剂中添加较便宜的氧化物。Ta_2O_5、Nb_2O_5、Sb_2O_5 及其混合物（如氧化锡-IrO_2-Ta_2O_5）等材料也被发表。Chen 等对电极稳定性与电导率的关系进行了重要的讨论。他们认为，影响电极稳定性的因素有很多，其中之一是涂层的电导率。在 de Oliveira-Sousa 等的一篇文章中，使用三种不同的方法制备了 Ti/IrO_2 涂层电极，并在酸性介质中测试了 OER。试验结果表明，该涂层具有良好的稳定性和耐久性。低电子电导率会导致内部产生高电场从而导致 O^{2-} 离子向基底的快速迁移。快速的 O^{2-} 迁移可以加速在钛基板和涂层之间的界面处的绝缘二氧化钛层的形成，从而导致电极钝化。对于大多数 IrO_x 基涂层，在低摩尔分数 IrO_x 条件下，较低的电极稳定性通常与涂层电导率不足有关。

胡等的研究中得出结论，在 Ti/IrO_2-Ta_2O_5 电极，电解存在三种破坏模式：①活性成分的溶解，②电解质的渗透通过热制备的氧化层的多孔结构，③Ti 基的溶解和阳极氧化。结果表明，随着电解槽的运行，氧化物催化剂的电催化活性缓慢降低，没有发生突然或急剧的恶化。Ardizzone 等使用 SnO_2-IrO_2-Ta_2O_5 氧化物，证明优越的性能和钽的关键作用（即使在低摩尔分数），扩大表面积，提高电导率，增加电荷存储电容，促进铱的表面聚集。在低 Ir 含量（15%，摩尔分数）下，酸性电解质中 OER 具有优异的电催化性能。然而，由于这些催化剂大多被涂覆/支撑在固体 Ti 板上，由于固体催化剂板的不渗透性，这些电极不能用于膜电极组件（MEA）或催化剂涂覆膜（CCM）结构。Terezo 等认为，活性表面位点在容量充电过程和阻抗的传输组件中都起着主导作用。换句话说，具有高表面积（或电化学表面积 ECSA）的催化剂可以提高性能和离子电导率。

为了评价这些催化剂体系在 PEM 电解电池中的活性，必须开发一种具有高表面积的"独立"形式的催化剂，以及将多孔催化剂结构纳入电解质膜上的方法。一开始，贵金属催化剂被直接还原或在膜表面或其结构内部进行电镀。该方法导致催化剂利用率差，比表面积低。在早期的研究中，使用不同的方法制备和应用粉末催化剂生产 CCMs 和 MEAs，其中大部分来自燃料电池的研发。尺寸稳定的阳极（DSA）型电极不适合 CCM 的制备，因为难以获得良好的膜和电极接触，而超细催化剂纳米颗粒的膜-电极接触增强了。理想的催化剂层应提供高催化剂利用率、高电子导电性和高质量传输，更重要的是，它应该具有较高的耐久性。

马歇尔等使用改性多元醇方法生产了 $Ir_xSn_{1-x}O_2$ 的纳米晶氧化物粉体并进行了表征。研究表明，$Ir_xSn_{1-x}O_2$ 粉末的晶体性质取决于制备这些材料的方法。Adams 聚变方法产生的氧化物包含至少两个独立的氧化物相，其中一个主要包含氧化锡。另外，改进的多元醇方法被认为是在铱和氧化锡之间形成固溶体，晶格参数随锡含量线性增加。比较这些氧化物的电阻率，结果表明，在 Adams 聚变方法中，加入氧化锡增加了电阻率，而在多元醇方法中，固态溶液的形成降低了氧化锡对电阻率的影响。通过对 PEM 水电解槽中可能存在的电阻损失进行简单的估计，作者提出了氧化锡值的加入极限约为 50%～60%（摩尔分数）。在合成过程中，作者还指出，富铱胶体具有较低的 zeta 电位，因此会在比富锡胶体在较低的 pH 值下凝聚。因此，为了确保获得均匀的团聚体，应使用较高的 pH 值，以确保所有的胶体材料都存在于团聚体中。

使用 $Ir_xRu_yTa_zO_2$，Marshall 等对 Ta 添加催化剂的活性没有 $Ir_{0.6}Ru_{0.4}O_2$ 好，因为 TaO_x 对 OER 的活性很差。而加入 Mo 后，形成 $Ir_xRu_yMo_zO_2$，与 $Ir_{0.4}Ru_{0.6}O_2$ 相比，粒径更小，活性表面积更大。作者解释说，粒径减小的原因是界面上的 Ir 和 Ru 离子可以通过金红石晶体周围的 Ir(Ru)—O—Mo 键与 Mo 连接，这抑制了 Adams 聚变过程中晶粒的生长。利用亚硫酸盐复合物路线，由西拉苏萨诺等人生产了小粒径（2～3nm）的 IrO_2。这是一个相当大的下降，因为大多数已发表的研究使用 IrO_2 纳米颗粒的范围从 7 到 12nm。作者声称烧结现象减少，因为没有在试验后观察到颗粒烧结。然而，在研究中没有提供关于同质性和具有代表性的长期操作试验，或加速耐久性试验的信息。这些研究表明，非稀有氧化物（如二氧化钛、氧化锡、Ta_2O_5、Nb_2O_5、Sb_2O_5）对 OER 没有积极的贡献。Xu 等得出结论，IrO_2 与氧化锡的 Tafel 曲线表明，Sn 的加入有效地抑制了直接参与 OER 的羟基物种的吸附。氧化锡的加入不仅促进了纳米颗粒的分散，而且有效地去除了吸附的羟基物质，释放了更多的 IrO_2 活性反应位点。

在一项使用 IrO_2 支持碳化钽（TaC）的研究中，波隆斯基等评论说，$NaTaO_3$ 表面薄膜的特征是电导率低，可以通过应用足够数量的 IrO_2（在这种特殊情况下，金属负载为 50% 或以上）来克服。在最近的研究中，有趣的材料和结构可能会改变这一情况。在一篇文章中，ATO（锑掺杂氧化锡纳米颗粒）上的 RuO_2 通过钌含量仅为 20% 的胶体法制备，同时保持高性能（于 $1A/cm^2$ 的电流密度下达到 1.55V，记作 1.55V，@$1A/cm^2$）。作者认为，这是由于 ATO 降低了催化剂粒子的团聚，增加了 RuO_2 的电子电导率，但也指出 ATO 被认为是 OER 的惰性材料。在 2012 年 7 月完成的欧洲项目 PrimoLyzer 中，通过分子建模或密度泛函方法进行了研究。所研究的催化剂由具有金红石结构的纯金属氧化物（IrO_2、RuO_2 和氧化锡）、二元结构（Ir_7RuO_{16} 和 $RuIrO_4$）和具有金红石样结构的金属氧化物（Ir_2RuSnO_8）组成。根据报告，混合 Ir-Ru 氧化物是活性的二元催化剂，Ir-Ru-Sn 是活性的三氧化物催化剂。混合的 Ir-Ru 氧化物在 0.5mol/L 硫酸，80℃ 的 CCM 电极中验证了 1.85V 的稳定性。同样研究了在炭黑和多壁碳纳米管上的 Pt 和 PtPd。10%（质量分数）是液体硫酸电解液中的最佳贵金属负载，在 40mV 时达到 $1.5A/cm^2$ 的活性。在单电解槽测试中，优化的极化曲线显示性能高于目标（1.64V，@$1.2A/cm^2$），小于目标催化剂负荷（目前的负荷：阳极 $0.3mg/cm^2$，阴极 $0.5mg/cm^2$，目标负荷：阳极 $1.0mg/cm^2$，阴极 $0.5mg/cm^2$）。对于单电解槽试验，在 70℃、环境压力下，隔离膜为 Nafion115，阴极为 $0.6mg Pt/cm^2$，阳极为 $0.6mg Ir/cm^2$，操作 2000h 后性能为 1.72V，@$1A/cm^2$，降解率为 $<30\mu V/h$。

综上所述，通过稀释贵金属含量，有助于贵金属颗粒的抗腐蚀稳定性。它们本质上是作为活性催化剂的支撑材料，然而，到目前为止，真正的现象还不完全清楚。由于这些耐腐蚀氧化物材料通常具有低电导率、活性材料的高负载（超过 50%）、高粒径、低均匀性，降低了贵金属利用率，因此必须在 CCM 的制备中应用高金属负载。

PEM 电解中 OER 的挑战集中在阳极侧电催化剂系统的开发上。在大多数早期的研究中，研究人员使用铂黑作为阴极侧（HER）的标准催化剂。后来，由于 PEM 燃料电池催化剂的开发经验，研究人员开始使用来自不同制造商（ETEK/BASF、Tanaka 和约翰逊&Matthey）的炭黑（Pt/C）上的铂纳米颗粒作为 HER 的标准催化剂。然而，尽管铂负载比阳极侧负载要低，阴极催化剂仍然占系统总成本的相当大一部分，特别是当碳载体发生降解或腐蚀时。阴极侧的负载范围在 0.5～$1mg/cm^2$ 之间，并始终需要进一步的减少，并有可能达到 $0.2mg/cm^2$。自 2005 年以来，很少有研究试图减少铂负载，提高催化剂的利用率（均匀性、颗粒大小），并潜在地替代（创造所谓的无铂催化剂）。在研究阴极催化剂时，由于 OER 的优势，通常在液体电解质半电池或三电极装置中进行实验，以评估阴极的贡献。

辛内曼等研究了二硫化钼作为 HER 的替代催化剂。这些实验是通过制备一侧为标准 Pt，另一侧为 MoS_2/石墨的 MEA 完成的。结果表明，二硫化钼是一种合理的材料，但与传统的铂阴极相比，其电流密度明显较低。还原氧化石墨烯（RGO）上的二硫化钼纳米颗粒也被评价了。MoS_2/RGO 杂化物在 HER 中表现出优越的电催化活性，但仅相对于其他二硫化钼催化剂，仍不能与 Pt 相媲美。三氧化钼纳米线也被评估用于 HER，然而，这些材料与传统的 Pt 电极之间缺乏比较。同样的观察结果也适用于 $Cu_{1-x}Ni_xWO_4$ 的研究。Xu 等对钨磷酸（PWA）与碳纳米管（碳纳米管）杂化进行了 HER 测试。结果表明，新型催化剂的活性达 Pt/碳纳米管活性的 20％。Xu 等还指出，PWA 比贵金属催化剂更为丰富。三氧化钨纳米棒也被用于 HER，并在使用单步方法时生产出高产率。该催化剂是 HER 的替代品，然而，没有与标准 Pt 进行比较。

由于其可能作为许多电化学反应的分子电催化剂，最近也受到了许多电化学反应的关注。由于它们的活性，Pantani 等对 Co 和 Ni 乙二胺进行了评估，研究了这些固定化金属（Co 和 Ni）在 HER 中的可能性。作者评论说，他们的活性保持稳定，但结果仍然不能与 Pt 相比较。通过化学修饰与金属活性位点结合的配体，氧化还原电位必须转移到更高的电压，比标准氢电极（SHE）更接近 0V。有人还建议，这些化合物必须分散在适当的电子导体上，以增加催化剂和电解质之间的接触面积。在这些乙二胺被视为一种可行的铂替代之前，必须提高反应速率和稳定性，为了实现这一点，需要更好地了解 HER 机制。Pd/CNTs 也进行了 HER 测试。碳纳米管通常被用作载体，因为它们通常被认为具有与传统的炭黑相比具有更高的电导率和耐腐蚀性。在 Raoof 等的工作中，在一个玻璃碳盘的表面形成了一种聚（8-羟基喹啉）薄膜。将 Cu 纳米颗粒络合到聚合物基体中，然后用 Pt 取代铜，在 GC 上形成 Cu/Pt-p（8-HQ）。该材料对 HER 具有活性，但与裸 Pt 电极相比，性能仍然较差。

基于最近开发的 PEM 燃料电池电催化剂的积极结果，可以研究类似的催化剂材料和方法用于 PEM 电解。许多有关 PEM 燃料电池和电化学系统的文献，如电池和太阳能电池，都有充分的基础知识。这些知识也可以潜在地用于 PEM 水电解，以便进一步开发/建立 PEM 电解。核壳催化剂主要由支撑在金属核衬底（如 Cu）上的原子金属单层（如 Pt）组成。核壳结构提供了双金属催化的协同效应，调节了这些催化剂对不同电化学反应的表面和催化反应活性。核壳体系是通过从双金属合金中优先溶解（去除）电化学上活性更强的组分来制备的。换句话说，在 Pt@Cu 构型中，Cu 从表面去除，集中在催化剂结构的核心上，Pt 集中在催化剂的外壳上。Strasser 等认为，脱氯的 Pt@Cu 纳米颗粒对燃料电池电极中的氧基还原反应（ORR）具有独特的高催化反应活性，以纯铂作为首选催化剂。在 PEM 燃料电池中，ORR 是缓慢的，这就是为什么需要较高的铂负载，从而增加了成本。作者还指出，该催化剂满足并超过了实际燃料电池的技术活性目标，可以将所需的铂量减少 80％以上。为了减少 PEM 电解中的金属负载，芯结构是一种很好的有前途的替代方法。Pt-Cu 芯壳催化剂可用于阴极侧，将负载量大大降低到 $0.2mg/cm^2$，以下，同时仍能提高效率。Ir 或 Ru 核壳结构也可以用于阳极侧。事实上，已经有一些关于使用 Ir 和 Ru 的燃料电池的研究，但尚未对 PEM 电解进行评估。然而，这些催化剂体系的非稀有核心必须完全被贵金属覆盖，以避免非稀有催化剂的溶解和催化剂和膜和离聚物的后中毒/失活。

在催化领域，高表面积多组分纳米线合金在提高贵金属催化剂的活性和利用方面具有特别好的应用前景。这些改进是由于当不同的表面原子诱导它们之间的电子电荷转移时产生的电子效应，从而改善了它们的电子能带结构。然而，由于难以制造这些具有高分散度的先进纳米结构，生产具有这些特性的先进催化剂体系的常见策略或工艺涉及复杂的合成方法。Carmo 等以经济和可扩展的方法制备了 Pt-BMG 纳米线。研究表明，Pt-BMG 的性能、组成和几何形状可能适用于高性能电催化剂。此外，Pt-BMG 在高黏性过冷液体区域的 Pt-BMG 在热塑性形成过程中的高水平可控性促进了催化剂的高分散，而不需要高表面积的导电剂支持（例如炭黑）。因此，开发专门定制的 BMG 合金和使用特定的工程 BMG 成分可以促进 PEM 电解的变革性改进。

在 PEM 电解上为 PEM 燃料电池开发的先进结构的一个例子是纳米结构薄膜（NSTF）。根据维尔斯蒂奇等和 Debe 等的研究，NSTF 催化剂已被证明可以消除或显著降低 H_2/空气 PEM 燃料电池的阴极和阳极过程中的许多性能、成本和耐久性障碍。NSTF 催化剂的比活性和耐久性似乎明显高于传统的碳负载 Pt 催化剂，质量活性接近 2015 年在 900mV 下的 $0.44A \cdot mg^{-1}$ 目标。NSTF 催化剂是通过将催化剂合金真空溅射沉积在定向结晶有机颜料晶须上形成的。晶须具有耐腐蚀性，因此消除了影响炭黑的高压腐蚀。NSTF 须免疫化学或电化学溶解/腐蚀，因为聚二苯二甲酰胺颜料不溶于典型的酸。将低催化剂负载的 NSTF 催化剂（阴极：$Pt_{68}Co_{29}Mn_3$，阳极：PtIr 或 $Pt_{29}Mn_3$ 上的 $Pt_{68}PtIrRu$）组装在单电池和短堆 PEM 电解槽中。在 $0.10 \sim 0.15mg/cm^2$（不包括 Ir 和/或 Ru 负载）条件下，对催化剂的性能和耐久性进行了测试。作者认为，NSTF 催化剂合金具有良好的 OER 和 HER 活性。NSTF $Pt_{68}Co_{32}Mn_3$ 和溅射 NSTF $Pt_{50}Ir_{50}$ 催化剂的阴极性能与标准的负载高一个数量级，耐久性超过 4000h。在单细胞试验中发现溅射 NSTF $Pt_{50}Ir_{50}$ 和 $Pt_{50}Ir_{25}Ru_{25}$ 催化剂的阳极性能几乎与标准 PtIr 黑相同一个数量级，耐久性试验可达 2000h。

在催化层中加入具有离子输运性质的聚合物溶液（如 Nafion 离子离聚物）对 PEM 电解过程中的电极有两个相反的影响。其中一种效果是促进质子从催化剂层（纳米级）转移到膜，通过减少电阻损失来提高整体效率。该离聚物还作为黏合剂，提供三维稳定的催化剂结构，赋予电极机械稳定性和耐久性。另一方面，它降低了催化剂的导电性。催化剂层中的离聚物也使催化剂层更亲水，潜在地减少催化剂层的质量传输。因此，有必要对三相边界层和离聚单体层的特性进行优化。据我们所知，在 Shao 等的工作之前，并没有提到 PEM 电解过程中的离聚物层。随着在催化剂层中加入离聚物，性能有了明显的改善，但通常没有关于离聚物负载的信息。到目前为止，只有很少的研究集中于这一主题，并且可以普遍认为，离聚物的负载范围在干催化剂重量的 20%～30% 之间。Zhang 等的研究认为，膜与电极或催化剂与离聚物之间的界面电阻被认为是导致 MEAs 性能差异的主要因素。油墨和 MEA 的制备方法对界面电阻有显著的影响。阳极的最佳 Nafion 离子单体负载为 25%（质量分数），阴极为 20%（质量分数），为了进一步优化三相边界，还可以进行其他研究。

在 PEM 电解过程中，使用一种薄的（$\approx 100 \mu m$）全氟磺酸盐聚合物膜（PFS）作为固体电解质。杜邦的商业 Nafion 膜由于其优异的化学和热稳定性、机械强度和高质子导电性而被广泛使用。然而，缺点是其成本和处置。由于主链结构中含有氟，它们在废弃时的处理也可能很昂贵。研究小组一直致力于制造更便宜的质子交换膜，但也专注于提高其离子交换特性和 PEM 电解的耐久性。Nafion 膜已经在 PEM 燃料电池中得到了广泛的研究。然而，燃料电池和电解水系统的膜的水化状态是不同的。在 PEM 燃料电池运行过程中，膜被水蒸气加湿，而在 PEM 电解运行过程中，电解质膜暴露在液相水中，在水电解中完全水化。Masson 等通过在聚乙烯基体上接枝，然后对所得到的聚合物进行磺化，开发了非氟膜。Linkous 等和 Wei 等评估了不同类型的工程聚合物，并确定了一些能够承受在 PEM 水电解槽中运行条件的聚合物。其中，选择聚苯并咪唑（PBI）、聚（醚醚酮）（PEEK）、聚（醚砜）（PES）和磺化多苯基喹噁啉（SPPQ）进行磺化成离聚物/膜，用于 PEM 电解。Jang 等选择 SPEEK 和磺化聚砜（PSF）和聚（苯硫砜）（SPSfco-PPSS）制备用于水电解的 SPEs。SPEEK 聚合物被认为具有高强度，是一种易于成膜的材料。SPEEK 也具有相当高的磺化程度，这使质子电导率较高。不幸的是，SPEEK 膜在高温下往往会过度膨胀，甚至溶解。另一种替代方法是用其他聚合物结构和/或填料来增强 SPEEK 膜。

与标准的 Nafion 膜相比，这些替代膜显示出相当低的电流密度和较低的耐久性。PFS 膜的另一个缺点是，在温度超过 100℃ 时，它们会释放水，从而产生离子电导率，这使得它们不能被用于更高温度的水电解。从热力学、动力学和工程学的角度来看，运行温度的提高有几个优点。当温度升高时，电极动力学增强，因此过电位降低。如果水在 100℃ 以上以气体形式反应，电解过程将在热力学上能垒较低。电解电池在 25℃ 下的可逆电压为 1.23V，明显高于在 200℃ 时的蒸汽（1.14V）。当电解系统被加压时，还可以获得更好的膜水化作用和质子导电性。更高的操作压力也将有利于 PEM 电解，因为它将减小存储目的的气体压力限制。因此，开发能够维持更高的操作温度和更高的压力（>350bar）膜将是很重要的。复合膜或增强膜（含二氧化硅、二氧化钛或二氧化钨）可以增加电解槽的操作温度和压力。这些替代的复合膜也会减少气体通过膜进行交叉污染。

众所周知，如果水被挥发性较低的质子溶剂取代，如离子液体或磷酸（PA），那么在脱水条件下，可以保持 Nafion 膜的高离子电导率。研究已经证明了掺杂 PA 的 Nafion 膜在温度高达 200℃ 情况下的运行，这些膜的质子电导率约为 10^{-2}S/cm。在过去的几十年里，PA 掺杂聚 [m-苯二苯（5,5-苯并咪唑）]（PBI）膜已经成为一种很有前途的 PEM 材料，应用于温度高达 200℃ 的燃料电池。这些 PBI 膜的刚性芳香族主链提供了必要的化学和热稳定性。然而，在 PBI/PA 体系中，质子电导率强烈依赖于酸掺杂水平，即 PA 浓度和温度是整个体系的临界腐蚀限制条件。为了改善 PBI 系统的性能，已经出现了许多研究。其主要思想是提高机械强度，并随着时间的推移保持相同的 PA 掺杂水平。本质上，由于膜降解和 PA 浓度的下降，PBI 系统仍然不能保持相同的性能水平。一些替代方案包括 PBI 类似物、复合材料或不同的交联聚合物结构的合成。一些研究小组也尝试通过混合 PBI 和不同的酸性聚合物，如磺化聚砜、磺化聚（-乙醚酮）或磺化部分氟化芳烃聚醚来制造交联膜。然而，到目前为止，对 PEM 电解膜材料的研究仍然很少。对于未来的研究，重点为延长使用寿命、性能和降低这些材料的成本。上述提出的新概念具有很高的潜力来克服目前膜材料所呈现的缺点。

在 PEM 水电解槽中，水通常在电池的阳极侧输入（与电池的工作温度 ≈80℃ 相同），在那里发生了氧析出反应。水通过分离器板中的通道传播，并通过集流器扩散。水到达催化剂层，分子被分成电子、双原子氧和质子。氧气必须通过催化剂层和集流器回流到分离器板（对抗水流），然后离开电池。电子从催化层出发，通过集电器、分离板，然后进入阴极侧。质子通过离聚物离开阳极催化层，到达膜，穿过阴极侧，到达催化层后，它们会与电子结合形成 H_2。然后，氢气必须流过阴极集流器、阴极分离板并离开电池。这一总体现象为电流收集器的发展留下了几个重要的方面需要考虑。①由于高过电位、氧气的存在和固体酸性电解质所提供的酸性环境，所使用的集流器必须具有耐腐蚀性。②它们还必须有良好的电导率，并且不能随时间的推移而钝化。③集流器还必须为膜提供机械支撑，特别是在操作差压条件下。④气体必须被有效地排出，水必须在反流中有效地到达催化位置，在高电流密度下更为重要，因为传质是限制因素。在这方面，具有大孔隙率的集流器会促进气体去除，但会降低电子传递，从而降低效率。较大的孔隙率也会减少被困在催化层中的水量。相反，小的孔隙率会阻碍气体的去除，增加传质阻力。由于需要优化的孔径分布，已经开发了 PEM 燃料电池的研究方法，可以很容易地应用于电解，以分析电流集热器的接触面积和质量传输效果。由于接触不良，在集电层表面的非均匀电流分布也是不可取的，因为它会导致热点的形成，最终导致膜的熔化，并在其表面上产生缺陷。

　　因此，需要一个优化的集流器，而孔隙结构设计、孔径分布、电导率和耐腐蚀性等变量是关键因素。由于腐蚀条件，在燃料电池中作为气体扩散层/集流器（GDLs）使用的碳材料（如碳纸、碳布和碳毡）不能应用于 PEM 电解。阳极侧施加的高过电压（约 2V）和高浓度的氧、水和低 pH（＜2），容易促进碳或石墨材料氧化为二氧化碳。在这种情况下，碳会迅速被腐蚀，在氧侧尤其严重。因此，PEM 电解的集电器材料通常采用球形钛粉热烧结制备。在许多研究中，也使用了不锈钢栅格或钛栅格，但其性能低于烧结的钛颗粒，可能不足以长期运行。无论可以使用碳材料（碳布，纸），但只能考虑用于短期测试或电催化剂表征目的，不能代表真正的 PEM 电解槽在长期运行中的性能。虽然一些研究表明碳集电器可以用于阴极侧，但仍需进一步的研究，为了了解这些材料在真实条件下的性能，以及随时间变化的压差。另一个问题是氢脆化发生在阴极集流器和分离器板上。材料的氢脆化遵循顺序（Ti＝Ta＞Nb＞Zr＞石墨）。这个问题通常通过在阴极侧使用镀金材料来解决，但导致成本明显增加。

　　格里戈里耶夫等对来自实验和建模方法的电流收集器进行了优化。根据他们的研究，正如预期的那样，在 PEM 水电解电池中作为电流集流器的多孔钛板的微结构对电池的整体效率有重要作用。结果表明，最佳的球形粉末尺寸值为 $50 \sim 75 \mu m$。作者还表明，在 $2A/cm^2$ 下，集流器的孔隙结构不足可使电池电压增加高达 $100mV$，直接沉积在膜表面的电催化层制备的 CCMs 比沉积在电流收集器表面（MEAs）上的电催化层制备的 CCMs 的效率略高。Millet 等还指出，在堆栈配置中，面临的主要挑战是减少出现在分离板、电流收集器和电活性层，以获得与实验室规模相同的电池效率。在另一篇文章中，作者得出结论，进一步降低隔板和电极背衬层（电流收集器）之间的电阻是提高性能的必要条件。从这个意义上说，迫切需要开发出可以应用在烧结的钛颗粒板上的微孔层，以平滑各层之间的接触。Hwang 等试图在 Ti 毛毡上加载 Ti 粉末，以便在集流器上制备用于 PEM 电解的 MPL。可逆燃料电池如图 2.20 中所示，TiMPL 并不均匀地分布在钛毡上，就像燃料电池中 MPL-GDL 的情况一样。

　　分离器板和集流器占装置成本的 48%（图 2.21）。这一点在较高的电流密度下运行时尤为重要，因为内部电阻和传质成为不可逆性的主要来源。正是电阻、质量传输和成本的

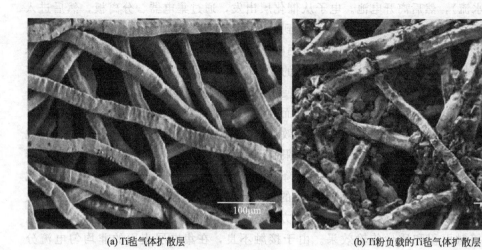

(a) Ti毡气体扩散层　　　　　　　　(b) Ti粉负载的Ti毡气体扩散层

图 2.20　(a) Ti 毡 GDL（Bekinit）和（b）Ti 粉末负载（300mg/cm^3）Ti 毡 GDL 的扫描电镜图像

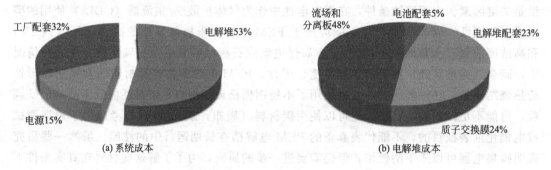

(a) 系统成本　　　　　　　　　　　　(b) 电解堆成本

图 2.21　资本成本分解，生产能力 13kg/d 的电解槽

结合，为研究和开发聚合物电解质膜（PEM）电解槽的分离板创造了一套不同的目标。分离板的高成本来自于材料、加工成本和有限的经济规模。目前，PEM 电解槽采用了某种形式的钛、石墨或涂层不锈钢的分离板。这些都使成本处于高位，而且都存在各种操作缺陷。正是在这些缺点以及越来越重要的成本降低，分离板的研发才面临着最大的挑战。分离板必须为电池提供反应物气体之间的绝缘，以及热和电子的导电路径。钛具有优异的强度、低初始电阻率、高初始导热系数和低渗透率，但在氧（阳极）侧，钛会被腐蚀和生成氧化物层，大大增加了接触电阻和导热率。因此，电解槽的性能会随着装置的老化而降低。为了保护钛分离板的贵金属，对涂层和合金进行了研究，大大降低了腐蚀率，但抵消了石墨的低成本，因为铂和金涂层增加了额外的处理步骤。

　　在电解过程中，多孔集流器必须牢固地压在催化层上，以获得良好的电接触并防止泄漏。从图 2.22 可以看出，催化层表面不会发生均匀的气体演化。相反，气体通过位于烧结钛颗粒附近的裂纹被收集，在与电流收集器的接触点上，并通过多孔电流收集器从界面转移出去。当电流收集器被压得太紧时，对于 MEA，催化层可能被局部压碎甚至破坏（集电器与膜之间直接接触），这将会降低 MEA 的寿命和效率。

　　PEM 电解的整体，包括对催化剂、膜、离聚物、集流器、分离板、中毒效应、各

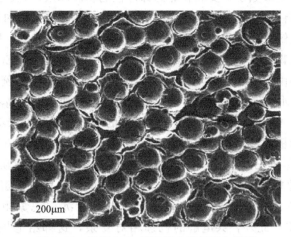

图 2.22　操作 100h 后的铱电极扫描电镜图

种组件的制备方法和建模方法。这对于 PEM 电解尤其重要，未来的研究方向以开发 PEM 电解器作为一种可靠的、成本有效的解决方案，以帮助解决与可再生能源相关的问题。

2.2.3　固体氧化物电解水制氢

电解水制氢，引入跨能源领域的储能理念，不仅可以将氢作为清洁、高能燃料存储起来，在需要时通过燃料电池供电、供热，而且可以直接与二氧化碳合成甲烷融入现有的燃气供应网络，实现电力到燃气的互补转化，依托燃气系统实现超大规模能量存储。高温固体氧化物制氢（SOEC）技术，工作于 800℃左右，相对于工作于 80℃左右的碱性电解技术和质子交换膜电解水技术，电解效率有极大提升。

（1）SOEC 技术基本原理

高温 SOEC 原理见图 2.23，阴极材料一般采用 Ni/YSZ 多孔金属陶瓷，阳极材料主要是钙钛矿氧化物材料，中间的电解质采用 YSZ 氧离子导体。混有少量氢气的水蒸气从阴极进入（混氢的目的是保证阴极的还原气氛，防止阴极材料 Ni 被氧化），在阴极发生电解反应分解成 H_2 和 O^{2-}，O^{2-} 通过电解质层到达阳极，在阳极失去电子生成 O_2。

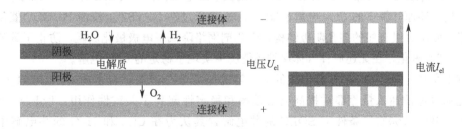

图 2.23　高温 SOEC 原理示意图

（2）固体氧化物电解池阴极材料的发展现状

SOEC 的单电池由阴极、电解质和阳极组成。其中，阴极是燃料气产生的场所和电子传导的通道。因此，阴极除了需要和相邻的部件性能相匹配以外，还必须具备良好的电子导电能力和电催化活性，同时还要求在高温、高湿条件下保持结构和组成稳定。寻找合适的阴极材料以控制电解模式下的极化能量损失和性能衰减十分重要。固体氧化物电解池的阴极材料是固体氧化物燃料电池（SOFC）的阳极材料，但是，SOEC 的阴极与 SOFC 的阳极对气体氛围、湿度等方面要求有所区别。以传统 Ni 基电极为例，在电解水蒸气时，SOEC 的阴极进气中水蒸气含量提高明显，此时阴极所处的高温、高湿环境易引发传统的 Ni 基电极颗粒团聚、粗化，导致电极活化、极化的增加。此外，水蒸气的扩散能力明显弱于氢气，这使得阴极的浓差极化增大。这就需要针对传统的 SOFC 电极材料加以适当的修饰和改善以适应 SOEC 高温、高湿的反应环境。不同于目前研究较为广泛的电解 H_2O，研究者通过建模与实验探究了 CO_2 的电化学反应过程，由于 CO_2 属于直线型分子，在高温下难以被化学吸附和活化，而且易出现碳沉积现象阻碍反应进程，电解 CO_2 的性能一般较差；此外，共电解的机理相对复杂，这都给电极材料的选择增加了挑战。

$Ni-Y_{0.08}Zr_{0.92}O_{2+\delta}$（Ni-YSZ）已广泛用作各类电极材料。在 SOEC 电解水蒸气时，阴极所处的高温、高湿环境对 Ni 基陶瓷材料带来了许多不利的影响。通过改善制备工艺，用超声波-共沉淀法和尿素燃烧原位合成法合成 NiO-YSZ 粉体，可以使金属颗粒更加细小且均匀分散在电解质基体上，从而抑制反应过程中颗粒团聚、粗化。梁明德等针对高温电解水蒸气的工况，对传统的 Ni-YSZ 阴极微结构进行了调整，即增加活化层与支撑层中间的过渡层，形成梯度。实验证明，制备梯度化的阴极在 900℃、70% 水蒸气的气氛中，在 1.5V 下电解的电流密度为 $0.857A/cm^2$，高于非梯度的 $0.650A/cm^2$。Patro 等使用 $NiSc_{0.1}Ce_{0.01}Zr_{0.89}O_{2+\delta}$（SSZ）阴极，NiO-SSZ 体积比 6∶4，通过丝网印刷 5 层共 $35\mu m$ 的涂层，构建的稳定电极微结构显著降低了极化电阻，同时减缓了电池衰减的速度。Chen 等使用 $Mo_{0.1}Ce_{0.9}O_{2+\delta}$（MDC）浸渍 Ni-YSZ 电极，MDC 增强了导电性并改善了三相边界的长度，从而提高了电池性能。而对于 Ni-SDC，由于氧化钐掺杂的二氧化铈（SDC）主要适用于中低温 SOEC，其电解效率相对 Ni-YSZ 电极较差。

对于电解 CO_2，Ni-YSZ 阴极在高温下的纯 CO_2 电解过程中也容易被氧化，通常采用 H_2 或 CO 等还原性气体与纯 CO_2 混合以保护 Ni-YSZ 阴极不被氧化。占忠亮等制备了 Ni-YSZ｜YSZ｜LSCF-GDC 电解池，在通入 25% H_2 和 75% CO_2 的条件下，在 800℃ 和 1.3V 的情况下得到接近 $1A/cm^2$ 的电解电流密度，证明了 Ni-YSZ 金属陶瓷电极对于将 CO_2 还原 CO 的有效性。Song 等认为 Ni-YSZ 阴极在电解电压保护下可以在纯 CO_2 电还原中稳定工作，优于还原气氛下的 CO_2 电解性能。Dong 等通过在 Ni-YSZ 上浸渍 Pd/GDC 催化剂纳米网络并使用分级有序的多孔阴极结构，催化剂网络降低了电极极化电阻，防止了碳的形成并抑制了 Ni 氧化，在无还原性气体保护的情况下实现了稳定的 CO_2 电解。

如上所述，基于 Ni 基复合阴极的共电解的研究十分普遍，合适的 CO_2 与 H_2O 的比例与还原气体的通入量等都对提高电解效率和稳定性起到了关键性作用。LoFaro 等研究了中温（525~700℃）条件下 SOEC 的共电解，其认为在 CO_2 和 H_2O 的共电解中，将 H_2O 还原为 H_2 与 CO_2 还原成 CO 是一个互为竞争的过程，调整这些竞争性反应的速率对于改变 CO_2 的高温和低温电化学转化都起着重要作用。通过制备的 Ni-YSZ｜GDC-YSZ｜LSC 组成的 SOEC 单电池进行实验，为了区分化学和电化学过程的影响，其比较了 OCV（仅发生化学过程的条件）和 $0.15A/cm^2$（电化学和化学过程都发生的条件下）

出口气体含量。其中，H_2 的消耗量在 $22\%\sim28\%$ 之间，且消耗的氢气随温度升高而增加，原因包括 H_2 还原 NiO 的反应以及 RWGS 反应消耗 H_2。同时，通过测试不同温度下 H_2O 和 CO_2 转化率表明温度的升高促进了 H_2O 和 CO_2 的化学还原。

基于氧离子传导型电解质 SOEC 的相关研究中，Ni 在质子传导型 SOEC 中应用也很广泛，Ni 与质子传导型电解质的化学相容性良好，但是 Ni 在氧离子 SOEC 的阴极侧的气体氛围下易被氧化，因此，质子传导型 SOEC 的阴极侧为纯还原氛围。

Cu 具有催化惰性，由于出色的抗积碳性能和优良的电导率使其成为一种理想的 SO-EC 的阴极材料。但是为了提升电极的催化性能，弥补 Cu 催化性能的不足，常将 Cu 与其他材料复合，比如引入 Cu-Ni-YSZ 复合电极以提高其催化能力。虽然其电催化活性相对较差，但是相比之下具有更好的抗积碳能力和长期运行的稳定性。Kumari 等采用 $CuPr_{0.1}Ce_{0.9}O_{2-\delta}$（Cu-PDC）复合阴极电解 CO_2。实验证明，Pr 掺杂的二氧化铈材料增强了 CO_2 还原为 CO 的活性，在 2.5V 下电流密度达 $0.84A/cm^2$，大大高于未掺杂的铜电极，主要原因是掺杂的 $Pr_{0.1}Ce_{0.9}O_{2-\delta}$ 促进了氧空位的形成并提高离子与电子的电导率。Gaudillere 等使用 Cu 与 GDC 合成复合阴极 Cu-GDC，并组成 Cu-GDC｜GDC｜BSCF-GDC 电解池分别进行电解 H_2O 和 CO_2 的实验。在施加电流密度为 $0.078A/cm^2$ 时，在 700℃电解水蒸气，法拉第效率为 32%，可以稳定产生 H_2。同时在电解二氧化碳过程中观察到 CO 的产生，在 $0.66A/cm^2$ 的外加电流密度下，可获得约 4% 的效率。结果表明，通过水和二氧化碳电解生成合成气是可行的，但由于掺杂 Cu 对催化活性的影响，需要从电催化方面进一步改进，以达到更高的产量和效率。

贵金属作为 SOEC 的电极材料，其与电解质界面的黏合能力较弱，易被腐蚀，加之其高昂的价格，故目前多用做金属催化剂提高电极性能。Tao 等对 Pt-YSZ 金属陶瓷电极构成的 SOEC 在 $750\sim850$℃的温度范围内进行了测试，证明其在高温下对 CO_2 电解具有催化作用。但 Pt-YSZ 阴极在高温下相比 Ni-YSZ 具有更大的极化电阻，实际应用较少。Xie 等采用浸渍法以 70%（质量分数）Ag-GDC 复合材料为阴极，制备了 Ag-GDC｜YSZ｜YSZ-LSM 管状 SOEC 并进行纯 CO_2 电解。在 800℃、2.0V 时，电流密度可达 $1.359A/cm^2$，且极化电阻只有 $0.13\Omega\cdot cm^2$。在 $0.73A/cm^2$ 下进行了耐久性测试，持续运行 20h，基本无性能衰退。金属陶瓷阴极材料由于其高电导率和出色的催化活性，获得了广泛的应用前景。Ni 作为催化效率很高的金属，与陶瓷材料复合后发展成为目前常用的阴极材料；催化性能较差的 Cu 因其抗积碳性也有广泛的应用；而以 Pt、Ag 为主的贵重金属因其形成的复合材料稳定性较差，实际应用较少。值得关注的是，在 CO_2 和 H_2O 的气体氛围中，金属基材料易被氧化而导致性能衰减，所以需要设计独特的阴极微观结构以调整微观结构孔隙率及分布，从而进一步优化不同燃料气体气氛下电极材料的制备。

$La_{0.75}Sr_{0.25}Cr_{0.5}Mn_{0.5}O_{3-\delta}$（LSCM）是一种非常有效的阴极陶瓷材料，其氧化还原稳定性好，但单独作为阴极存在着电子电导率不高和催化活性差等问题，电解 H_2O 和 CO_2 时电流效率不高，通常采用金属相复合来提高阴极性能。由于 Ni 金属具有很好的电导率和催化活性，Li 等考虑采用浸渍法将 Ni 金属负载在 LSCM 骨架上以增强阴极高温电解水蒸气的催化活性。通过活性金属 Ni 和氧化还原稳定的 LSCM 的复合可以极大地改善电解水蒸气的性能。Ni-LSCM-SDC｜YSZ｜LSCM-SDC 结构的电解池在 700℃，2.0V 的外加电压和 90% Ar、10% H_2O 的气氛下电解，基于 Ni-LSCM 组成的复合阴极的电解池的电流密度达到 $0.075A/cm^2$，明显高于基于 LSCM 电极组成的电解池的 $0.064A/cm^2$，电解效率也从 65.8% 提升到 70% 以上。证明 Ni-LSCM 复合阴极在无还原气体保护的状况下仍可高效运行。另外，Ruan 等将 Fe_2O_3 浸渍在 LSCM-SDC 电极上，进行纯 CO_2 的电解，Fe_2O_3 在电解前被还原为 Fe 催化剂，在 800℃ 复合阴极的电解池可以达到 75% 的电解效率，展现了该复合电极良好的催化效应。尽管金属催化剂和 LSCM 复合提高了电极性能和电流效率，但是很难控制催化剂在基体上均匀分布，长期电解运行会导致化催化剂的团聚，从而导致电解性能的衰减，这也是浸渍合成的缺点所在。基于此，Ruan 等考虑采用电极材料合成时将催化剂掺杂到主晶格中的方法，形成"可呼吸"材料（还原气氛下，金属颗粒析出并附着在基体表面；氧化气氛下，回到晶格位置）。将 Ni 元素掺杂到 LSCM 晶格中的 B 位，合成 A 位缺陷 B 位过溶的材料 $(La_{0.75}Sr_{0.25})_{0.9}(Cr_{0.5}Mn_{0.5})_{0.9}Ni_{0.1}O_{3-\delta}$ (LSCMN)。LSCMN 样品在两次氧化还原循环中 Ni 的析出生长是可逆的过程：还原后的 LSCMN 高温氧化处理后，Ni 颗粒会重新原位进入 LSCM 晶格的 B 位。实验测得 LSCMN 电解池电解 CO_2 的电流效率可以达到 85%，远高于 LSCM 电解池，且 LSCMN 电解池在运行过程中未出现 Ni 催化颗粒的团聚粗化，最大限度发挥了 Ni 的催化作用，大大提高了电极活性，同时确保了 LSCMN 电解池的运行稳定性。

LSCM 阴极材料还可应用于 H_2O 和 CO_2 共电解，为提高 LSCM 的导电率，Xing 等采用了亚微米 Cu 复合 LSCM 作为阴极，$La_{0.9}Sr_{0.1}Ga_{0.8}Mg_{0.2}O_{3-\delta}$ (LSGM) 为电解质，制备 LSCF｜LSGM｜LSCM-Cu 电解池进行共电解。LSCM 与 Cu 之间良好的结合，有利于电子传输。同时，复合阴极具有多孔性，能够提供足够有效的反应气体扩散通道。与无铜基掺杂的 LSCF｜LSGM｜LSCM 固体氧化物电解池相比，铜浸渍后组成的 LSCM 固体氧化物电解池具有更好的电化学性能和较低的电阻。但是由于 LSCM 属于 p 型导体，在强还原电势下电极会发生其他副反应，从而降低法拉第电解效率和电极性能，这也制约了 LSCM 材料的发展。

铁酸锶（$SrFeO_{3-\delta}$）具有较高的离子导电率和电子导电率，适中的热膨胀系数，但纯 $SrFeO_{3-\delta}$ 在还原气氛中会发生 B 位离子的还原，即 Fe^{4+} 转变为 Fe^{3+}，会引起材料相变，所以不适宜作 SOEC 的阴极。目前常用的是掺杂的双钙钛矿铁酸锶材料。$Sr_2FeMoO_{6-\delta}$ (SFM) 是一种电性能良好，结构稳定的 SOEC 阴极材料。马景陶等采用 SFM 做成结构为 LSM｜LSGM｜SFM 的电解池，在还原气氛下电解水蒸气。随着温度的不断升高，极化阻抗有大幅度的降低，在 850℃ 时的极化阻抗为 $1.14\Omega\cdot cm^2$。Wang 等为了优化电极性能，采用 B 位掺杂的 SFM 材料 $Sr_2Fe_{1.3}Ni_{0.2}Mo_{0.5}O_6$ (SFMNi)，并在 800℃ 的湿 H_2（3% H_2O，体积分数）气氛中原位还原材料，制备了由均匀分散的纳米镶嵌铁镍颗粒组成的稳定催化活性阴极。其制备的 SFMNi-SDC｜LCO-LSGM｜SDC-LSCF 电解池用于电解水蒸气，电流密度最高可达 $1.257A/cm^2$，在 850℃、1.3V 时氢气的生成率高达 525mL/$(cm^2\cdot h)$，对比 SFM-SDC 阴极，电解池的效率提高显著。Ge 等在双钙钛矿铁酸锶材料中通过掺杂 Nb 得到 Sr_2FeNbO_6 (SFN) 并制成 SFN-YSZ｜YSZ｜LSM-YSZ 电解池用于电解水蒸气，在 850℃，H_2/H_2O（80% H_2O，体积分数）氛围下电导率达到 $2.215S/cm^2$，远高于在空气中直接电解（$0.049S/cm^2$）。同时，通过电化学阻抗谱对比了 Ni-YSZ，SFN-YSZ 组成的相应半电池和全电池的性能，证明 SFN-YSZ 更适合用于阴极电解水蒸气。

Li 等利用 SFM 作 SOEC 阴极电解 CO_2，在不通入还原性气体的情况下，将 CO_2 100% 转化为 CO。在 800℃、1∶1 的 CO/CO_2 气氛下，导电率可达 $21.39S/cm^2$。以 LSGM 为电解质，在 800℃ 和 1.5V 外加电压下 SOEC 获得 $0.71A/cm^2$ 的电流密度。使用 SFM 与 $Sm_{0.2}Ce_{0.8}O_{2-\delta}$（SDC）复合的阴极进一步提高了电解性能，电流密度可以增加到 $1.09A/cm^2$。CO_2 的电解性能相对稳定且电解效率高，证明了 SFM 作为 SOEC 阴极材料的优势。Hou 等对阴极原位嵌入了 Fe 催化剂元素并进行了 H_2O 和 CO_2 共电解测试，电解池结构为 $Sr_2Fe_{1.6}Mo_{0.5}O_{6-d}$-SDC∣LSGM∣$Sr_2Fe_{1.5}Mo_{0.5}O_{6-d}$-SDC，在 850℃、1.6V 电压下电流密度达到 $1.27A/cm^2$（对比原对称电池电极下只有 $1.02A/cm^2$），且 100h 的电池长期稳定性实验。证明了通过掺杂和溶解 Fe 纳米颗粒来原位定制纳米级界面，产生高氧空位浓度，有利于水蒸气和二氧化碳的吸附和活化，从而提高电解效率。

$La_{0.7}Sr_{0.3}VO_3$（LSV）在高温还原气氛中表现出 n 型导电机制，这非常适合 SOEC 的阴极环境。在 800℃，还原条件下电导率能达到 $100S/cm^2$。同时，LSV 在氢气和潮湿甲烷气体中非常稳定，对于 H_2S 也具有很好的催化氧化性能，因此 LSV 是一种优异的耐硫中毒的阴极材料，但纯 LSV 催化活性仍然有限，难以高效催化促进电化学反应的进行。Li 等将 Ni 和 Fe 浸渍在 LSV 骨架结构上，并将其直接用于水蒸气电解。他们在 800℃ 条件下，测定了 LSV、LSV-Ni 和 LSV-Fe 对称电池的交流阻抗谱，获得欧姆和极化阻抗。纯 LSV 电极与 Ni 和 Fe 浸渍的 LSV 电极欧姆电阻基本相同，但极化电阻则是表现出了很大的差异，在还原气氛下，还原得到的 Ni 和 Fe 的纳米颗粒极大地改善了电极的催化活性，并进一步提高了电极的极化性能。由此可见，增强还原气氛可以提高金属纳米颗粒和电极的活性，从而提高对称电池的性能。同时，他们又分别以 LSV、LSV-Ni 和 LSV-Fe 为阴极构建了 LSV-YSZ∣YSZ∣LSM-YSZ 电解池，实验证明，Ni 和 Fe 浸渍的 LSV 电极相比于空白电极具有更高的电流密度，整体的法拉第电解效率提高了近 20%。

$La_{0.2}Sr_{0.8}TiO_{3-\delta}$（LST），在还原气氛中也为 n 型导电特性，目前已经引起广泛关注。在空气中，它是 p 型导体，900℃ 下电导率为 $10^{-3}S/cm^2$，将其进行还原后，则变为 n 型导体，电导率升高到 $100S/cm^2$。当被还原后，材料内具有 Ti^{3+}，3 价 Ti 具有很好的催化性能。LST 具有足够的化学稳定性、结构稳定性，且在还原气氛中表现出其他传统陶瓷电极所不能比拟的电子电导特性；但催化活性的不足导致的电极电化学性能和电流效率较低是其应用于 SOEC 阴极的阻碍，需要对其进行修饰以提高其电化学性能。Gan 等采用浸渍法在 LST-SDC 阴极上负载催化活性 Ni 纳米粒子，以改善电极直接电解水蒸气的性能。催化活性 Ni 纳米粒子与氧化还原稳定的 LST-SDC 骨架的协同作用，提高了直接蒸气电解阴极的性能和稳定性。在 800℃、3% H_2O、5% H_2/Ar 和 3% H_2O/Ar 的条件下，与 LST-SDC 阴极相比，Ni 负载阴极的电流效率提高了 3% 和 17%。Qin 等通过原位合成 Fe 纳米催化剂的方法，合成了更有效率的具有 A 位缺位 B 位过量的掺杂钛酸盐 LSTF 作为 SOEC 阴极材料，并对比了 LST 阴极。他们分析了不同电压范围下所体现的不同电极过程：在 800℃ 通入 3% H_2O、5% H_2/Ar 条件下，固体氧化物电解池的开路电压（OCV）为 0.92V，这表明在阳极和阴极气体之间的良好隔离。在 1.0V 处，I-V 曲线的弯曲变化表明，在此电压范围内存在两个不同的电极过程，包括：一是低电压下阴极的电化学还原；二是高电压下水蒸气电解。水蒸气电解的初始电势约为 1.1V。在施以电压 2.0V 的条件下，基于 LST-SDC 阴极的电解池的电流密度达到 $0.12A/cm^2$，相比而言，基于 LSTF-SDC 阴极的电流密度提高到了 $0.18A/cm^2$。这是因为施加电压超过 1.1V 时，具有铁催化纳米颗粒的 LSTF 电极比 LST 电极的电流密度有明显提高，这也反映了铁纳米颗粒的存在显著增强的电池性能，因而改善了电极极化。通入 3% H_2O/Ar 并施加 2V 电压下，基于 LSTF/SDC 阴极的电解池电流密度为 $0.175A/cm^2$，LST/SDC 阴极电流密度则 $0.110A/cm^2$。显然，LSTF-SDC 阴极在弱还原气氛下也能表现出良好的性能。对于电解 CO_2，Cao 等研究了电解 CO_2 时的 LSTF 的电极机理，发现了 LSTF 阴极可以在电解条件下原位产生大量氧空位，这也提高了其对 CO_2 的催化还原能力；另外通过电解池的阻抗谱测试，当电解电压为 2V 时，极化电阻值 $0.08\Omega \cdot cm^2$，表明 LSTF 电极对 CO_2 的还原具有很高的催化活性。Yang 等通过具有催化活性的钪掺杂到 LST 中制备 $La_{0.2}Sr_{0.8}Ti_xSc_{1-x}O_{3-\delta}$（LSTS）阴极材料，实验证明，随着 Sc 掺杂量的增加，氧空位增加，提高了材料的离子电导率，降低了电极的极化电阻，从而提高了电极性能。同时，氧空位不仅可以增加离子电导率，还可以容纳二氧化碳分子，增强化学吸附。在 800℃ 下电解 CO_2，基于 LSTS 复合阴极 SOEC 电解 CO_2 的电流效率比 LST 空白电极要高出 20% 左右。他们还分析了针对不同掺杂量 $La_{0.2}Sr_{0.8}Ti_xSc_{1-x}O_{3-\delta}$（$x=0$、0.05、0.1、0.15）电导率与离子电导率与温度的关系，由于 LST 为 n 型导电性，类似于金属的性质，温度升高电导率下降。而随着 Sc 含量增加，导电离子 Ti^{3+} 含量减少，电荷载体减少，电子电导率降低。但随着 Sc 含量增加，会引入氧空位，离子电导率提高。Li 等在 700℃ 条件下，采用无预还原的 LST 阴极，电解 3% H_2O、97% N_2 和 100% CO_2，获得了两种气氛下的极化阻抗数据。电化学结果表明，LST 阴极的电化学还原是低电压下的主要过程，而电解是高电压下的主要过程，因为电解质中的离子输运限制了整体效率；在相同条件下，水电解比二氧化碳电解更有效。在 700℃ 和 2V 外加电压下，水和二氧化碳的法拉第效率分别为 85.0% 和 24.7%。

不同于 LST 和 LSV，钛酸锶 $SrTi_xNb_{1-x}O_{3-\delta}$（STN）是在 $SrTiO_3$ 的 B 位掺杂铌元素，是一种自身具有催化活性及循环稳定性的材料，在还原状态下同样具有 n 型导电性，用 Nb^{5+} 部分取代 Ti^{4+} 能进一步提高材料性能。在 800℃ 还原条件下电导率可达 $340S/cm^2$。Xiao 等对 $Sr_{0.9}Ti_{0.8-x}Ga_xNb_{0.2}O_{3-\delta}$（$x=0$、0.05、0.1、0.15、0.2）型 SOFC 阳极进行了研究，即 A 位缺位的 STN 材料的 B 位进行 Ga 元素不同量的掺杂，发现其在 1400℃ 的 H_2 气氛中达到最高的导电性，但没有催化剂的阳极的整体电池性能仍然相对较低。在用作电解池时，纯 STN 的电池效率也并不高，所以考虑通过掺杂提高 STN 作为 SOEC 阴极材料的性能。Yang 等设计了 A 位缺位 B 位过溶（$Sr_{0.94}$）$_{0.9}$($Ti_{0.9}Nb_{0.1}$)$_{0.9}Ni_{0.1}O_3$ 作为电解池的阴极材料电解水蒸气，通过高温还原的方式，在基体的表面原位生长 Ni 纳米颗粒，且 Ni 从 A 位缺陷 B 位过溶的钛酸盐基体中脱出嵌入完全是可逆的。通过构造电解池，由 I-V 曲线证明，掺杂 Ni 催化颗粒的阴极化学性能和电流效率上都比未掺杂电极表现得更加优异。Zhang 等将 Mn 或 Cr 掺杂 STN 中构成 $Sr_{0.95}Ti_{0.8}Nb_{0.1}Mn_{0.1}O_3$（STNM）、$Sr_{0.95}Ti_{0.8}Nb_{0.1}Cr_{0.1}O_3$（STNC）用于电解 CO_2，从而在高温还原气氛下基体内原位产生氧空位，这种原位产生的氧空位不仅能够化学吸附 CO_2 分子，而且能够提高材料的氧离子电导率并活化电极，使用 XPS 分别测试出相关元素（如 Ti、Nb、Mn、Cr）的价态变化。以 STNM 为例给出 XPS 分析，Ti^{4+} 和 Nb^{5+} 在还原态分别被还原为 Ti^{3+} 和 Nb^{4+}，而对于掺杂的 Mn 元素，还原态样品中部分 Mn^{4+} 被

还原成 Mn^{3+}，根据电中性原理，基体内会产生氧空位缺陷，且氧空位的浓度与样品 B 位掺杂低价元素有关。通过掺杂产生的表面氧空位与纳米金属的耦合都可以有效地提高多相催化剂的催活性。Zhang 等在掺杂锰的钛酸盐阴极中产生高浓度的氧空位，然后将铁纳米粒子固定在钛酸盐表面，并结合表面氧空位形成多相催化团簇。即 $(Sr_{0.95})_{0.9}$-$(Ti_{0.8}Nb_{0.1}Mn_{0.1})_{0.9}Fe_{0.1}O_{3-\delta}$（STNMF）作为 SOEC 阴极电解 CO_2。STNMF-SDC 复合阴极最大 CO 产量达到 $118.26mL/(cm^2 \cdot h)$，比同样条件下基于 STNM-SDC 复合阴极高，后者最大 CO 产量仅达到 $81.48mL/(cm^2 \cdot h)$。在 $800℃$ 下，基于 STNM-SDC 复合阴极的电流效率大概为 79.96%；相同条件下，基于 STNMF-SDC 复合阴极的电流效率则高达 92.2%，因此，基于 STNMF-SDC 复合阴极 SOEC 比 STNM-SDC 电解性能好归结于多相催化簇在基体表面原位形成。金属氧化物阴极材料与传统的金属陶瓷相比，多数钙钛矿氧化物具有优良的离子和电子混合导电特性和较强的催化反应活性，并具有较强的氧化还原稳定性。虽然其电导率与金属陶瓷阴极材料仍有较大差距，但是其工作环境下结构的稳定性使其受到越来越多的关注。对金属氧化物阴极材料的优化主要通过将活性金属纳米粒子均匀分散在阴极上进行替代，过渡金属在阴极材料的表面或界面中的原位溶出不仅可以促进燃料气体分子与位点 B 过渡金属之间的接触，还可以增加反应界面的氧空位浓度，从而提高电催化活性，有效提高转化效率。LSCM 氧化还原稳定性强，尤其在电解 CO_2 中表现出优异的性能，但在强还原气氛下电导率衰减严重；SFM 为双钙钛矿结构，可以在连续热处理过程中保持良好的电导率稳定性，常被用于对称电池的测试；LSV 与 LST 在还原气氛中均显示 n 型导电特性，表明其非常适合 SOEC 阴极的工作气氛，可以在强还原条件下保持高电导率，其总体催化性能略优于 LSCM，其中 LSV 还有着出色的抗硫中毒性能。值得关注的是，浸渍、掺杂和缺陷往往被用作设计钙钛矿材料的手段，为了进一步增强复合电极的催化活性，以达到优异的电解性能。

未来发展新型阴极材料需重点考虑以下方面：

① 探究电极极化过程，分析不同气体对电极电化学性能的影响；

② 针对温度高及工作时间长的特点，提高电极材料的稳定性和耐久性；

③ 探究共电解机理，寻找适合共电解特性的电极材料。

（3）固体氧化物电解池阳极材料的发展现状

阳极是氧离子发生氧化反应的位置，因而又可以称之为氧电极。它需要提供一个有利于氧离子被氧化的环境，同时也需要具有较好的电子导电性和离子导电性、良好的催化活性及适宜的微观结构，并且与电解质之间有比较理想的热匹配性和化学相容性。而在水电解中，由于阴极侧是产生氢气的位置，因而也称之为氢电极。但是，相比于其他电解技术，SOEC 具有更高的温度，从而可以减少过电位损失，并能利用余热将电能高效地转换为化学能。尽管在 SOEC 和 SOFC 中，氧电极都是 O_2 发生反应的场所，但 SOEC 在电解模式下，表现为氧析出（Oxygen Evolution Reaction，OER），而燃料电池模式下表现为氧还原（Oxygen Reductive Reaction，ORR）。图 2.24、图 2.25 为使用 SOEC 电解水的过程中氧电极上的物质传输过程，这一过程与 SOFC 中氧电极上的物质传输过程恰好相反。因此，在相关研究中，SOEC 氧电极材料虽然通常以 SOFC 的阴极材料作为参照，但并不能简单地将 SOFC 的研究成果直接应用于 SOEC 的研究中。相关研究发现，在单电池长期运行过程中，在相同的材料和结构下，SOEC 模式的性能衰减速率比 SOFC 模式的衰减速率更快，且 SOEC 中氧电极的性能衰减较氢电极明显更为严重。目前，针对 SOEC

的研究重点从材料催化性能的提升逐渐转变为 SOEC 的性能衰减分析。氧电极的分层、脱层及极化等是导致 SOEC 性能衰减的主要原因，研究还发现，氧分压、电压、电流、温度等因素会对氧电极的性能衰减产生重要影响。针对 SOEC 性能复杂的衰减因素，国内外许多研究团队正在致力于分析、厘清其衰减机制，并寻找优化方法。例如，Park 等在一项关于 SOFC 氧电极稳定性的探究中发现，SOEC 容易在高电流密度、低工作温度的环境下失效，并指出在这些条件下，电极产生约 0.2V 的过电位。通过建模分析发现，相较于常见电解质材料，钙钛矿电极的有效氧分压更高、断裂韧性更低，使得电极/电解质界面易产生断裂，从而导致性能衰减乃至失效。SOEC 中氧电极的催化活性和稳定性是其电池整体性能的重要限制因素，但在相关研究中，两者常常无法兼顾。因而，如何同时实现 SOEC 氧电极的催化活性和稳定性具有十分重要的研究价值。

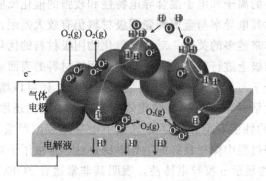

图 2.24　与质子传导型电解质结合时，SOEC 氧电极中电子和质子传输示意图

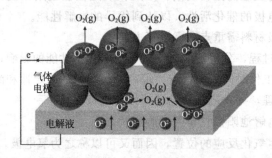

图 2.25　与氧离子传导型电解质结合时，SOEC 氧电极中电子和氧离子传输示意图

相关研究发现，SOEC 的性能衰减主要受氧电极的影响。例如，Graves 等在研究 CO_2 和 H_2O 共电解时发现，氢电极在低电流密度（$0.25A/cm^2$）下的性能衰减较严重，而在高电流密度（$0.5A/cm^2$）下，氧电极的性能衰减成为电解池整体性能衰减的主要因素。在实际应用中，SOEC 需在较高电流密度下运行，这就意味着氧电极的性能衰减是影响全电池稳定性的主要因素。针对该情况，研究人员从当前较为成熟的材料体系着手，进行了大量探索。$La_{1-x}Sr_xMnO_{3-\delta}$（LSM）作为十分常见的 SOEC 氧电极材料，其作为 SOEC 的氧电极时，电极与电解质的分层现象是导致电解池性能衰减乃至失效的主要原因。对此，相关研究认为电解池的性能衰减主要归因于阳极与电解质界面产生的高氧分压。Chen 等人在相关研究中指出，在氧化条件下，过量的氧离子进入到 LSM 中，将导致

B 位 Mn 离子的氧化和阳离子空位的产生，使得 LSM 晶格发生收缩导致电极颗粒分裂为极小的纳米颗粒，从而破坏界面结构，导致分层。Keane 等提出了另一种衰减机理，即在 LSM 和 Y 稳定的 ZrO_2 电解质（YSZ）界面生成了高阻性的 $La_2Zr_2O_7$。Kim 等研究 LSM-YSZ 对称电池时发现，LSM-YSZ 氧电极在高电流密度下运行（$1.5A/cm^2$、750℃）会出现致密化的现象，这可能是由于显著的阳离子迁移而导致的。此外，在电堆运行中，Fe-Cr 合金连接件、硼硅玻璃密封胶和反应气氛均可能携带或产生 Cr、B、S 等挥发性污染物，这些污染物也可能对 SOEC 的 LSM 氧电极活性和性能稳定性产生不利影响。与 LSM 适用于 800～900℃不同，$La_{1-x}SrxCo_{1-y}Fe_yO_{3-\delta}$（LSCF）是一种更适用于中温环境的，也是一种获得广泛应用的 SOEC 氧电极材料。但 LSCF 与 LSM 类似，LSCF 也存在明显的性能衰减现象。LSCF 作为氧电极时的性能衰减，主要是因为阳离子扩散及 Sr 的偏析。制备电池时，研究人员常常在 LSCF 与 Zr 基电解质（如 YSZ）之间增加 Gd 稳定的 CeO_2（GDC）阻隔层来改善 LSCF 的稳定性，但即便如此，其性能衰减依然显著。Laurencin 等将 Ni-YSZ｜YSZ｜GDC｜LSCF 电池分别在电解模式和燃料电池模式下运行，发现电解模式下 LSCF 电极的衰减更为明显更为显著，如图 2.26 所示。通过对测试后的电池进行表征发现，Sr 偏析、Co 的扩散以及 YSZ｜GDC 界面生成高阻性的 $SrZrO_3$ 是电解池性能下降的主要原因。通过建模分析认为，电解过程中，LSCF 氧空位大量消耗、氧分压逐渐上升和电场驱动这三个因素促使 Sr 从原结构中脱离出来。但 Ai 等则提出不同的看法，他们在无阻隔层的 YSZ 电解质上直接使用 LSCF 作为氧电极，获得了不错的稳定性表现。研究认为，氧电极的极化使得氧空位减少，削弱了 Sr^{2+} 和氧空位发生反应的可能性，有效抑制了 Sr 的偏析和 $SrZrO_4$ 的形成。Pan 等人也采用 LSCF 与 YSZ 电解质直接接触的方法制备电池，研究发现，在 LSCF｜YSZ 界面存在一层薄而致密的 $SrZrO_4$ 层，并观察到 Co 在 $SrZrO_4$ 和 YSZ 中存在明显的扩散现象，而电极的分层主要发生在 $SrZrO_4$ 与 YSZ 界面处。对此，他们认为，致密的 $SrZrO_4$ 层阻挡了氧的传导，进一步增大了氧分压，导致分层。当然，SOEC 氧电极稳定性的研究并非只有 LSM 和 LSCF 这些相对成熟的材料体系。国内外许多研究团队也逐步开始拓展材料体系范围，开展 SOEC 氧电极的电化学性能、稳定性等方面的研究。但总体而言，关于其他新型材料体系的研究更多地集中在材料与电池的制备、性能的测试与分析，而对其运行机理，特别是性能衰减机理的探究，尚不够深入。

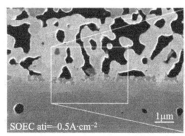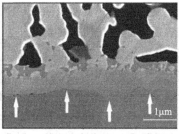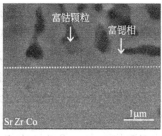

(a)电池测试后YSZ-GDC界面SEM成像　　(b)放大显示电解质中晶界处的纳米孔线　　(c)Zr、Sr、Co的EDX成像

图 2.26　电解模式下，LSCF 电极的衰减

SOEC 氧电极（阳极）材料通常以 SOFC 氧电极（阴极）材料作为参照。最初，氧电

极主要选择贵金属材料，如 Pt、Pd、Rh、Au 等。但纯贵金属电极的热膨胀系数无法与
YSZ 等常见电解质材料相匹配，且成本高昂。随着相关研究的推进，钙钛矿及类钙钛矿
材料以其较好的适用性和低廉的价格，逐渐成为 SOEC、SOFC 电极的首选材料。钙钛矿
型氧化物（Perovskite）材料的化学分子式为 ABO_3。其中，A 通常是碱土金属元素或稀
土金属元素，B 则一般是过渡金属元素，晶体结构如图 2.27（a）所示。图 2.27（b）、
（c）则分别为双钙钛矿（Double perovskite）和 R-P 型钙钛矿的晶体结构。在评价电极和
电解池的性能时，通常有阻抗特性、电流密度、面积比电阻（Area specific resistance，
ASR）、能量转化效率等参数作为评价指标。

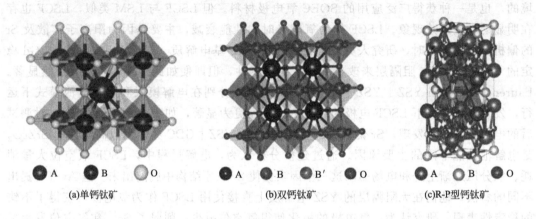

（a）单钙钛矿　　　　　　　　（b）双钙钛矿　　　　　　　（c）R-P型钙钛矿

图 2.27　钙钛矿的晶体结构示意图

对单钙钛矿氧化物的 A、B 位进行不同金属元素和不同比例的掺杂可以有效改善其导
电性能、催化活性、稳定性等性能。一般而言，B 位离子是影响材料催化活性的主要因
素。对氧电极而言，当 B 位为 Mn、Fe、Co、Ni、Cu 时，其催化活性及稳定性相对较好。
作为目前最为常见的氧电极材料，$La_{1-x}Sr_x\text{-}MnO_{3-\delta}$（LSM）的相关研究比较丰富。
LSM 是一种典型的电子导体材料，适合 YSZ 作为电解质的电解池体系。其热膨胀系数约
为 $13.1×10^{-6}K^{-1}$，与 YSZ 的 $10.6×10^{-6}～11.0×10^{-6}K^{-1}$ 相近。并且 LSM 与 YSZ
的化学相容性较好，在 1200℃ 以下基本不发生反应，有利于电池寿命的延长。但 LSM 需
要较高的工作温度（一般高于 800℃）以保持较高的电导率。因此，LSM 无法适应
SOFC、SOEC 往中低温方向发展的趋势。此外，在 SOEC 模式下，LSM 作为氧电极时，
析氧反应会被局限在电极/电解质界面处，使得局部氧分压大幅度提升，引起氧电极分层、
剥离，最终导致 SOEC 性能发生明显衰减甚至彻底失效。针对这种情况，常见的优化方
法是将 YSZ 与 LSM 机械混合，形成复合电极。这样不仅改善了电极的离子电导，而且增
大了三相界面，一定程度上缓解了电极的分层、剥离。Laguna-Bercero 等发现，LSM-
YSZ 在 SOFC 和 SOEC 两种模式下均表现出较好的电化学性能。但在电解模式下，电池
欧姆阻抗更大、阳极极化相对更严重、分层更显著，导致性能衰减更剧烈。针对电极分
层、剥离的情况，Jiang 等认为其主要原因是界面处的 LSM 在工作过程中发生分解。如
图 2.28 所示，电解池在 800℃、$500mA/cm^2$ 条件下连续运行 100h 后，氧电极/电解质界
面处出现了 YSZ 纳米离子团簇，却没发现 LSM，这说明 LSM 在三相界面处发生了分解。
由此可以发现，与 YSZ 的复合虽然提升了 LSM 的电化学性能，但并不能很好地解决其在

SOEC 模式下作为氧电极时稳定性不足的问题。Song 等将惰性的纳米金负载至 LSM-YSZ 电极上，使得电极性能获得大幅度提升。纳米金的加入，加速了电子转移并形成新的三相界面，使得电解池在 1.2V 和 1.4V 下的电流密度分别提升了 60.0％和 46.9％（800℃）。他们还尝试将 RuO_2 负载至 LSM-YSZ 电极上，用于 CO_2 的电解。研究发现，在 LSM-YSZ 复合电极表面负载 6％（质量分数）的 RuO_2 时，电流密度从 $0.46A/cm^2$ 提升至 $0.74A/cm^2$（800℃，1.2V）。分析指出，LSM/YSZ 中的氧空位增加和 RuO_2 颗粒对反应的固有活性是电极性能提升的关键原因。

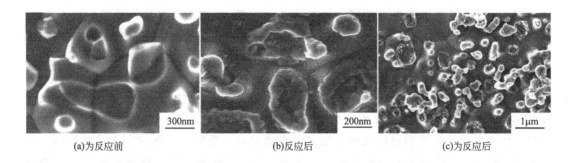

(a)为反应前　　　　　　　　　(b)反应后　　　　　　　　　(c)为反应后

图 2.28　LSM-YSZ 电极与 YSZ 电解质界面形貌

此外，离子-电子混合导体 $SrTi_{0.3}Fe_{0.6}Co_{0.1}O_{3-\delta}$（STFC）也被用于优化 LSM-YSZ 电极性能。Zhang 等将 STFC 浸渍进入 $La_{0.8}Sr_{0.2}MnO_3-Zr_{0.92}Y_{0.16}O_{2-\delta}$（LSM-YSZ）骨架，使得电解池性能衰减降低为没有浸渍时的 1/3 以下，而电流密度则增大了 2 倍。Yan 等将 Y 稳定的 Bi_2O_3（YSB）与 LSM 复合，形成复合氧电极。电池在 800℃、1.28V 的运行条件下电解电流密度达到 $1.52A/cm^2$，比相同条件下的 LSM-YSZ 高出 50％，并且活化能也由 1.29eV 降低至 0.65eV。研究认为，YSB 对离子转移的促进作用、LSM 的析氧活性及丰富的反应界面是促使性能提升的主要原因。Men 等则将阳离子导体 $Ce_{0.85}Sm_{0.15}O_{2-\delta}$-CuO（SDC-CuO）与 LSM 复合作为氧电极。复合电极将三相界面扩展至电极内部，从而提高了电极性能。在 800℃、40％相对湿度和开路电压下，极化电阻（$0.89\Omega\cdot cm^2$）明显低于 LSM 和 LSM-SDC（依次为 $1.73\Omega\cdot cm^2$、$1.35\Omega\cdot cm^2$）；在 1.5V 工作电压下，电流密度达到 $0.36A/cm^2$，明显高于 LSM 和 LSM-SDC（分别为 $0.23A/cm^2$、$0.24A/cm^2$）；并且在连续 21h 的测试中，电解池性能未明显下降。Mahata 等则通过 Ca 取代 LSM 中的 Sr 来进行优化。他们发现，当 Sr 完全被 Ca 取代后，电导率随着 Ca 含量的增加而增加；而当 Sr 被部分取代时，电导率随着 Ca 含量的增加而降低。此外，当 LCM 作为氧电极时，电解池的产氢效率和稳定性显著优于相同条件下的 LSM。Peng 等研究对称型 SOEC 电池电解 CO_2，电极材料主要为 $La_{0.6}Sr_{0.4}Fe_{0.9}Mn_{0.1}O_{3-\delta}$（LSFM），电解池结构为 LSFM-GDC｜GDC｜YSZ｜GDC｜LSFM-GDC。电解池在 2V 的工作电压下，具有较低的极化阻抗（$0.068\Omega\cdot cm^2$）和较高的工作电流密度（850℃时为 $1.744A/cm^2$）。这说明 LSFM 作为纯 CO_2 电解的 SOEC 氢/氧电极均有不错的适用性。作为最常见的钙钛矿型 SOEC 氧电极材料，针对 LSM 系列材料的研究相对较多、更深入。相关的研究表明，通过掺杂和材料复合，增强电极内的离子迁移，拓展三相界面，不仅可以提升其电化学表现，也可以有效提升其稳定性。

　　早在 20 世纪 80 年代，研究人员用 Co 和 Fe 替代 Mn，可以使钙钛矿材料具有更好的离子导电性。研究发现，相同条件下，$La_{0.8}Sr_{0.2}CoO_{3-\delta}$（LSC）、LSM、$La_{0.8}Sr_{0.2}FeO_{3-\delta}$（LSF）的过电位依次递增。这在一定程度上说明，提高电极材料的混合导电性可以使之具有更好的电化学性质。但是 LSC 等 Co 基材料更易形成低导电相、更易 Cr 中毒、热膨胀系数更大，所以在其作为 SOEC 氧电极时的稳定性不够理想。Tan 等人采用浸渍法，将 $La_{0.8}Sr_{0.2}Co_{0.8}$-$Ni_{0.2}O_{3-\delta}$（LSCN）浸渍进入 GDC（Gd_2O_3 掺杂的 CeO_2）多孔骨架中形成复合氧电极。研究指出，LSCN 纳米颗粒浸渍后，均匀地分散在 GDC 骨架中，使得反应活性位点明显增多，LSCN-GDC 氧电极的析氧能力明显增强。电解池以 Ni-YSZ 氢电极作为支撑层，YSZ 作为电解质，LSCN（30%，质量分数）-GDC 为氧电极，获得了 484mL/（$cm^2 \cdot h$）（750℃、1.5V）的制氢速率，并在 100h 的测试中表现出较好的稳定性。Tong 等采用了纳米工艺处理电极，以此来解决稳定性不足的问题。他们在 GDC 多孔层上覆盖一层 $La_{0.6}Sr_{0.4}CoO_{3-\delta}$（LSC）与 Gd、Pr 共掺杂 CeO_2（CGPO）的复合纳米层作为氧电极，再以 Gd 掺杂 CeO_2（CGO）纳米颗粒涂层修饰的 Ni-YSZ 为对电极，大幅提升了电池的稳定性。$La_{1-x}Sr_xCo_{1-y}Fe_yO_{3-\delta}$（LSCF）作为一种具有较高电化学活性和较低极化电阻的氧电极材料，受到了众多研究人员的青睐。在 SOEC 模式下，混合导电氧电极 LSCF 比 LSM 表现出更高的电极性能和稳定性，如图 2.29 所示，在 800℃、50% H_2＋50% H_2O 的反应环境下，LSCF 的面比电阻明显优于 LSM，且稳定性更好。

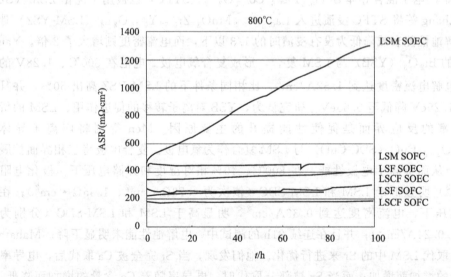

图 2.29　LSM、LSCF 在 SOEC 和 SOFC 模式下的 ASR 随工作时长变化曲线

　　Schefold 等在 820℃ 下运行 LSCF 作为氧电极的 SOEC，电解池电压衰减为 5.6%/kh。Pan 等针对 $La_{0.6}Sr_{0.4}Co_{0.2}Fe_{0.8}O_3$（LSCF）的阻抗研究发现，极化阻抗 Rp 在较高的阳极电流下逐步降低；而在较低的阳极电流下逐步增加。分析认为，抑制 Sr 的表面偏析可以增加 LSCF 的活性和稳定性。Cacciuttolo 等则探究了工作气压对 $La_{0.6}Sr_{0.4}Co_{0.2}Fe_{0.8}O_3$ 性能的影响。研究发现，增大气压可以有效提升其电子电导和反应动力，并指出 20bar 是 LSCF 作为 SOEC 氧电极运行时的最佳压强。Fu 等通过将

$La_{0.58}Sr_{0.4}Co_{0.2}Fe_{0.8}O_{3-\delta}$ 与 $Ce_{0.8}Sm_{0.2}O_{2-\delta}$ 复合，得到 LSCF-SDC 复合电极材料，有效降低了极化电阻。Jiang 等将 $Sm_{0.5}Sr_{0.5}CoO_3$ 与 $Ce_{0.8}Sm_{0.2}O_{1.9}$ 共合成得到质量比为 7∶3 的 SSC-SDC73 复合电极材料。研究发现，共合成比物理混合制得的电极材料具有更好的电化学活性和稳定性。此外，在 800℃ 下，让电解池分别在低电流和高电流下工作，发现在低电流下电池稳定性较好，在高电流下会发生电极的轻微团聚和分层。因此，复合电极材料作为 SOEC 氧电极时，应控制工作电流以保证其稳定性。Guan 等采用 GDC 与 LSCF 机械复合的方法制备复合电极，并制成对称电池进行测试（LSCF-GDC｜GDC｜YSZ｜GDC｜LSCF-GDC）。研究发现，GDC 的复合可以大幅度降低极化电阻，扩大三相界面，增加表面氧空位，加强氧迁移，且 10%GDC 是最佳的复合比重。Sar 等则以珊瑚状结构的 $Ce_{0.9}Gd_{0.1}O_{2-\delta}$-$La_{0.6}Sr_{0.4}Co_{0.2}Fe_{0.8}O_{3-\delta}$（GDC-LSCF）为氧电极，进行了连续 790h 的稳定性测试。其中，电解模式下运行了 430h。电解水模式下，773℃ 时，电解池电压为 1200mV（$0.75A \cdot cm^{-2}$）。在前 127h，电压损失为 353mV/kh；127h 后，电压损失大幅下降，仅为 2mV/kh。在电解 CO_2 的研究中，Li 等在多孔 $La_{0.5}Ba_{0.25}Sr_{0.25}Co_{0.8}Fe_{0.2}O_{3-\delta}$（LBSCF）上复合 RuO_2 纳米点制备复合氧电极。电解池在高温（800℃）、中温（600℃）下的催化活性均得到明显提升，并在 90h 的稳定性测试中，未表现出明显的性能衰减。Bo 等则采用柠檬酸-硝酸盐燃烧法制备了 $Ba_{0.5}Sr_{0.5}Co_{0.8}Fe_{0.2}O_{3-\delta}$（BSCF），并将其用作 SOEC 氧电极。研究发现，BSCF 性能明显优于 LSM，BSCF｜YSZ｜Ni-YSZ 电解池的产氢速率可达 147.2mL/（$cm^2 \cdot h$），比 LSM｜YSZ｜Ni-YSZ 的产氢速率高出约 3 倍，表明其是一种极佳的 SOEC 氧电极材料。Dey 等也对 BSCF 进行了研究，采取燃烧法合成了 $Ba_{0.6}Sr_{0.4}Co_{0.8}Fe_{0.2}O_3$（BSCF-6482）纳米级粉体，并在 800℃ 的工作温度下与 BSCF-5582、LSCF-6482 和 LSM 进行比较，获得了 9.5mL/（$min \cdot cm^2$）的产氢速率，明显高于相同运行条件下其他几种材料。Meng 等则制备了 $SrCo_{0.8}Fe_{0.1}Ga_{0.1}O_{3-\delta}$（SCFG）氧电极，并采用 Ni-YSZ｜YSZ｜GDC｜SCFG 结构的全电池结构，分别在 SOFC 和 SOEC 模式下进行测试（550～850℃）。在电解水模式下，以 2V 外加电压工作，获得了 $3.33A/cm^2$ 的电流密度（850℃），产氢速率达到 22.9mL/（$min \cdot cm^2$）。近期，在对称电池进行 H_2O-CO_2 共电解的研究中，$La_{0.4}Sr_{0.6}Co_{0.2}Fe_{0.7}Nb_{0.1}O_{3-\delta}$（LSCFN）作为电极材料展现出高效且相对稳定的性能表现。该研究以 YSZ 电解质作为支撑，采用 GDC 作为缓冲层，制备的对称电池在 1.3V 工作电压下，最大电流密度达到 $0.638A/cm^2$。并且在 110h 的稳定性测试中，电极性能表现较好（800℃，$0.4A/cm^2$，13.36%/kh）。

　　利用固体氧化物电解池进行高温电解产燃料气，在能效、环保和规模化等方面具有明显的优势，是一种极具前景的能量转化技术。但是，SOEC 氧电极存在中毒、极化、分层等问题，影响了其稳定性，成为其产业化道路上的绊脚石。当前，SOEC 氧电极材料仍集中于 Mn、Co、Fe 基等单钙钛矿材料。因此，解决相应材料的固有问题，例如，LSM 电极的剥离、Co 基材料的中毒与离子扩散、含 Sr 材料的 Sr 偏析等，是推进相关技术发展面临的难题。近年来，许多研究团队也加大对双钙钛矿和 R-P 型钙钛矿的研究力度。研究人员通过活性元素的掺杂、贵金属及其氧化物的负载、多种材料的复合、微观形貌的构造等优化方法，不断改良、提高氧电极的性能。目前，SOEC 氧电极的催化活性和稳定性虽然获得了长足的进步，但是，如何平衡稳定性和催化活性，如何从原理上厘清反应过程中各环节的反应机制，如何理解性能衰减的机理，如何优化电极性能，仍是制约 SOEC

发展的重点和难点。

（4）固体氧化物电解水面临的问题

由于 SOEC、SOFC 在结构、原理上的相似性，二者研究的主要难点也是相似的，SOFC 的相关研究成果有借鉴价值，但并不能替代对 SOEC 的进一步深入研究。事实上，在几个关键问题上，SOEC 与 SOFC 都有关键性的差异。相较于 SOFC，SOEC 仍在起步阶段，各方面的研究还很不充分，尤其是建模、控制优化方面的研究很少。

由于 SOEC 与 SOFC 的电化学过程和热力学环境不同，其对材料的性能亦有特殊要求。SOEC 进气中水蒸气的含量远高于 SOFC，因此，要求阴极材料在高温高湿的条件下仍然具有较好的稳定性，这是 SOEC 与 SOFC 对材料要求上最大的不同。SOEC 还需要阴极材料对水蒸气的分解具有高效持久的催化活性。阴极材料基本采用镍-钇稳定的氧化锆（Ni-YSZ）。SOEC 对阳极材料的特殊要求主要是高的电子、离子电导率以及氧离子表面交换系数，具有合适的孔隙率便于 O_2 的产生和流通。早期 SOEC 常用的阳极材料是钙钛矿结构的混合氧化，如锰酸镧锶（LSM），但是，LSM 由于析氧活性低，容易与电解质脱层。近年来，镧-锶-钴-铁 LSCF）材料因可以在较高的电流密度下运行，钡-锶-钴-铁（BSCF）材料因具有良好的热稳定性和高透氧率而成为未来发展的主要方向。SOEC 高温工况下，常用 YSZ 材料作为电解质，因其具有较高的离子导电性和热化学稳定性。钪稳定的氧化锆（ScSZ）材料具有更高的离子导电性，但是价格昂贵导致应用受限。另外，实验中发现，在 SOEC 工作初期，电堆都能表现出较好的性能，但是，随着运行时间的延长，电堆性能往往会迅速下降。稳定性高、持久性好的耐衰减电池材料，是制约 SOEC 技术大规模推广的一个重要因素。

在电堆建模方面，目前的主流思路是基于流体流动和反应过程构建气体组分应满足的偏微分方程，并依据 Butler-Volmer 方程、Fick 扩散模型、欧姆定律建立活化过电压、浓度过电压和欧姆过电压计算模型，从而综合考虑电池内部的能量平衡、质量平衡，建立电池状态与电流密度、温度、气量之间的数学关系。精确的模型仿真往往需要采用 3 维或 2 维的 CFD 工具，更适合做流道分析和产品设计。不过不少主流研究在空间维上只考虑气体流动方向，仍然较为完整、准确地可以描述 SOEC 单电池的稳态和动态特性，是较具代表性的研究成果。但是，以上模型主要关注电池内部，数学关系复杂，参数敏感性强，实用性有限，多用于理论分析。有必要结合客观实验数据，建立 SOEC 电解电池的实用化多物理场模型，为电堆的优化控制提供基础。

SOFC 成堆后，需要在电堆外围搭建电炉提供高温工作环境，并在气路前端、后端设置气源、流量控制、尾气处理等辅机，同时在直流输出侧设置功率变换器将直流输出转变为交流输出。整机系统的研究难点在于将气体流量控制、电炉温度控制、功率变换器的动态特性纳入电堆模型之后的整机优化控制设计，并根据工作要求、材料安全和系统稳定导出可行运行约束。对于 SOEC，因为存在放热-吸热工作区的转变，其温度控制以及相耦合的气体流量控制需要重新设计；SOEC 电极材料与 SOFC 有所差异，材料安全约束对系统的优化控制有重要影响，也需纳入整机优化控制的设计。现有 SOEC 系统优化控制主流研究，一方面是基于单电池模型、借助气量变动进行温度等电池状态的准稳态控制；另一方面是考虑气泵、水泵等辅机的功耗或运行成本，面向系统产氢效率的提升、单位产氢成本的最小化，对 SOEC 及其辅机采取协调优化运行控制。但是，目前主流研究对于材料安全、装置安全、操作安全、电力侧安全的考虑较少，未能全面考虑系统安全对于运行过程的影响，缺少可靠的安全约束模型。在计及系统动态安全约束条件下，综合考虑产氢效率、装置寿命、弃电跟随、电网调度等多层目标制定控制策略，是 SOEC 优化控制的关键问题。

2.2.4　电解水制氢技术发展前景

在市场化进程方面，碱水电解（AWE）作为最为成熟的电解技术占据着主导地位，尤其是一些大型项目的应用。AWE 采用氢氧化钾（KOH）水溶液为电解质，以石棉为隔膜，分离水产生氢气和氧气，效率通常在 70%～80%。一方面，AWE 在碱性条件下可使用非贵金属电催化剂（如 Ni、Co、Mn 等），因而电解槽中的催化剂造价较低，但产气中含碱液、水蒸气等，需经辅助设备除去；另一方面，AWE 难以快速启动或变载、无法快速调节制氢的速度，因而与可再生能源发电的适配性较差。我国 AWE 装置的安装总量为 1500～2000 套，多数用于电厂冷却用氢的制备，国产设备的最大产氢量为 1000m³/h（标准状况）。国内代表性企业有中国船舶集团有限公司第七一八研究所、苏州竞立制氢设备有限公司、天津市大陆制氢设备有限公司等，代表性的制氢工程是河北建投新能源有限公司投资的沽源风电制氢项目（4MW）。

由于 PEM 电解槽运行更加灵活、更适合可再生能源的波动性，许多新建项目开始转向选择 PEM 电解槽技术。过去数年，欧盟、美国、日本企业纷纷推出了 PEM 电解水制氢产品，促进了应用推广和规模化应用，ProtonOnsite、Hydrogenics、Giner、西门子股份公司等相继将 PEM 电解槽规格规模提高到兆瓦级。其中，ProtonOnsite 公司的 PEM 水电解制氢装置的部署量超过 2000 套（分布于 72 个国家和地区），拥有全球 PEM 水电解制氢 70% 的市场份额，具备集成 10MW 以上制氢系统的能力；Giner 公司单个 PEM 电解槽规格达 5MW，电流密度超过 $3A/cm^2$，50kW 水电解池样机的高压运行累计时间超过 $1.5 \times 10^5 h$。

当前，国际上在建的电解制氢项目规模增长显著。2010 年前后的多数电解制氢项目规模低于 0.5MW，而 2017～2019 年的项目规模基本为 1～5MW；日本 2020 年投产了 10MW 项目，加拿大正在建设 20MW 项目。德国可再生能源电解制氢的"PowertoGas"项目运行时间超过 10a；2016 年西门子股份公司参与建造的 6MW PEM 电解槽与风电联用电解制氢系统，年产氢气 200t，已于 2018 年实现盈利；2019 年德国天然气管网运营商 OGE 公司、Amprion 公司联合实施 Hybridge 100MW 电解水制氢项目，计划将现有的 OGE 管道更换为专用的氢气管道。2019 年，荷兰启动了 PosHYdon 项目，将集装箱式制氢设备与荷兰北海的电气化油气平台相结合，探索海上风电制氢的可行性。

2.3　光解水制氢

太阳能和水是地球上取之不尽用之不竭的资源，解决了光解水制氢的问题也就是解决了世界资源紧缺的难题，具有非常重大的意义。水直接分解成为氢气和氧气，这个过程（$H_2O \longrightarrow H_2 + O_2$）需要能量特别高的光子，只有紫外光部分才能满足要求。而经过大气层的太阳光在到达地面时，紫外光只剩下很少的一部分，并且水不吸收这个频带的光，所以直接利用太阳光分解水制氢是不可能的，就需要采用一些其他特殊的方法。

2.3.1　光解水制氢的主要方法

目前，太阳能光解水的方法主要有三种，包括光电化学法、均相光助络合法和半导体光催化法。光电化学法是通过吸收太阳能后，将太阳能转化为电能，阳极、阴极和电解质溶液组成了光化学电池，光化学电池的阳极一般是采用半导体材料，在电解质存在下光阳极吸光后在半导体极上产生电子，通过外电路流向阴极，水中的质子从阴极上接受电子从而产生氢气。光电化学法制氢的效率非常之低、结构也比较复杂，因此不容易进行放大。在太阳能光解水制氢催化的过程中，光解水的效率主要受光激励作用下自由电子空穴对的数量、自由电子空穴对的分离和寿命、逆反应抑制等因素的影响。

均相光助络合法光催化的特点是利用光照激发催化剂分子或激发催化剂和反应分子，从而形成络合物，并经历配位络合、能量传递和电子传递等过程，进而加速光化学反应。光催化反应有均相或多相两种，可以采用人工光源或者太阳光，有效的波段是紫外光和可见光部分的高频段。主要是以三双吡啶钌作为光敏剂，光电效率约为7%，虽然效率与光电化学法相比有所提高，但还需添加特殊的催化剂和电子给体等，并且络合物的成本比较高、稳定性比较差，故也较难推广到实际应用当中。

半导体光催化法的主要原理是利用光催化剂分解水从而制得氢气。光催化分解水制氢过程比较复杂，光催化剂受到太阳光照射时，对光进行捕获、吸收，在这个反应过程中就会产生激子，激子的寿命非常之短，大多数都当场复合，只有少量的激子能够存在。这些激子会向表面发生迁移，进而到反应活性中心分解水。半导体光催化剂目前主要还存在几个问题：稳定性差、光利用效率低、量子效率低等。现在光解水制氢催化剂的研究重点主要还是集中在开发研究具有催化活性高、稳定性好和成本低的光催化剂，从而提高产氢的效率。

2.3.2　光催化剂的影响因素

作为光催化领域中较为广泛的应用，光解水制氢指的是利用半导体光催化剂将太阳能转变为化学能的这个化学过程，因此，光催化剂的作用性能是极其重要的。所有的光催化剂都必然具有一定的能带间隙，能带由以下的三个部分所构成：电子运行能量最低的全空轨道，即导带；能量最高的电子填充轨道，即价带；以及导带底端与价带顶端之间能态密度为零的这个真空区间，即禁带，禁带区域又称之为禁带宽度。光解水制氢的主要过程就是半导体光催化剂吸收利用太阳光能量之后，使本处于导带上的电子变成激发态跃迁到价带上面，转移到催化剂表面的电子便能将水中的氢离子进行还原，进而产生氢气。整个半导体光解水制氢过程可分为以下五个部分：①半导体催化剂在被光照的过程当中吸收利用能量足够大的光子，进而产生光生电子空穴对；②光生电子空穴对产生分离现象，载流子一部分移动到了表面，一部分留在内部；③转移至其表面电子与水反应后生成氢气；④转移到了表面的空穴与水反应生成氧气；⑤部分电子空穴对在其表面或者内部就会发生重组现象，产生光或者热。但是对于绝大多数的光催化剂而言，光激发至导带上的电子能够很快与价带上的空穴对发生重组现象，以光或者热的形式将其吸收的能量又再释放出来。因此，提高光生电子空穴对的分离效率对于提高催化剂的性能有着至关重要的作用。

对任何一个催化反应而言，其催化剂的催化性能都会受某一种或多种催化条件的制约，光解水制氢也是这样，影响其制氢性能的因素也有很多。如上所述，在整个光解水反应的过程中，有效催化剂内部的光生电子空穴对的分离效率对催化剂的性能起着决定性的作用，是光解水制氢反应效率高低的决定性步骤。因此，对于实现光解水催化反应的实际应用而言，设计合成一种具有高活性、强稳定性的光催化剂有着极为重要的意义。这就需要先了解其催化性能的影响因素，影响催化性能的因素主要有以下几点：催化剂的能带结构、催化剂的晶体结构、催化剂的微观形貌以及催化系统的牺牲剂条件等。

2.3.3　光解水催化剂研究进展

Fujishima 和 Honda 开启了半导体光催化这一研究领域以来，研究人员的工作重心就一直集中在开发和研究光催化材料上。40 多年以来，人们基于元素周期表，已经找出了数百种能够用于光催化过程的光催化材料，且绝大多数光催化材料为无机化合物半导体，如金属氧化物、硫化物、氮化物、磷化物及其复合物等。已知的能够用于光催化过程的半导体材料的元素组成有以下的特点：

① 利用具有 d^0 或 d^{10} 电子结构的金属元素和非金属元素构成半导体的基本晶体结构，并决定其能带结构；

② 碱金属、碱土金属或镧系元素可以参与上述半导体晶体结构的形成，但对其能带结构几乎无影响；

③ 一些金属离子或非金属离子可以作为掺杂元素对半导体的能带结构进行调控；

④ 贵金属元素一般作为助催化剂使用。

根据组成半导体化合物的金属离子（阳离子）的电子特性，单一光催化材料可以分为两大类，一类是金属离子的 d 电子轨道处于无电子填充状态（d^0），如 Ti^{4+}、Zr^{4+}、Nb^{5+}、Ta^{5+} 和 W^{6+}；另一类是金属离子的 d 电子轨道处于满电子填充状态（d^{10}），如 In^{3+}、Ga^{3+}、Ge^{4+}、Sn^{4+} 和 Sb^{5+}。与 d^0 金属离子相配的非金属元素主要是氧元素，它们之间组合成的氧化物如 TiO_2、ZrO_2、Nb_2O_5、Ta_2O_5 和 WO_3 都是被广泛应用的光催化剂。一些碱金属、碱土金属或其他金属离子可以引入上述化合物中组成一些盐类，并且这些盐类也被证明具有良好的光催化能力，如钛酸盐、铌酸盐、钽酸盐、钨酸盐以及钒酸盐。与 d^{10} 金属离子相配的非金属元素主要也是氧元素，它们之间组合成的氧化物如 In_2O_3，Ga_2O_3，GeO_2 和 SnO_2 也都被应用于光催化反应中。d^{10} 金属离子也可组成具有光催化活性的盐类，如铟酸盐：MIn_2O_4（M＝Ca，Sr），$AInO_2$（A＝Li，Na），$LaInO_3$；镓酸盐：$ZnGa_2O_4$，锗酸盐：Zn_2GeO_4；锡酸盐：M_2SnO_4（M＝Ca，Sr）；以及锑酸盐 $NaSbO_3$。

依据组成半导体材料的非金属元素（阴离子）的类型，单一光催化剂又可分为氧化物、硫化物、氮化物、氮氧化物和氧硫化物等。除了上段提到的氧化物之外，CuO，Cu_2O，Fe_2O_3 等也是常见的光催化材料。硫化物除了简单的 CdS 和 ZnS 可作为光催化材料外，一些多元硫化物也可用于光催化作用中，如 $ZnIn_2S_4$、$AgInZn_7S_9$、

$AgGa_{0.9}In_{0.5}ZnS_2$ 和 $Cu_{0.25}Ag_{0.25}In_{0.5}ZnS_2$。硫化物大多需要在有牺牲剂（通常为 Na_2S 和 Na_2SO_3）参与的情况下才能分解水制氢，并且都有很高的催化效率，但因为硫化物存在的光腐蚀效应，即使有牺牲剂存在，硫化物在长时间的光催化反应中也不稳定，因此解决硫化物光催化材料的稳定性是一个重要的研究方向。氮化物应用于光分解水反应的有 Ge_3N_4、Ta_3N_5 等，其中 Ge_3N_4 是第一种被报道的具有全分解水能力的非金属氧化物。一般稳定的金属氧化物带隙相对较大，只能吸收紫外光，而氧氮金属化合物大多具有较小的带隙，具有可见光吸收的特性，并且展现出较高的光催化活性，如 TaON 就具有较高的光解水产氧的催化活性（在牺牲剂存在下）。虽然金属硫化物由于光腐蚀效应不能进行光解水产氧，但金属氧硫化物 $Sm_2Ti_2O_5S_2$ 却可以光解水产氧。

　　MOFs 是金属有机框架，又称多孔的配位网状物，它是一种由金属离子或金属簇和刚性配体配位构成的且具有三维网络结构的材料。它具有高密度、均匀分散、多孔的结构，导致了这种材料具有非常高的比表面积，这种独特的性能使 MOFs 在催化、吸附等领域得到了广泛的运用。目前这种催化材料运用主要是集中在 Fe、Co、Ni 等过渡族元素上。有学者用 Hg 为中心离子合成纳米材料进行研究探讨。得到的结论是带有不同的配体三种（Hg-INA、Hg-BDA、Hg-DB 如图 2.30 所示）Hg-MOFs 都具有一定的光催化性。其中 Hg-INA 的光催化性达到了 $30\mu mol/(g·h)$，具有重要的理论与应用价值。

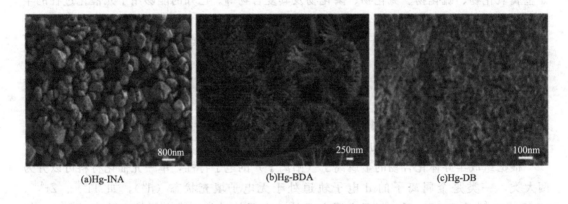

(a)Hg-INA　　　　　　　(b)Hg-BDA　　　　　　　(c)Hg-DB

图 2.30　带有不同配体的 Hg-MOFs 的 SEM 图

　　TiO_2 的禁带宽度比较大，吸收的能量占太阳能光谱的能量不到 5%，对太阳能的利用率非常低。目前业内主要研究的是一种能够对可见光有响应效果明显的 TiO_2 基催化剂。其中一个有效的方法就是借助贵金属纳米材料所自有的表面等离子共振现象来增强 TiO_2 对可见光的吸收率。金纳米材料的形貌丰富和它具有的广泛的吸光特性，对太阳光谱的全色吸收，能显著提高太阳能转换的效率；并且金纳米材料通常与高效的电子受体 TiO_2 相结合，可以很好地提高催化效率。目前大量研究集中在金属纳米材料表面直接生长出纳米结构的 TiO_2。有学者采用水热晶化来代替高温退火制备出包裹着金属纳米棒的 TiO_2 壳层，水热晶化后材料的粒径约为 300nm。晶化后的 TiO_2 壳层疏松多孔，增加了材料的活性位点，有利于传质的进行，光催化性得到了显著的提高，在可见光区表现出较好的光吸收性。基于上述的研究结果，提出了催化剂在可见光下催化光解水产氢的可能机理。可见在光照射到 GNR 上会引起 LSPR 现象，在 GNR 与 TiO_2 接触的界面上热电子会迅速地迁移到 TiO_2 表面上，避免了与空穴的复合，迁移出的电子在 TiO_2 表面还原水分子产生了氢气；空穴在 GNR 表面对甲醇起到了氧化作用。GNR 本身作为一个大的电子富集体有利于空穴的捕获，有利于光生电子和空穴的分离，最终促进了可见光下光解水产氢性能。

钨酸锌是重要的一种钨酸盐，安全易制备、价格低廉、光电活性较好，具备非常好的结构和光学性质，是一种性能较为优异的半导体光催化材料。目前研究主要是将多种半导体复合材料利用复合效应产生复合，能够有效地改善单一半导体的性能，还能带来一些新的特点。有学者利用微波辅助合成技术来合成花球结构的复合材料，以改善其性能。$ZnO/ZnWO_4$ 呈花球状并且较为均匀，$ZnS/ZnO/ZnWO_4$ 复合材料具有立方相的 ZnS、六方相的 ZnO 和单斜相的 $ZnWO_4$，这种复合材料的光谱产生了红移现象，说明这种材料的吸光能力有一定程度的增强。这种材料中的 ZnS 导致材料形成了一系列的异质结构，这种结构提高了复合材料的光催化性能，也就提高了光解水制氢的效率。

2009 年王心晨等报道了一种完全由非金属元素组成的聚合物半导体材料 $g-C_3N_4$，该材料具有类似石墨的层状结构，C、N 原子通过 sp^2 杂化形成一个高度离域的 π 共轭电子能带结构，禁带宽度为 2.7eV，并且导带底在氢的氧化还原电位之上，价带顶在氧的氧化还原电位之下。因此，$g-C_3N_4$ 可以在牺牲剂（如三乙醇胺或硝酸银）存在下光催化分解水产氢或产氧。令人惊喜的是，最近的研究表明 $g-C_3N_4$ 经过修饰后可以实现全分解水，譬如：

① 王心晨等通过原位光沉积方法获得了可以全分解水的 $Pt-PtO_x/g-C_3N_4$，其中 Pt 作为产氢助催化剂，PtO_x 作为产氧助催化剂；

② 康振辉等发现由碳量子点和 $g-C_3N_4$ 组成的复合材料可以通过两步双电子步骤实现全分解水：

$$2H_2O \longrightarrow H_2O_2 + H_2 \, (g-C_3N_4 \text{光催化})$$
$$2H_2O_2 \longrightarrow 2H_2O + O_2 \, (\text{碳量子点催化})$$

且其 AM1.5G 太阳光模拟器照射下全分解水的太阳能-氢能转换效率达到了 2%；

③ 陈等则通过 Na 离子掺杂对 $g-C_3N_4$ 进行了去质子化，从而抑制了光解水过程中 H_2O_2 的产生，实现了一步全分解水；

④ $g-C_3N_4$ 还可与其他半导体材料配合实现 Z 机制全分解水。

由于聚合物的材料特性，$g-C_3N_4$ 展现出比表面积小、产生的光生载流子的激子结合能高且复合严重等特点，这都不利于其在光解水制氢中的应用，因而各种提高其光催化活性的方法被报道。这些方法主要有：

① 制备方法的改进。王心晨等利用手性介孔氧化硅为模板制备了螺旋 $g-C_3N_4$ 纳米棒，该螺旋纳米棒展现出特殊的光学特性和很好的光催化活性。王心晨等以 HNO_3 对 $g-C_3N_4$ 进行质子化和解聚合作用，可以获得稳定的 $g-C_3N_4$ 胶体悬浮液，从而可以制备出结合性能很好的 $g-C_3N_4$ 薄膜电极。刘岗等利用 $g-C_3N_4$ 具有层状结构的特点，以空气为氧化剂，通过对体相 $g-C_3N_4$ 进行简单的二次热处理可将其剥离成厚度只有 2nm 左右的纳米片，并大幅提高其光催化活性。

② 掺杂。刘岗等利用硫掺杂和随之引起的量子尺寸效应对 $g-C_3N_4$ 的能带结构进行调控，使其光解水制氢效率提高 8 倍左右。王心晨等发现通过非金属元素 B、I 对 $g-C_3N_4$ 进行掺杂也可提高其光催化活性。

③ 与半导体复合。g-C₃N₄ 可与多种半导体材料组成 Ⅱ 型半导体异质结构，从而提高其光催化活性。

④ 王心晨等通过共聚合方式把特定的有机官能团（如苯环、吡啶、噻吩等）嫁接到 g-C₃N₄ 的骨架中，制备出一系列 π 共轭体系连续可调的 g-C₃N₄ 基聚合物半导体光催化剂。

2.3.4 光解水制氢技术发展前景

依据光解水过程中对半导体材料的要求，大多数单一光催化材料在光解水应用中都面临着热力学和动力学上的双重限制，所以几十年以来科研人员为突破此双重限制进行了大量的机理和实验上的研究。到目前为止，突破口主要体现在两个方面：一是通过对半导体的能带结构进行调控，以主要突破热力学上的限制；二是通过构建复合材料（如半导体异质结构和助催化剂的负载）来加速半导体上光生载流子的转移和分离，以主要突破动力学上的限制。下面将分别介绍这些调控策略、改性方法的作用机理及研究进展，并对他们的发展前景进行讨论。

（1）半导体能带调控策略与挑战

追求具有可见光吸收的光催化剂是光催化应用的必然选择。除了利用本身具有可见光吸收的半导体材料以外，对带隙较大的半导体进行掺杂也是开发可见光响应的光催化材料的重要策略。掺杂的主要特征是破坏了晶体原子排列的周期性，引起晶体周期势场的畸变，其结果是在禁带中引进新的电子态，称为缺陷态或杂质态，这些缺陷态或杂质态就可以引起宽带隙半导体材料对可见光的吸收。

最初是通过金属元素掺杂来实现宽带隙半导体对可见光的吸收。依据半导体能带理论，因掺杂金属元素价态和半导体中金属元素价态的差异，金属元素对半导体材料进行掺杂后可在半导体的带隙中产生施主能级或受主能级。因能级对电子束缚作用的强弱，施主（或受主）能级存在深能级或浅能级两种状态。如图 2.31 所示，浅施主能级存在于半导体导带下方 ［图 2.31（a）］，浅受主能级存在于半导体价带上方 ［图 2.31（b）］，而深施主能级在半导体能带中靠近价带一侧 ［图 2.31（c）］，深受主能级在半导体能带中靠近导带一侧 ［图 2.31（d）］。电子会在施主能级（或价带）与导带（或受主能级）间发生跃迁，其中由浅施主能级向导带的跃迁（或由价带向浅受主能级的跃迁）为浅跃迁，而电子由深施主能级向导带的跃迁（或由价带向深受主能级的跃迁）为深跃迁。因浅跃迁或深跃迁所要跨过的能垒都要小于半导体的本征带隙，所以可见光都可以激发浅跃迁、且大多数情况下也都可以激发深跃迁。

早在 1982 年，Borgarello 等就发现 Cr 掺杂的 TiO₂ 就能够实现在可见光照射下（400～550nm）的全分解水反应。此后，所有的过渡金属元素都被用来掺杂到宽带隙半导体材料中，以期望扩展其可见光吸收并提高其可见光活性。实验结果表明，金属掺杂确实可以在宽带隙半导体能带中引入杂质能级，这些杂质能级也能够带来可见光的吸收，但却不一定带来可见光下光催化效率的提高。针对这一问题，目前被广泛接受的解释是金属掺杂剂有可能会成为半导体材料内光生电子和空穴的复合中心（特别是形成的深杂质能级），从而不能提高（甚至降低）半导体材料的可见光活性；且半导体材料的可见光活性受掺杂元素种类、掺杂方法（化学合成、气氛热处理、磁控溅射等）、掺杂量、掺杂位置（取代

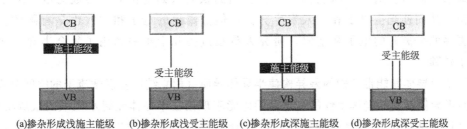

图 2.31　金属掺杂对半导体能带结构的影响

位或间隙位）以及掺杂分布（体相或表面）的影响。

受制于金属掺杂的瓶颈问题，自 2001 年 Asahi 等报道了氮掺杂 TiO_2 具有可见光活性以来，非金属掺杂研究逐渐成为主流，在过去十几年关于非金属掺杂的研究包括合成、表征、机理研究与性能等，取得了重要进展。其中以非金属掺杂的 TiO_2 研究最为广泛。根据半导体能带理论，半导体的能带是组成原子的原子轨道通过杂化形成的新的分子轨道。而绝大多数过渡金属氧化物（包括 TiO_2）的导带与价带主要分别由金属的 3d 轨道与氧的 2p 轨道构成。再依据分子轨道理论，当用一种电负性比氧低的元素取代了 TiO_2 晶格中的部分氧原子后，这用作掺杂剂的元素的电子轨道与氧的 2p 轨道杂化形成的新的分子轨道的能量要比氧的 2p 轨道的能量低，也就是说，这新的分子轨道所形成的价带顶要比氧的 2p 轨道形成的价带顶高。而构成导带的金属钛的 3d 轨道没有变化，由此可见，通过电负性比氧低的元素的掺杂，使得二氧化钛的导带底不变，价带顶被提高了，从而减小了 TiO_2 的带隙。实际上，绝大多数的非金属元素的电负性都要比氧小，都可以用来实现通过掺杂减小 TiO_2 带隙的目的。此外，一个合适的掺杂剂元素除了有电负性的要求之外，它的离子半径应该与氧离子的半径相近，以实现原子的替代掺杂。在众多的非金属元素掺杂中，氮掺杂的研究最为深入，相应提出的机理也最多。而最有争议的机理在于氮掺杂引起的可见光吸收，除了上述 Asahi 等依据杂化理论提出氮掺杂使 TiO_2 价带顶提高、带隙减小引起可见光吸收以外，Irie 等提出可见光吸收是位于价带顶之上 N2p 轨道形成的孤立局域化能级的贡献，而另一些研究人员认为氮掺杂所伴生的位于导带底的氧空位局域化能级带来了可见光吸收，氮掺杂只是起到稳定氧空位的作用。

通过掺杂或制造空位在半导体的带隙中引入杂质能级或缺陷能级，这是宽带隙半导体扩展可见光吸收最基本和重要的手段。但是该方法存在两个瓶颈问题：①降低半导体的导带或抬高其价带可以缩小其带隙，但同时也降低了半导体光生电子或空穴的还原或氧化能力；②半导体带隙中的局域化能级带来可见光吸收的同时，也很容易成为光生载流子的复合中心（譬如，现在一般粗略地认为表面氧空位可以促进光生载流子转移，提高半导体材料的光催化活性；而体相氧空位则作为光生载流子的复合中心，不利于光催化过程）。因此在利用掺杂或空位对半导体的能带结构进行调控时既要扩大材料的吸光范围，又要兼顾材料的氧化还原能力，更要避免复合中心的出现。

（2）促进载流子分离的方法与挑战

半导体材料上的光生电子和空穴大部分在体相扩散过程中或转移到表面后复合掉，只有极少数的电子和空穴去发生还原和氧化反应，这是限制半导体材料光催化活性的一个最根本因素。对单一材料而言，其表面的缺陷（如空位等）会成为电子或空穴的捕获位，从而使光生电子和空穴发生分离，但分离出的电子和空穴也是有限的。为了获得更多的分离开的电子和空穴，研究人员在过去几十年中利用了复合半导体之间的载流子转移。

依据半导体间能带结构的差异构建半导体异质（相）结以实现载流子的空间分离，从而提高半导体材料的光解水性能。这是固体能带理论在半导体光解水领域的最成功应用，异质（相）结理论在指导光催化材料的设计上具有非常高的广谱性。即使如此，异质（相）结理论在光解水应用中也还有很大的发展空间。Ⅱ型半导体异质结如能实现直接（矢量）Z机制载流子转移，高能量的光生电子和空穴将会被保留，这对光解水制氢具有非常重要的意义。然而，直接（矢量）Z机制载流子转移还没有得到理论上很好的解释。在CdS-ZnO异质结中直接（矢量）Z机制载流子转移过程和传统的Ⅱ型载流子转移过程应该是同时存在的，且处于相互竞争的关系。杂质或缺陷能级在单体光催化材料中虽可以扩展半导体的吸光范围，但也存在成为光生载流子复合中心的弊端。然而，这个单体光催化材料中的瓶颈问题却可能成为解决Ⅰ型半导体异质结在光解水应用中的钥匙（如前述的CdS-ZnS核-壳结构）。Ⅰ型半导体异质结为宽带隙半导体在可见光下的光解水应用提供了可能，但其中的很多关键问题仍需深入的研究。

（3）半导体的敏化

引入具有宽光谱响应的单元对半导体进行敏化也是一种扩展半导体光吸收范围和提高其光催化效率的有效手段。根据敏化剂的种类，可以将半导体的敏化分为有机分子敏化、量子点敏化和贵金属等离子共振敏化，其对应的敏化剂分别为有机配合物（多为染料分子），无机半导体和贵金属纳米颗粒。

过去几十年以来研究人员在染料分子、半导体、电子给体和助催化剂上进行了广泛的研究。用于敏化半导体进行光解水制氢的染料分子可以分为金属基和非金属基配合物两大类，其中金属基配合物主要为Ru基配合物、金属卟啉类化合物和金属酞菁类化合物，非金属基配合物主要有呫吨类染料（如曙红Y、罗丹明B、罗丹明6G、赤藓红、赤藓红B、伊红、玫瑰红、荧光素钠等）、阳离子有机染料以及给体-π桥-受体（D-π-A）类有机染料。TiO_2是染料敏化半导体光解水制氢体系最常用的半导体材料，除此之外，ZnO、SnO_2、TaON、CdS、$g-C_3N_4$、BiOCl、铌酸盐、钛酸盐等半导体材料也可用于染料敏化光解水制氢体系。在染料敏化半导体光解水制氢体系中，三乙醇胺（TEOA）和乙二胺四乙酸（EDTA）是最常用的电子给体，而当电子给体利用IO_3^-/I^-或Fe^{2+}/Fe^{3+}氧化还原电对时，染料敏化半导体可以实现水的全分解。助催化剂是染料敏化半导体光解水制氢体系中至关重要的部分，除了广谱助催化剂贵金属Pt之外，一些电解水产氢用催化剂〔如Ni、Co、Cu（氢）氧化物、Mo硫化物等〕、Ni（Co）类分子化合物以及氢化酶也可以起到助催化剂的作用。

利用染料分子敏化半导体进行光解水制氢的最大优势在于染料分子具有宽光谱响应，其响应范围甚至可以由可见光区扩展到红外光区。但该体系也存在着很大的弊端：①光生电子复合途径多，譬如染料分子中基态和激发态的复合，半导体导带上电子与基态（氧化态）染料分子的复合；②效率高的染料大多都是贵金属Ru基配合物，价格昂贵；③染料分子不稳定，容易被光生电子降解；④染料的过量吸附会阻碍光生电子的传输。

2.4　生物质制氢

生物质制氢是借助化学或生物方法，以光合作用产出的生物质为基础的制氢方法，可以以制浆造纸、生物炼制以及农业生产中的剩余废弃有机质为原料，具有节能、清洁的优点，成为当今制氢领域的研究热点。目前以生物质为基础的制氢技术可分为化学法与生物法制氢。

2.4.1　化学法制氢

化学法制氢是通过热化学处理，将生物质转化为富氢可燃气，然后通过分离得到纯氢的方法。该方法可由生物质直接制氢，也可以由生物质解聚的中间产物（如甲醇、乙醇）进行制氢。化学法又分为气化制氢、热解重整法制氢、超临界水转化法制氢以及其他化学转化制氢方法。

（1）气化制氢

气化制氢是指在气化剂（如空气、水蒸气等）中，将碳氢化合物转化为含氢可燃气体的过程，该技术存在焦油难控的问题。目前生物质气化制氢需要借助催化剂来加速中低温反应。生物质气化制氢用到的反应器分为：固定床、流化床、气流床气化器。生物质进入气化炉受热干燥，蒸发出水分（100～200℃）。随着温度升高，物料开始分解并产生烃类气体。随后，焦炭和热解产物与通入的气化剂发生氧化反应。随着温度进一步升高（800～1000℃），体系中氧气耗尽，产物开始被还原，主要包括鲍多尔德反应、水煤气反应、甲烷化反应等。生物质的气化剂主要有空气、水蒸气、氧气等。以氧气为气化剂时产氢量高，但制备纯氧能耗大；空气作为气化剂时虽然成本低，但存在大量难分离的氮气。表 2.2 为不同气化剂对生物质制氢性能的影响。

表 2.2　不同气化剂下生物质制氢结果

气化剂	产气热值/(MJ/m^3)	总气体得率/(kg/m^3)	氢气含量/%	成本等级
水蒸气	12.2～13.8	1.30～1.60	38.0～56.0	中
空气与水蒸气混合气体	10.3～13.5	0.86～1.14	13.8～31.7	高
空气	3.7～8.4	1.25～2.45	5.0～16.3	低

Zhang 等以钾盐为催化剂来提高生物质中碳的转化率，探讨了反应温度、催化剂类型对气化制氢的影响。研究表明，在 600～700℃条件下，K_2CO_3 与 CH_3COOK 均对气化制氢产生促进作用。在 700℃，K_2CO_3 用量为 20% 时，碳的转化率达到 88%，此时得到的气体中氢气含量为 73%。以 KCl 为催化剂，生物质气化过程中的碳转化率及氢气得率则呈现下降趋势，因而在生物质气化中应避免 KCl 的使用。Yan 等以农业废弃物为原料在固定床中探讨了反应温度、蒸汽流量对气化制氢的影响。结果表明，较高的气化反应温度以及恰当的蒸汽流量可获得较高的气体得率。在 850℃、蒸汽流量为 0.165g/（min·g）生物质时，气体得率达到了 2.44m^3/kg（标准状况）原料，此时碳转化率高达 95.78%。Hamad 等以氧气为气化剂，探讨了氧气用量、气化停留时间、催化剂类型对氢气产量的影响。结果表明，在 800℃、氧气与原料质量比为 0.25、气化停留 90min、并以焙烧水泥

窑灰或熟石灰为催化剂时，生物质可以达到良好的气化效果。在以棉秆为研究对象，采用熟石灰为催化剂时，气化产物中氢气与一氧化碳的含量分别达到 45％与 33％。孙宁等以松木屑为原料，水蒸气为气化剂，使用镍基复合催化剂 Ni-CaO，在固定床气化炉中进行气化反应。当催化剂/原料质量比由 0 增加至 1.5 时，氢气体积分数由 45.58％增加至 60.23％，氢气得率由 38.80g/kg 原料增加至 93.75g/kg 原料；温度由 700℃升温至 750℃时，燃气中氢气的体积分数由 54.24％增加至 60.23％，二氧化碳含量由 21.09％降低至 13.18％，产气热值为 12.13MJ/m^3。

（2）热解重整法制氢

生物质在隔绝氧气或只通入少量空气的条件下，受热分解的过程称为热解。热解与气化的区别在于是否加入气化剂。热解制氢经历两个步骤：①生物质热解得到气、液、固三相产物；②利用热解产生的气体或生物油重整制氢。在上述第一步中，持续高温会促进焦油生成，焦油黏稠且不稳定，由于低温不易气化，高温容易积炭堵塞管道、影响反应进行。因此可通过调整反应温度和热解停留时间来提高制氢效果，但产氢量依然很低，因此需要将热解产生的烷烃、生物油进行重整来提升制氢效果。

蒸气重整是将热解后的生物质残炭移出系统，再对热解产物进行二次高温处理，在催化剂和水蒸气的共同作用下将相对分子质量较大的重烃裂解为氢气、甲烷等，增加气体中的氢气含量。再对二次裂解的气体进行催化，将其中的一氧化碳和甲烷转换为氢气；最后采用变压吸附或膜分离技术得到高纯度氢气。水相重整是利用催化剂将热解产物在液相中转化为氢气、一氧化碳以及烷烃的过程。与蒸气重整相比水相重整具有以下优点：①反应温度和压力易达到，适合水煤气反应的进行，且可避免碳水化合物的分解及炭化；②产物中一氧化碳体积分数低，适合做燃料电池；③不需要气化水和碳水化合物，避免能量高消耗。

自热重整是在蒸气重整的基础上向反应体系中通入适量氧气，用来氧化吸附在催化剂表面的半焦前驱物，避免积炭结焦。可通过调整氧气与物料的配比来调节系统热量，实现无外部热量供给的自热体系。自热重整实现了放热反应和吸热反应的耦合，与蒸气重整相比降低了能耗。目前自热重整主要集中在甲醇、乙醇和甲烷制氢中，类似的还有蒸气/二氧化碳混合重整、吸附增强重整等。化学链重整是用金属氧化物作为氧载体代替传统过程所需的水蒸气或纯氧，将燃料直接转化为高纯度的合成气或者二氧化碳和水，被还原的金属氧化物则与水蒸气再生并直接产生氢气，实现了氢气的原位分离，是一种绿色高效的新型制氢过程。光催化重整是利用催化剂和光照对生物质进行重整获得氢气的过程。无氧条件下光催化重整制取的氢气中，除混有少量惰性气体外无其他需要分离的气体，有望直接用作气体燃料。但该方法制氢效果欠佳，如何改进催化剂活性、提高氢气得率还有待进一步研究。

Hao 等在粉粒流化床中对生物质进行催化热解。研究发现，挥发物的释放量和热解温度相关。此外，不添加催化剂时氢气得率仅为 13.8g/kg 生物质。在加入 NiMo/Al_2O_3 催化剂后，热解产生的焦油与芳香化合物进一步分解，在 450℃时可燃气体体积分数达到了 91.25％，其中包含的氢气、一氧化碳体积分数分别为 49.73％、34.50％。优化后，氢气得率达到 33.6g/kg 生物质。Ansari 等以蔗渣为原料，在常压下采用双床反应器制氢。蔗渣首先在第一个反应床进行热解，生成的焦油等不挥发性物质进入第二个反应床进行裂解。实验中采用纳米双金属催化剂 NiFe/γ-Al_2O_3（Ni 质量分数 12％，Fe 质量分数 6％）

来提高反应效率。最终氢气、一氧化碳的摩尔分数分别达到 15.3％ 与 45.7％。该制氢方法不但产量高，而且焦油含量低。Luo 等探索了一种新的生产模式，将硅酸盐工业中的高温熔渣用于生物质热解制氢。当熔渣为 1000℃，质量比为 0.6（熔渣/生物质）时，生物质可完全热解，气化率达到 88.31％。高温熔渣在提供热量的同时也起到了催化剂的作用。在这种新型的反应过程中，生物质热解产生的焦油及固体浓缩物显著减少，仅为 3.17％。高宁博等在自行设计的固定床气化炉中开展序批式进料模式的松木屑高温气化实验。研究表明，氢气得率从 800℃ 的 21.91g/kg 生物质增加到 950℃ 的 71.63g/kg 生物质；产气平均浓度由 800℃ 的 36.63％ 增加到 950℃ 的 59.42％。气化效率在 45％～72％ 之间变化，在水蒸气流量为 20.2g/min 时，氢气得率最大。

（3）超临界水转化法制氢

当温度处于 374.2℃、压力在 22.1MPa 以上时，水具备液态时的分子间距，同时又会像气态时分子剧烈运动，成为兼具液体溶解力与气体扩散力的新状态，称为超临界水流体。超临界水制氢是生物质在超临界水中发生催化裂解制取富氢燃气的方法。该方法中生物质的转化率可达到 100％，气体产物中氢气的体积含量可超过 50％，且反应中不生成焦油等副产品。与传统方法相比，超临界水可以直接湿物进料，具有反应效率高、产物氢气含量高、产气压力高等特点，产物易于储存、便于运输。

Kang 等探讨了不同生物质的超临界水转化法制氢差异。首先以木质素与纤维素为原料，证明了 K_2CO_3 与 $Ni-Ce/Al_2O_3$（Ni 质量分数 20％，Ce/Ni 摩尔比 0.36）具有良好的催化效果；并用田口实验方法（Taguchi approach）对各参数的影响程度进行了排序，即：反应温度＞催化剂用量＞催化剂类型＞生物质原料种类。在对多种原料进行超临界水转化法制氢后，Kang 等发现氢气得率大小依次为：油菜籽粕＞麦秸＞猫尾草。Nanda 等采用催化浸渍的方法先对松木与麦草进行预处理，再进行超临界水转化法制氢。预处理后，原料表面形成了纳米镍粒子，为后续反应提供了数量可观的催化位点，制氢效果良好。总气体得率为 9.5～16.2mmol/g，氢气得率为 2.8～5.8mmol/g，碳转化率达到 19.6％～32.6％。Promdej 等研究了葡萄糖在 300～460℃ 的制氢机理。实验表明，在亚临界水中，葡萄糖主要发生离子反应（水解）；而在超临界水中，则主要发生自由基反应（热解）。随着温度升高，离子反应会逐渐向自由基反应转变，从而提高氢气得率。从热力学角度来看，超临界水制氢是一个吸热过程，因此提高反应温度会促进氢气得率提升。超临界水转化法制氢是最有前途的制氢技术之一，但对设备要求较高，会产生高昂的投资和运行维护费用。目前，超临界水转化法制氢技术还处于研发阶段，世界范围内未见商业应用实例。

（4）其他化学转化制氢方法

微波热解可用于生物质制氢。在微波作用下，分子运动由原来的杂乱状态变成有序的高频振动，分子动能转变为热能，达到均匀加热的目的。微波能整体穿透有机物，使能量迅速扩散。微波对不同介质表现出不同的升温效应，该特征有利于对混合物料中的各组分进行选择性加热。高温等离子体热解制氢是一项有别于传统的新工艺。等离子体高达上万摄氏度，含有各类高活性粒子。生物质经等离子体热解后气化为氢气和一氧化碳，不含焦油。在等离子体气化中，可通过水蒸气来调节氢气和一氧化碳的比例。由于产生高温等离子体需要的能耗很高，所以只有在特殊场合才使用该方法。

2.4.2　生物法制氢

生物法制氢是利用微生物代谢来制取氢气的一项生物工程技术。与传统的化学方法相比，生物制氢有节能、可再生和不消耗矿物资源等优点。目前常用的生物制氢方法可归纳为4种：光解水、光发酵、暗发酵与光暗耦合发酵制氢。

（1）光解水制氢

微生物通过光合作用分解水制氢，目前研究较多的是光合细菌、蓝绿藻。以蓝绿藻为例，它们在厌氧条件下通过光合作用分解水产生 O_2 和 H_2。在光合反应中存在着两个相互独立又协调作用的系统：①接收光能分解水产生 H^+、e^- 和 O_2 的光系统Ⅱ（PSⅡ）；②产生还原剂用来固定 CO_2 的光系统Ⅰ（PSⅠ）。PSⅡ产生的电子由铁氧还蛋白携带经由 PSⅡ 和 PSⅠ 到达制氢酶，H^+ 在制氢酶的催化作用下生成 H_2。光合细菌制氢和蓝绿藻一样，都是光合作用的结果，但是光合细菌只有一个光合作用中心（相当于蓝绿藻的 PSⅠ），由于缺少藻类中起光解水作用的 PSⅡ，所以只进行以有机物作为电子供体的不产氧光合作用。

（2）光发酵制氢

光发酵制氢是厌氧光合细菌依靠从小分子有机物中提取的还原能力和光提供的能量将 H^+ 还原成 H_2 的过程。光发酵制氢可以在较宽泛的光谱范围内进行，制氢过程没有氧气的生成，且培养基质转化率较高，被看作是一种很有前景的制氢方法。以葡萄糖作为光发酵培养基质时，制氢机理为：

$$C_6H_{12}O_6 + 6H_2O + 光能 \longrightarrow 12H_2 + 6CO_2$$

（3）暗发酵制氢

异养型的厌氧菌或固氮菌通过分解有机小分子制氢。异养微生物由于缺乏细胞色素和氧化磷酸化途径，使厌氧环境中的细胞面临着因产能氧化反应而造成的电子积累问题。因此需要特殊机制来调节新陈代谢中的电子流动，通过产生氢气消耗多余的电子就是调节机制中的一种。能够发酵有机物制氢的细菌包括专性厌氧菌和兼性厌氧菌，如大肠埃希氏杆菌、褐球固氮菌、白色瘤胃球菌、根瘤菌等。发酵型细菌能够利用多种底物在固氮酶或氢酶的作用下将底物分解制取氢气，底物包括：甲酸、乳酸、纤维素二糖、硫化物等。以葡萄糖为例，其反应方程为：

$$C_6H_{12}O_6 + 2H_2O \longrightarrow 4H_2 + 2CO_2 + 2CH_3COOH$$

（4）光暗耦合发酵制氢

利用厌氧光发酵制氢细菌和暗发酵制氢细菌的各自优势及互补特性，将二者结合以提高制氢能力及底物转化效率的新型模式被称为光暗耦合发酵制氢。暗发酵制氢细菌能够将大分子有机物分解成小分子有机酸，来获得维持自身生长所需的能量和还原力，并释放出氢气。由于产生的有机酸不能被暗发酵制氢细菌继续利用而大量积累，导致暗发酵制氢细菌制氢效率低下。光发酵制氢细菌能够利用暗发酵产生的小分子有机酸，从而消除有机酸对暗发酵制氢的抑制作用，同时进一步释放氢气。所以，将二者耦合到一起可以提高制氢效率，扩大底物利用范围。以葡萄糖为例，耦合发酵反应的暗发酵阶段为：$C_6H_{12}O_6 + 2H_2O \longrightarrow 4H_2 + 2CO_2 + 2CH_3COOH$，光发酵阶段为：$2CH_3COOH + 4H_2O + 光能 \longrightarrow 8H_2 + 4CO_2$。表2.3为不同基质条件下光暗耦合发酵制氢情况。表2.4为多种纤维素类基质直接发酵制氢情况。

表 2.3 不同基质条件下光暗耦合发酵制氢情况

基质类型	暗发酵细菌	光发酵细菌	氢气得率 /(mol/mol)(糖)
葡萄糖	Ethanoligenensharbinense B49	Rhodopseudomonas faecalis RLD-53	6.32
蔗糖	Clostridium pasteurianum	Rhodopseudomonas palustris WP3-5	7.10
蔗糖	C. saccharolyticus	R. capsulatus	13.7
木薯淀粉	Microflora	Rhodobactersphaeroides ZX-5	6.51
餐厨垃圾	Microflora	Rhodobactersphaeroides ZX-5	5.40
芒草	Thermotoganeapolitana	Rhodobactercapsulatus DSM155	4.50

表 2.4 纤维素类基质直接发酵制氢情况

纤维素类基质	微生物	温度/℃	氢气得率
纤维素 MN301	Clostridiumcellulolyticum	37	1.7mol/mol 葡萄糖
微晶纤维素	Clostridiumcellulolyticum	37	1.6mol/mol 葡萄糖
纤维素 MN301	Clostridiumpopuleti	37	1.6mol/mol 葡萄糖
微晶纤维素	Clostridiumpopuleti	37	1.4mol/mol 葡萄糖
脱木质素纤维素	ClostridiumthermocellumATCC27405	60	1.6mol/mol 葡萄糖
蔗渣	Caldicellulosiruptorsaccharolyticus	70	19.21mL/g 原料
麦秸	Caldicellulosiruptorsaccharolyticus	70	44.89mL/g 原料
玉米秆叶	Caldicellulosiruptorsaccharolyticus	70	38.14mL/g 原料

（5）生物法制氢研究进展

Lu 等以农业生产中坏掉的苹果作为光合细菌 HAU-M1 的培养原料，来探讨这类生物质制氢的可行性。实验探讨了培养液初始 pH 值、光照强度、培养温度、培养基质固液比等因素的影响，并采用响应面法对实验进行优化。结果表明，当培养液初始 pH 值为 7.14、光照强度为 3029.67 Lx、温度为 30.46℃、固液比为 0.21 时，氢气得率最大为 (111.85±1) mL/g 原料。Jehlee 等借助 Chlorella sp. 采用两步法适温固态厌氧发酵来制备氢气。采用新鲜的 Chlorella sp. 时，氢气与甲烷的产量可分别达到 124.9mL/g、230.1mL/g，此时基质的转化效率为 34%。当采用适宜温度对 Chlorella sp. 进行预处理后，可将固态发酵的氢气与甲烷产量分别提升至 190.0mL/g、319.8mL/g，此时基质的转化率为 47%。Sattar 等用水稻废料（稻草、稻糠等）进行发酵制氢研究。研究表明，提高发酵温度可以提高多种原料的制氢量。在最适合的反应温度下，稻草制氢量最高，可达 40.04mL。当多种原料共同进行发酵制氢时，在相对适中的温度下，制氢量可达 30.37mL。实验证明，调节发酵 pH 值在 6～7 之间时，不会对制氢产生不利影响。Kumar 等采用稀盐酸对生物质原料进行预处理，获得生物质含量 100g/L 预处理液，以此为基质进行制氢研究。实验证明微生物可循环使用，在 10 次循环中，平均累积制氢量可达 770mL/L 预处理液。在水力停留时间为 16h 时，制氢速率峰值为 0.9L/ (L·d)，此时氢气得率为 86mL/g 还原糖。通过对实验中涉及的微生物群落进行分析发现，梭菌类（Clostridium）对该发酵制氢有促进作用。Zagrodnik 等以淀粉为原料采用光暗耦合发酵，通过加流培养的方式来制取氢气。在暗发酵阶段 pH 值＞6.5 会生成乙酸、乳酸，从而降低氢气得率。在适宜的培养条件下，设定进料量为 1.5g 淀粉/（L·d），经过 11 天的连续培养后，氢气得率为 3.23L/L 基质，产量是单纯暗发酵条件下产量的两倍。在进料量为 0.375g 淀粉/（L·d）时，淀粉转化率最高。

2.4.3 生物质制氢技术发展前景

目前，热化学转化制氢已部分实现规模化生产，但氢气得率不高；液相催化重整制氢以生物质解聚为前提，具有解聚产物易于集中、运输的优势，更适合大规模制氢，但技术更复杂，需加大研发力度；热化学制氢目前局限于 Ni 类或贵金属催化剂，开发活性高、寿命长、成本低的催化剂依然是研究的重点。为提高氢气得率，可将多种技术联合，先对生物质进行热化学转化，再对产物进行合理分配，将其中商业利用价值不高的产物提取重整，对商业价值高的产物进行提取利用。在生物质制氢领域，同样存在一些问题限制其产业化发展：

① 暗发酵制氢虽稳定、快速，但由于挥发酸的积累会产生反馈抑制，从而限制了氢气产量。

② 在微生物光解水制氢中，光能转化效率低是主要限制因素。凭借基因工程手段，通过改造或诱变获得更高光能转化效率的制氢菌株，具有重要的意义。

③ 光暗耦合发酵制氢中，两类细菌在生长速率及酸耐受力方面存在巨大差异。暗发酵过程产酸速率快，使体系 pH 值降低，从而抑制光发酵制氢细菌的生长，使整体制氢效率降低。如何解除两类细菌之间的产物抑制，做到互利共生，是一项亟待解决的问题。

此外，成本问题同样制约制氢技术的工业化应用，对更为廉价的生物质原料进行开发利用可对降低制氢成本起到一定的促进作用。

2.5 本章总结

目前，综合对比以上几种制氢技术：煤、天然气制氢技术最为成熟，尤其煤制氢在我国具有较大成本优势，但此法制得的"灰氢"不符合能源向低碳转型的绿色发展需求；电解水制氢技术可以制得"绿氢"，能源效率高，但是成本较高，经济性较差；光解水和生物质制氢尚处于研究阶段，要想实现大规模应用还需要解决催化活性及转换效率等问题。煤或天然气制得的"灰氢"通过 CCUS 技术可转化为"蓝氢"，该技术也是我国实现碳中和目标技术组合的重要一环。随着碳达峰、碳中和工作的深入进行，制氢领域面临的挑战将是实现无碳或碳中性（"绿氢"或"蓝氢"）的技术（目前通过电解水制取"绿氢"来替代），并将这些技术以更大规模推广应用，进而降低生产成本，产生经济效益。

氢能是一种理想的新型能源，通过风光等新能源电力制氢，并将氢与燃料电池结合发电，以此形成氢能产业生态圈有助于保障我国能源安全，加快构建清洁化、低碳化的氢能供应体系，对我国可持续发展战略具有重大意义。今后应紧紧围绕氢能的制、储、运、用 4 个环节，着力建设完善氢能体系，加大氢能源与电网的互动性，促进我国能源转型；大力发展电解水制氢技术，利用弃风、弃光、弃水资源制取"绿氢"，解决电解水制氢经济性难题及能源浪费问题；大力发展可再生能源（如风电与太阳能）与氢气储能结合，促进氢能在储能领域的发展，加速推进我国碳达峰、碳中和工作。

参考文献

[1]　孙岳涛.PEM 电解水析氧催化剂研究进展.电镀与精饰.42.8（2020）：28-33.

[2]　谢英鹏.半导体光解水制氢研究：现状，挑战及展望.无机化学学报.33.2（2017）：177-209.

[3]　陈思晗.传统和新型制氢方法概述.天然气化工（C1 化学与化工）.44.2（2019）：122-127.

[4]　俞红梅.电解水制氢技术研究进展与发展建议.中国工程科学.23.2（2021）：146-152.

[5]　李勇勇.固体氧化物电解池氧电极的研究进展.陶瓷学报.42.4（2021）：523-536.

[6]　马征.固体氧化物电解池阴极材料的发展现状.陶瓷学报.40.5（2019）：565-573.

[7]　严宗黎.光解水制氢的方法及研究进展.贵州农机化.3（2020）：24-27.

[8]　黄省格.化石原料制氢技术发展现状与经济性分析.化工进展.38.12（2019）：5217-5224.

[9]　蒙阳.基于铁，钴，镍金属磷化物纳米催化剂的碱性条件下电解水制氢的研究进展.应用化学.37.7（2020）：733-745.

[10]　王小美.甲醇重整制氢方法的研究.化工新型材料.42.3（2014）：42-44.

[11]　张开悦.碱性电解水析氢电极的研究进展.化工进展.34.10（2015）：3680-3687.

[12]　陈俊良.聚合物电解质膜水电解器用质子交换膜的研究进展.化工进展.36.10（2017）：3743-3750.

[13]　马靖文.钌基碱性电解水制氢催化剂研究进展.无机盐工业.（2021）.

[14]　张晖.生物质制氢技术及其研究进展.中国造纸.38.7（2019）：68-74.

[15]　刘思明.碳中和背景下工业副产氢气能源化利用前景浅析.中国煤炭.47.6（2021）：53-56.

[16]　王奕然.天然气制氢技术研究进展.石化技术与应用.37.5（2019）：361-366.

[17]　许毛.我国煤制氢与 CCUS 技术集成应用的现状、机遇与挑战.矿业科学学报.6.6（2021）：659-666.

[18]　何泽兴.质子交换膜电解水制氢技术的发展现状及展望.化工进展.40.9（2021）：4762-4773.

[19]　Midilli, Adnan, et al. A comprehensive review on hydrogen production from coal gasification: Challenges and Opportunities. International Journal of Hydrogen Energy. 46. 50 (2021): 25385-25412.

[20]　Carmo, Marcelo, et al. A comprehensive review on PEM water electrolysis. International journal of hydrogen energy. 38. 12 (2013): 4901-4934.

[21]　Zhao, Jiaqi, et al. How to make use of methanol in green catalytic hydrogen production? . Nano Select. 1. 1 (2020): 12-29.

[22]　Santos, Diogo MF, César AC Sequeira, and José L. Figueiredo. Hydrogen production by alkaline water electrolysis. Química Nova. 36 (2013): 1176-1193.

[23]　Zeng, Kai, Dongke Zhang. Recent progress in alkaline water electrolysis for hydrogen production and applications. Progress in energy and combustion science. 36. 3 (2010): 307-326.

第 3 章

储氢技术

根据储氢机制不同，可以将储氢方式分为物理和化学储氢两大类。物理储氢主要包括：高压气态储氢，低温液态储氢以及多孔材料低温吸附储氢。前二者是目前较为常见的储氢方式。多孔材料（如活性炭、碳纳米管、金属有机框架配合物等）低温吸附储氢主要是通过多孔材料与氢气分子间的范德华力作用将氢气存储，该储氢方式一般只能在较低的温度下进行，且在受热或减压的情况下氢气分子容易发生脱附。化学储氢方式主要包括金属氢化物储氢、金属配位氢化物储氢、有机液体储氢和其他储氢材料储氢等，其中金属氢化物又可细分为储氢合金和轻金属氢化物。有机液体储氢的原理是利用不饱和液态芳烃与氢气之间的可逆反应来实现氢的储存。其优点是具有较好的储氢量和循环可逆性，但有机液体储氢材料存在吸放氢工艺复杂、放氢效率低、能耗高等问题。氢气的储存方式多种多样，针对不同的应用领域，选择的储氢技术也不尽相同。在本章中，我们对目前的储氢途径和技术进行了分类介绍与讨论。

3.1　气态压缩储氢

气态压缩储氢主要是基于高压气态储氢容器，包括高压储氢气瓶、高压复合储氢罐和玻璃储氢容器。高压储氢气瓶包括全金属气瓶和纤维复合材料缠绕气瓶，其具有充放氢简单、氢气浓度高等优点，是目前唯一商业使用的高压储氢容器。高压复合储氢罐是通过储氢材料存储氢气实现固态储氢，并在粉体材料之间的空隙也参与储氢，实现气-固混合储氢，具有体积储氢密度大、充氢速度快、低温下工作性能好等优点。玻璃储氢容器包括空心玻璃微球和玻璃毛细管阵列，是一种新型的高压储氢容器，其具有质量体积密度高、安全性好、成本低、无氢脆现象等优点，有望与燃料电池组合应用于各种移动电子设备。目前相关理论研究已证明了其有作为储氢容器的潜力，但由于其相关配套等器件还不完善，离商业化应用还有一段距离。

近年来，氢能在燃料电池汽车领域中的规模化应用是人们关注的热点。美国能源部

(US Department of Energy，DOE) 最新公布的轻型燃料电池汽车的车载储氢系统技术目标如表 3.1 所示。到 2025 年，期望质量、体积储氢密度分别达到质量分数 5.5％和 40kg/L，循环次数超过 1500 次。

表 3.1　轻型燃料电池汽车的车载储氢系统技术目标

参数	单位	2020 年	2025 年	最终目标
质量储氢密度	kW·h/kg(kg H_2/kg system)	1.5(0.045)	1.8(0.055)	2.2(0.065)
体积储氢密度	kW·h/L(kg H_2/L system)	1.0(0.030)	1.3(0.040)	1.7(0.050)
成本	$/kW·h($/kg H_2)	10(333)	9(300)	8(266)
工作温度	℃	−40/60	−40/60	−40/60
循环寿命	次	1500	1500	1500

3.1.1　高压储氢技术

高压储氢气瓶是压缩氢广泛使用的关键技术，广泛应用于加氢站及车载储氢领域。随着应用端的应用需求（尤其是车载储氢）不断提高，轻质高压是高压储氢气瓶发展的不懈追求。目前高压储氢容器已经逐渐由全金属气瓶（Ⅰ型瓶）发展到非金属内胆纤维全缠绕气瓶（Ⅳ型瓶）。几种类型的高压储氢气瓶见表 3.2。

表 3.2　不同类型储氢瓶对比

类型	Ⅰ 型	Ⅱ 型	Ⅲ 型	Ⅳ 型
材质	纯钢制金属瓶	钢制内胆纤维缠绕瓶	铝内胆纤维缠绕瓶	塑料内胆纤维缠绕瓶
工作压力/MPa	17.5～20	26.3～30	30～70	>70
介质相容性	有氢脆、有腐蚀性	有氢脆、有腐蚀性	有氢脆、有腐蚀性	有氢脆、有腐蚀性
质量储氢密度/%	≈1	≈1.5	≈2.4～4.1	2.5～5.7
体积储氢密度/(g/L)	14.28～17.23	14.28～17.23	35～40	38～40
使用寿命/a	15	15	15～20	15～20
成本	低	中等	最高	高
车载是否可以使用	否	否	是	是

（1）全金属容器储氢技术

金属压力容器的发展是由 19 世纪末的工业需求带动的，特别是储存二氧化碳以用于生产碳酸饮料。而早在 1880 年，锻铁容器就被报道用做氢气的储存并用于军事用途，储氢压力可达 12MPa。19 世纪 80 年代后期随着英国和德国发明了通过拉伸和成型制造的无缝钢管制成的压力容器，大大提升了金属压力容器的储气压力。到 20 世纪 60 年代，金属储氢气瓶的工作压力已经从 15MPa 增加到 30MPa。全金属储氢气瓶，即 Ⅰ 型瓶，其制作材料一般为 Cr-Mo 钢、6061 铝合金、316L 等。由于氢气的分子渗透作用，钢制气瓶很容易被氢气腐蚀出现氢脆现象，导致气瓶在高压下失效，出现爆裂等风险。同时由于钢瓶质量较大，储氢密度低，质量储氢密度在 1％～1.5％左右。一般用作固定式、小储量的氢气储存。近年来，金属气瓶研究主要集中于金属的无缝加工、金属气瓶失效机制等领域，尤其是采用不同的测试方法来评估金属材料在气态氢中的断裂韧性特性。

（2）纤维复合材料缠绕容器储氢技术

纤维复合材料缠绕气瓶即 Ⅱ 型瓶、Ⅲ 型瓶和Ⅳ 型瓶。最早于 20 世纪 60 年代在美国推出，主要用于军事和太空领域。1963 年，Brunswick 公司研制了塑料内胆玻璃纤维全缠绕复合高压气瓶，用于美国军用的喷气式飞机的引擎重启系统。复合材料增强压力容器具有破裂前先泄漏的疲劳失效模式，可大大提高高压气瓶的安全性。其中 Ⅱ 型瓶采用的是环向增强，纤维并没有完全缠绕，工作压力有所增强可达 26～30MPa。但由于其缠绕的内胆仍然是钢制内胆，并没有减轻气瓶质量，质量储氢密度和 Ⅰ 型瓶相当，应用场景受限。Ⅲ 型瓶和 Ⅳ 型瓶是纤维复合材料缠绕制造的主流气瓶。其主要由内胆和碳纤维缠绕层组成。Ⅲ 型瓶的内胆为铝合金，Ⅳ 型的内胆为聚合物。纤维复合材料则以螺旋和环箍的方式缠绕在内胆的外围，以增加内胆的结构强度。衬垫作为氢气与复合层之间的屏障，防止氢气从复合层基材的微裂纹中泄漏。国外的 Ⅳ 型瓶尤其是在汽车领域已经成功商用（表3.3）。2000 年，Quantum 公司开发出了 Trishield 高压储氢气瓶，其采用了聚乙烯内胆碳纤维全缠绕结构，公称工作压力为 35MPa。2001 年，Quantum 公司又研制成功公称工作压力为 70MPa 的 Trishield10 高压储氢气瓶。在车载领域最具代表性的是日本丰田 Mirai 以塑料内胆和纤维缠绕的 Ⅳ 型储氢瓶（图 3.1），其额定工作压力 70MPa，储氢密度高达5.7%，容积为 122.4L，储氢总量为 5kg。我国高压储氢气瓶起步较晚，受限于碳纤维的材料性能与纤维缠绕加工等技术的限制，目前仍在大力发展 Ⅲ 型瓶。35MPa 铝内胆碳纤维缠绕 Ⅲ 型瓶已经研发成熟，并已在小规模试用阶段。

表 3.3　国外商用 Ⅳ 型储氢瓶

机构名称	技术特点	70MPaⅣ 型瓶应用情况
美国 Quantum	35/70MPa Ⅳ 型储氢瓶、组合阀、移动加氢系统 Tishield10 氢气瓶：70MPa。聚乙烯内胆＋外缠绕碳纤维	—
日本丰田 TOYOTA	35/70MPa Ⅳ 型储氢瓶、组合阀 MIRAI 氢气瓶 70MPa，156 L 塑料内胆＋外缠碳纤维	日本丰田 Mirai 汽车配套
挪威 Hexagon	35/70MPa Ⅳ 型储氢瓶、组合阀 Tuffshell 气瓶：70MPa，塑料内胆＋外缠碳纤维	美国福特汽车配套戴勒姆汽车配套
韩国 ILJIN	碳纤维复合材料以及增强纳米复合材料内衬氢气：70MPa，塑料内胆＋外缠绕碳纤维	韩国现代氢能电动车配套
加拿大 Dynetek	35/70MPa Ⅳ 型储氢瓶以及储氢、运输系统氢气瓶：70MPa，塑料内胆＋外缠碳纤维	法国米其林 EV 系统现代汽车途胜 FCEV

图 3.1　丰田 Mirai 高压车载储氢气瓶 3 层结构

（3）高压储氢容器材料

高压储氢容器所用材料的要求是安全、可靠、具有成本效益以及与氢气无任何强相互作用或反应。高压储氢气瓶 I 型瓶、II 型瓶和 III 型瓶常用的材料有铝（6061 或 7060）、钢（不锈钢或铬-钼钢）。IV 型瓶内胆常用的聚合物材料为高密度聚乙烯、聚酰胺基聚合物等。高性能纤维是纤维复合材料缠绕气瓶的主要增强体。通过对高性能纤维的含量、张力、缠绕轨迹等进行设计和控制，可充分发挥高性能纤维的性能，确保复合材料增强压力容器性能均一、稳定，爆破压力离散度小。玻璃纤维、碳化硅纤维、氧化铝纤维、硼纤维、碳纤维、芳纶和 PBO 纤维等纤维均被用于制造纤维复合材料缠绕气瓶，其中碳纤维以其出色的性能逐渐成为主流纤维原料（如日本东丽的 T300、T700、T1000）。表 3.4 列出了几种常见的纤维力学性能。

表 3.4　纤维力学性能

高性能纤维	弹性模量/GPa	抗拉强度/MPa	伸长率/%
玻璃纤维	70～90	3300～4800	5
芳纶纤维	40～200	3500	1～9
碳纤维	230～600	3500～6500	0.7～2.2

近年来随着固态储氢技术的发展，研究人员已经将储氢粉体材料加入到储氢罐中得到高压复合储氢容器，从而实现气-固混合储氢。高压复合储氢罐的工作原理是在高压复合储氢罐内，储氢材料首先通过自身存储氢气实现固态储氢，然后高压储氢罐内粉体材料之间的空隙也参与储氢，从而实现气-固混合储氢。

周超等对高压复合储氢罐材料进行了综述，发现 $TiCr_2$ 基、$ZrFe_2$ 基 AB_2 型合金是主要的高压储氢合金。丰田公司开发了以 Ti-Cr-Mn 合金为填充材料、充氢压力为 35MPa 的高压复合储氢罐（图 3.2），具有体积储氢密度大、充氢速度快、低温下工作性能好、放氢压力可控等优点，但与丰田公司的 Mirai IV 型瓶相比质量储氢密度仍然较低。高压储氢材料性能的提升是高压复合储氢罐的研究方向。Cao 等将 35MPa 高压储氢罐与其研制的 $(Zr_{0.85}Ti_{0.3})_{1.04}Fe_{1.8}V_{0.2}$ 储氢合金复合。测试结果表明，当合金的体积填充率为 0.3 时，相对于原储氢罐体积储氢密度提高了 74%。

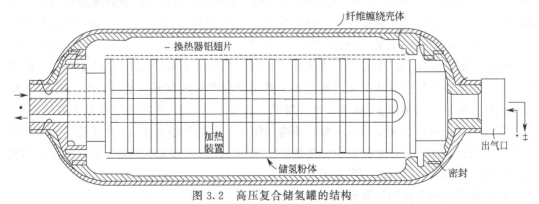

图 3.2　高压复合储氢罐的结构

3.1.2　玻璃储氢容器

由于金属在远低于其初始屈服应力的情况下就会遭受材料脆化和开裂，并且聚合物无法提供足够低的渗透率，因此氧化玻璃被发现是具有成本效益、安全和可长期储存在微型容器中的高压储氢材料有希望的候选者。与钢相比，玻璃的最大优点是强度更高、重量更轻。因此，仅需要很小的壁厚即可达到很高的耐压性，并且需要的材料更少。近年来空心玻璃微球、玻璃毛细管阵列储氢容器受到越来越多的关注。

（1）空心玻璃微球储氢容器

中空玻璃微球（hollow glass microspheres，HGM）是一种具有流动性的白色球状粉末，其由粒径为 $20\sim40\mu m$ 的玻璃粉末制成，直径为 $10\sim250\mu m$，单个球体（图 3.3）的壁厚大约 $0.5\sim2.0\mu m$，具有无毒、自润滑、分散性和流动性好、耐高压、热导率低、保温、耐火等优点，在航空航天、机械及国防等领域都有着非常重要的应用。早在 1977 年，Teitel 就提出了使用微米尺寸的 HGM 作为高压储氢容器，并对其做了一系列的研究，结果表明 HGM 的储氢质量密度可达到当年 USDOE 车载储氢容器所标定的目标值，是一种非常具有前景的高压储氢容器。

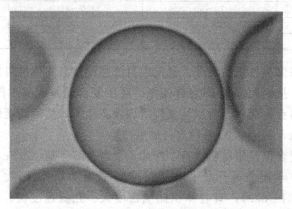

图 3.3 中空玻璃微球照片

HGM 的充放氢主要通过渗透微球的玻璃壁实现。在低温或者室温下空心玻璃微球呈现非渗透性，在温度升高到 $300\sim400℃$ 时，HGM 的穿透率逐渐增大，使得氢气可在一定压力（$10\sim200MPa$）的作用下进入微球内，此刻将温度降到室温，玻璃体的穿透性又逐渐降低，氢气留在空心玻璃微球内，即实现了氢气的储存。再将温度升高即可实现氢气的释放。整个 HGM 充放氢是一个物理过程，该体系不受杂质影响（与金属氢化物比较）。HGM 作为储氢容器，在充放氢时要求氢气扩散速度快，而储存氢气时则希望氢气扩散慢。通过控制空心玻璃微球所处气氛条件和环境的温度可实现充、放氢。即：当 $p_o>p_i$ 氢气向球内渗透；当 $p_i>p_o$ 氢气向球外渗透。其中，p_i、p_o 分别表示微球内外的气压。若希望渗透，提高环境温度；若不希望渗透（储存、运输等情况下），降低温度。丘龙会等发现采用分步充气法可避免空心玻璃微球因内外压差过大而发生破损，而且可对不同直径和壁厚的空心玻璃微球进行定量充氢。

（2）玻璃毛细管阵列储氢容器

为了解决高压气瓶的氢脆现象以及空心玻璃微球充放氢效率低下等问题，Zhevago 等提出了用玻璃毛细管阵列来存储氢气。根据理论计算，当毛细管管壁厚度与半径之比小于0.2 时，单位质量储氢密度可大于 7%；工作压力大于 70MPa 时，单位体积储氢密度大于30g/L。这些指标已经可以与现有最高水准的日本丰田 Mirai Ⅳ 型储氢瓶媲美。为在高压下安全存储和运输氢气提供了机会，并可用于各类移动中使用的燃料电池系统。玻璃毛细管阵列的强度和储氢的安全性与 HGM 相似，但与标准高压储罐相比，每个毛细管中的氢气量非常小，可防止由于处理不当或发生事故而发生爆炸。与储罐相比，毛细管阵列具有理想的形式和尺寸。与 HGM 相比，毛细管阵列具有更大的使用空间。同时玻璃毛细管的充放氢可以通过塞子或调节阀的方法而不用通过温度调控氢气扩散。

玻璃毛细管阵列也是玻璃材质，故而可以采取与 HGM 同样的充放氢方式，即基于渗透理论通过调节温度实现氢气的加载和释放，但这需要通过熔化将玻璃毛细管阵列的两端封闭。第 2 种方法是通过使用特殊的低熔点合金来关闭开口端实现充放。单个毛细管或已经捆绑的毛细管（阵列）放置在由不锈钢制成的更大的耐压容器中。该装置的耐压能力高达 200MPa。首先是疏散设置，然后将氢气填充到容器和毛细管中，直到达到储存压力。该存储压力是一个灵活的参数并且可以改变。将系统加热到特定温度后，合金开始熔化并关闭毛细管的开口端。在设定的程序中，合金被轻轻压入毛细管中。通过冷却系统、合金凝固，氢储存在毛细管中，反之执行释放程序，通过加热毛细管的合金封闭端直至其熔化。由于玻璃毛细管内部的高压，合金被推出并释放出氢气。但是所需的热能也会降低存储系统的效率。

为了避免为渗透合金或塞子合金需要的加热能量来提高效率，将毛细管连接到微阀是可行的。该方法特别适用于必须快速或交替提供氢气的短时间储存和应用。由各种数量的毛细管组成的玻璃结构连接到带有特殊微型阀的适配器。这种微型阀是一种商用组件，它由电磁驱动，打开和关闭时间非常短。连接到压力传感器的预体积可确保应用所需的工作压力和体积流量。氢气的释放可以通过不同的流量和压力比快速实现，并且可以立即停止。通过使用这种封闭方法，还可以在不与应用程序断开连接的情况下实现原位填充。储存程序是先将微型阀连接到加气站。系统排空后，氢气被填充到玻璃结构中，直至达到所需的储存压力。最后微阀关闭，存储系统将其与加气站断开。存储过程已完成，应用程序可供使用。

玻璃纤维储氢容器主要由瑞士 C. En 公司、美国 INCOM 公司、德国联邦材料研究中心在研发。最早在 2011 年，意大利忠利保险旗下基金向瑞士 C. En 公司投资 700 万美元进行玻璃纤维储氢技术研发，并根据该公司 7400 万美元的估值获得 9% 的股份。2013 年，C. En 公司已经与领先的玻璃纤维管制造商美国 INCOM Inc. 合作。目前，INCOM 为 C. En 公司基于非自动化的定制流程生产产品，成本可观。C. En 公司与 INCOM 的主要目标之一就是共同开发自动化生产流程。一旦确定并估计了制造成本的驱动因素，整体大规模玻璃纤维储氢容器生产将全面启动。2015 年 C. En 公司与全球领先的氢供应商法国液化空气集团（Air Liquide）签署的 JDA 协议，进一步提升了其商业价值和产品可信度。法国液化空气公司对 C. En 公司技术的深入了解也证明了对双方具有战略价值。2018 年，C. En 公司已经将高压气态玻璃纤维储氢容器应用在电动自行车和电动摩托车上展示了其成熟的技术（图 3.4），也实现了基于玻璃纤维储氢容器的单兵作战可携带的氢燃料电池。

高压储氢气瓶正不断朝着轻质高压、高质量/体积储氢密度方向发展。同时随着纤维复合材料、聚合物材料以及缠绕设备、缠绕技术的更新升级，高压储氢气瓶必将更大地拓展其应用场景。但在气瓶性能不断提升的同时，还需要进一步对高压储氢气瓶的氢脆现象、失效机制进行研究，对气瓶的生产、测试等进行标准化，不断提升高压储氢气瓶的安全性能。此外，降低高压储氢气瓶的制造成本也是必要的。玻璃储氢容器很显然是一项很有前景的储氢技术，其具备高压储氢所需的安全、高效、轻质、高压等需求，且无氢脆现象是玻璃储氢容器的一大优势。特别是毛细管阵列储氢容器，可以随意变换尺寸形状，有望用于各类便携式设备的储能装置。目前玻璃储氢容器的机理问题已然清晰，但由于加工技术及配套阀门类装置还不成熟，使其商业化应用还有很长的一段路要走。

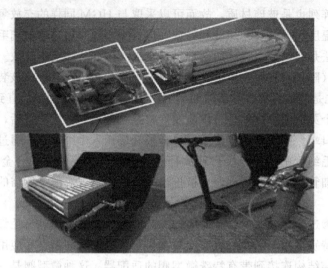

图 3.4　瑞士 C. En 公司研发的玻璃纤维高压储氢容器

3.2　低温液态储氢

低温液态储氢是先将氢气液化，然后储存在低温绝热容器中。由于液氢密度为 $70.78kg/m^3$，是标准状况下氢气密度 $0.083\,42kg/m^3$ 的近 850 倍，即使将氢气压缩至 15MPa，甚至 35MPa、70MPa，其单位体积的储存量也比不上液态储存。单从储能密度上考虑，低温液态储氢是一种十分理想的方式。但由于液氢的沸点极低（20.37K），与环境温差极大，对容器的绝热要求很高，且液化过程耗能极大。因此对于大量、远距离的储运，采用低温液态的方式才可能体现出优势。目前液氢主要作为低温推进剂用于航天中，而对于以液氢为动力的汽车与无人机的液氢贮箱也有一些研究，但到目前为止还没有实质性的进展。低温液化储氢技术的发展及其主要的技术手段，包括低温绝热技术与低温储罐设计。

3.2.1　低温绝热技术

低温绝热技术是低温工程中的一项重要技术，也是实现低温液体储存的核心技术手段，按照是否有外界主动提供能量可分为被动绝热和主动绝热两大方式。被动绝热技术已广泛运用于各种低温设备中；而主动绝热技术由于需外界的能量输入，虽能达到更好的绝热效果，甚至做到零蒸发存储（Zero Boil-off，ZBO），但也势必带来一些问题，如需要其他的附加设备而增加整套装置的体积与重量，制冷机效率低、能耗大、得不偿失，成本高、经济性差。

3.2.1.1 被动技术

被动绝热技术不依靠外界能量输入来实现热量的转移，而是通过物理结构设计，来减少热量的漏入而减少冷损。一种明显的思路是通过增加热阻来减少漏热，如传统的堆积绝热、真空绝热等。此外，一种新型的变密度多层绝热技术（Variable density multilayer insulation，VD-MLI），也是类似的基本思路来减少漏热。

（1）传统技术

常用的传统低温绝热主要有堆积绝热、高真空、真空粉末、真空多层等方式，绝热原理及性能如表 3.5 所示。

表 3.5 传统低温绝热类型与性能

绝热方式	原理	性能/[W/(m·K)]	常用场合
普通堆积绝热	将热导率小的材料填充在绝热对象表面达到绝热效果	纤维类:0.035～0.050 粉末类:0.019～0.064 泡沫类:0.028～0.064	特大型固定贮槽
高真空绝热	绝热夹层空间抽高真空，减少气体对流换热与气体导热	约 10^{-2}	小型移动式液氮、液氧容器
真空粉末绝热	将导热率小的材料填充在真空度相对较低的真空夹层,减少空气的对流传热	约 10^{-3}	大中型液氮、液氧、LNG贮槽
真空多层绝热	采用多层反射屏,在高真空绝热的基础上,减少辐射传热,实现高效绝热	10^{-6}～10^{-4}	小型液氢、液氦容器

（2）变密度多层绝热

对于常规多层绝热的研究表明，在高温侧辐射热流占主导，而在低温侧辐射屏之间的固体导热热流显著增加。Hastings L J 等和 Martin J J 等首先提出 VD-MLI（变密度多层绝热）结构，认为可在辐射热流占主导的高温侧使用较大的层密度来减少辐射换热，而在低温侧使用较小的层密度来减少固体材料导热，来优化多层绝热材料的整体性能。国内的一些学者也对 VD-MLI 进行了一些相关研究。朱浩唯等研究了多层绝热结构的最优化层密度分布方式与绝热系统各参数之间的关系；王莹等对火箭低温推进剂储罐外的 VD-MLI 结构进行了传热研究，认为 VD-MLI 比 MLI 结构具有更轻的质量和更好的绝热效果，且热边界温度对 VD-MLI 的绝热性能有着主要影响；王田刚等通过正交实验法对 VD-MLI 的层密度设计了不同的组合方案，并通过传热模型分析，确定了不同的热端温度下所需的最小厚度。相比于传统的多层绝热，VD-MLI 技术有更好的绝热性能，且在重量上也更具优势，相关研究表明，在低温推进剂长期在轨储存方面，采用 VD-MLI 技术与传统的多层绝热相比，推进剂蒸发量减少近 60%，而绝热材料质量减少近 40%。

（3）辐射制冷

辐射传热是一种重要的传热方式，尤其在空间中更显得尤为重要。Sun X W 等通过理论计算认为，在轨液氢低温储罐可通过辐射向空间的深冷环境放热，从而做到液氢在两年时间内的零蒸发储存。利用飞行器姿态与结构，将向空间约 2.7K 的冷背景传热的辐射制冷机作为一种非机械制冷机，也有诸多优点，如无运动部件、无振动、可靠性高、无需主动耗能、不产生额外热量，但由于太空环境复杂，太阳照射处可达近 6000K 高温，而背阳处则直接面对宇宙深冷背景，因此辐射制冷对飞行器的飞行姿态要求很高。

3.2.1.2 主动技术

主动绝热技术是通过以耗能为代价来主动实现热量转移，常见的手段是采用制冷机来主动提供冷量，与外界的漏热平衡，从而实现更高水平的绝热效果。

主动技术常用在一些闪蒸气（Boil-off Gas，BOG）再液化流程中，如 LNG 船的再液化流程及核磁共振仪中液氦的再液化等。航天技术中主动绝热技术常用来提供低温液体推进剂的零蒸发储存（Zero Boil-off，ZBO），在被动绝热基础上，通过制冷机主动耗能提供冷量来进行热量转移，实现低温液体零蒸发。此技术最早由 NASA 在 20 世纪末提出，为实现火星探测而需低温推进剂长期在轨储存。目前这项技术在地面上已能实现液氧及液氢的 ZBO 储存，但在空间中受限于低温制冷机的效率问题，液氢在轨 ZBO 还没取得突破，但也能大大减少其蒸发量。

（1）零蒸发技术发展

早在 1999 年，NASA 的 Glenn 研究中心就对液氢的零蒸发储存进行了试验，来验证使用当时的技术实现 ZBO 概念的可行性。试验装置示意图如图 3.5 所示，球型储罐直径为 1.39m，采用高真空多层绝热，储罐顶部配有一台两级 G-M 制冷机，第一级提供 20W @35K 制冷量，第二级提供 17.5W@18K 制冷量。二级冷头与储罐中的冷凝器相连，一级冷头与铜叶片相连，铜叶片位于真空层中，作为冷屏来进一步减少辐射漏热。

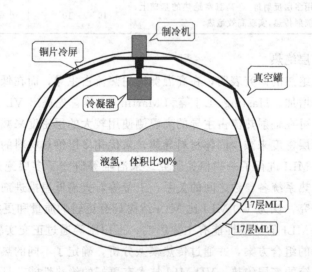

图 3.5　ZBO 概念的可行性验证试验

制冷机工作时，当排气阀关闭后，罐内压力持续而稳定下降，制冷机工作 8h 后，可实现罐内液氢的零蒸发，但冷凝换热器存在高达 8K 的温度梯度，这就需冷头提供更低的温度，从而导致制冷机功率的升高及效率的下降。且这项试验在地面环境下进行，主要是通过自然对流来换热，而该种方式在太空中无法实现，此外试验中使用的是工业制冷机。

在随后的 2001 年，Marshall 空间飞行中心采用喷杆与制冷机相结合，采用强制对流换热的方式，实现了液氢的零蒸发储存，且沿换热器轴向传热温差仅有 2K。试验装置如图 3.6 所示，储罐容积 18m³，制冷机安装在柱状储罐底部，能提供 30W@20K 制冷量，液氢在循环泵的作用下，从罐体底部流经制冷机冷头获得冷量后，经喷杆喷射进入储罐中，与罐中液体进行强制对流换热，带走罐内热量，实现零蒸发储存。

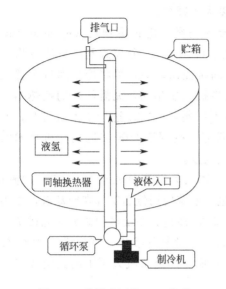

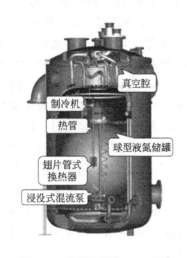

图 3.6　采用喷杆的 ZBO 流程　　　　　　图 3.7　采用热管的 ZBO 流程

　　2004 年，Glenn 研究中心使用航天用脉管制冷机、而非工业制冷机来进行液氮的 ZBO 试验。试验装置见图 3.7，球型储罐直径 1.42m，外侧布置有多层绝热，制冷机位于储罐顶部，通过热管与储罐中的翅片管换热器相连，能提供 10W@95K 制冷量。储罐底部布置有浸没式混流泵进行混流，破坏热分层。系统成功实现储罐内液氮的零蒸发，但制冷机与低温液体间存在高达 6.9K 的温度梯度，且混流泵会带来额外的热量。

　　此后，通过液体罐内冷却的方式被搁置，试图寻找制冷机与储罐更好的连接方式。2007 年，Plachta D W 等提出一种新的流程来减少低温液体的蒸发，认为储罐外布置一个大面积气体冷却屏，能大大减少蒸发量，被称为大面积冷却屏（Board Area Cooled，BAC）技术，该流程示意图如图 3.8 所示。

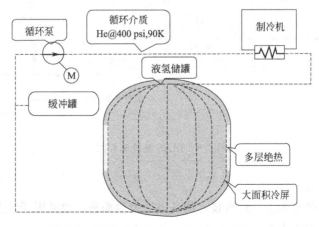

图 3.8　BAC 技术示意图（1psi＝0.068atm）

低温液体储罐外布置有多层绝热与大面积冷屏，冷屏是由多根气体管路缠绕布置组成，冷屏与制冷机构成制冷回路，给储罐内的液体提供冷量，制冷机为布雷顿制冷机，循环工质为低温氦气，压缩后的氦气经透平膨胀机膨胀获得冷量。这种 BAC 技术的独特之处在于罐内的热量通过布置在储罐外部、与制冷机相连的气体循环回路转移，相比于以往将换热器布置在储罐内部的方法更有效，温度梯度大大减少。

由此，ZBO 技术根据使用的制冷机不同而分为两类：逆布雷顿式（Reverse turbo-Brayton-cycle，RTBC）与分离式（斯特林、脉管、G-M 等）。分离式制冷机的冷指一般较小，很难与较大的储罐集成；而 RTBC 通过压缩机提供动力，可将冷量通过布置在储罐外部的冷屏较均匀分布，且冷屏中的介质与制冷机工质相同，无需额外的换热器。此后，针对 BAC 技术用于空间在轨飞行的低温推进剂贮箱，NASA 进行了大量研究，通过这项技术，已实现了液氮液氧的零蒸发。但对于液氢，受限于 20K 温区制冷机技术的效率等问题，虽未能做到零蒸发，但也大大减少了蒸发量。

2017 年，NASA 完成了地面上集制冷-储存一体式大型液氢贮槽（IRAS）的测试，如图 3.9 所示。该系统用来给航天飞行器提供液氢，系统使用低温氦气来冷却氢，采用的林德 LR1620 闭式逆布雷顿制冷循环在 20K 提供 390W 冷量，系统经测试成功完成了三个主要目标：液氢的零损失储存和转移、推进剂的致密化及氢气液化。该系统是 ZBO 技术在地面上的一次应用，对今后 ZBO 技术从太空到地面，乃至从航天军工向民用转移均具有重要意义。

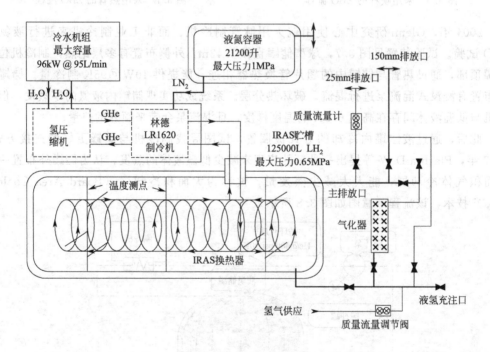

图 3.9　IRAS 系统流程图

（2）问题与难点

主动绝热技术是在低温制冷机技术的基础上发展而来，也受限于低温制冷机技术。目前存在的主要问题与难点有：

① 低温制冷机的效率问题还需进一步突破,特别是对于航天用的 20K 或更低温区小型低温制冷机,效率较低,且需考虑散热、能耗、重量及振动等问题。

② 对于储罐自增压与热分层机理与模型有待进一步完善。自增压与热分层是低温储罐中的重要现象,直接影响到储罐的热力学性能。针对两者机理与模型的研究很多,对于自增压使用较为广泛的模型主要是多区域模型,目前对于热分层模型,使用较为广泛的是DaigleMT 等提出的简化热力学模型,使用了集总参数法。此外,针对储罐的自增压与热分层现象还有一些 CFD 研究,但目前的理论模型与实验结果符合程度有限,且泛用性不高,还有待进一步研究。

③ 在航天方面,还需考虑太空中复杂的微重力传热问题。目前微重力传热理论还不完善,且缺少在微重力环境下的传热研究数据,实验难度大。

3.2.1.3 两者比较

主动绝热技术一般建立在被动绝热基础上,但其中的被动绝热结构无需像单纯使用被动绝热那样要求高。主动绝热可达到更好的绝热效果,更低的液体蒸发率,甚至可做到ZBO 储存,但需额外配备低温制冷机系统。相比于被动绝热,一是会增加能耗,产生热量,航天中由于对热量、空间及重量的要求十分严格,及航天用低温制冷机效率低下等原因,对主动技术增加了不小难度;二是增加额外低温设备,成本提高,系统复杂化,效率较低,但考虑能做到更好地绝热,更低的液体蒸发率,虽被动绝热成本较低,绝热系统也较简单,但其液体日蒸发较高。两者相比而言,采用主动绝热技术而增加的那部分成本,来实现更少的低温液体日蒸发率,从而减少液体损失是否值得,这是一个值得权衡的问题,其选择也因不同的场合(太空或者地面),不同的低温工质(液氧、氮、氩气或者液氢、氦),不同的目标(低蒸发率还是零蒸发)而不同。

在航天方面,基于主动绝热技术的低温液体 ZBO 技术主要目的,是为了实现低温推进剂的长期在轨储存,执行长期外太空的飞行任务,减少发射成本。当采用被动技术时,一般控制液体的日蒸发率在一定范围内,但无论被动绝热效果多好,总会有低温液体损失,为满足长期在轨的需要,须考虑到损失量以装载更多的低温推进剂,这就增加了飞行器的发射重量,增加了发射成本。Plachta D 等指出,对于长时间在轨飞行,ZBO 技术才具有优势,而对于短期在轨任务,ZBO 技术则无必要。刘欣等对两种方式的分析表明,对于 50t 规模日蒸发率为 0.5% 的液氧储罐,在轨时间 $>5d$ 时,基于主动技术的 ZBO 技术在控制系统重量上具有优势,当在轨时间 $\leqslant 5d$ 时,被动绝热技术更具优势;对于 9t 规模日蒸发率为 1% 的液氢储罐,分界时间为 62d,对于更长时间的在轨时间,ZBO 技术才体现出优势。

3.2.2 低温储罐设计

3.2.2.1 结构设计

(1)外型形状

储罐的日蒸发率一般随着储罐的尺寸增大而减小,对于同规模的储罐,球型容器的日蒸发率最小。一般认为储罐漏热量与容器的比表面积成正比。常见的储罐外型有球型和柱形两类。由几何学可知，球型比表面积最小，同时也具有应力分布均匀、机械强度好等优点，但大尺寸的球型储罐造价昂贵，制造难度大。相对而言，柱形储罐比表面积稍大，相比于球型储罐，漏热量与日蒸发率也相应较大。柱形容器通常作为公路或铁路车辆运输容器，是由于运输对容器的高度、宽度有严格要求。

（2）支撑结构

支撑结构主要指内胆和外壳之间的支撑，这部分结构是主要的漏热途径，该部分的导热漏热量往往超过总漏热量的 30%。设计时应选用导热系数低的材料，尽量减少支撑截面面积、增大支撑有效绝热长度，以尽可能减少漏热。

3.2.2.2 低温材料

工程材料在低温环境（≤120K）中表现出来的特有性质，对低温储罐的设计选材至关重要，下面就工程材料的低温性能与目前常用的液氢低温材料两方面进行阐述。

（1）工程材料的低温性能

低温环境下，工程材料的物理及力学性能与常温下有很大差别，对工程材料低温性能的研究，在保障系统可靠、减少事故发生等方面具有重要意义。陈国邦从自身研究经验出发，结合中外研究成果，总结了工程材料在低温下的主要性能：

① 极限强度与屈服强度：随着温度降低，材料原子振动减弱，需更大的力才能将位错从合金中分开，因此材料的极限强度和屈服强度将增大。

② 疲劳强度和持久极限：疲劳现象的产生是由于裂纹的产生和扩大。温度降低时，需更大的应力才能使裂纹扩大，因此材料的疲劳强度和持久极限将增大。

③ 冲击强度：抗冲击性的表现好坏大部分取决于材料的晶体结构。面心立方晶格在低温下抗冲击性较好，体心立方晶格较差。碳钢在低温下冲击强度急剧下降，而玻璃钢材料在低温下冲击强度却会提高。

④ 硬度和延展性：与极限强度一样，温度降低，金属材料硬度将增大。对无低温塑-脆性转变现象的材料，延展性随温度下降而上升。有低温塑-脆性转变的材料，延展性在低温下会急剧下降，不应用于低温环境。

⑤ 弹性模量：弹性模量是原子和分子间作用力的体现，因此当温度下降时，弹性模量增大。

（2）常用的低温材料

对于液氢容器的选材，一是要考虑材料在 20K 低温的力学性能，二是要考虑内胆材料的氢脆问题。根据《钢制压力容器》与《ASME 压力容器设计指南》，304、304L、316、316L、321、347 等铬镍奥氏体不锈钢可用于 20K 环境，适用于液氢容器。国内"50 工程"氢氧发动机试车配套的 $100m^3$ 液氢储罐内胆采用了 304 钢，而海南大运载发射场的 $300m^3$ 液氢运输槽车内胆使用了 321 钢。

低温容器的安全性相比于其他机械设备，除设备强度的校核外，压力安全是其安全性保证的重要一环。为保证低温容器安全可靠工作，须在容器上设有超压泄放装置，常用的超压泄放装置有安全阀和爆破片。实际工程中常将两者组合使用，组合方式主要有三种，如图 3.10 所示。

① 安全阀与爆破片并联。安全阀作为一级泄压装置用于操作条件下可能发生的超压

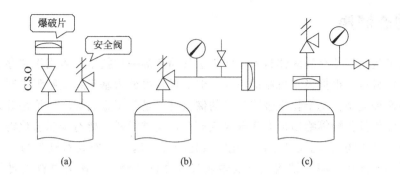

图 3.10　安全阀和爆破片的组合方式

泄放爆破片作为意外情况下的二级泄压装置，如图 3.10（a）所示。

② 安全阀出口侧串联爆破片。爆破片可免受压力以及温度的长期作用产生疲劳，如图 3.10（b）所示。

③ 安全阀入口侧串联爆破片。可保护安全阀免受腐蚀、堵塞、冻结，避免罐内介质在爆破片产生作用后的损失，如图 3.10（c）所示。

低温液态储氢由于氢液化耗能巨大，且对低温绝热容器性能要求极高，导致其储氢成本昂贵，目前多用于航天方面。绝热技术是低温容器的核心技术。传统的被动绝热技术在低温系统中均有广泛应用，在此基础上发展而来的变密度多层绝热技术目前主要用于航天，国内相关研究较少。基于低温制冷机技术，通过主动耗能来实现热量转移的主动绝热技术是研究的一个热点，目前多用于再液化流程或超低蒸发率容器甚至零蒸发容器方面。低温压力容器在选材上要考虑工程材料的低温性能，及材料与储存介质的相容性。目前储氢容器的常用材料有 304 钢及 321 钢。设计上应尽量采用合理的结构来减少漏热量，结构的创新设计是减少漏热、降低成本及制造难度、保障安全性的重要手段。安全方面须主要考虑储罐强度、压力泄放及特殊介质的安全性。除此之外，对于氢等极易泄露的介质，其加工精度也要求甚高。低温液态储氢因其储能密度大等优势，必将是未来的主要储氢手段，是实现氢能大规模应用的必经之路。

随着氢燃料电池的迅猛发展，对民用氢提出了更大需求，低温液态储氢存在从军工向民用转移的趋势，但目前由于氢液化过程耗能巨大、且液氢储存对容器绝热性能要求极高，导致其经济性很差，如何降低液化与储存成本是低温液态储氢能否走向民用的关键。

氢液化较困难，仅通过被动绝热技术在存储中难以做到绝对的绝热，浪费不可避免，且有一定危险性，而 ZBO 技术能很好解决这个问题，但目前存在的瓶颈主要在于：①低温制冷机技术的效率有待进一步提高，特别是在≤20K 温区，这方面理论水平国内处于世界前列，但受限于机械加工精度等问题，国内低温制冷机技术还较为落后；②低温容器自增压与热分层现象的机理还不十分明确，相关理论模型不够精确，泛用性还不够；③对用于空间的主动绝热，涉及复杂宇宙环境中的微重力传热机理问题，由于实验困难而缺少相关数据等原因，还有待更进一步探究。

随着材料科学的不断发展，低导热率、高强度、良好低温性能的材料将不断应用于低温容器中。此外，氢安全也是人们关注的问题，在未来氢能取得大规模应用之际，对氢爆炸、泄露相关机理及模型的研究至关重要，如何保障用氢安全则是重中之重。

3.3 固态储氢

固态储氢是将氢储存到固体材料中实现氢气储存的一种技术,可用于储存氢气的固体材料称作储氢材料。根据吸附机制的不同,储氢材料可分为基于物理吸附机制和基于化学吸附机制的两种类型:基于化学吸附机制的储氢材料是基于金属键、共价键等结合生成金属氢化物和配位氢化物等物质形态实现氢气储存,这类材料主要有金属氢化物(包括储氢合金和轻金属氢化物)、配位氢化物、化学氢化物等;基于物理吸附机制的储氢材料以其高比表面积和高微孔容积等结构性质实现氢气的高密度储存,该类材料主要包括活性炭(AC)/活性碳纤维(ACF)、碳气凝胶(CA)、碳纳米管(CNT)和金属有机框架物(MOF)等。

3.3.1 合金储氢技术

在一定温度和氢压下合金吸收氢气后进行化学反应生成氢化物,升高温度或者降低氢压后,氢化物分解为合金和氢气,这种能可逆进行吸放氢反应的金属材料称为储氢合金。储氢合金主要包含金属、固溶体和金属间化合物。

3.3.1.1 合金储氢原理

合金的吸放氢过程是可逆的,如图3.11是合金吸放氢过程的简易模型图。以吸氢过程为例,包含以下几个步骤:①在合金附近运动的氢原子被物理吸附到表面;②氢气中的共价键断裂形成氢原子后化学吸附在合金表面;③氢原子由合金表面扩散到合金基体内部,形成含氢固溶体α相并且结构与原始合金相同;④氢原子在合金内部的浓度不断升高至固溶极限后,含氢固溶体与氢原子进行化学反应转变为金属氢化物β相;⑤反应继续进行使得金属氢化物β相中的氢浓度达到饱和,外界继续增加氢压后氢化物中的氢浓度不变,说明储氢合金吸氢量达到饱和,吸氢过程结束。降低外界氢压或者升高温度后,金属氢化物β相和固溶体α相中的氢原子会扩散到合金表面重新结合为氢分子逸出,这个吸氢反应的逆过程是放氢过程。

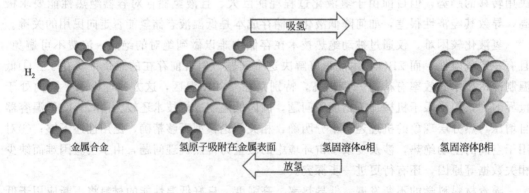

图3.11 储氢合金吸放氢过程的简易模型图

储氢合金的吸放氢化学反应如下：

$$\frac{2}{y-x}MH_x + H_2 \Longleftrightarrow \frac{2}{y-x}MH_y + Q \tag{3.1}$$

化学反应中，x 是氢原子在固溶体中的平衡浓度，y 则是金属氢化物中氢原子的浓度。一般情况下 $y \geqslant x$。正向反应是吸氢放热反应，合金生成焓为负；逆向反应室放氢反应吸热，合金生成焓为正。该反应能够进行的三个必要条件是合金组成成分、系统温度和氢压。

3.3.1.2　合金的储氢性能表征

储氢合金的性能表征主要包括活化性能、吸放氢动力学、热力学及其他性能的表征。

（1）活化性能

合金在进行吸氢过程前需要一定的能量越过能垒才能驱动整个吸氢过程的进行，用活化能 E_a 来表示活化的难易程度，由合金表面和基体性质决定其大小。在已知速率常数 k 的前提下，活化能可以满足阿伦尼乌斯（Arrhenius）经验公式：

$$k = A\exp(-\frac{E_a}{RT}) \tag{3.2}$$

式中，A 是指前因子也称频率因子；R 是摩尔气体常数；T 是热力学温度。目前，还有许多模型用于计算表观活化能。由差热分析的数据分析计算放氢过程中活化能的方法是 Kissinger 方法：对于饱和吸氢的合金测定其不同加热速率 β 下的热脱附谱线，记录每条谱线最大脱附速率对应的温度值为 T_{max}，根据公式：

$$\ln(\frac{\beta}{T_{max}}) = -\frac{E_a}{RT_{max}} + \ln k_0 \tag{3.3}$$

这样纵坐标为 $\ln(\beta/T_{max})$，横坐标为 $1000/RT$ 拟合曲线，斜率即为活化能 E_a。

（2）储氢合金的吸放氢动力学参数

在实际应用中要求储氢合金在一定温度和时间内能快速吸放一定量的氢气，即具有合适的吸放氢速率。吸放氢动力学性能研究的是给定条件下，吸放氢量与时间的关系，就是文献中储氢合金的氢化和脱氢曲线。一般吸氢曲线为单调上升的曲线。合金吸放氢的快慢涉及氢分子的解离、氢原子在表面和基体内的扩散、金属氢化物的形核率等形核率是单位时间、单位体积中形成的晶核数。形核率的大小影响相变过程的速度。同时也受到外在温度、压力、气体纯度的影响。吸氢量与时间的不同关系符合动力学模型，可根据动力学模型解释吸放氢机制。

吸氢过程中三个不同阶段：①氢原子从表面进入基体；②氢原子在基体内的扩散；③氢化物相的形成，建立以上三个阶段的动力学模型，每个阶段对应许多模型。一般用理想表面势垒模型描述①阶段，由于该模型采用 4 个通量（通量 f_1 是从气相到表面，通量 f_2 是从表面到气相，通量 f_3 是从表面到基体内，通量 f_4 是从基体内到表面）来全面表征氢原子出入基体的过程。氢原子在合金基体内的扩散快慢用扩散系数来表征，扩散系数包含示踪原子扩散系数和化学扩散系数。示踪原子扩散是指单个粒子扩散，常采用准弹性中子衍射（QENS）和核磁共振（NMR）手段测量；化学扩散是指基体内部由于浓度差的存在而引起的原子扩散。如果整个吸氢过程中氢扩散是速率控制步骤，则等温等压条件下得到的数据可通过扩散方程拟合并计算得到化学扩散系数。有一系列的相关动力学模型来描述氢化物相的形成即固相转变过程，其中最著名的是 Avrami 模型和 Johnson-Mehl-Avrami-Kolmogorov（JMAK）模型。不同的动力学模型揭示不同吸放氢机制，有助于我们更透彻地了解金属氢化物的形成和分解过程。

（3）储氢合金的吸放氢热力学参数

表征合金储氢热力学性能的参数主要有：有效储氢量、吸放氢平台压、金属氢化物的焓变值、吸放氢的滞后程度等。通过压力-组成-温度（PCT）曲线几乎可以计算得到表征热力学性能的所有参数。图 3.12 中，横轴表示固相中的氢与金属的原子比；纵轴为氢压。以 0℃为例，增加氢压后溶于金属的氢逐渐增多，形成无序的含氢固溶体（α相）。当达到氢在金属中的极限溶解度（A 点）时，α相与氢反应，生成氢化物β相；继续加氢时，系统压力不变，而氢在恒压下被金属吸收。当所有α相都转变为β相时，组成到达 B 点。AB 段为两相（α＋β）互溶的体系，到达 B 点时，α相最终消失，全部转变为金属氢化物。在组成相全部变成β相组成后再提高氢压，β相组成就会逐渐接近化学计量组成，氢化物中的氢仅有少量增加。B 点以后，β相氢化反应结束，氢压显著增加。

根据 Gibbs 相律：

$$F = C - P + 2 \tag{3.4}$$

式中，F 为自由度数；C 为组元数；P 为相数。A 点前或者 B 点后，组元为金属和氢气，各存在氢气和α相或者氢气和β相，得自由度 F＝2，所以随着氢压的变化压强发生变化；而 AB 段同时存在氢气、α和β三相，即 P＝3，组元 C＝2，计算得到 F＝1，说明在 AB 段增加氢压后，压力仍保持不变，故称 AB 段为平台区，对应的压力即为平衡压力。该段氢浓度（H/M）代表了金属在温度为 0℃时的可逆储氢容量。温度升高时，平台向图的上方移动，当温度升至某一点时，平台消失，即出现拐点（又称临界点）。随着温度升高平台压逐渐增加，平台宽度降低。不同温度对应的平台压可根据范特霍夫（van't Hoff）方程拟合并计算出金属氢化物的焓变值 ΔH。

范特霍夫方程如下：

$$\ln\left(\frac{P_{eq}}{P_\theta}\right) = \frac{\Delta H}{RT} - \frac{\Delta S}{R} \tag{3.5}$$

式中，P_{eq} 为不同温度的平衡压；P_θ 为大气压；R 是气体常数；T 为热力学温度；ΔH 为金属氢化物的焓变；ΔS 为氢化反应熵变。至少要三个温度下的平衡压才能拟合一条 van't Hoff 直线，如图 3.12 所示。计算斜率为焓变值 ΔH。焓变绝对值越大代表金属氢化物的稳定性越强，放氢的温度越高。

同一温度下金属吸氢过程中的平衡压高于放氢过程中的平衡压，这种压力差的存在导致平台压滞后。滞后程度通常采用滞后系数 H_f 来衡量：

$$H_f = \ln\left(\frac{P_{abs}}{P_{des}}\right) \tag{3.6}$$

式中，P_{abs} 和 P_{des} 分别代表吸氢平衡压和放氢平衡压。滞后是储氢合金的基本性质，滞后程度越小越有利。

（4）其他储氢性能的参数

储氢合金的实际应用中，除了考虑吸放氢量、吸放氢平台、金属氢化物的稳定性等因素，还需要研究多次吸放氢过程中保持其吸放氢量的能力（循环稳定性）和对供给氢燃料

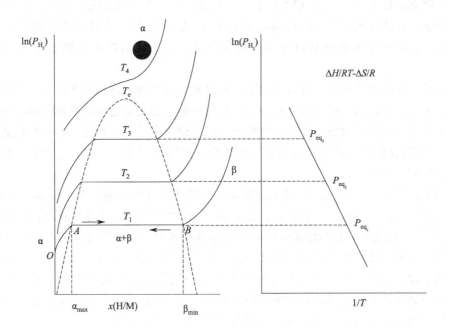

图 3.12　PCT 曲线及对应的 van't Hoff 曲线

中气体杂质的抵抗能力。

3.3.1.3　几种典型的储氢合金

在近 30 年的时间里,储氢合金得到了广泛的研究。根据元素与氢的吸引作用不同,可以将储氢合金的组成元素分成 A 侧元素和 B 侧元素两类,其中,A 侧元素的作用是使合金能够生成稳定的金属氢化物,主要包括 La,Ce 等稀土元素、Ca、Mg、Ti、Zr 等元素;而 B 侧元素的作用是使合金形成的氢化物不稳定,从而保证已吸收的氢能够顺利放出,同时,保证储氢合金在吸放氢过程中具有稳定的晶体结构,该类元素主要包括 Ni,Co,Mn,Al,Fe,Cu 等。对于具有优良可逆吸放氢性能的储氢合金来说,既应包含 A 侧元素,又应包含 B 侧元素,AB 两侧的元素共同决定了储氢合金优良的吸放氢性能。

（1）AB_5 型合金

1969 年由荷兰 Philips 实验室首先研制的 $LaNi_5$ 是稀土系储氢合金的典型代表,具有 $CaCu_5$ 型六方晶体结构。$LaNi_5$ 的理论最大储氢量为 1.379%（质量分数）。Schur 等研究发现 $LaNi_5$ 与氢反应生成的氢化物是 $LaNi_5H_6$,块体 $LaNi_5$ 最大储氢量高达 1.38%（质量分数）;球磨后并热处理的粉体 $LaNi_5$ 最大储氢量为 1.35%（质量分数）。该合金在室温和适中氢压下就能形成氢化物,其生成焓和分解焓大约在 $-15kJ/mol\ H_2$。$LaNi_5$ 储氢合金的优点是氢化反应容易且迅速,金属氢化物在室温下仅需几个大气压就可以分解,吸放氢性能优良;然而 $LaNi_5$ 储氢合金的主要缺点是原材料镧的价格昂贵,密度大,明显的歧化反应和易粉化。从节约成本的角度出发,采用混合稀土 Mm（La、Ce、Sm）替代 A 侧元素 La。我国学者王启东等设计了一种含铈量较少的富镧混合稀土储氢合金 $MlNi_5$

（Ml 是富镧混合稀土），一方面成本比 LaNi$_5$ 低 2.5 倍，另一方面提高室温放氢量改善平台滞后现象。B 侧元素 Ni 主要由 Mn、Cu、Co、Al、Fe 等一个或者多个替代。多元的 LaNi$_5$ 系合金主要作为负极材料应用于镍氢电池，成为目前应用性能最好的一类储氢合金。

元素替代法是合金化的一种有效方法，在提高合金性能和降低生产成本方面具有显著的效果，因此该方法的应用非常广泛。元素替代一般不会改变合金的晶体结构，但会在不同程度上改变合金的相组成，进而会影响合金的电化学和动力学性能。元素替代的目的是抑制 AB$_5$ 储氢合金在吸放氢过程中的晶格体积过度膨胀与收缩、降低吸放氢平台压以及增加合金的储氢量等。

① A 侧替代对合金相结构与性能的影响　A 侧为易于形成氢化物的元素，因此 A 侧元素会影响合金的吸氢量。一般而言，合金中 La 的含量越高则其容量越高，其原因主要为 La 的原子半径较大，从而使形成的合金晶胞体积较大，有利于更多的氢储存在合金内部。若用原子半径较大的元素进行替代，会增大合金的容量，但在一定程度上会降低合金的循环稳定性；而用原子半径较小的元素替代 A 侧元素，会导致合金的容量减小但能够提高合金的循环稳定性。因此，国内外很多科研工作者对 A 侧元素的替代进行了较为系统的研究。对合金中 A 侧替代常用元素的原子半径，见表 3.6。

表 3.6　A 侧替代常用元素的原子半径

元素	La	Ce	Pr	Nd	Y	Dy	Sm	Zr	Mg
原子半径/Å	1.870	1.818	1.824	1.814	1.800	1.781	1.804	1.600	1.600

注：1Å=0.1nm。

由于 Ce 的原子半径小于 La 的原子半径，Ce 替代 La 后会导致合金的晶胞体积减小，因此在一定程度上会减小合金的放电容量。但 Ce 的替代能够有效改善合金的循环稳定性，其原因主要为 Ce 的加入能够在合金表面生成一层 CeO$_2$ 保护膜，使合金的抗腐蚀性能得到提高。Wencui Zhang 等系统地研究了 La$_{0.90-x}$Ce$_x$Pr$_{0.05}$Nd$_{0.05}$Ni$_{3.90}$Co$_{0.40}$Mn$_{0.40}$Al$_{0.30}$（$x=$ 0.10，0.20，0.30，0.40，0.50）系列合金的结构与储氢性能，发现随着替代量的增加 LaNi$_5$ 相的 a 轴和晶胞体积逐渐减小，而 c 轴却略有增大。合金表面的电子转移速度随着 Ce 替代量的增加先增大后减小，氢扩散速度逐渐增大，因此适量的 Ce 替代有利于提高合金的高倍率放电性能。由于晶胞体积的减小导致合金储氢能力减小，因此合金的最大放电容量逐渐减小，但其循环稳定性却先提高后降低，在 $x=0.3$ 时循环稳定性最好。罗永春等也对 Ce 替代 La 的合金进行了研究，结果表明：合金的晶胞体积随 Ce 替代量的增加而逐渐减小，因此合金的活化性能和放电容量随替代量的增加而降低。但是合金的循环稳定性却得到明显提高，而其高倍率放电性能随着替代量的增加呈现先降低后升高的趋势。

此外 Pr 对 La 的替代也能够改善合金的循环稳定性，罗永春课题组用 Pr 替代储氢合金中的 La，发现随着 Pr 含量的增加，合金中各相的晶胞参数（a，c）和晶胞体积均减小。合金电极的活化性能几乎不随着 x 值的增加而发生改变，但其循环稳定性得到明显提高。合金的高倍率放电性能（HRD）随着 x 的增加呈增加趋势。Nd 替代 La 能够提高合金的平台压，并在一定程度上降低放电容量，但能够提高合金的循环稳定性。Mg 对 La 的替代也能够明显改善合金的循环稳定性，并在一定程度上提高合金的高倍率放电能力。

Zhang Xinbo 等研究了用 Mg 部分替代 AB_5 合金中的 La，Mg 替代 La 后使合金的高倍率性能得到改善，并且提高了合金在低温（-40℃）时的放电能力。

Y 部分替代 La 使合金主相的晶格参数和晶胞体积都变小，Y 的替代能够提高合金在室温和高温时的电化学性能，并能提高合金的高倍率放电能力。W. Li 等研究了 $La_{1-x}Y_xNi_{3.55}Mn_{0.4}Al_{0.3}Co_{0.75}$（$x=0$，0.1，0.2）系列合金，发现 Y 的替代没有改变合金的相结构。并且随着 Y 替代量的增加合金的放电容量先增加后减小，在 $x=0.1$ 时放电容量达到最大 301mA·h/g。由于 Y 替代后在合金表面形成 Y 的氧化物的保护膜而减缓合金的腐蚀与粉化，从而提高了合金的循环稳定性。

文献报道了 Zr 部分替代储氢合金中的混合稀土，随着替代量的增加合金中 $ZrNi_5$ 相的含量逐渐增加，由于第二相的形成其晶胞体积逐渐减小。替代后合金的容量逐渐减小，但由于 $ZrNi_5$ 相呈网状分布于 $LaNi_5$ 的相界处，对合金的晶粒起到微包覆的作用，抑制了合金在充放电过程中的粉化和腐蚀，因此合金的循环稳定性得到提高。蔚如意等研究了 Dy 部分替代低钴多元合金中的富镧混合稀土 Ml，发现微量的 Dy（0.05）替代能够提高合金的放电容量，使放电容量提高到 311mA·h/g，但是继续提高替代量时会导致合金的放电容量降低。Dy 的替代不同程度地提高了合金的充放电循环稳定性。

② B 侧替代对合金相结构与性能的影响　B 侧元素难于形成氢化物，但它们却为氢提供了扩散的通道。一般 B 侧元素会影响合金的吸放氢可逆性。研究发现 Co 替代 Ni 后极大地提高了合金的循环稳定性。但由于 Co 的价格昂贵，科学家们采用同族元素对其进行替代，进而降低合金的生产成本。近年来 B 侧元素的替代主要是 Co、Mn、Al、Cu、Fe、Zn、B 等对 Ni 进行替代，还有对多元合金中 Co、Cu 等元素的替代。B 侧常用替代元素的原子半径如表 3.7 所示。

表 3.7　B 侧替代常用元素的原子半径

元素	Ni	Co	Mn	Al	Cu	Fe	Zn	B	Cr	Mo
原子半径/Å	1.24	1.25	1.27	1.43	1.28	1.26	1.34	0.85	1.28	1.39

注：1Å=0.1nm。

Co 替代 Ni 是科学家研究最早的改善 $LaNi_5$ 合金循环稳定性的方法，该方法对提高合金的循环稳定性具有显著的效果。雷永泉课题组对 Co 替代 Ni 合金进行了系统研究，发现当替代量小于 0.30 时合金保持单一的 $LaNi_5$ 结构，合金的放电容量与高倍率放电性能随 Co 含量的增加而得到改善。当替代量大于 0.30 时出现第二相，且随着 Co 含量的增加第二相的含量不断增大。替代后合金的晶胞体积均增大，吸氢量减小，放电容量降低但其循环稳定性得到了改善。

由于 Mn 的原子半径大于 Ni 的原子半径，因此 Mn 替代 Ni 会使 a、c 轴以及晶胞体积都逐渐增大，但 c/a 却逐渐减小，c/a 的减小抑制了氢原子进出晶格，在充放电过程中提高了晶格应力，因此导致其活化性能降低。平衡压的下降致使合金的放电容量与高倍率放电能力先略有增大后显著减小。近期，韩树民课题组系统研究了 Mn 替代合金中的 Ni 对合金的相结构、微观形貌以及电化学动力学性能，发现当替代量为 0.35 时合金的放电容量（317mA·h/g）、高倍率放电和循环寿命都明显优于其他合金。并且随着 Mn 替代量的增加合金的交换电流密度先增加后减小。

Dong Guixia 和程宏辉等研究了 Al 部分替代合金中的 Ni，结果表明 Al 的替代显著提高了合金的循环稳定性，但是却使合金的放电容量略有降低，尤其是在低温状态下其容量急剧降低。替代后合金的高倍率放电能力也有一定程度的降低。还有报道将 Al、Mn 加入合金，可以使晶胞的 a 轴、c 轴和晶胞体积均呈线性增长，c/a 的增大说明合金晶胞膨胀具有各向异性，且沿 c 轴方向的膨胀大于沿 a 轴的膨胀。晶胞体积的增大使间隙空间增大，有利于氢原子的进入，从而降低吸放氢平衡压力，增强系统稳定性。

Cu 对 Co 的替代不影响合金的相组成，但由于 Cu 的原子半径大于 Co 的原子半径，使合金的点阵常数和晶胞体积略有增大，导致氢在合金中的扩散能力下降，因而对合金的活化性能产生不利的影响。合金的吸氢量与合金的单胞体积呈线性关系，Cu 替代 Co 后合金的电化学容量部分增大。林玉芳等[73] 对 Ml（Ni Al MnCoCu）$_{5.1}$ 的研究中发现 Cu 的替代对储氢合金电化学性能的影响较大，适量的 Cu 替代 Ni 后储氢合金的循环稳定性和低倍率放电电压平台特性得到明显改善。作者认为循环稳定性的改善是由于适量的 Cu 加入能够增加合金的单胞轴比（c/a），降低合金的吸氢体积膨胀和显微硬度的缘故。但是 Cu 的加入使合金的单胞体积发生改变而导致合金的储氢量略有降低，这与文献的研究结果相反。

研究表明，对 AB_5 型储氢合金而言，Fe 与 Co 具有类似的特性，Fe 部分替代 Ni 能够降低合金的平衡氢压并减小合金吸放氢过程中的体积膨胀从而降低合金的粉化速率，因此有利于合金循环稳定性的改善。Vivet 等研究发现 Fe 替代 Co 后虽然合金的容量略有降低，但其循环稳定性得到明显改善。为了降低合金的生产成本，张羊换等研究了 Fe 部分替代 AB_5 型合金中的 Co，发现替代后使合金的点阵常数和晶胞体积略有增加，氢原子进入晶格时引起的体积膨胀减小而降低了合金的粉化速度，因此其循环稳定性得到明显提高。此后 Chao 等系统地研究了 Fe 部分替代 $La_{0.78}Ce_{0.22}Ni_{3.73}Mn_{0.30}Al_{0.17}Co_{0.8}$ 系列合金中的 Co，结果表明：随着 Fe 替代量的增加合金的放电容量与倍率性能逐渐下降，合金的循环稳定性与自放电性能都能得到明显改善。当环境温度逐渐升高到 60℃ 时，替代前后合金的容量和倍率性能无明显区别。

Zn 替代 Ni 可以降低合金的氢平衡压力，增大合金的单胞体积，减小在吸放氢过程中引起的体积膨胀，从而提高合金的容量，稳定放电电压，提高合金的倍率放电性能。但是当替代量过大时会使电极间的电阻增大，导致储氢量下降。文献对 $MlNi_{4.2-x}Cu_{0.5}Al_{0.3}Zn_x$ 系列合金进行了研究，结果发现 Zn 部分替代合金的循环稳定性和高倍率放电能力都得到提高，并能减小合金表面反应的电阻。

V 元素替代和 Zn 的替代具有类似的作用，V 的替代能够提高合金的放电容量与动力学性能。Seo 等报道了 V 元素的添加量在 0.02～0.10 之间时能够明显提高合金的活化性能，其放电容量和倍率放电性能都得到一定的提高。Li K.J 和 Li R 的研究也得到相同的结果。此外文献还报道了 V 元素的添加还能够提高合金在低温下的放电能力。

B 元素的加入有利于稀土系 AB_5 型储氢合金第二相的形成，其晶格参数也随之发生变化，c 轴略有增加，a 轴略有减小。B 能够提高氢原子在合金中的扩散系数，有利于改善合金的活化性能。由于硼的加入有利于第二相的形成，使合金在吸放氢时产生的应力在相界处得以释放，提高了其抗粉化能力，从而改善了合金的循环寿命。Zhang 等研究了低钴 AB_5 型 $Mm Ni_{3.8}Co_{0.4}Mn_{0.6}Al_{0.2}B_x$ 合金，发现 B 的加入使合金出现 $CeCo_4B$ 型第二相，从而提高了合金的循环稳定性、活化性能以及高倍率放电性能。文献报道了 B 替代 AB_5 合金中的 Ni，随着替代量的增加合金中的 $CeCo_4B$ 型相丰度逐渐增大。合金的高倍率放电能力先提高后降低，在 1500mA/g 的放电电流下当 $x=0.2$ 时合金的 HRD 值达到最大 61％。这主要是由于 B 替代后合金具有较高的表面活性，有利于氢在合金中的扩散。

Mo 对 AB$_5$ 型储氢合金的电化学动力学性能起着至关重要的作用，Mo 元素的替代能够在一定程度上提高合金的低温放电性能。因此杨淑琴等研究了 Mo 替代合金中的 Co，发现替代后没有改变合金的相组成，但却改善了合金的活化性能，提高其放电容量并能有效降低合金的自放电。当 $x=0.25$ 时合金在放电电流密度为 1200mA/g 时合金的 HRD 值达到最大 50.9％，此外 Mo 的替代还能够明显提高合金的交换电流密度和氢扩散系数。

Liu 研究了 FeV 替代无钴 AB$_5$ 型合金中的 Cu，发现替代后合金的晶格常数和晶胞体积略有增大，适量的替代能够提高合金的放电容量、倍率性能以及循环稳定性。该作者还研究了 FeB 替代合金中的 Cu，结果发现未替代的样品由单一的 Ca-Cu$_5$ 型相组成，替代后出现了第二相 La$_3$Nil_3B$_2$，且随着替代量的增加第二相的丰度逐渐增大。合金的放电容量随着替代量的增加从 314mA·h/g 降低到 290.4mA·h/g，但其循环稳定性却逐渐增大，其高倍率放电性能先增大后减小。之后 Fan 等对 FeB 替代 AB$_5$ 合金中的 Co 进行了研究，替代后合金中都出现第二相 La$_3$Ni$_{13}$B$_2$ 相，且随着替代量的增加合金中 LaNi$_5$ 相的 a 轴和晶胞体积都逐渐增大，合金的放电容量逐渐减小，但其循环稳定性得到提高。

AB$_5$ 型储氢合金虽然已经商业化，但是其电化学和动力学性能仍需进一步提高。国内外对 AB$_5$ 型储氢合金进行了大量的研究，并取得了显著的成果，尤其是在提高合金的循环稳定性和降低合金的生产成本方面。元素替代法是改善合金性能的重要方法，通过减小合金晶胞的体积膨胀，减缓合金的表面腐蚀来提高合金的综合电化学性能。但是单一的元素替代在提高合金某方面性能的同时却会导致其他性能的恶化，因此单一的元素替代无法满足提高合金综合性能的要求。鉴于此问题，今后的研究应选取合适的多元素联合替代或多元合金替代，则能够提高合金的综合性能。从生产成本方面考虑，A 侧由于 Pr、Nd 价格较高，可以采用价格低廉的 La、Ce、La-Ce 进行替代，通过调整 La、Ce 比例或化学计量比来提高合金的综合性能。B 侧的 Ni、Co 可以通过价格低廉的 Cu、Fe、FeB、FeV 等多元素联合替代或采用多元合金进行替代。

（2）AB$_2$ 型合金

AB$_2$ 型合金因其相对较高的储氢容量、能在常温下吸放氢以及长的循环寿命而备受关注。另外，AB$_2$ 型合金在电化学和高压储氢容罐方面的应用潜力巨大，因此发展储氢性能更为优越的 AB$_2$ 型储氢合金显得尤为重要。

AB$_2$ 型合金一般拥有 Laves 相结构，而 Laves 相是一种典型的拓扑密堆相。该结构中 A 原子通常为电负性较强的金属元素，B 原子则为过渡金属元素或一些斥氢元素。两种原子通过适当的配合构成空间利用率和配位数都很高的复杂结构，主要有三种晶体结构，分别是 C$_{14}$（MgZn$_2$）六方结构、C$_{15}$（MgCu$_2$）立方结构和 C$_{36}$（MgNi$_2$）复杂六方结构，如图 3.13 所示。C$_{14}$ 型结构密排面按 ABABAB 顺序堆垛，空间群为 P63/mmc，单位晶胞原子数为 12。C$_{15}$ 型结构密排面按 ABCABC 顺序堆垛，空间群为 Fd$_3$m，单位晶胞原子数为 24。C$_{36}$ 型 Laves 相结构比较特殊，是一种 C$_{14}$ 和 C$_{15}$ 的交叉混合型结构，这种结构很容易随着体系内部电子浓度的改变而分解成 C$_{14}$ 或 C$_{15}$ 型 Laves 相结构。AB$_2$ 合金通常

具有 C_{14} 或 C_{15} 结构，且实际上 A 原子半径与 B 原子半径之比（r_A/r_B）通常在 1.05～ 1.68 的范围内，偏离 1.225 的几何理论值，例如 ZrV_2 合金的 r_{Zr}/r_V 为 1.214，YFe_2 合金的 r_Y/r_{Fe} 为 1.424。

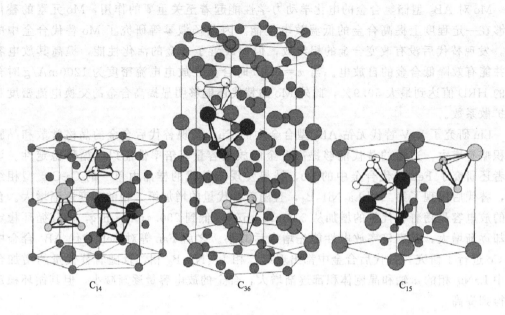

图 3.13　C_{14}、C_{36} 及 C_{15} Laves 相结构以及内部四面体间隙示意图

C_{14}、C_{36} 及 C_{15} Laves 相结构中有且仅有四面体间隙，且根据四面体大小或者构成原子的不同可细分为三类：最大的 A_2B_2 间隙是由 2 个 A 原子和 2 个 B 原子组成、最小的 B_4 间隙由 4 个 B 原子组成，大小处于中间位置的 A_1B_3 间隙则由 1 个 A 原子和 3 个 B 原子组成。另外研究还发现，数目最多的 A_2B_2 型四面体间隙首先会被氢原子占据，然后是 A_1B_3 型间隙，而拥有 4 个 B 原子的 B_4 型间隙则一般难以被氢原子占据。这是因为 A 元素本身原子半径大，导致含 A 原子最多的 A_2B_2 型四面体间隙体积最大，而且 A 为氢化物形成元素，吸氢时氢原子进入 A_2B_2 型间隙所需能垒也较低，故 A_2B_2 间隙吸氢能力最强。

AB$_2$ 型 Laves 相储氢合金一般按 A 侧原子进行划分，目前主要有锆基和钛基两大类。钛基 AB$_2$ 型储氢合金主要有 $TiCr_2$ 和 $TiMn_2$ 等，它们均为 C_{14} 型 Laves 相结构。其中 Ti-Cr 系 AB$_2$ 储氢合金的工作压力超过 200MPa，储氢量可高达 3.6%（质量分数）。Cao 等人在 Ti-Cr-Mn 体系中利用合金化手段，用少许 Mo 和 W 替代部分的 Cr，得到性能优越的 C_{14} 型高压储氢材料，并可应用于高压储氢容罐上。锆基 AB$_2$ 型储氢合金则主要有 ZrV_2、$ZrMn_2$、$ZrCo_2$、$ZrFe_2$ 和 $ZrCr_2$ 等。Zotov 等指出，$ZrFe_2$ 室温下在 800atm 的氢压下开始与氢气反应，氢压为 1900atm 时的氢化物为 $ZrFe_2H_3$，室温下脱氢平衡氢压为 690atm。他们也研究了 Al 替代 Fe、Co 后的效应，发现 Al 的部分替代会降低脱氢平台压，脱氢焓的增大，并明显降低吸氢容量。Dorogova 等通过电弧熔炼方法制得 $ZrCr_2$，并将其置于 100℃ 和 5kbar 氢压下吸氢 72h，得到 $ZrCr_2H_{5.75}$ 的氢化物，此氢化物在结构上有一定的稳定性。Majer 等则利用熔炼加高温退火方法制得 ZrV_2，得到的样品在低温吸氢后生成不同的相，如 ZrV_2H_2（fct）、ZrV_2H_3（bco）、ZrV_2H_4

（fct）和 ZrV_2H_6（bco），它们被分别称为 β、γ、δ 和 ε 相。同时，他们指出低氢含量时，氢原子占据的是 Zr_2V_2 的四面体间隙，并随着氢含量的提高，氢原子将逐渐占据 ZrV_3 和 V_4 类型的四面体间隙。Pourarlan 等发现 $ZrMn_2$ 为 C_{14} 结构，其制备需要通过熔炼后高温加快速冷却，样品吸氢后生成 $ZrMn_2H_{3.8}$。Shiha 等用过量的 Mn 替代 Zr 来获取过化学计量比的 $ZrMn_2$，其吸氢后生成 $ZrMn_{3.8}H_{3.6}$，但由于过量的 Mn 部分替代了晶格中 Zr 的位置，所以其氢化物一般写为 $Zr_{0.63}Mn_{0.37}Mn_2H_{2.25}$。另外，由于 Mn 替代了 Zr 的位置，而 Mn 的原子半径是小于 Zr 的原子半径，所以 Mn 的部分替代导致了晶胞体积的缩小。

除了上述两大类 AB_2 型储氢合金，还有研究较少的稀土系 AB_2 型储氢合金。在稀土系 AB_2 型合金中，研究得比较多的主要是 RE-Fe 体系（RE 为稀土元素），如 YFe_2、$ErFe_2$、$HoFe_2$、$DyFe_2$、$CeFe_2$ 和 $GdFe_2$ 等。其中 Y 的原子质量在各稀土元素中相对较小，拥有更高的质量储氢容量，因此 YFe_2 受到研究者的广泛关注。然而，拥有 C_{15} Laves 相的 RE-Fe 合金体系吸氢后一般存在氢致非晶化现象和歧化效应，最终生成的二元氢化物会因较稳定而难以解离，这导致合金的储氢可逆性差。

构成 AB_2 合金的 A 侧元素一般是氢化物形成元素，如 Y、Zr、Ti、Hf、Ca、Mg 等，而 B 侧元素则是非氢化物形成元素，如 Al、Ga、In、Mn、Fe、Co、Ni、Cu、Ag、Sn 和 Pb 等。合金化就是在 AB_2 合金的 A 侧或者是 B 侧用其他类似的元素部分替代，并采用高温熔炼、机械合金化、置换-扩散和烧结等方法中的一种或多种，制备出以 AB_2 为基的三元甚至是四元等多元合金。

① A 侧组分替代 Ti 部分取代 Zr 对合金储氢性能的影响。涂有龙等对 $ZrFe_2$ 合金在 A 侧组元的替代做了部分的总结。Ti 与 Zr 同属ⅣB 族，而且 Ti 原子半径为 1.47Å（1Å＝0.1nm），Zr 原子半径为 1.60Å，即 Ti 原子半径小于 Zr 原子半径。在少量 Ti 部分替代 Zr 后，合金仍然能维持 C_{15} Laves 相结构不变，并且合金晶胞体积有所减小，储氢容量和平台压上升，焓变值和滞后系数有所下降。若继续增加 Ti 的替代量，则合金结构转变为 C_{14} Laves 相结构，且储氢容量下降，但平台压会持续上升，焓变值和滞后系数均进一步减小。一般认为，Ti 取代 Zr 后，因为原子半径的不同，导致晶胞体积缩小，晶体结构畸变，晶格间隙减小，氢原子进出的难易程度提高，故导致吸/放氢平台压的提升。储氢容量的先增后降则是因为 Zr 的原子质量比 Ti 重，在维持 C_{15} Laves 结构不变的情况下，由于晶格间隙的数目没有发生改变，所以储氢质量密度必定有所提升；但 Ti 替代量增多后，晶体结构从 C_{15} 转变为 C_{14}，而 C_{14} Laves 相结构的储氢间隙减少，所以导致合金整体储氢容量的下降。

Sc 部分取代 Zr 对合金储氢性能的影响。Sc 在元素周期表上紧挨着 Ti，原子半径比 Ti 大，但比 Zr 要小。Zotov 等人研究了 $Zr_{0.5}Sc_{0.5}Fe_2$ 和 $Zr_{0.8}Sc_{0.2}Fe_2$ 两种合金的储氢性能，发现 Sc 替代 Zr 后合金仍然能维持 C_{15} Laves 相结构，但平台压有很大的降低，平台斜率也增至很大。这可能是因为合金在吸氢过程中 PCT 曲线出现了两个平台，合金吸氢过程会分别生成二元氢化物相 $β_1$ 和三元氢化物相 $β_2$，而多相的产生会导致平台产生倾斜。合金平台压的下降则可能是因为氢化物的生成焓有提高。

Co 部分取代 Zr 对合金储氢性能的影响。Ankur 等研究了 Co 替代 Zr 的影响，他们研究了 Co 替代量为 0.2、0.3、0.4、0.5 时合金的储氢性能，发现均能降低合金的晶胞体积，使得平台压得到提升，同时由于 Co 的替代，合金氢化物生成焓得到降低，故氢化物不稳定，并对合金的储氢容量产生了轻微的降低。

② B 侧组分替代　Al 部分取代 Fe 对合金储氢性能影响。Jacob 等研究了 Al 替代 Zr-Fe$_2$ 中的 Fe 对储氢性能的影响，发现 Al 的替代量逐渐增加时，合金的结构从 C$_{15}$ Laves 相结构转变为 C$_{14}$ Laves 相结构，并使得合金的储氢容量下降，吸/放氢平台压也有所下降。Bereznitsky 等从热力学角度分析了 Al 替代对合金氢化物的稳定性的影响，发现在 ZrCo$_2$ 和 ZrFe$_2$ 中用 Al 替代 Fe 会导致合金与氢化物之间的转换温度 T_c 下降。由于临界转变温度 T_c 的下降与氢-氢之间相互作用降低有着紧密的联系，所以 Al 的替代使得金属与氢的相互作用加强，而减弱了氢-氢或者氢致的相互作用力，从而使合金氢化的生成焓降低，即提高了氢化物的稳定性。不过 Al 的添加会使得合金初始吸/放氢压降低，提高合金与氢的交换动力学性能。

Ni 部分取代 Fe 对合金储氢性能影响。Sivov 和 Jain 等研究了 Ni 替代 ZrFe$_2$ 中 Fe 的所产生的影响。他们在 ZrFe$_{2-x}$Ni$_x$ 的体系中发现，随着 Ni 替代量的增加，合金的晶胞体积下降，但仍维持 C$_{15}$ Laves 相结构不变。Ni 的替代使体系的吸/放氢平台下降，初始吸氢压力也有所降低。由于 Ni-H 的形成焓比 Fe-H 的形成焓低，因而抵消了合金晶胞体积减小的影响，合金在吸氢过会相当于有镍氢化物生成，故降低了平台压，但吸氢过程存在两个平台，两个平台对应产生的不同的氢化物。

V 部分取代 Fe 对合金储氢性能影响。V 与氢气反应能生成不同 H 含量的氢化物，如 V$_3$H$_2$、VH 和 VH$_2$ 等，其中 VH$_2$ 储氢容量可高达 3.8%（质量分数）。虽然随着氢化物 VHx 中氢含量 x 的增加，氢化物会有不同的晶体结构，但氢只占据结构当中的四面体间隙位置，导致储氢容量不能进一步提高。另外，VH 过于稳定使得可逆脱氢受到限制，而且 V 价格较高，难以活化和氢平衡压过高等问题也限制了 V 基储氢材料的实际应用。Shaltiel 和 Rodrigo 等发现在低 V 少量替代 Fe 时能保持 ZrFe$_2$ 的 C$_{15}$ Laves 相结构，但在高 V 量替代后晶体结构变为 C$_{14}$ 结构。他们还指出 V 原子半径比 Fe 大，V 部分取代 Fe 能增大储氢合金的晶格常数，有效降低了体系的吸/放氢平台压。Yadav 等指出 V 部分替代 Fe 使得晶格间隙增大，并有纳米晶的出现。前者可使得合金储氢量提升，后者则导致氢可在合金中快速扩散，提升了合金的吸氢动力学性能。

Mn 部分取代 Fe 对合金储氢性能影响。在 AB$_5$ 型储氢合金中用 Mn 少量取代 Ni 即可降低合金的活化次数，并增强合金吸/放氢过程中的循环稳定性。Jain 等发现在 ZrFe$_2$ 中用 Mn 部分替代 Fe 会使得合金晶格常数增大，导致氢更容易通过扩散通道，从而使得合金脱氢平台压降低。另外，随着 Mn 替代量的增多，合金转变成氢化物的焓变值上升，平台斜率开始变小。

Cr、Co、Cu 等部分取代 Fe 对合金储氢性能影响。若 ZrFe$_2$ 中用少量 Cr 部分替代 Fe 后，储氢容量上升但平台压急剧下降，氢化物生成焓上升。随着 Cr 替代量的增多，平台压下降得越多，并且滞后系数不断增大。用 Co 替代部分 Fe 则使得合金晶格常数下降、氢化物形成焓降低，在储氢容量几乎保持不变的情况下平台压有所提高，但滞后系数比原始 ZrFe$_2$ 要大很多。用 Cu 替代部分 Fe 则使得平台斜率降低，平台压下降，焓值下降，储氢容量也有所下降。

③ AB$_2$ 型储氢合金的活化　合金样品一般难免与空气或多或少地接触，而 AB$_2$ 型储氢合金中又大部分含有 La、Ce、Y、Ti、Zr、V 等较活泼性的元素，因此会在表面形成厚度为 0.5～10nm 的氧化层。这种氧化层还会吸附空气中的其他气体或杂质，而一些储

氢合金对这些气态杂质特别敏感，导致其毒化失去活性而显示出不吸氢的状态。另外，由于吸氢过程中存在氢分子的解离和吸附，而这个过程又是在材料表面发生的，因此材料表面的状态极大地影响着合金的储氢性能，故在吸氢之前常需对合金进行活化处理。合金的表面活化主要有以下几种方法：

　　a. 机械法：球磨破碎合金表面氧化层；

　　b. 氧化还原法：采用还原剂去除表面氧化层；

　　c. 加氢活化法：利用高压氢气将合金表面污染层的裂纹扩大，并直接进入合金基体中，致使合金吸氢膨胀后与表面污染层机械分离；

　　d. 高温裂解法：利用高温下形变的作用使合金表面污染层破裂、蒸发；

　　e. 有机酸溶解法：用有机酸将表面污染层溶解后去除；

　　f. 表层修饰法：在基体和表层污染物之间渗入易氢化的物质，氢化后该物质与表面污染层一同脱落；

　　g. 表面分凝法：使合金表面有选择性氧化，形成对氢气分解有催化作用的物质。

　　合金相结构的稳定性和组分的均一性是影响储氢性能的重要因素，吸/放氢平台斜率与晶体结构和相的多样性有关。合金多数通过熔炼、感应熔炼和烧结等方法制备，然而获得的合金锭很容易存在相偏析和成分不均一的现象。对铸态合金进行退火处理不仅可以释放较大的晶格内应力、减少或消除位错，还能有效降低合金的成分偏析，减少第二相和改善组分分布，有效降低吸/放氢平台斜率，提高合金的活化性能、循环性能和储氢性能。

　　（3）AB 型合金

　　AB 型合金的典型代表是 TiFe，具有 CsCl 体心立方结构，最大储氢量为 1.8%（质量分数），可逆储氢量约为 1.5%（质量分数）。有报道称，带上储氢量大概 5kg、质量为 230kg 的 TiFe 金属氢化物，能使汽车行驶 110km。完全活化后的合金 TiFe 能够可逆地吸放大量的氢气，氢化物的分解压为几个大气压；自然界中的元素 Fe 和 Ti 含量丰富、成本低廉，适合大规模的工业应用，但是合金表面的氧化膜 TiO_2 层导致活化性能差，限制了应用。学者们就 TiFe 合金的活化机理以及如何改善其活化性能进行了大量的研究，发现合金化和纳米化是改善 TiFe 合金活化性能最有效的途径。在纯 Ar 气氛下，掺杂少量的 Ni 后球磨 20~30h 制备的 TiFe 材料不需活化就能很容易进行吸氢反应。动力学性能被显著改善的原因是机械合金化生成了一部分被 Ni 颗粒包裹并且细化了的 TiFe 合金粉末，原来表面的氧化层被部分破坏最终起到了催化活性中心的作用。同时，化学试剂表面处理合金也能改善其活化性能。

　　（4）AB_3 型储氢合金

　　AB_3 型合金的结构与 AB_5，AB_2 型合金结构密切相关。AB_3 型结构含有长程重叠排列结构，其结构单元中 1/3 为 AB_5，2/3 为 AB_2。因为含有 AB_2 单元，其理论容量要高于 AB_5 型合金。由于 AB_3 的特殊晶体结构，可以在 A 位置上置换稀土、Ca，Mg 等元素。

　　AB_3 型合金有两种晶体结构，一种为 $PuNi_3$ 型斜六面体结构，另一种为 $CeNi_3$ 型六面体结构（仅于晶胞在空间长程堆叠的安排上与 $PuNi_3$ 结构不同）。绝大部分 AB_3 合金具有 $PuNi_3$ 结构，如 $LaNi_3$，$PuNi_3$，YNi_3，$CaNi_3$ 等合金；极少数 AB_3 型合金具有 $CeNi_3$ 结构，如 $CeNi_3$ 合金。在 $PuNi_3$ 型的斜六面体结构中，单位晶胞内的原子数为 36，空间群 R-3m，晶胞参数为：$a = (5.00 \pm 0.02)$ Å，$c =$ (24.35±0.10) Å，晶体结构如图 3.14 所示。从图 3.14 中可以看出，$PuNi_3$ 结构由 AB_5 结构单元（$CaCu_5$ 型结构）和 AB_2 结构单元（$MgCu_2$ 型 C_{15} 结构或 $MgZn_2$ 型 C_{14} 结构）沿 c 轴 [001] 方向堆叠而成，可表示为 $AB_5 + 2AB_2 = 3AB_3$。表 3.8 列出了原子占位情况，A 原子占据 $3a$（Pu1）和 $6c$（Pu2）位置，B 原子占据 $3b$ 位置（Ni_1），$6c$ 位置（Ni_2）和 $18h$ 位置（Ni_3），其中 $3a$ 和 $6c$ 分别位于 AB_5 和 AB_2 结构单元中。

Burnasheva 等和 Yartys' 等人研究了 $PuNi_3$ 型 AB_3 合金内 H 可能占据的间隙位置。结果表明，H 可能占据 13 种间隙位置，其中 12 种为四面体间隙（简写为 T），1 种为八面体间隙（简写为 O）。依据间隙周围的金属原子种类不同又可分为：$T-B_4$（3 个），$T-AB_3$（5 个），$T-A_2B_2$（4 个）和 $O-A_2B_4$（1 个），这些间隙分布在 AB_5 结构单元、AB_2 结构单元以及 AB_5 和 AB_2 结构层之间，如表 3.8 所示。

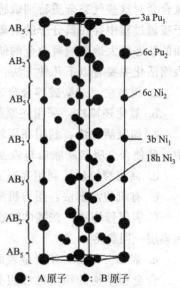

●：A 原子　●：B 原子

图 3.14　$PuNi_3$ 型的 AB_3 合金晶体结构

表 3.8　AB_3 型合金（$PuNi_3$ 型结构）中的原子占位

原子 Atom	位点 Site	原子位置 Atom positions			占位 Occupancy
		x	y	z	
A_1	$3a$	0	0	0	1
A_2	$6c$	0	0	0.1414	1
B_1	$3b$	0	0	1/2	1
B_2	$6c$	0	0	0.3336	1
B_3	$18h$	0.5002	−0.5002	0.0829	1

① 二元合金　研究表明，二元 AB_3 型合金（A＝稀土元素，Ca，Y 或 Mg，B＝Ni，Al，Mn，Co，Fe 等过渡族元素）的吸氢容量在 1.19%～1.87%，其中若干合金的吸氢量均高于 AB_5 型合金（1.4%）。研究发现，A 元素不同导致合金的氢化行为也不相同。部分 AB_3 型二元合金的 PCT 曲线没有明显的吸放氢平台，如 $LaNi_3$；部分合金有吸放氢平台，如 $CaNi_3$，YNi_3，$CeNi_3$ 等；有的合金甚至有 2 个平台，如 $ErNi_3$，YCo_3，$GdCo_3$ 等。此类合金中，除少数如 $LaNi_3$ 合金吸氢后由于晶格发生畸变，呈现出一定的非晶态外，大部分合金的氢化物保持起始合金的晶体结构不变，且吸氢后晶胞体积膨胀率普遍较大，合金氢化物的稳定性随着 A 元素原子序数的增加而降低，随着 B 元素原子半径的增大而升高。部分 AB_3 型二元合金的吸氢量和平台压力列于表 3.9 中。

表 3.9　部分二元 AB_3 型合金的储氢容量

成分	储氢能力		P_{eq} /×10^5Pa	t/℃
	H/M	质量分数/%		
$LaNi_3$	1.25	1.54	—	20
YNi_3	0.3	0.45	0.25	50
$CeNi_3$	0.75	0.95	0.09	50

续表

成分	储氢能力		P_{eq}	$t/℃$
	H/M	质量分数/%	$/×10^5 Pa$	
HoNi$_3$	0.45	0.53	—	—
ErNi$_3$	0.88	1.0	1.3	25
	1.22	1.43	1.2	−40
CeCo$_3$	1.0	1.26	0.2	50
ErCo$_3$	1.02	1.19	—	—
YFe$_3$	1.2	1.87	$<10^{-5}$	50
GdFe$_3$	1.25	1.54	—	—

② 部分元素替代后的伪二元合金　研究表明，LaNi$_3$ 合金在 10～40℃，3.3MPa 氢压下的吸氢量 H/M 可达 1.25，理论电化学容量为 411mA·h/g，高于 LaNi$_5$ 合金的理论容量。然而，由于 LaNi$_3$ 吸氢后会发生部分非晶化现象，导致实际循环可逆容量低，仅为 150mA·h/g 左右，且 PCT 曲线没有平台，不能满足实际应用的要求。为此，已采用多种合金元素对 LaNi$_3$ 系列合金的 B 侧进行部分元素替代，以改善合金的储氢性能。Kohno 等研究了一系列 La(Ni$_{0.9}$M$_{0.1}$)$_3$ 合金（M＝Al、Si、Ti、V、Mn、Fe、Cu、Nb、Sn、Ta）在 25℃ 下的气态及电化学储氢性能，发现 Al 和 Mn 元素部分替代 Ni 可以明显改善压力滞后现象，Al 的替代还能大大提高放氢压力。在电化学容量方面，经 Fe，Cu，Sn，Si 部分替代 Ni 后，合金的放电容量略有提高（160～185mA·h/g），而经 Al 和 Mn 元素对 Ni 的部分替代，合金的放电容量能有较大提高（200～220mA·h/g），且可大大改善循环可逆性。这些主要归因于 Al 或 Mn 对 Ni 的部分替代能够降低 LaNi$_3$ 型合金氢化物的稳定性所致。这些结果也得到了 Zhao 等人的证实。

③ 新型三元和多元合金　AB$_3$ 型二元合金及 B 侧替代的伪二元合金虽然具有较高的起始储氢容量，但由于部分氢致非晶化、氢化物过于稳定，实际容量仍然远未达到理论值；同时放氢平台也过于倾斜，使其无法得到实际应用。1997 年，Kadir 等在研究镁基储氢合金晶体结构的工作中发现了一种化学式为 RMg$_2$Ni$_9$（R＝La、Ce、Pr、Nd、Sm 和 Gd）的新型合金。这一合金可通过将 Mg$_2$Ni 和 RNi$_5$ 两种合金混合后烧结而成，或者按元素百分比 R∶Mg∶Ni＝1∶2∶9 直接熔炼得到。研究表明，这类合金也具有 PuNi$_3$ 型斜六面体结构，并且 Mg 原子占据了 PuNi$_3$ 结构中的 6c 位置（即在 AB$_2$ 结构单元中），R 原子占据 3a 位置（即在 AB$_5$ 结构单元中）。因此，RMg$_2$Ni$_9$ 合金可看作是 RNi$_5$ 和 Mg-Ni$_2$ 结构单元交互生长堆叠而成的一种三元合金。研究表明，许多化学式为 AA$_2'$B$_9$（A＝稀土元素、Ca 或 Y，A′＝Mg、Ca 或 Y，B＝Ni）的合金均具有与 LaMg$_2$Ni$_9$ 一样的结构。为区别起见，文献中一般将其另称为 AA$_2'$B$_9$ 型结构。

a. La-Mg-Ni 系　由于 LaMg$_2$Ni$_9$ 在 303K，约 3.3MPa H$_2$ 压下很少吸放氢（H/M＝0.2，质量分数约为 0.33%），人们已采用多元合金化的方法对其进行改性。

对 LaMg$_2$Ni$_9$ 的 A 侧 Mg 元素进行替代的研究发现，Ca 元素部分替代 Mg 后能显著提高合金的储氢容量。其中 LaCaMgNi$_9$ 合金最大储氢量可达 H/M＝1.10，电化学容量达到 356mA·h/g，高于现有的 AB$_5$ 型储氢合金（320mA·h/g）。XRD 分析发现，在含 Ca 的 (La,Ca)(Mg,Ca)$_2$Ni$_9$ 合金晶体结构中的 Mg-Ni 及 Ni-Ni 原子间的距离要明显大于原有三元合金，也即意味着合金中拥有较大的可以容纳氢原子的四面体和八面体空隙，从而有效地提高了储氢容量。研究 $La_xMg_{3-x}Ni_9$（$x=1.0\sim2.3$）合金 A 侧的 La/Mg 比例对合金性能的影响发现，随 x 值的增加，放电容量显著增大，并在 $x=2.0$ 处出现极大值（397.5mA·h/g）。对 $LaMg_2Ni_9$ 合金的 A 侧进行部分元素替代或优化 La/Mg 比例得到的多元合金虽然在储氢容量上有显著提高，但仍存在着循环稳定性差，容量衰退快的问题。

进一步研究发现，对合金 B 侧 Ni 元素进行部分替代能够一定程度上改善合金的循环稳定性能。例如 $LaCaMgNi_9$ 合金每次循环的容量衰退率为 0.91%，Ni 元素经 Al 部分替代后得到的 $LaCaMgNi_6Al_3$ 合金的容量衰退率可减少至 0.24%。对 La_2MgNi_9 中的 Ni 元素用多种元素进行部分替代后得到的 $La_2Mg(Ni_{0.95}\text{-}M_{0.05})_9$（M＝Al，Co，Cu，Fe，Mn，Sn）多元合金，虽然放电容量有不同程度的降低，但循环稳定性有所改善，其中以 Co，Cu 和 Fe 元素的效果较好，而且 Co 元素部分替代对合金放电容量的降低程度最小，与 La_2MgNi_9 相比仅降低了 4mA·h/g。进一步对 La-Mg-Ni-Co 系储氢合金的性能进行研究，发现了其在碱液中的容量衰退机理，即合金容量衰退过程可分为 3 步：（ⅰ）合金粉化和 Mg 的氧化过程；（ⅱ）La 和 Mg 的氧化过程；（ⅲ）氧化和钝化过程。合金容量衰退的主要原因是合金中吸氢元素 La 和 Mg 的腐蚀导致有效吸氢物质减少造成的。而随着 Co 含量的增高，合金氢化物的晶胞膨胀率明显减小，使得合金颗粒在循环过程中的粉化倾向得到有效抑制，合金的抗氧化腐蚀能力大大提高。需要指出的是，虽然合金的容量衰退率得到了一定程度上的改善，但仍然不很理想，尚需进一步的努力。

b. La-Y-Ni 系 由于二元合金 $LaNi_5$ 和 YNi_2 在氢气氛围中能够迅速地吸氢，基于对此两种合金吸氢热力学性质的研究，Baddour-Hadjean 等制备了一系列 $La_{1-x}Ce_xY_2Ni_9$（$0\leqslant x\leqslant1$）合金。对其晶体结构研究发现，上述合金也都具有 $PuNi_3$ 型结构，LaY_2Ni_9 中大部分 La 位于 $3a$ 位置，大部分 Y 位于 $6c$ 位置，即 LaY_2Ni_9 基本上可视为 $LaNi_5$ 与 YNi_2 交互生长而成的一种三元合金；而 CeY_2Ni_9 中的 Ce 和 Y 则是随机分布在 $3a$ 和 $6c$ 位置上，即其实质上是一种化学式为 $(Ce_{0.33}Y_{0.66})Ni_3$ 的伪二元合金。气态吸放氢实验发现，在 25℃和一个大气压下，LaY_2Ni_9 的最大吸氢量（H/M）为 1.0，在目前已报道的 AB_3 型三元合金中是最高的；然而放氢时压力滞后现象严重，导致放氢压力非常低。用 Ce 替代 La 后，放氢平台压力变大，然而储氢容量大大减小（H/M＝0.6）。用中子衍射研究氢在这类合金中的占位情况发现，氢在 CeY_2Ni_9 合金中并不占据 AB_5 结构单元，只占据 AB_2 结构单元中的空隙，这也在随后的 XAS 分析及磁性实验中得到了证实。没有利用到 AB_5 结构单元的储氢能力，是 CeY_2Ni_9 的储氢容量不如 LaY_2Ni_9。电化学实验中，在 5mA·h/g 的放电电流密度下，LaY_2Ni_9 的最大放电容量可达 260mA·h/g，但仍远小于 380mA·h/g 的理论值，这主要是由于合金的放氢平台压力太低（小于 1Pa）。同时随着循环次数的增大，容量也有一定量的衰退，这可能是由于部分非晶态氢化物生成的缘故。随 $La_{1-x}Ce_xY_2Ni_9$ 中 x 的变大，即 Ce 成分比变大的过程中，合金的放电容量降低，但循环稳定性得到了一定程度上改善。

AB_3 型合金由于结构上的特点，理论容量要高于 AB_5 型合金，是目前最具希望替代以 $LaNi_5$ 为代表的 AB_5 型储氢合金的候选材料之一。根据以上分析，极少数二元或是伪二元 AB_3 型合金能在常温常压下展现出良好的储氢性能；只有制备新型三元 $AA_2'B_9$ 型合金才能有希望获得更大的可逆储氢容量。在选择其 AB_5 和 $A'B_2$ 结构单元的元素上，以及合金多元化改性方面，应该重视以下 3 个方面：

（i）AA'_2B_9 合金的储氢能力取决于该合金内 AB_5 和 $A'B_2$ 结构单元的储氢能力。考虑到 $MgNi_2$ 几乎不吸氢，因此应该避免选择 $MgNi_2$ 作为合金中的 $A'B_2$ 结构单元。可以引入其他元素诸如 Ca（$CaNi_2$ 吸氢量约为 1.13H/M）和 YNi_2（1.2H/M）等等。然而选择 YNi_2 作为 $A'B_2$ 单元也存在着另外一个问题，即 YNi_2 在吸氢量较大时会发生部分非晶化现象，导致了 LaY_2Ni_9 随着循环次数增加而容量衰退。优化选择更合适的 $A'B_2$ 结构单元是目前需要研究的课题。

（ii）由于吸氢性能较好，大多数稀土元素可以被选择作为 AB_5 单元中的一部分，但是使用 Ce 元素的时候需谨慎。虽然用含 Ce 的混合稀土价格低廉，并且 Ce 元素能在一定程度上改善循环稳定性，但是 Ce 会导致晶胞沿 c 轴方向上的剧烈膨胀，使得氢原子只能占据 $A'B_2$ 结构单元，直接导致了整体储氢容量的下降。因此在选择是否引入 Ce 元素时应重视评估其整体效果。

（iii）La-Mg-Ni 系合金电极有较高的放电容量，然而此类合金的循环稳定性较差，经 Co，Al 等元素部分替代 Ni 后，循环稳定性有了一定改善，但综合性能仍待提高。因此，需对合金成分进一步优化，同时可展开不同的表面处理技术，力求进一步提高合金的综合电化学性能。

3.3.2 金属有机框架（MOFs）储氢技术

MOFs 是一种由金属中心与有机配体组成的多孔晶体材料，具有结构可调的特点。20 世纪 90 年代就已经有关于 MOFs 材料合成报道，但在移除客体分子时骨架出现坍塌，热稳定性不高。美国密歇根大学的 Yaghi 课题组于 1999 年，首次制备出一种具有三维框架结构的 MOFs 材料—MOF-5，比表面积高达 3800m^2/g。随后，其课题组在合成 MOF-5 材料总结的网状合成理论指导下，仍以八面体次级结构单元 [Zn_4O] 为金属位点，通过更改有机配体长度或者对苯二甲酸苯环中的 R 基团种类，得到一系列具有类似的结构 IR-MOFs 材料，其中 MOF-5 被命名为 IRMOF-1。由于合成过程中有机配体长度不同，最终得到 16 种 IRMOFs 材料结构，孔道尺寸由 0.38nm 到 2.88nm 不等，这表明对于调节 MOFs 材料孔结构，通过改变有机配体的长度是一种有效手段。在此后，该课题组研究不同系列的 MOFs 时，将二元羧酸类配体更改配位体长度更长的三/多元有机配体，通过这种手段可以获得比表面积和孔隙率更高的 MOFs。MOF-177 是本系列 MOFs 最典型的代表，它是由 [Zn_4O] 团簇和有机配体 BTB 构成的海绵状 MOFs，其 BET 比表面积高达 4750m^2/g，孔容积达到 1.59cm^3/g。此外，由八面体次级结构单元 [Zn_4O] 和多元有机配体构成的 MOFs 材料，多属于比表面积更高的介孔材料，如 MOF-200、MOF-205 和 MOF-210 等。除了这种由八面体次级结构单元 [Zn_4O] 为金属中心构成的框架或海绵状等多种拓扑结构，通过改变金属位点的次级结构也是获得更加丰富的拓扑结构的重要手段。

2006 年，法国拉瓦锡研究所的 Ferey 教授课题组设计合成了一组 MIL（Material Institute Lavoisier）系列材料，MIL 材料是由三聚铬八面体次级结构单元与二元或三元羧酸类有机配体构成的 MOFs，其中 MIL-101 的 BET 比表面积为 4100m^2/g，其孔结构为笼型，表现出了极大的稳定性。MIL-53 由于在合成时采用了柔性有机配体，在高压吸附时，骨架结构表现出了灵活性，在吸附质分子进入和脱出孔道时，MIL-53 的孔结构会发生类似于"呼吸"现象的扩张和收缩，但 MOFs 的拓扑结构没有变化。这种具有柔性结构的 MOFs，被称为柔性 MOFs。几种典型的 MOFs 结构见图 3.15。

图 3.15　几种典型的 MOFs 结构（MOF-5；MOF-177；HKUST-1）

在合成 MOFs 时，也可利用无机盐中的金属离子作为金属中心，与有机配体组成具有不饱和配位的金属位点 MOFs，这类 MOFs 由于金属离子带电荷，会和 H_2 等分子具有更强的结合能。通常可利用有溶剂分子配位的金属簇作为次级结构单元，合成 MOFs 后真空高温脱气，去除配位的溶剂分子，从而在 MOFs 中引入不饱和配位金属中心。典型代表是由 Cu^{2+} 和均苯三甲酸自封装组成的 HKUST-1（又称 Cu-BTC）。但这种结构的比表面积和孔隙率不高。

上述 MOFs 的配体为羧酸类配体，Yaghi 课题组基于多氮咪唑类配体合成了一系列的 ZIFs（咪唑类有机框架材料）。其中，ZIF-8 是这类 MOFs 的典型代表，具有类似沸石的 SOD 拓扑结构，比表面积高达 $1947m^2/g$，孔容积为 $0.663cm^3/g$。图 3.15 中给出了几种典型的 MOFs 结构，通过改变有机配体的属性和金属中心的次级结构，可以自封装出不同拓扑结构的 MOFs。正是由于 MOFs 丰富的拓扑结构和孔结构，其在能源存储、气体分离、CO_2 气体捕捉以及催化等领域迅速发展。

MOFs 上的储氢行为最早见于报道是在 2003 年，Yaghi 课题组先后研究了 H_2 在 MOF-5 上的低压吸附行为，结果表明，首次测试中气体含有杂质造成结果严重偏大（78K、0.7bar，储氢量高达 4.5%，质量分数），而事实上在 78K、1bar 时，MOF-5 的储氢容量仅为 1.3%（质量分数）。自此以后，已经有大量关于 MOFs 储氢的报道。由于 MOFs 与氢的结合能，与其他多孔材料相同，主要来源于分子间的范德华作用力，吸附热普遍在 $3\sim10kJ/mol$，只能够在低温高压的条件下获得较高的储氢量。理论计算表明，MOFs 在室温下维持其在低温下的吸附量，其吸附热需要达到 $15\sim20kJ/mol$。为了选择合适的 MOFs 用于储氢，目前的 MOFs 储氢研究主要集中在提升 MOFs 低温高压条件下的储氢量和室温下的 H_2 与 MOFs 的结合能。

（1）低温下 MOFs 储氢的研究

为了选择合适的低温吸附储氢 MOFs 材料，Antonio 等测试了 77K、高压下氢在 MOF-5、MOF-177、HKUST-1、MIL-101 系列、ZIF 系列、UIO 系列以及 IRMOFs 系列材料上的过剩吸附量，发现 MOFs 材料的储氢量与其 BET 比表面积和微孔容积呈一定的线性关系。大量综述性文献也报道出，低温高压下 MOFs 的储氢量与其比表面积有关系，遵循着 Chahine 法则，即多孔材料的 BET 比表面积每增长 $500m^2/g$，其低温高压条件下的储氢质量密度增长 1%（质量分数）。如图 3.16 所示。

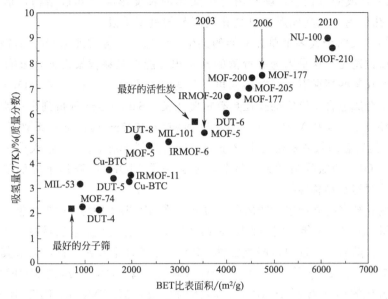

图 3.16　77K 条件下，不同比表面积 MOFs 对于 2MPa 以上 H_2 的吸附量

2010 年到达了通过合成更高比表面积 MOFs 储氢研究的高潮，文献报道合成出了 BET 比表面积超过 $6000m^2/g$ 的 MOFs：NU-100 和 MOF-210，BET 比表面积分别为 $6143m^2/g$ 和 $6240m^2/g$，其在低温、高压下的储氢量分别达 9.95%（质量分数）和 8.6%（质量分数）。为增大 MOFs 的比表面积、提高氢吸附量，研究人员采取如下措施：①增长有机配体的长度；②选择稠合芳族环作为有机配体；③混合配体使用。此外，利用不同的拓扑结构，基于多面体分层组装也获得了超高比表面积的 MOFs。2017 年，Snurr 团队通过计算机模拟构建了基于 47 种拓扑结构的 13512 种 MOFs 材料，通过分子模拟研究氢分子在低温储存（77K、100bar）以及脱气（160K、5bar）条件下氢气分子的吸附相态，发现 MOFs 最大的储氢体积密度 54g/L，远大于 700bar 高压氢气储罐的 35g/L。2013 年，Goldsmith 对 MOFs 的比表面积与其储氢量的研究时发现，当比表面积达到一定值时，过分提升比表面积并不会增加储氢的效益，因为随着 MOFs 的孔隙率增大，MOFs 框架所能提供实际的吸附相比容并不会像比表面积那样增加，反而会随之减少。

通过调节孔结构来提高 MOFs 储氢量的研究也受到重视。在小孔中存在着与氢分子结合较强的吸附位，从而增强了 H_2 与孔道的作用力，提高了氢的吸附热。但是，若孔径过小，材料的孔容积下降，氢的绝对吸附量也会随之下降；若孔径过大，则氢分子与壁面的作用势减小，不利于氢分子的存储。经过理论计算，理想的 MOFs 材料的孔径分布为 0.6～0.7nm 之间，这时氢分子与壁面作用势较强，使储氢量达到最大。这是因为，2～3 倍氢分子直径的孔道，可在一侧吸附饱和后，另一侧在较强的壁面作用势影响下继续进行吸附，甚至在孔内的空隙处也会出现第三层吸附。这种调控手段可以有效提高 MOFs 在 77K、1bar 下储氢量，Yuan 等比较氢在不同孔径的 PCN 系列 MOFs 下吸附行为时发现，77K、1bar 下氢在孔径最小的 PCN-61 上具有最高的储氢量

（2.25％，质量分数）和吸附热。但是，这种调控手段在更高压力下储氢能力提升所起到的作用仍存在争议。

在 MOFs 合成的过程中，除利用有机配体的长度影响其孔道结构，形成互穿结构与向 MOFs 孔道内注入其他形核也是孔道调节的重要手段。

穿插结构涉及两个或多个单独框架的共生，它通常在合成纯 MOFs 时被认为具有负面影响，应该被避免。这是因为有价值的孔容积可能被互穿框架占据，影响 MOFs 的总孔容积。然而在某些情况下，互穿结构可以显著减小孔径，使得氢在 MOFs 上的吸附热增大，这对于合成适合于储氢的孔径具有重要意义。Schmieder 等报到出一组具有不同穿插结构的 MFU-4，其中 MFU-4XL 的比表面积为 $2697m^2/g$，是同系列的 MFU-41 的 1.5 倍以上，但后者的氢体积密度由 25g H_2/L 上升到 50g H_2/L，这表明一些互穿结构有利于提升 MOFs 的氢吸附能力。目前，为了保证 MOFs 在高压下的储氢量，在合成 MOFs 时应尽量避免结构穿插。

通过改变孔径来提高储氢性能的另一方式是在 MOFs 的大孔/框架内插入其他吸附表面（如碳基材料）。2005 年，实验表明在 MOF-177 中插入 C_{60} 增加材料的吸附位，进而增大了储氢量。随后，通过向羧酸类配体 MOFs 合成时注入碳材料，调节其框架孔道结构的报道逐渐增多。Yang 等在 MOF-5 中注入碳纳米管（CNT）组成 MOFMC 的复合材料，发现 CNT 的引入有利于 MOF-5 晶体的生成，MOFMC 的 BET 比表面积达到 $2900m^2/g$，储氢量 1.52％（77K，1bar，质量分数），而同样制备条件下合成的 MOF-5 的 BET 比表面积和储氢量为 $1810m^2/g$ 和 1.2％（质量分数）。Yang 等进一步将含有不同金属离子的多壁碳纳米管穿引入到 MOF-5 中，合成出的 MOFMC 表现出极好的稳定性，储氢量由 1.2％（质量分数）提升至 2％（77K、1bar，质量分数）。由于二元羧酸配体 MIL-101 含有孔径为 2.7nm 和 3.4nm 的笼形结构，更适于将碳基材料引入孔道内。文献报道了引入单壁碳纳米管（SWNT）与 MIL-101 混合制备复合材料，发现随着 SWNT 含量增多，复合材料孔径小于 1.5nm 的孔容积增大，当掺杂量达到 8％时，复合材料的比表面积达到 $2998m^2/g$，在 77K、60bar 时氢的绝对吸附量达到 9.18％（质量分数），远大于同样条件下氢在 MIL-101 的 6.37％（质量分数）。Somayajulu 等将活性炭穿插到 MIL-101 中，制备出 BET 比表面积高达 $3555m^2/g$ 的复合材料，在 77K、60bar 条件下对于氢的绝对吸附量达到 10.1％（质量分数）。Ahmed 等将氧化石墨烯（GO）纳米颗粒注入到 MIL-101 中，由于 GO 上的官能团与 MOFs 的金属位点有一定的结合力，有利于 MIL-101 的孔道结构生长，增大比表面积。

（2）室温下 MOFs 储氢研究

Tyler 等在室温、50MPa 条件下，考察了氢在多种 MOFs 以及活性炭 AX-21 上吸附行为，发现具有最大比表面积的 MOF-177 的吸附量却小于其他多孔材料，这主要因为 MOF-177 的孔径分布主要集中在 1～2.5nm 之间，导致其吸附热过小，常温下吸附储氢的能力弱。此外，通过对比其他 MOFs 的吸附行为后，Tyler 认为增强 MOFs 与氢分子的结合能力是必要的。通过在 MOFs 中引入不饱和配位金属位点、有机配体引入表面官能团、氢溢流以及碱金属掺杂等技术手段，可以有效提升氢在室温下与 MOFs 本体的结合能力。

大量的中子实验和计算结果表明不饱和配位金属位点对于氢分子具有较强的吸附作用。这是由于存在的不饱和配位金属位点，增加了孔隙中的局部电荷密度，氢在 MOFs

上有更高的吸附热。低温下的衍射实验发现 HKUST-1 的结构有 6 种类型的直接吸附氘分子的位点，吸附首先发生在配位不饱和的 Cu 离子处，说明不饱和配位的金属位点对吸附有促进作用，使得氢在 HKUST-1 上的吸附热达到 10kJ/mol。M-MOF-74（M：Mg^{2+}，Co^{2+}，Ni^{2+} 和 Zn^{2+}）系列，具有高密度的不饱和配位金属位点。在这种情况下，Pham 等人发现了 H_2 与金属离子间相互作用强度的趋势为 Ni-MOF-74＞Co-MOF-74＞Mg-MOF-74＞Zn-MOF-74。这种现象可以基于金属阳离子的不同极化率来解释。理论计算表明，极化贡献越高，H_2 与金属离子键相互作用越强。

带有负电荷的离子团也可以被用来加强与 H_2 的结合能。一种 rht-MOF 带有 NO_3^- 阴离子，一组阳离子作为抗衡离子存在的情况下，已经证明 H_2 吸附首先发生在 NO_3^- 附近。这是由于负价离子团的存在，使得额外用于平衡骨架电荷的阳离子提供了较强 H_2 吸附位。此外，用于平衡电荷的阳离子原则上是可以交换的，这为具有可调能量的 H_2 吸附位提供了潜在的途径。

另一种方法是修改或设计 MOF 中的有机配体的表面官能团，以增加它们与 H_2 相互作用的强度。有两种主要机制：在官能团上引入额外的吸附位点及利用引入—NH_2、—CH_3 和—OH 等多电子官能团对于骨架的极性产生影响，后者可增强次级结构单元与 H_2 的亲和力。通过对含有内部极化有机单元的 Zn 基 MOF 中 H_2 吸附的研究表明：在 MOF-650 中使用的修饰性官能团代替 IRMOF-8 中使用的非极性 2,6-萘二甲酸二甲酯，可使极限吸附热达到 6.8kJ/mol，与之相比，它的非极性对应物—酰胺官能团的引入，也已证明它可以增加 H_2 的相互作用强度。Petra 等发现在 MIL-101 上引入—Br 以及—NH_2 等官能团都可有效提升其对氢分子的吸附能力。

虽然经过上述方式修饰或者调整后的 MOFs 材料储氢量得到一定提升，但是依然无法满足室温下的应用条件。还需要引入介于化学吸附与物理吸附的中间状态，即 Kubas 作用。氢溢流是这一应用的代表，根据目前所报道的文献，在 MOFs 中构筑氢溢流主要方法是在解离金属和 MOFs 之间建立碳桥，比如在 MOFs 合成时加入 Pt/C 基质，或者直接将解离金属（如 Pt，Pd，Ni 等）负载在 MOFs 上。美国的 Yang 等首次利用氢溢流技术来改善 MOFs 在室温下的储氢性能，他们向多孔羧酸类 MOFs 中物理研磨加入了 Pt/AC（活性炭），将 AC 作为碳桥和一次溢流受体，MOFs 作为二次受体实现了氢溢流，结果显示 MOFs 的室温可逆吸/放氢水平得到了显著提高，在 298K 和 10MPa 时，复合材料的储氢量达到 4.0%（质量分数）。张军等用氧化石墨烯（GO）替换 AC 减小作为一次溢流受体，从而减少对于 MOFs 晶体的影响，通过先负载 Pt 在 GO 上，再与 MOFs 合成为复合材料。少量 GO 的掺杂对 MOFs 晶体影响较小，Pt 粒子在载体表面分散均匀，氢溢流明显提升了复合材料的储氢量。

大量的理论计算表明通过掺杂 Li^+ 等碱金属离子修饰 MOFs，也可有效增强氢与框架间的结合能力，提高储氢量。利用含羟基的有机配体，并将 Li^+ 和 Mg^{2+} 引入孔道，可以增强骨架与氢分子间的作用。Long 等利用离子交换法制备了一种阴离子型 MOF 材料，该材料中的 Mn 可以通过离子交换的办法将 Li^+、Cu^+、Fe^{2+}、Co^{2+}、Ni^{2+}、Cu^{2+} 和 Zn^{2+} 的部分替换。低温储氢实验结果表明，除 Ni^{2+} 交换后的材料外，其余均使交换后的低温储氢能力下降。Hupp 等利用碱金属萘溶液对有机配体的还原作用，成功地将碱金属引入 MOFs 材料的框架中。碱金属掺杂后材料的低温低压下的储氢量有所提高，吸附热也随之增大。但是，修饰后的 MOFs 由于比表面积下降，影响了高压下的储氢量。为了避免 MOFs 的结构破坏，提高碱性金属掺杂修饰作用，可以利用上述碱性离子先修饰在碳基材料上，通过修饰后的碳材料注入 MOFs 进行复合，从而可以同时调节 MOFs 的孔道结构，引入碱性离子增强框架对于氢分子的吸附作用。Prabhakaran 等将 Al 负载在 MIL-101 以及将 AC 注入 MIL-101 的复合材料上，发现 Al-AC@MIL-101 的复合材料在室温下的储氢能力提升了 3.1 倍。

虽然 MOFs 具有孔结构可调节、拓扑结构穿插以及化学修饰功能性强等特点，但在室温条件下并未得到令人满意的储氢量。据目前 DOE 给出的几种可行的储氢方式，有学者认为 MOFs 低温吸附储氢在 77K、100bar 至 160K、1bar 条件下的放氢量（储氢量的 95％）能够满足车载储氢系统行驶 300 英里的要求，但 MOFs 的种类太多，通过实验室合成与性能测试是一项工程巨大的工作。因此，在理论学科上寻找一种选择合适的大规模筛选的方法，是研究 MOFs 低温吸附储氢的重要手段。

3.3.3　氢化物储氢技术

氢化物储氢方式主要包括金属氢化物储氢、金属配位氢化物储氢和硼烷储氢材料储氢等，其中金属氢化物又可细分为储氢合金和轻金属氢化物。轻金属氢化物，如 AlH_3 和 MgH_2，虽然具有较高的储氢容量，但其吸放氢热力学及动力学性能较差。金属配位氢化物主要是由碱金属或碱土金属及第 Ⅲ、Ⅴ 主族元素与 H 形成的复合氢化物，如 $LiBH_4$，$NaAlH_4$，$LiNH_2$ 等。金属配位氢化物与轻金属氢化物类似，也具有较高的储氢容量，但同时存在可逆吸放氢性能差的缺点。除上述储氢材料外，还有一类特殊的氢化物储氢材料，化学氢化物，典型代表为氨硼烷（NH_3BH_3），该材料储氢容量高达 19.6％（质量分数），且室温条件下性质稳定，当温度高于 90℃ 即可热解放出氢气，但同时会产生 NH_3 等副产物。NH_3BH_3 分解最终产物为氮化硼，该物质非常稳定，无法可逆再生吸氢，因此极大地阻碍了 NH_3BH_3 的实际应用。

图 3.17 对比了具有代表性的各种储氢体系的质量储氢密度和体积储氢密度。从图中可知，金属配位氢化物是一类非常有潜力的储氢材料，虽然其热力学和动力学性能仍然达不到实际应用要求，但由于具有较高的理论储氢容量，仍然被科研工作者广泛研究。

3.3.3.1　金属配位氢化物储氢材料

起初，金属配位氢化物由于放氢动力学和热力学性能差，并没有引起科研工作者的重视。直至 1997 年，Bogdanovic 等发现在 $NaAlH_4$ 中添加 Ti 基催化剂能明显降低其放氢温度，并且能获得相对较高的可逆吸放氢容量，由此重新激起了人们对金属配位氢化物储氢材料的研究浪潮。目前研究中的金属配位氢化物大致分为三类：金属铝氢化物、金属氮氢化物和金属硼氢化物。

（1）金属铝氢化物

金属铝氢化物是指其结构中含有 $[AlH_4]$ 或 $[AlH_6]$ 配位基团的一类储氢材料，典型代表包括 $NaAlH_4$，$LiAlH_4$，$Mg(AlH_4)_2$，Na_2LiAlH_6 等，其中因 $NaAlH_4$ 具有良好的可逆性和循环稳定性，故研究的最为充分。

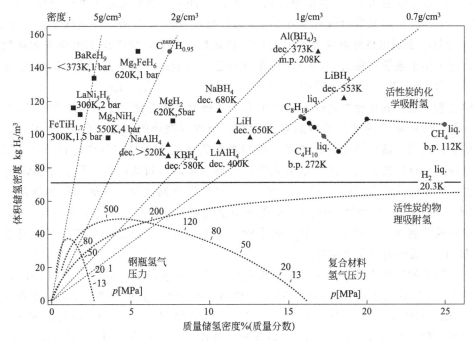

图 3.17 各类储氢体系的质量和体积储氢密度

图 3.18 为 $NaAlH_4$ 的晶体结构示意图。由图可知 $NaAlH_4$ 是体心立方结构，空间群 I41/a，4 个 H 原子与 1 个 Al 原子以共价键形成 $[AlH_4]$-四面体，1 个 Na^+ 被 8 个 $[AlH_4]^-$ 包围。由于结构中强离子键和共价键的作用，$NaAlH_4$ 通常加热到 200℃ 才开始缓慢放氢，其两步吸放氢反应方程式如下：

$$3NaAlH_4 \longleftrightarrow Na_3AlH_6 + 2Al + 3H_2(3.7\%，质量分数)$$

$$Na_3AlH_6 \longleftrightarrow 3NaH + 3Al + 32H_2(1.8\%，质量分数)$$

$NaAlH_4$ 的理论放氢量为 5.56%（质量分数），第二步放氢后的产物 NaH 继续分解需要 425℃ 的高温，实际应用价值不大。Gross 等人实验发现，与 Ti 的醇盐相比，$NaAlH_4$ 中添加 $TiCl_3$ 其可逆储氢容量 >4%（质量分数），并且能表现出更好的放氢动力学性能，125℃ 时添加 $TiCl_3$ 的 $NaAlH_4$ 初始放氢速率超过 10%/h（质量分数）。但由于 $TiCl_3$ 价格较高，不利于大规模应用，因此 Mosher 等提出改用与 $TiCl_3$ 性质类似的 TiF_3 来改善 $NaAlH_4$ 的动力学性能。结果表明：在小规模，高能球磨条件下 TiF_3 的催化性能可以与 $TiCl_3$ 相媲美；但是在大规模，低能球磨条件下 TiF_3 的催化效率较低。除了 Ti 的卤化物，Bogdanovic 等还对比了添加稀土族氯化物，如 $ScCl_3$，$CeCl_3$ 和 $PrCl_3$

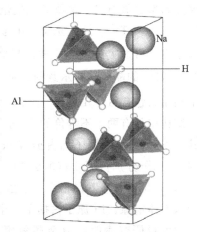

图 3.18 $NaAlH_4$ 晶体结构示意图

时，$NaAlH_4$ 的储氢性能。研究结果表明：在 10~11MPa 高氢压下，掺杂 2%（摩尔分数）$ScCl_3$ 的 $NaAlH_4$ 表现出近乎理论储氢容量的储氢能力 4.5%~4.9%（质量分数），

30min 内吸氢量可达 4.9%（质量分数）；在相同条件下，掺杂 2%（摩尔分数）TiCl₃ 的 NaAlH₄ 在 90min 时吸氢量仅有 4.0%（质量分数）。此外，该研究还发现 CeCl₃ 和 PrCl₃ 掺杂 NaAlH₄ 表现出良好可逆吸放氢的循环稳定性。后来，华南理工大学朱敏课题组系统地研究了稀土族氯化物对 NaAlH₄ 的催化活性，实验结果表明其催化 NaAlH₄ 动力学活性顺序为：$SmCl_3 > CeCl_3 > TiCl_3 > NdCl_3 > GdCl_3 > LaCl_3 > ErCl_3$。

除过渡金属及其化合物之外，近年来人们还研究了非金属元素及化合物、金属-金属共掺杂剂以及金属-非金属共掺杂剂对 NaAlH₄ 吸放氢性能的影响。在 2013 年，Li 等分别制备了石墨烯、富勒烯和介孔碳等三种纳米碳负载的 NaAlH₄ 复合材料，并系统研究了这三种复合材料的脱氢性能，结果表明：三种纳米碳材料均能有效降低 NaAlH₄ 的放氢温度，尤其介孔碳负载的 NaAlH₄ 材料于 160℃ 即开始放氢。该研究得出纳米碳催化 NaAlH₄ 的脱氢动力学活性顺序为：介孔碳＞富勒烯＞石墨烯。最近，Sun 和 Choi 等研究小组均成功制备出一种 α-Ce₃Al₁₁ 纳米粉末，两个研究小组都表示该材料能有效提高 NaAlH₄ 的吸氢动力学及储氢容量。

对于其他的铝氢化物，目前的研究重点仍然是各种掺杂体系的构建。如 Srinivasa 等发现在 LiAlH₄ 体系中掺杂 Ti-基或 V-基催化剂能够降低其分解温度。Wang 等系统地研究了在 Mg(AlH₄)₂ 体系中分别掺杂 NaAlH₄、TiF₃ 和 NaAlH₄-TiF₃ 对其脱氢反应的影响。结果表明：与纯 Mg(AlH₄)₂ 体系相比，掺杂 NaAlH₄ 或 TiF₃，Mg(AlH₄)₂ 的初始放氢温度约降低 8～13℃，而相同条件下 NaAlH₄-TiF₃ 共掺杂剂能降低 59℃；并且 NaAlH₄-TiF₃ 共掺杂 Mg(AlH₄)₂ 样品的动力学也得到明显改善。

尽管金属铝氢化物体系掺杂催化剂后，其动力学性能得到了很大改善，但是其放氢温度、动力学性能和循环稳定性等相对车载储氢系统的要求仍有很大的差距，尚无法实现实际的应用。

（2）金属氮氢化物

2002 年，Chen 等首次提出 Li₃N 能够可逆地存储氢气，其储氢容量＞10.4%（质量分数）。这一重大发现立刻引起世界范围的广泛关注，并随后发展出金属氮氢配位氢化物这类新型储氢材料。金属氮氢配位氢化物主要是由金属氮氢化物与二元金属氢化物组成的复合体系。其中金属氮氢化物中金属阳离子与 [NH₂]⁻ 之间通过强离子键结合，故放氢温度高且可逆吸放氢性能差，其典型代表为 LiNH₂。图 3.19 为 LiNH₂ 的晶体结构示意图。从图中可以看出，LiNH₂ 原胞结构中共包含 8 个 LiNH₂ 单元，为四方结构，空间群为 I4⁻。其结构中具有两个不等价的 H 原子和三个不等价的 Li 原子，其中不等价的 H 原子均占据 Wyckoff 的 8g 位，三个不等价的 Li 原子分别占据 2a(0,0,0)、2c (0,0.5,0.25) 和 4f(0,0.5,z) 位，并且其晶格中存在由 N 原子子晶格构成的四面体和八面体空隙，Li 原子占据了一半的四面体间隙。

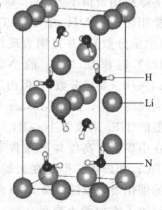

图 3.19 LiNH₂ 晶体结构示意图

大量研究表明，由金属氮氢化合物与二元金属氢化物组成的金属氮氢配位氢化物体系是一种极具潜力的储氢复合材料。例如 LiNH₂-LiH 二元体系就具有很高的质量储氢容量，当 LiNH₂ 和 LiH 以摩尔比 1:1 混合反应时，结果

生成 $LiNH_2$，而 $LiNH_2$、LiH 和 Li_2NH 继续反应最终生成 Li_3N，该反应过程表示如下：

$$LiNH_2 + 2LiH \Longleftrightarrow Li_2NH + LiH + H_2 \Longleftrightarrow Li_3N + 2H_2$$

这两步反应都释放了 5.2%（质量分数）的氢气。通过实验和范霍夫方程计算得出该混合体系的脱氢焓变约为 66kJ/mol H_2，这一数值表明该体系具有较高的热力学稳定性，无法满足车载储氢实际应用的要求。实验测试表明 $LiNH_2$-LiH 体系放氢温度较高且动力学性能差，Ichikawa 等向该体系中掺杂 1%（摩尔分数）的 $TiCl_3$ 或 VCl_3，结果表明掺杂后的体系放氢温度显著降低，在 150～250℃ 温度范围即可放出约 6.0%（质量分数）的氢气，且三次吸放氢循环后储氢容量仍能保持在 5.0%（质量分数）左右。

除了对 $LiNH_2$-LiH 体系进行掺杂改性外，人们还提出成分调变的方法来弱化 N—H 键，从而改善体系的吸放氢性能。目前各研究小组已经提出的金属氮氢化物体系包括 Mg-N-H，Ca-N-H，Li-Mg-N-H，Li-Ca-N-H，Mg-Ca-N-H，Na-Ca-N-H，Mg-Na-N-H 体系等。

相比 $LiNH_2$-LiH 体系，$Mg(NH_2)_2$-MgH_2 体系理论储氢容量高达 7.4%（质量分数），但实验中却发现其放氢过程中同时会产生大量氨气。Hu 等研究发现采用高能球磨的方法，该体系在 65℃ 下即开始放氢，升温至 310℃ 时放氢量可达 4.8%（质量分数）。陈萍课题组分别系统地研究了 Li-Mg-N-H、Mg-Na-N-H、Mg-Ca-N-H 和 Na-Ca-N-H 体系的储氢性能。研究结果表明：所有这些金属氮氢化物体系，当加热到一定温度，都有氢气释放。其中 Li-Mg-N-H 体系表现出更优异的吸放氢性能，能够在低于 200℃ 实现可逆储氢 5%（质量分数）。Mg-Ca-N-H 体系的放氢量虽然也能达到 4.9%（质量分数），但需要加热到 510℃ 以上。

通过对以上体系的研究发现，虽然金属氮氢化物具有相对较高的储氢容量，基本能够满足 DOE 的应用要求，但他们放氢焓变较大且动力学性能较差，且某些体系放氢过程会伴有氨气生成，不利于车载储氢燃料电池系统。此外，对氮氢化物的脱氢机制目前尚未到达共识。

（3）金属硼氢化物

金属硼氢化物（$Mn+[BH_4]_n$）是一类颇具代表性的新型高容量储氢材料，其性质相对稳定，溶于水而无任何危险。碱金属或碱土金属硼氢化物因其高质量储氢密度（多超过 10%，质量分数）和性质可调的优势而受到世界各国科学家和研究人员的广泛重视。硼氢化物的分解过程不同于铝氢化物，因为该过程中不存在六氢化物中间产物的生成，而二元金属氢化物和硼元素是分解后的最终产物。金属硼氢化物的分解过程可以由如下反应方程来表示：

$$n\text{M}(BH_4) \longrightarrow n\text{MH} + n\text{B} + \frac{3}{2}n\text{H}_2$$

$$n\text{MH} + n\text{B} \longrightarrow n\text{M} + n\text{B} + \frac{1}{2}n\text{H}_2$$

在 $M[BH_4]_n$ 中，氢原子主要以共价键与硼结合，二者所形成带负电的 $[BH_4]^-$ 与金属阳离子以离子键结合。由于金属硼氢化物中组成元素之间具有较强的相互作用，因此该类储氢材料具有较高的热力学稳定性以及较差的动力学性能。金属硼氢化物的典型代表

有 $LiBH_4$，$NaBH_4$，$Mg(BH_4)_2$ 和 $Ca(BH_4)_2$ 等。

以 $LiBH_4$ 为例，其质量储氢密度和体积储氢密度分别为 18.5%（质量分数）和 121kg H_2/m^3，远远超过 DOE 关于车载储氢系统的要求，但 $LiBH_4$ 同时存在放氢温度过高，加氢条件苛刻等问题，制约了其在车载储氢领域的应用。相比 $LiBH_4$，$NaBH_4$ 具有更高的热力学稳定性，通常＞400℃下才开始分解，同时还会释放出硼烷等有毒气体，但其易与水反应生成氢气，因此可用于质子交换膜燃料电池的氢源。$Mg(BH_4)_2$ 同样具有高质量储氢密度（14.9%，质量分数）和高体积储氢密度（146.5kg H_2/m^3），其脱氢焓变约为 $-40kJ/mol$ H_2，在理想储氢体系的焓变范围内，说明 $Mg(BH_4)_2$ 理论上能够实现循环吸放氢，但同时也存在放氢动力学较差和可逆吸氢条件苛刻等问题。可以看出，金属硼氢化物均具有高储氢密度的优点，但同时也存在吸放氢热力学及动力学性能差等问题。目前，研究学者已提出一系列用于改善其储氢性能的方法，主要包括反应物去稳定、掺杂催化改性以及纳米化等。下面将详细阐述这几种方法在 $LiBH_4$ 储氢材料中的应用。

3.3.3.2　$LiBH_4$ 储氢材料的研究进展

近年来，随着对储氢材料研究的不断深入，以 $LiBH_4$ 为代表的高密度固体储氢材料日渐成为车载储氢材料的研究热点。本节主要对 $LiBH_4$ 的合成方法及物化性质，吸放氢的热力学及动力学性能，及其储氢性能改进等方面进行综述。

（1）$LiBH_4$ 的合成及其性质

$LiBH_4$ 是一种白色晶状固体，对潮湿空气敏感，25℃下测得密度约为 0.66～0.68g/m^3，熔点范围 275～278℃。1940 年，Schlesinger 等首次利用乙硼烷（B_2H_6）与乙基锂合成了 $LiBH_4$。后来 Friedrichs 等发现在乙醚溶液中 LiH 和 B_2H_6 也能合成 $LiBH_4$。

工业上是利用乙醚或异丙胺为溶剂，将 $NaBH_4$ 与卤化物（或氯化物）通过湿化学反应来获得 $LiBH_4$。

也有文献报道，在 550～700℃，3～15.5MPa 氢压下，使用单质 B，金属和氢气直接可以合成 $LiBH_4$，但该方法只适用于 ⅠA 和 ⅡA 族的金属元素。

对于 $LiBH_4$，目前已知的结构包括 2 个低温相和 2 个高温/高压相。2002 年 Soulie 等利用 XRD 粉末衍射实验证明：室温下，$LiBH_4$ 晶体具有正交对称结构，其空间群为 Pnma，晶格常数 $a=7.17858\text{Å}$，$b=4.43686\text{Å}$，$c=6.80321\text{Å}$，B—H 键长约 1.04～1.28Å。$LiBH_4$ 结构中，每个 Li^+ 被 4 个 $[BH_4]^-$ 包围，同时每个 $[BH_4]^-$ 也被 4 个 Li^+ 包围，但 $[BH_4]^-$ 离子团由于发生畸变而不再是对称四面体结构。次年 Züttel 等通过单晶衍射测试证明该低温相中 $[BH_4]^-$ 基团是理想四面体结构，$\angle H-B-H=108.8～109.9°$，接近理想四面体角 109.5°，且 B—H 键长约 1.104～1.131Å，否定了之前报道的 $[BH_4]^-$ 畸变四面体。后来的中子衍射也证明，$[BH_4]^-$ 基团非常接近理想四面体：B—H 键长约 1.208～1.225Å，$\angle H-B-H=107.2～111.7°$，如图 3.20(a) 所示。

研究发现，当温度 118℃时，$LiBH_4$ 会发生相变，由正交结构转变成类似纤锌矿的六方高温相，空间群为 P63mc，晶格常数 $a=b=4.27631\text{Å}$，$c=6.94844\text{Å}$，B—H 键长约 1.27～1.29Å，如图 3.20(b) 所示。$[BH_4]^-$ 离子团沿 c 轴排列，变得更加对称。但由于最初提出的高温相 P63mc 的对称性结构受到理论化学家的质疑，因此 Hartman 和 Filinchuk 等重新对其进行研究，结果证实了高温相 $P_{63}mc$ 空间群对称性，并揭示了 H 原子较大的各向异性位移。

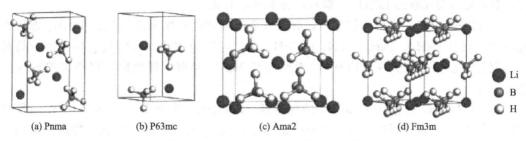

(a) Pnma　　　(b) P63mc　　　(c) Ama2　　　(d) Fm3m

图 3.20　$LiBH_4$ 四种相的晶胞示意图

（2）$LiBH_4$ 的吸/放氢性能

$LiBH_4$ 氢解过程可分为三个阶段，分别是相变、熔化和脱氢反应过程。首先，当温度加热至 108～112℃时，$LiBH_4$ 发生可逆相变，这是由正交结构（$o-LiBH_4$，Pnma）向六方结构（$h-LiBH_4$，P63mc）转化的过程。第二阶段，当温度继续升高至 268～286℃时，$LiBH_4$ 开始熔化，熔化过程中会伴随放出少量氢气。第三阶段，随着温度继续增加至约 400℃，$LiBH_4$ 开始放出大量氢气。当温度升高至 600℃时，放氢量大约为质量分数的 9%。在温度到达 680℃时，$LiBH_4$ 分子中大约 3/4 的 H 被释放，在这一过程中氢气的释放是由压力控制的。

由于 LiH 分解温度高于 700℃，故一般不作考虑。通过估算 $LiBH_4$ 的放氢反应焓和熵分别为 66.6kJ/mol H_2 和 130.7J/(K·mol)，这意味着 $LiBH_4$ 的放氢温度（在 0.1MPa 氢压）大约是 410℃，这个温度对于实际应用来说还是太高了。另外，$LiBH_4$ 在 100℃下氢化反应的表观活化能高达 (156±20)kJ/mol，说明其动力学性能并不理想。

（3）$LiBH_4$ 吸/放氢性能改进

由于 $LiBH_4$ 的吸/放氢反应涉及离子键和共价键等强键的断裂和生成，故其通常面临着严重的动力学和热力学问题，如何有效地对其吸/放氢性能进行改进是目前迫切关注的问题。目前各国学者已经提出几种改进 $LiBH_4$ 脱氢/再加氢性能的方法：①$LiBH_4$ 中加入适当的金属、金属卤化物/氧化物、金属胺化物或亚胺化物、金属氢化物等参与放氢反应，生成更稳定的复合产物，从而降低其热力学稳定性。这种方式称为"$LiBH_4$ 的失稳"。②使用催化剂掺杂改性的方法。③将 $LiBH_4$ 限制在具有纳米孔径的支撑材料上。

①　反应物失稳法　根据 Orimo 等的发现：金属硼氢化物的热力学稳定性与金属阳离子的鲍林电负性有关。在此基础上，许多学者研发出了多金属硼氢化物 $MM'(BH_4)_m$ 储氢材料，其中 M 与 M'具有不同电负性，可以准确调整金属硼氢化物的热力学稳定性。目前已经合成出许多典型的多金属硼氢化物材料，包括 $LiZr(BH_4)_5$，$Li_2Zr(BH_4)_6$，$LiK(BH_4)_2$，$Al_3Li_4(BH_4)_{13}$，$LiMn(BH_4)_3$，$LiZn_2(BH_4)_5$ 等。大部分 $MLi(BH_4)_m$ 的热力学性能介于 $M(BH_4)_n$ 和 $LiBH_4$ 之间。

另一种调节 $LiBH_4$ 热力学稳定性的方法是向体系中添加金属氢化物或复合氢化物等，生成更稳定的放氢产物从而使 $LiBH_4$ 去稳定化。一个典型的例子是 $2LiBH_4$-MgH_2 二元复合物。2005 年，Vajo 等首次利用 MgH_2 来改善 $LiBH_4$ 的吸放氢性能。由于该复合体

系生成的产物 MgB_2 比硼单质更稳定,使得整个反应的焓变比纯 LiBH4 降低了约 25kJ/ $mol\ H_2$,并且可逆性也得到了改善。Bösenberg 等研究发现在高温低压下,$LiBH_4$ 和 MgH_2 会发生自分解,随后观察到有 MgB_2 生成。然而在稍低温度和高压下,MgH_2 首先分解,随后会观察到 $LiBH_4$ 分解和产物 MgB_2 生成。

在 $LiBH_4$-MgH_2 体系的借鉴下,有许多金属氢化物曾作为添加剂对 $LiBH_4$ 进行去稳定化,包括 CaH_2、CeH_2、YH_3 和 ScH_2 等。其中 6$LiBH_4$-CaH_2 复合体系由于具有较高储氢容量而备受关注,CaH_2 改善原理与 MgH_2 类似,即生成了更稳定的放氢产物 CaB_6。

此外,$LiNH_2$ 也能作为 $LiBH_4$ 的失稳剂。Pinkerton 等将 $LiNH_2$ 和 $LiBH_4$ 两种粉末以摩尔比 2:1 混合反应,制备出一种新型的 $Li_3BN_2H_8$ 化合物。该化合物具有 11.9% (质量分数)的理论储氢容量,熔点约 190℃,加热超过 250℃时放氢量能达到 10% (质量分数),但同时伴随少量 NH_3 生成。通过调节该化合物的纳米尺寸可以显著改善其吸放氢可逆性。XRD 单晶衍射结果表明,该化合物真正的平衡组分为体心相 $Li_4BN_3H_{10}$,空间群为 I213,晶胞常数 a=10.58~10.68Å,晶体结构中 $[NH_2]^-$ 和 $[BH_4]^-$ 基团按照摩尔比 3:1 有序排列。Herbst 等推测 $Li_4BN_3H_{10}$ 最可能的脱氢路线为:$Li_4BN_3H_{10}$ ⟶ Li_3BN_2 + 1/2Li_2NH + 1/2NH_3 + 4H_2,但是 Siegel 等通过理论计算得出其脱氢路线应为:$Li_4BN_3H_{10}$ ⟶ Li_3BN_2 + $LiNH_2$ + 4H_2。在 $LiNH_2$-$LiBH_4$ 的基础上,Yang 等报道了一种 $LiBH_4$-2$LiNH_2$-MgH_2 三元杂化体系。该体系具有较好的热力学性能,初始放氢温度能降到 80℃,当温度到达 150℃时大约能释放 4% (质量分数)的氢气,且在放氢过程中无杂质气体的生成。

机理研究表明,$LiBH_4$-2$LiNH_2$-MgH_2 三元体系在放氢过程中产生了中间相 $Li_4BN_3H_{10}$,该物质同时具有成核剂和均质剂的作用。

② 催化剂掺杂法 早在 2003 年,Züttel 等首次报道了按质量比 75:25 比例将 $LiBH_4$ 与 SiO_2 进行混合能够有效降低 $LiBH_4$ 的初始放氢温度。$LiBH_4$-SiO_2 体系 200℃ 左右开始放氢,当温度达 400℃时放氢量能达到 9% (质量分数)。与纯 $LiBH_4$ 相比,SiO_2 掺杂确实降低了氢的释放温度,但其催化机理尚不明确。随后,Jensen 等提出 $LiBH_4$ 的吸放氢动力学可以通过加入金属、金属氧化物或金属氯化物来改善,同时他们还通过原位同步辐射 X 射线衍射粉末测试揭示了 SiO_2 对 $LiBH_4$ 脱氢反应的催化机理:对于混合 5% (摩尔分数) SiO_2 的 $LiBH_4$ 样品,当温度<110℃时,体系中主要是 o-$LiBH_4$ 和四方结构的 SiO_2,随着温度继续增加,$LiBH_4$ 熔融并同时与 SiO_2 反应生成 Li_2SiO_3;当 SiO_2 添加量<10% (摩尔分数)时,体系中还有 Li_4SiO_4 生成。很显然,加热过程中 SiO_2 与 $LiBH_4$ 发生了不可逆反应。可以看出,SiO_2 的添加对 $LiBH_4$ 的脱氢反应不是简单的催化过程,而是一种化学反应。

在 SiO_2 的启发下,通过添加氧化物来降低储氢材料的脱氢性能引起了广泛关注。Yu 等比较了一系列金属氧化物对 $LiBH_4$ 的催化性能,得出催化效果由大到小的顺序为:Fe_2O_3>V_2O_5>Nb_2O_5>TiO_2>SiO_2。还有研究学者指出,一些氧化物对 $LiBH_4$ 的储氢性能表现出积极的影响,特别是那些比表面积较大的多孔氧化物材料对 $LiBH_4$ 储氢具有显著的促进作用。Zhang 等制备了一种介孔 Fe_2O_3 材料(记为 M-Fe_2O_3),并将 $LiBH_4$ 与 M-Fe_2O_3 球磨混合。结果表明:由于多孔 M-Fe_2O_3 具有较高的比表面积,因此对 $LiBH_4$ 表现出更佳的催化效果。$LiBH_4$+30% (质量分数) M-Fe_2O_3 体系在 75℃时即开始放氢。此外混合 $LiBH_4 + 20\%$（质量分数）$M\text{-}Fe_2O_3 + 30\%$（质量分数）TiF_3 在较低温度 $60℃$ 下即开始放氢，当温度到达 $215℃$ 时，体系中所有的氢（5.65%，质量分数）都被释放。Opalka 等研究了 SiO_2、Al_2O_3 和 ZrO_2 等三种纳米级氧化物对 $LiBH_4$ 储氢性能的影响。通过实验得出这三种氧化物对 $LiBH_4$ 脱氢反应的催化效果顺序为：$SiO_2 > Al_2O_3 > ZrO_2$。

近年来，提出一种新型 $Li_3BO_3\text{-}LiBH_4$ 储氢体系（见图 3.21）。作为一种新型多孔添加剂，Li_3BO_3 使 $LiBH_4$ 的初始放氢温度降低至 $105℃$。该体系吸/放氢循环 5 次后，仍能放出约 2.8%（质量分数）的氢气，因此具有较好的循环可逆性。通过 XRD 图谱能够看出，Li_3BO_3 在吸放氢过程中只是起到催化剂的作用，其间没有与 $LiBH_4$ 发生化学反应。在吸/放氢过程中，Li_3BO_3 提供有利于 $[BH_4]^-$ 基团分解或形成的活性位点，从而提高了 $LiBH_4$ 的储氢性能，并且 Li_3BO_3 的多孔结构有利于氢的扩散。

结果表明，氧化物对 $LiBH_4$ 的脱氢具有促进作用，但是不同氧化物掺杂的催化机理

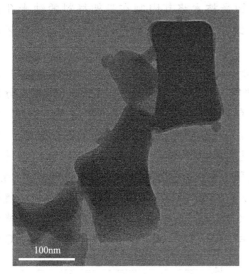

(a) Li_3BO_3 的 TEM

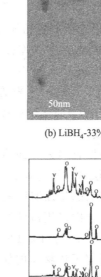

(b) $LiBH_4$-33%(质量分数)Li_3BO_3 球磨样品的 TEM

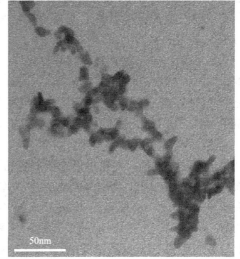

(c) $LiBH_4$ 样品 $LiBH_4$-33%(质量分数)Li_3BO_3 球磨后的 TPD 曲线

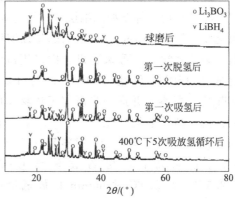

(d) $LiBH_4$-33%(质量分数)Li_3BO_3 不同状态时的 XRD 曲线

图 3.21　$Li_3BO_3\text{-}LiBH_4$ 储氢体系

还需进一步研究。

除了氧化物之外，许多卤化物也能用于改善 $LiBH_4$ 的放氢热力学与动力学，目前已有许多研究学者对其催化效果进行了研究，如 TiF_3、CeF_3 和 $NbCl_5$ 等对 $LiBH_4$ 的脱氢动力学也有很好的改善效果。TiF_3 或 $TiCl_3$ 提高 $LiBH_4$ 脱氢动力学的原因主要是由于其削弱了 B—H 键。在 $LiBH_4$ 可逆脱氢过程中，F 与 Ti 的协同作用效果优于 Cl 与 Ti，因此 TiF_3 催化脱氢性能更佳。Xiao 等研究了 $NbCl_5$ 与六方 BN(h-BN) 协同催化 $LiBH_4$ 脱氢，结果表明共掺杂的催化效果明显优于 $NbCl_5$ 或 h-BN 单掺杂，400℃时 $NbCl_5$/h-BN 共掺杂 $LiBH_4$ 体系 10min 内放氢量达到 10.78％（质量分数）。$NbCl_5$/h-BN 提高脱氢性能的原因是由于原位生成了纳米 NbH@h-BN，其作为非均质相的成核位点不仅降低了 $LiBH_4$ 脱氢能垒 E_a，而且减小了 $LiBH_4$ 脱氢过程中固液相的边界运动距离，从而加快了脱氢速率。

③ 纳米化　材料纳米化是利用纳米颗粒的小尺寸效应来改善材料本身储氢性能的方法。在纳米级结构中，氢和其他轻质元素的扩散距离更短，吸氢和脱氢速率更快。目前对于 $LiBH_4$ 的纳米结构调控主要是通过纳米技术将其限制在骨架材料的纳米孔道中。现已报道的骨架材料主要包括碳纳米管/线、介孔凝胶、沸石以及金属有机骨架材料等。

如果将 $LiBH_4$ 的直径降到临界尺寸（$LiBH_4$ 纳米簇/纳米晶须＝1.75nm/1.5nm）以下，$LiBH_4$ 的稳定性将大大降低。Ngene 等研究发现在一定氢压下，$LiBH_4$ 能够充分填充介孔 SBA-15 的孔内，并保持介孔材料长程有序的结构，其放氢温度可降至 150℃，但 SiO_2 会与 $LiBH_4$ 的脱氢产物反应生成 Li_2SiO_3 和 Li_4SiO_4，导致不可逆的氢损失。

当 $LiBH_4$ 负载到碳纳米管材料上时，释氢速率显著提高，碳支架不仅可以作为纳米结构形成的导向剂，而且可以在吸放氢循环过程中限制颗粒的团聚。300℃条件下，13nm 碳气凝胶中的 $LiBH_4$ 纳米颗粒的放氢速率提升了 50 倍；三次吸放氢循环后，储氢容量损失从原来的 72％（质量分数）下降到 40％（质量分数）。将 $LiBH_4$ 纳米颗粒装填到 CMK-3 介孔碳中，$LiBH_4$ 的放氢焓由原来的 $67kJ/mol\ H_2$ 降到 $40kJ/mol\ H_2$，600℃时放氢量能达到 14％（质量分数），且 350℃时可逆吸氢量为 6％（质量分数）。

除了上述材料能作为装填材料外，还有研究学者采用一种新型二维层状过渡金属碳/氮化物（称为 MXene），用来装填 $LiBH_4$ 材料。南开大学王一菁课题组首次采用浸渍法合成了 $LiBH_4$ 负载 Ti_3C_2（记为 LBH@xTi_3C_2）材料，并进一步研究了该材料的储氢性能。结果表明 LBH@2Ti_3C_2（$LiBBH_4$ 与 Ti_3C_2 质量比为 1：2）材料具有优异的脱氢/再氢化特性，初始放氢温度约为 172.6℃，于 380℃时 60min 内放氢量可达 9.6％（质量分数），如图 3.22 所示。此外，

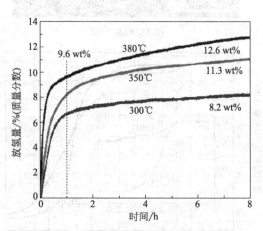

图 3.22　LBH@2Ti_3C_2 样品的脱氢动力学曲线

该材料能够在 300℃，95bar 氢压下实现部分可逆吸氢。Ti_3C_2 层状材料的纳米约束作用可以减小氢化物的尺寸，抑制脱氢产物聚集，并能够提供大量的活性位点。

3.3.3.3　Mg（BH$_4$）$_2$ 储氢材料的研究

（1）Mg(BH$_4$)$_2$ 的晶体结构及热解行为

Mg(BH$_4$)$_2$ 是硼氢化物中晶体结构最复杂，相态最多的一种。早在 1950 年，就有文献对其不同的合成路线进行了描述。但是，直到 2007 年，Chlopek 和 Zanella 等才通过湿化学合成法成功制备出高纯度、无溶剂的 Mg(BH$_4$)$_2$。同时发现 Mg(BH$_4$)$_2$ 存在两种相态：当温度＜180℃时为低温相（LT），记为 α-Mg(BH$_4$)$_2$；当温度＞250℃时，伴随氢气的释放，低温相开始朝高温相（HT）转变，记为 β-Mg(BH$_4$)$_2$。采用第一性原理的计算方法预测出 α-Mg(BH$_4$)$_2$ 的稳定结构 P6122，通过实验制备出了 α-Mg(BH$_4$)$_2$ 单晶，并通过单晶衍射测试确定出氢原子的精确位置，证实了 α-Mg(BH$_4$)$_2$ 的空间结构的确为 P6122。此外，Ozolins 等预测了另一种比 LT 更稳定的结构，I-4m2 结构，但目前还未有实验证实其是否真正存在。表 3.10 例举了几种不同相 Mg(BH$_4$)$_2$ 的晶体结构细节。

表 3.10　不同相 Mg(BH$_4$)$_2$ 的布拉维格子、空间群、晶胞参数、晶胞体积及密度

晶体参数	α-Mg(BH$_4$)$_2$	β-Mg(BH$_4$)$_2$	γ-Mg(BH$_4$)$_2$	δ-Mg(BH$_4$)$_2$	ζ-Mg(BH$_4$)$_2$
布拉维格子	六角结构	正交结构	立方结构	四方结构	三方结构
空间群	P6$_1$22	Fddd	Id3a	P4$_2$nm	P3$_1$22
晶胞参数/Å	$a=10.335$	$a=37.049$	$a=15.757$	$a=5.436$	$a=10.424$
	$b=10.335$	$b=18.492$	$\alpha=90°$	$b=5.436$	$c=10.729$
	$c=37.089$	$c=10.859$		$c=6.147$	$\alpha=90°$
	$\alpha=\beta=90°$	$\alpha=90°$		$\alpha=90°$	
	$\gamma=120°$				
晶胞体积/Å^3	3431.21	7439.82	3912.57	181.65	1009.7
密度/(g/cm^3)	0.783	0.76	0.55	0.987	

关于 Mg(BH$_4$)$_2$ 的热分解行为，目前国内外已经有许多研究报道。Chlopek 和 Li 等两个课题组先后报道了 α-Mg(BH$_4$)$_2$ 的热解行为。Chlopek 等在真空中加热 α-Mg(BH$_4$)$_2$，当温度升高至 240℃时，发现该体系中出现纯的 β-Mg(BH$_4$)$_2$，继续提高温度至 290℃，反应物开始分解，得到的产物以 MgH$_2$，MgB$_2$ 和 Mg 为主。当温度提高至 450℃以上，体系中主要存在的是 Mg，MgB$_2$ 和某些未知的非晶相物质。他们提出温度会影响 α-Mg(BH$_4$)$_2$ 的热解产物。Li 等认为 Mg(BH$_4$)$_2$ 热分解首先会生成某种非晶态的中间产物 MgB$_{12}$H$_{12}$，随后继续分解才会生成 MgH$_2$ 和 B。

实验发现 Mg(BH$_4$)$_2$ 加热至 247℃开始脱氢，当温度达到 527℃时，放氢量可达 14.4%（质量分数）。

Hanada 等分别在 He 气氛和 H$_2$ 气氛条件下使用 TG-DTA-MS 研究了 Mg(BH$_4$)$_2$ 的热解行为。实验研究发现温度＞500℃时，Mg(BH$_4$)$_2$ 的分解产物为 MgB$_2$。主要的失重发生在 250~410℃，大约 12.2%（质量分数）的氢气通过五个分解步骤释放，在分解过程中可能生成了某种非晶态的 Mg-B-H 中间产物。

Soloveichik 等详细研究了 Mg(BH$_4$)$_2$ 的分解过程，并提出 Mg(BH$_4$)$_2$ 在真空下分解过程至少分为四步。首先在 285℃时形成一种非晶态的 MgB$_2$H$_{5.5}$，350℃时进一步脱氢生成非晶态 MgBH$_{2.5}$，并伴随 MgB$_4$、MgH$_2$ 和 MgB$_{12}$H$_{12}$ 生成，当温度继续提高至 395℃，MgH$_2$ 分解生成单质 Mg，最终在 450℃以上 MgB$_{12}$H$_{12}$ 分解生成 MgB$_2$。了解

$Mg(BH_4)_2$ 的分解机理对其储氢性能的改善以及储氢应用具有十分重要的意义。由上述研究结果可以看出，$Mg(BH_4)_2$ 分解是一个非常复杂的多步反应，关于其分解放氢机理已有初步认识但尚未达到共识。

（2）$Mg(BH_4)_2$ 储氢材料的性能改进

目前已有大量关于如何提高 $Mg(BH_4)_2$ 储氢性能研究的相关报道。例如，Newhouse 等分别将 TiF_3 和 $ScCl_3$ 对 $Mg(BH_4)_2$ 进行掺杂，结果发现在 90MPa 氢压下，添加 5%（摩尔分数）TiF_3 或 $ScCl_3$ 的体系放氢动力学和放氢量都有显著提高。Bardají 等研究了一系列过渡金属氯化物添加剂（$PdCl_2$，$TiCl_3$，VCl_3，$MoCl_3$，$RuCl_3$，$CeCl_3$ 和 $NbCl_5$）对 $Mg(BH_4)_2$ 的放氢性能的影响。实验结果表明 Nb 和 Ti 的氯化物均能使 $Mg(BH_4)_2$ 的初始放氢温度降低 100℃ 以上，但并不能改善其可逆性。Jiang 等通过实验系统地研究了 Al 基添加剂对 $Mg(BH_4)_2$ 脱氢/再氢化反应的影响，发现相对于纯 $Mg(BH_4)_2$ 体系，掺杂 Al 源的混合体系［如 $Mg(BH_4)_2 + LiAlH_4$］初始放氢温度降低约 110℃，相同条件下放氢量提高约 2.3%（质量分数）。另外 Mg-B-Al-H 体系的脱氢速率提高近 40%。此外，Mg-B-Al-H 体系在中等温度和压力下还表现出部分可逆性。Wu 等提出金属 Ni 与非金属 N 双掺杂能提高 $Mg(BH_4)_2$ 的脱氢性能，并利用 DFT 理论对其作用机理进行了解释。研究结果表明：相比 Ni 或 N 单掺杂，双掺杂体系的氢解离能更低，主要原因是 Ni—H 和 N—H 双键有助于打破体系中稳定的 B—H 键，从而促进氢的释放。另外，相比纯的 $Mg(BH_4)_2$，双掺杂体系的初始放氢温度降低 150℃ 以上。

还有一些课题组尝试将 $Mg(BH_4)_2$ 限制或直接合成在高比表面积的多孔基质中，如纳米碳、碳气凝胶和多孔二氧化硅等。这些结果中最突出的是将 $Mg(BH_4)_2$ 第一个分解步骤的活化能显著降低，或是将其初始放氢温度降低 100℃ 以上。2009 年，Ingleson 等首次采用 $Mg(BH_4)_2$ 和吡嗪合成了一种特殊的多孔有机框架材料。实验结果表明被限制在多孔有机框架材料上的 $Mg(BH_4)_2$ 初始放氢温度为 110℃，主要失重发生在 120～170℃，相比纯 $Mg(BH_4)_2$ 的热力学性能有很大改善。Han 等采用简单的一步溶剂法将 $Mg(BH_4)_2$ 装填到碳纳米管中，制备出 $Mg(BH_4)_2$ 负载量不同（25%，50% 和 75%，质量分数）的 $Mg(BH_4)_2$-CNTs 复合材料（记为 MBH-CNTs），实验结果如图 3.23 所示，当 $Mg(BH_4)_2$ 负载量 50%（质量分数）的样品在 76℃ 即开始放氢，在 117℃ 的峰值温度下 10min 内放氢量达到 3.79%（质量分数）。此外，脱氢后的 MBH-CNT 样品在 10MPa 氢压、350℃ 条件下，可以吸氢 2.5%（质量分数），说明该复合材料能够实现部分可逆吸氢。

3.3.3.4　氨合金属硼氢化物

氨合金属硼氢化物［$M(BH_4)_n \cdot xNH_3$］作为金属硼氢化物的衍生物通常是由氨气与金属硼氢化物络合得到的，故其具有较高的理论储氢容量。同时由于该体系中存在的 (N) $H^{\delta+}$ 和 $H^{\delta-}$ (B) 可以结合放氢，因此氨合金属硼氢化物具有较低的放氢温度和较快的脱氢速率，是一类极具前景的储氢材料。目前已见报道的氨合金属硼氢化物主要有：氨合硼氢化镁、氨合硼氢化锂、氨合硼氢化钙、氨合硼氢化铝、氨合硼氢化锌以及氨合硼氢化钇等。本节主要对几种有代表性的氨合金属硼氢化物进行简单介绍。

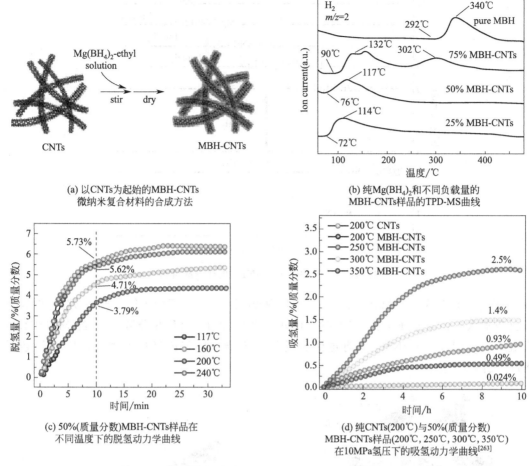

图 3.23　复合材料 MBH-CNTs 的性能

（1）氨合硼氢化镁

$Mg(BH_4)_2$ 与无水氨气反应可以制得六氨合硼氢化镁 $Mg(BH_4)_2 \cdot 6NH_3$。其晶体结构与 $Mg(NH_3)_6Cl_2$ 相似，都属于立方晶系，晶格常数 $a=10.82\text{Å}$。Yang 等通过一系列结构分析和性能评价，系统地研究了 $Mg(BH_4)_2 \cdot 6NH_3$ 的热分解行为，并提出 $Mg(BH_4)_2 \cdot 6NH_3$ 的热解过程分为六步：加热至 $150℃$，$Mg(BH_4)_2 \cdot 6NH_3$ 首先脱去 $3NH_3$，生成 $Mg(BH_4)_2 \cdot 3NH_3$；继续加热至 $160℃$，脱去 $3H_2$ 和 $1NH_3$，生成中间产物 $[MgNBHNH_3][BH_4]$；继续提高操作温度至 $350℃$，在此温度区间内，$[MgNBHNH_3][BH_4]$ 分三步释放了 $3H_2$，其中每一步释放 $1H_2$。最后一步在 $600℃$ 时释放 $1H_2$，并生成产物 Mg 和 BN。具体分解过程如图 3.24 所示。

Soloveichik 等将 $Mg(BH_4)_2 \cdot 6NH_3$ 在 $125℃$ 条件下动态真空加热 4h 后，制得 $Mg(BH_4)_2 \cdot 2NH_3$。$Mg(BH_4)_2 \cdot 6NH_3$ 晶格常数 $a=17.4872\text{Å}$，$b=9.4132\text{Å}$，$c=8.7304\text{Å}$，空间群为 Pcab，其晶体结构如图 3.25 所示。从图中可以看出，每个 $Mg(BH_4)_2 \cdot 2NH_3$ 单胞中包含 8 个 $Mg(BH_4)_2 \cdot 2NH_3$ 结构单元，一个 Mg 原子与两个 BH_4 单元和两个 NH_3 单元构成一个四面体结构，一个 B 原子与四个 H 原子构成一个小四面体结构，B 原子作为小四面体的中心，B—H 键长约为 1.2Å，N—H 键长约为 1.02Å。

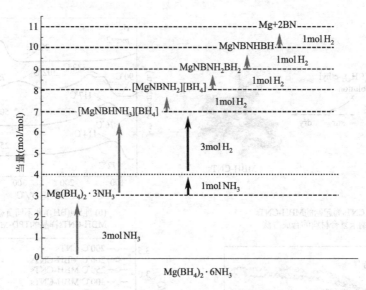

图 3.24　$Mg(BH_4)_2 \cdot 6NH_3$ 的热分解机制

在实验中，还发现 $Mg(BH_4)_2 \cdot 2NH_3$ 加热至 150℃ 即开始放氢，当 205℃ 时放氢速率达到最大。当温度升高至 400℃ 时，释氢量约为 13.1%（质量分数）。与纯 $Mg(BH_4)_2$ 相比，$Mg(BH_4)_2 \cdot 2NH_3$ 具有更优异的放氢性能，但其放氢过程中也伴随少量杂质 NH_3 气体的释放。

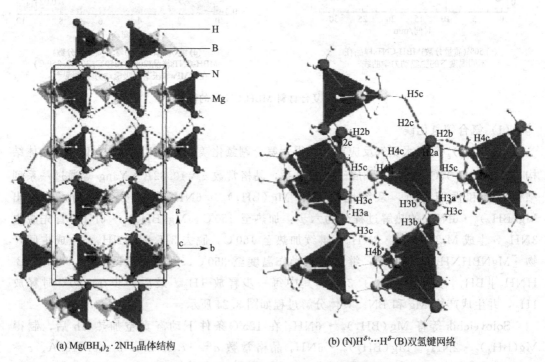

(a) $Mg(BH_4)_2 \cdot 2NH_3$ 晶体结构　　　　　(b) $(N)H^{\delta+} \cdots H^{\delta-}(B)$ 双氢键网络

图 3.25　$Mg(BH_4)_2 \cdot 2NH_3$ 结构与氢键

（2）氨合硼氢化锂

通过控制 $LiBH_4$ 与无水氨气反应的时间，可以制得不同氨配位数的 $LiBH_4 \cdot nNH_3$

($n=1,2$ 和 3）。由于 $LiBH_4 \cdot 2NH_3$ 和 $LiBH_4 \cdot 3NH_3$ 只能稳定存在于氨气环境，故不考虑将其作为储氢材料来应用。$LiBH_4 \cdot NH_3$ 晶胞为正交结构，空间群为 Pmmm，晶格常数 $a=5.96784Å$，$b=4.46339Å$，$c=14.34206Å$。$LiBH_4 \cdot NH_3$ 在低于 300℃ 时热解主要释放 NH_3，在 300～600℃ 时则主要释放 H_2。复旦大学余学斌课题组通过掺杂金属氯化物（$ZnCl_2$，$AlCl_3$ 和 $MgCl_2$）用于改善 $LiBH_4 \cdot NH_3$ 的放氢性能，得到很好的效果。特别是 $AlCl_3/LiBH_4 \cdot NH_3$ 体系在 150℃ 时放氢量能达到约 9%（质量分数）。

（3）氨合硼氢化钙

类似的，$Ca(BH_4)_2$ 与无水氨气反应可以制得六氨合硼氢化钙 $Ca(BH_4)_2 \cdot 6NH_3$。将 $Ca(BH_4)_2 \cdot 6NH_3$ 在不同温度条件下抽真空分别获得不同氨配位数的 $Ca(BH_4)_2 \cdot nNH_3$（$n=1,2$ 和 4），其晶胞参数结果如表 3.11 所示。根据 Chu 等的研究发现，$Ca(BH_4)_2 \cdot 2NH_3$ 在敞开体系主要释放 NH_3，而在密闭容器中主要释放 H_2。250℃ 下在密闭容器中恒温 100min 放氢量约为 6%（质量分数），但是其放氢机理尚不清楚。

表 3.11　不同氨配位数的几种氨合硼氢化钙的晶胞参数信息

化学结构	$Ca(BH_4)_2 \cdot 4NH_3$	$Ca(BH_4)_2 \cdot 2NH_3$	$Ca(BH_4)_2 \cdot NH_3$
分子量(g/mol)	137.90	103.83	86.80
空间群	单斜结构，P2$_1$/c	正交结构，Pbcn	正交结构，Pna2$_1$
$a/Å$	6.4438	6.4160	8.2025
$b/Å$	12.1043	8.3900	11.8570
$c/Å$	7.2427	12.7020	5.8385
$\alpha,\beta,\gamma(deg)$	90,114.80,90	90,90,90	90,90,90
体积/Å^3	512.81	638.75	567.84

3.3.3.5　氨硼烷

氨硼烷（NH_3BH_3，AB）具有储氢密度大、释放氢气的条件温和、无毒以及常温下为稳定的固体而易于储运等特点成为最有前景的储氢材料之一。氨硼烷储氢技术包括氨硼烷分解制氢和氨硼烷的循环再生两大部分，其中氨硼烷分解制氢有 3 种方式：热分解、醇解和水解。

（1）氨硼烷的热分解脱氢

氨硼烷的热分解脱氢分 3 个步骤进行，前两步在 100～200℃ 下释放约 2mol 氢气，生成亚氨基硼烷多聚物，第三步是在 350℃ 以上，亚氨基硼烷多聚物开始分解为氮化硼和氢气，但达到 1200℃ 左右的高温下才可以被完全分解。其中第三步由于分解温度很高，无实用价值。此外，视分解条件不同，氨硼烷热分解脱氢的过程中还伴随着多聚物 $[-B_3N_3H_6-]_n$ 以及气态副产物 NH_3、B_2H_6 和 $B_3N_3H_6$ 的生成。因此，氨硼烷热分解脱氢的研究主要集中在降低热分解温度和抑制气态副产物的生成这两方面。

Nakagawa 等将摩尔比为 1∶1 的氨硼烷和 $MAlH_4$（M＝Na，Li）分别采用球磨法和手磨法，合成了氨硼烷-$MAlH_4$ 复合物以及二者的混合物，结合热重-质谱（TG-DTA-MS）、X 射线衍射（XRD）和红外光谱（FTIR）分别表征了脱氢过程，结果表明采用球磨法得到的复合物分解过程中成功抑制了副产物 NH_3、B_2H_6 和 $B_3N_3H_6$ 的产生，而采用手磨法得到的混合物则无此抑制作用。

Nakagawa 等考察了第四周期的纯过渡金属和 17 种金属氯化物添加到氨硼烷中的热

分解性能，发现纯金属的添加对于氢气的释放没有影响，而金属氯化物的加入不但可以降低氨硼烷热分解放氢的温度，而且可以降低副产物的释放量，其中 $CoCl_2$、$NiCl_2$ 和 $CuCl_2$ 效果最好。他们认为这主要是跟金属氯化物中金属的电负性有关，结果表明电负性与脱氢温度、副产物释放量呈负相关，且金属离子可以作为路易斯酸诱导氨硼烷的脱氢，而添加纯金属无此作用。

将空心球 MnO_2 和氨硼烷通过简单的液相混合，把氨硼烷很好地限制于 MnO_2 空心球内，从而合成了 MHS/AB 复合物，研究结果表明该复合物对于热分解脱氢性能具有提高作用，与纯氨硼烷 117℃的脱氢温度相比，MHS/AB 的脱氢温度只有 101℃，活化能为 68.5kJ/mol，比纯氨硼烷热解的活化能（207.7kJ/mol）降低明显，此外对于热解过程中副产物的生成和氨硼烷的体积膨胀都具有一定程度的抑制作用。综上可知，通过引入促进剂或者将纳米负载物与氨硼烷复合都能在一定程度上提高氨硼烷的热分解脱氢性能。

（2）氨硼烷的醇解脱氢

同氨硼烷热解相比，添加合适的催化剂，氨硼烷的醇解在室温下就可以释放 3mol 氢气。开发高效的催化剂成为研究热点，像单金属纳米粒子、合金、核壳结构等催化剂都是研究比较多的。

Özhava 等采用简单的原位还原法，合成了聚乙烯吡咯烷酮（PVP）稳定的纳米镍催化剂，该催化剂粒径为 (3.0 ± 0.7)nm，通过离心即可从反应溶液中分离，具有易制备、高活性和稳定性、高成本有效性等优点，其催化肼硼烷和氨硼烷的醇解制氢的初始转化频率（TOF）分别为 35.6min^{-1} 和 12.1min^{-1}，活化能分别为 (63 ± 2)kJ/mol 和 (62 ± 2)kJ/mol。

Yu 等采用液相法合成了粒径为 16nm 的 CuNi 纳米粒子，并成功将其封装到石墨烯上，经过叔丁胺处理后得到催化剂 G-CuNi。该催化剂催化氨硼烷醇解的 TOF 高达 49.1mol H_2/(min·molCuNi)，活化能为 24.4kJ/mol，在没有额外输入纯氢气的条件下同时串联芳香族硝基（腈）化合物的加氢反应生成伯胺，该法成本低廉且绿色环保高效。

采用湿法原位氧化退火法，在泡沫铜上成功合成了自支撑的聚束状 CuO 纳米阵列催化剂 b-CuO NA/CF，该催化剂催化氨硼烷醇解的 TOF 为 13.3molH_2/(min·molCuO)，活化能为 34.7kJ/mol。这种特殊的形貌有利于其从燃料溶液中分离，长期使用仍保持高活性和稳定性。

在氨硼烷醇解中，贵金属 Ru 和 Rh 的催化活性是最高的，之前的研究表明 Rh 和 Ce 之间存在很快的电荷转移有利于催化活性提高，所以 Özhava 等采用原位还原，将 (3.9 ± 0.6)nm 的 Rh 纳米粒子均匀分散在平均粒径为 25nm 的纳米氧化铈上，得到 Rh/CeO_2 纳米催化剂，室温下催化氨硼烷醇解的初始 TOF 为 144min^{-1}，当 Rh 的负载质量分数从 1.0%升到 3.0%，反应活化能从 (75 ± 2)kJ/mol 降到 (64.6 ± 2)kJ/mol，表明 Rh 的浓度对反应活化能和动力学是有影响的，不过由于催化过程中氨硼烷要还原 Ce^{4+} 为 Ce^{3+}，所以最终氢气的释放量要低于 3mol。

（3）氨硼烷的水解脱氢

氨硼烷的热解不仅温度高而且还伴随着多种气态副产物生成，醇解因为甲醇的加入不仅有毒而且成本也高，所以以氨硼烷水解制氢受到越来越多的关注。在合适的催化剂作用下，氨硼烷水解可以释放 3mol 氢气。

对于氨硼烷的水解来说，像 Pd、Pt、Ru 和 Au 等贵金属虽然对氨硼烷水解都具有很高的活性，但是这些贵金属资源有限且成本很高，不能被广泛应用。因此，这里主要介绍非贵金属催化剂催化氨硼烷水解脱氢的研究进展。

① 单组分非贵金属纳米催化剂　对于单组分的非贵金属纳米催化剂，其制备简单，组成单一，结构易于确定，有利于对氨硼烷催化脱氢机理的研究，不过其催化活性一般不高，所以对非贵金属进行修饰，改变其结构或形貌，对催化性能会产生一定的影响（总结见表 3.12）。采用溶剂热法成功合成了尺寸可控且高催化活性的 Co 空心纳米球，通过高清透射电镜（HRTEM）分析表明，改变初始加入的溶液中乙二胺和乙醇的体积比，反应温度和时间都对 Co 空心纳米球的形貌和颗粒大小产生影响，得到最佳的反应条件。在此基础上，将 Co 和石墨烯复合，得到石墨烯-钴空心复合纳米球 CoHS-rGO，用于催化氨硼烷水解表现出高的催化活性。Feng 等分别采用相控热分解法和湿法浸渍合成了 Ni_2P、Ni_5P_4、Ni、Ni/CeO_2 和 Ni/CNTs 这 5 种催化剂，研究结果表明，Ni_2P 和 Ni_5P_4 催化氨硼烷水解的活性明显优于另外 3 种，此外，由于 Ni_5P_4 中 Ni 转移到 P 中的电子更多，这种强的电子效应有利于催化性能提高，反应活化能为 39kJ/mol，低于部分贵金属催化剂。2018 年，Feng 等利用表面官能团丰富的碳质微球作为牺牲模板，合成了一系列不同壳厚度和孔隙的中空 CuO 微球，结合 XRD、扫描电镜（SEM）和透射电镜（TEM）表征技术，发现当前体溶液浓度为 1mol/L、水和乙醇摩尔比为 3∶1 时合成的 CuO-1 催化氨硼烷水解的性能最好，在（45±2）℃时的产氢速率为 294mL/(min·$g_{catalyst}$)，反应活化能为 49.2kJ/mol，为制备氨硼烷水解制氢的高性能催化剂提供了简单、绿色、低成本的方法。

表 3.12　单组分金属催化剂催化氨硼烷水解制氢

催化剂	n(Catalyst)/n(AB)	T/K	氢气产生速率 /mL/(min·$g_{catalyst}$)	TOF/mol$_{H_2}$ /(min·mol$_{catalyst}$)	E_a/(kJ/mol)
Ni_5P_4	0.02	298	—	22.0	39.00
CUO-1	0.06	318	294	—	49.20
Co/石墨烯	0.05	298	—	13.8	32.75
3% Ni/ZIF-8	0.03	298	—	85.7	42.70
Co/MIL-101-1-U	0.02	298	—	51.4	31.30

单质金属由于高的表面能，容易发生团聚和氧化，所以选择一些载体负载纳米金属，利用载体的高比表面和稳定性来分散金属纳米粒子，从而增强催化活性。以 $NaBH_4$ 和氨硼烷作为还原剂，通过一步还原法将 Co 纳米粒子负载到石墨烯上，与单独采用氨硼烷或 $NaBH_4$ 作还原剂制备的催化剂相比，$NaBH_4$ 和氨硼烷作为共还原剂制备的催化剂活性更高，TOF 值达到 13.8mol$_{H_2}$/(min·mol$_{Co}$)，活化能为 32.75kJ/mol。Wang 等以具有高比表面积和孔道可控的 ZIF-8 为载体，制备了非贵金属 Co、Cu、Ni、Fe 高度分散在 ZIF-8 上的纳米催化剂，其中 Ni/ZIF-8 催化氨硼烷水解的活性最高，在摩尔分数 3% 的 Ni/ZIF-8 中加入浓度为 0.3mol/L 的 NaOH，其 TOF 高达 85.7mol$_{H_2}$/(min·mol$_{catalyst}$)，结合动态同位素效应进行了反应机理研究，揭示了离子效应对氨硼烷水解性能和制氢过程的影响。

② 双组分非贵金属纳米催化剂　相比于单组分非贵金属，双组分金属由于金属之间

的电子协同作用和几何构效，往往表现出催化活性、选择性和稳定性会比对应的单组分金属纳米催化剂要高。所以，本书着眼于催化剂的不同结构进行分析讨论，总结见表 3.13。

表 3.13 双组分金属催化剂催化氨硼烷水解产氢

催化剂	n(catalyst)/n(AB)	温度 T/K	氢气产生速率 /mL/(min·g$_{catalyst}$)	TOF /mol/(min·mol$_{catalyst}$)	E_a /kJ/mol
Fe$_{0.3}$Co$_{0.7}$	0.120	293	8945.50	—	16.30
Co$_{0.50}$Cu$_{0.50}$/NP$_8$	0.083	333	10000.56	—	38.12
CO$_{0.52}$CU$_{0.48}$	—	298	1364.00	3.40	33.70
Cu$_{0.2}$@Co$_{0.8}$	—	298	—	—	59.10
CO$_{0.9}$Mo$_{0.1}$	0.060	298	—	14.90min^{-1}	51.00
Co@Sio$_2$/Ag	0.020	298	2066.00	10.10mol^{-1}	25.60
Ni$_{0.19}$Cu$_{0.81}$	—	298	—	2.70	33.30
AuCo@MIL-101	0.017	298	—	23.50	—
Pd@Co@MIL-101	0.011	303	—	51.00	22.00
CuCo/MIL-101-1-U	0.020	298	—	51.70	30.50
Cu@Co/rGO	0.100	298	—	8.36	51.30
Cu$_{0.49}$Co$_{0.51}$/C	0.033	298	—	45.00	51.90
Co$_{0.9}$Ni$_{0.1}$/石墨烯	0.050	298	—	16.40	13.49
Ru@Co/CCF	—	303	—	139.59	57.02

a. 合金型非贵金属纳米催化剂　合金型非贵金属纳米催化剂的合成方法有很多，如物理法、液相还原法、沉积沉淀法、离子交换法、溶胶-凝胶法等，不同方法的适用范围和合成的催化剂性能也有所差异。通过原位化学还原的方法，以 NaBH$_4$ 为还原剂合成不同比例的 FeCo 合金催化氨硼烷水解，当 Fe 和 Co 的摩尔比为 3∶7 时，发现室温下氨硼烷水解只需要 1.8min 就能完成，制氢速率达到 8945.5mL/(min·g)，活化能仅有 16.3kJ/mol。由 XRD 和 TEM 表征结果发现，该催化剂不仅颗粒小而且还呈无定形。Coşkuner 等通过溶胶-凝胶法和氮气燃烧技术相结合，改变金属的种类和比例，合成了 9 种不同比例的 Co、Cu 和 Ni 的双金属合金，分析不同催化剂的动力学性质和热力学性质，结果发现 Co$_{0.50}$Cu$_{0.50}$ 纳米催化剂的催化性能最好，制氢速率达到 10.56L/(min·g$_{catalyst}$)，活化能为 38.12kJ/mol，表明 Co 和 Cu 之间的协同效应更好。

双溶剂法是利用金属有机框（MOFs）孔的内部和外部不同的亲水性和毛细管作用，从而将金属前体限制在孔内，阻止金属纳米颗粒的长大。采用双溶剂法，以 NaBH$_4$ 作为强还原剂，将超细的 AuCo 合金纳米粒子成功限制到 MIL-101 的孔内，得到 MIL-101 负载的 AuCo 纳米催化剂。该催化剂对氨硼烷水解具有很好的催化性能，TOF 为 23.5molH$_2$/(min·mol$_{catalyst}$)，其催化性能明显优于 MIL-101 负载的单一金属纳米催化剂，为后续将超细非贵金属纳米颗粒限制在 MOFs 孔内作为非均相催化剂奠定了基础。

一般情况下，合成双金属催化剂除了采用强还原剂进行还原，加入一些表面活性剂也可以起到稳定金属纳米粒子的作用。杨昆等在无表面活性剂和载体的作用下，以 NaBH$_4$ 作为还原剂采用一步共还原制备了 CuMo 纳米金属催化剂，当 Cu 和 Mo 的摩尔比为 9∶1 时，该催化剂催化氨硼烷水解的 TOF 最高，达到 14.9min^{-1}，在报道的 Cu 催化剂中处于较高值，利用该方法还可以合成 CuW、CuCr、NiMo 和 CoMo 催化剂，为 Cu 基和 Mo 基纳米合金催化剂提供了一种普适方法。Sang 等采用简单的原位还原方法，分别在有淀粉和无淀粉的情况下，合成了 CoCu 和 NiCu 合金，结果表明在有淀粉存在的情况下，合成的合金催化剂呈树枝状且具有更小的粒径和更高的分散性，平均粒径只有 5nm，比没有淀粉合成的粒径（400nm）小得多，该催化剂催化氨硼烷水解的速率为 2179mL/(min·g)，活化能也只有 37.3kJ/mol。

b. 核壳型非贵金属纳米催化剂　核壳型的纳米催化剂是指以一种微米到纳米尺度的纳米粒子为核，另外一种纳米尺度的壳层包裹在外面的层级结构，这种壳与核之间的物理或者化学作用可以稳定金属纳米粒子，防止其迁移团聚，增强催化活性。

金属壳@金属核结构的纳米催化剂，金属之间存在不同程度的电子互补特性。王海霞等在 NaOH 的存在下，以 $NaBH_4$ 作为还原剂，合成了一系列不同比例的 Cu@Co 核壳纳米催化剂，NaOH 的引入不但可以降低 $NaBH_4$ 的还原性从而形成核壳结构，而且可以减缓金属颗粒的团聚，研究结果表明，当 Cu 和 Co 的摩尔比为 2∶8 时催化剂性能最佳，室温下催化氨硼烷水解制氢速率为 1364mL/(min·g)，活化能为 59.1kJ/mol，其水解反应对催化剂浓度是一级反应，对氨硼烷浓度是零级反应。

采用不同的合成方法将金属壳@金属核与载体结合，也是增强其活性的一种方法。Chen 等采用简单快速的原位还原方法将预先合成的金属前体限制在 MOFs 孔内，然后以氨硼烷为还原剂，得到具有核壳结构的 Pd@Co@MIL-101 催化剂，该催化剂室温下催化氨硼烷水解制氢的 TOF 为 $51molH_2/(min·mol_{catalyst})$，活化能为 22kJ/mol。该催化剂由于 Pd 和 Co 金属之间的协同效应以及 MIL-101 的限制作用，不仅比很多纯贵金属基催化剂性能还好，而且具有很好的循环稳定性。Du 等以甲基氨硼烷为还原剂，通过一步原位还原法把高分散的 Cu@Co 核壳纳米粒子负载到还原氧化石墨烯表面得到 Cu@Co/rGO，该催化剂催化氨硼烷水解制氢速率比其合金和没有负载时的性能都要好，其 TOF 为 $8.36molH_2/(min·mol_{catalyst})$。Yang 等将经过冷冻干燥、碳化得到的 Co/CCF 分散到 $RuCl_3$ 溶液中，通过置换反应，将 Ru 覆盖在 Cu 的表面，形成核壳结构的 Ru@Co/CCF 纳米粒子，该催化剂催化氨硼烷水解的 TOF 有 $139.59mol\ H_2/(min·mol_{Ru})$，且具有高稳定性和磁性易回收的优点。

金属@氧化物的核壳结构中，一般是无机纳米材料作为壳层，可以稳定壳内的金属纳米粒子。Yao 等采用一锅法，将粒径约 2nm 的 Ag 纳米粒子分散到具有核壳结构的 Co@SiO_2 纳米微球上，制得的催化剂 Co@SiO_2/Ag 比单独的金属或直接混合的金属催化性能都更好，而且该催化剂在室温下催化氨硼烷水解的活化能只有 25.6kJ/mol，低于大多数已报道的催化剂的活化能。

c. 负载型非贵金属纳米催化剂　负载型非贵金属催化剂是指将具有催化活性的金属纳米粒子负载到高比表面积的载体上，利用载体与金属之间的作用，形成高分散、小粒径的高活性催化剂。通常载体不仅要求有较高的比表面积和较合理的孔径分布，还需要有一定的机械强度、热稳定性和特定的化学性质（如表面酸性或者碱性）。

碳基材料是比较常见的载体，不仅有较高的比表面积，成本也较低，而且孔隙比较发达，抗酸碱性。常见的碳基材料有活性炭、碳纳米管和石墨烯。Bulut 等在无表面活性剂存在、室温下采用沉积还原将 CuCo 合金负载到活性炭上，通过 TEM 等分析表明高度分散在活性炭上的 CuCo 合金纳米粒子平均大小为 (1.8±0.4)nm，在 25℃下，其催化氨硼烷水解制氢的 TOF 达到 $45molH_2/(min·mol_{catalyst})$，甚至比一些贵金属的催化性能还好，且该催化剂循环使用 10 次仍能保持最初的活性。Feng 等在室温条件下，以硼氢化钠和甲基氨硼烷为还原剂，采用一步原位共还原法，将不同比例的 CoNi 纳米粒子高度分散在石墨烯上，该催化剂具有很好的持久稳定性和磁性可回收的特点，催化氨硼烷水解制氢的 TOF 为 16.4molH$_2$/(min·mol$_{catalyst}$)，反应活化能也非常低（13.49kJ/mol），和不同还原剂还原得到的催化剂和不同载体（SiO$_2$、γ-Al$_2$O$_3$ 和活性炭）负载的催化剂相比都具有更高的活性。

由于 MOFs 具有高比表面积、发达的孔隙和良好的稳定性，受到越来越多的关注。Liu 等采用超声辅助原位还原、超声辅助的非原位还原、原位还原、非原位还原这 4 种方法将 Co 纳米粒子负载在 MIL-101 上，结果表明原位还原得到的 Co 呈不定形，比非原位还原得到的结晶型 Co 性能更好，且超声能减小 Co 纳米粒子的大小，所以超声辅助原位还原得到的 Co/MIL-101 的催化活性最高，TOF 达到 51.4mol H$_2$/(min·mol$_{catalyst}$)，采用相同方法，将不定形的 CuCo、FeCo 和 NiCo 纳米粒子负载在 MIL-101 上的催化性能分别为 51.7molH$_2$/(min·mol$_{catalyst}$)、50.8molH$_2$/(min·mol$_{catalyst}$) 和 44.3molH$_2$/(min·mol$_{catalyst}$)。

还有一些其他的载体也可用于负载金属纳米粒子，增加反应的活性位点，从而提高反应活性。Akdim 等以 Co 为基底元素，分别添加第二金属 Cu、Zr、Cr、Hf 合成不同的双金属合金纳米粒子，结果表明，当 Co 和 Cu 的质量比为 7:3 时，Co 和 Cu 之间的电子效应和几何效应导致其具有更高的活性，随后通过两步法将 CoCu 合金分散到泡沫镍上，催化氨硼烷水解制氢速率为 25mL/min，几乎是其中任一单金属负载在泡沫镍上的 5 倍。

d. 三组分及以上非贵金属纳米催化剂　目前，对于催化 AB 水解的三金属及以上的纳米金属催化剂研究相对较少，不过三元金属同单金属和双金属相比，电子结构的可调性更强，所以能表现出更好的催化性能，总结见表 3.14。

表 3.14　三组分及以上金属催化剂催化氨硼烷水解产氢

催化剂	n(catalyst)/n(AB)	T/K	氢气产生速率 /mL/(min·g$_{catalyst}$)	TOF/(mol$_{H_2}$) /(min·mol$_{calayst}$)	E_a/kJ/mol
Cu$_{0.4}$@Co$_{0.5}$Ni$_{0.1}$	0.040	298	7340.8	—	36.08
Cu$_{0.3}$@Fe$_{0.1}$Co$_{0.6}$	—	298	6674.2	10.50	38.75
Cu$_{0.81}$@Mo$_{0.09}$Co$_{0.10}$	0.040	298	—	49.60	22.20
Cu@FeCoNi/石墨烯	0.040	298	—	20.93	31.82
Cu$_{0.8}$Ni$_{0.1}$Co$_{0.1}$@MIL-101	0.027	298	—	70.10	29.10

在两种非贵金属的基础上直接加入第三种非贵金属，是很简便的一种方法，不过由于三金属之间更强的协同效应，有利于反应活性的提高。Qiu 等通过简单的原位化学还原，合成了以 Cu 为核、FeCo 为壳的 Cu@FeCo 核壳纳米粒子，该结构有利于催化活性的增强，其催化氨硼烷水解制氢速率达到 6674.2mL/(min·g)，动力学研究表明其反应活化能为 38.75kJ/mol。Zhang 等采用原位还原法合成了 Cu@CoNi 核壳纳米粒子，298K 下催化氨硼烷水解制氢速率为 7340.80mL/(min·g)，将该核壳纳米粒子负载在氧化石墨烯（rGO）、CMK-3、多壁碳纳米管（MWCNTs）和活性炭这 4 种不同的碳材料上，结果表明 rGO 负载的纳米粒子性能最好，活化能为 35.65kJ/mol。Wang 等通过原位共还原法将 Mo 引入 Cu@Co 核壳结构中，合成了 Cu@MoCo 核壳纳米催化剂，比大多数 Cu 基催化剂的活性都要好，催化氨硼烷水解制氢的 TOF 为 49.6molH$_2$/(min·mol$_{catalyst}$)，反应活化能为 22.2kJ/mol。

将三元金属直接负载在载体上，利用金属的高协同作用和载体的稳定作用，往往能合成出高性能的催化剂。Meng 等采用甲基氨硼烷作为还原剂，通过一步共还原法合成了磁性四金属核壳结构的 Cu@FeCoNi 纳米催化剂，研究结果表明，对比以 NaBH$_4$ 还原得到的四金属合金结构和以氨硼烷还原得到的 Cu 及 Cu@FeCoNi 的混合纳米催化剂，采用甲基氨硼烷还原得到的具有核壳结构的 Cu@FeCoNi 催化剂在室温下催化氨硼烷水解的性能最好，TOF 达到了 20.93molH$_2$/(min·mol$_{catalyst}$)，表明了核壳结构对于氨硼烷的水解具有更好的促进作用。Liang 等采用溶剂蒸发法，把三元的非贵金属 Cu-Ni-Co 纳米粒子固定在 MIL-101 的孔道内，由于三元非贵金属之间强的协同效应和 MIL-101 大的比表面积，当铜、镍和钴的摩尔比为 8∶1∶1 时，其平均粒径为 (2.8±0.2)nm，25℃ 时催化氨硼烷水解的 TOF 为 70.1molH$_2$/(min·mol$_{catalyst}$)，高于其中任意的单一金属组分、双金属组分和采用普通浸渍法得到的催化剂，反应活化能也只有 29.1kJ/mol。

（4）氨硼烷的再生

为了能将氨硼烷作为一种可持续供氢的储氢载体，需要解决氨硼烷的循环再生问题，把氨硼烷分解脱氢后剩余的产物重新转化为氨硼烷。氨硼烷分解脱氢的方式不同，所产生的分解产物不同，相应地循环再生方法不同。

① 氨硼烷热分解脱氢后的再生　氨硼烷热分解脱氢后的副产物通常比较复杂，有 $-[NH_2BH_2]_n-$、$-[NHBH]_n-$ 和 $-[B_3N_3H_6]_n-$ 等，为方便起见，用通式 [BNH$_x$] 表示，其组分取决于热分解时的添加剂和催化剂等实验条件。由于热力学原因，直接用氢化氨硼烷热分解脱氢后的副产物来再生氨硼烷是不可行的，而需要通过一系列的反应来进行间接的离线再生。再生方法一般包括超强酸消解氨硼烷热分解的副产物、引入路易斯碱作为热力学驱动器、还原和氨化 4 个反应步骤，Reller 等在此基础上，将反应过程中产生的副产物 NH$_4$Cl、Et$_3$NHCl、Et$_3$N 进行循环回收利用，氨硼烷的总收率达到 60%，同时使用氢气进行还原反应，避免了使用昂贵的金属氢化物作为还原剂，为氨硼烷及其他硼烷类化合物的再生提供了一种更加经济的方法。

Reller 等在以 AlCl$_3$/HCl/CS$_2$ 作为超强酸的研究基础上，着力于开发一种更具可比性和有效性的消解剂，以酸性更强的 AlBr$_3$/HBr 作为超强酸，将产物 (BH$_2$NH$_2$)$_x$ 更加彻底地全部消解转化为相应的硼卤化物 BBr$_3$，而 BBr 键的作用力弱于 BCl，有利于下一步催化 BBr$_3$ 加氢脱卤生成 Et$_3$NBH$_3$ 的反应进行，加氢脱卤实际上提供了一种用分子氢还原而产生 BH 键的简便方法，最后将 Et$_3$NBH$_3$ 进行氨化就可以得到氨硼烷。该卤化物的引入可使所有的反应都可以在低温下进行，避免了在高温条件下热量转移带来的损失。

Tan 等以 Bu$_3$SnH 作为还原剂，将 BCl 键还原为 BH 键，并使用 Et$_2$PhN 作为硼中间体的辅助配体，使得在室温下通过碱基交换即可得到氨硼烷，总收率达到 89%。整个过程中的副产物都可以循环利用转化为反应物，该方法高效经济，为氨硼烷作为储氢材料的实际应用提供了新的思路。

在某些情况下，例如由 N-杂环卡宾负载的过渡金属催化剂催化氨硼烷的热分解脱氢时，产生的是单一副产物 [B$_3$N$_3$H$_6$]$_n$。该副产物可直接在液氨中用肼来还原，在 40℃ 下反应 24h，即得到氨硼烷，收率为 92%。

该反应的优点是唯一的副产物是氮气，可节省其他方法通常需要的氨硼烷分离步骤，大大降低了再生循环的成本。

② 氨硼烷醇解脱氢后的再生　氨硼烷醇解脱氢后的副产物 $NH_4B(OMe)_4$ 可直接与氢化铝锂和氯化铵在溶剂四氢呋喃中于室温下反应 8h 转化为氨硼烷，从而实现再生循环，氨硼烷的收率为 81%。与氨硼烷水解后的再生相比，氨硼烷醇解后的再生步骤简单。

③ 氨硼烷水解脱氢后的再生　氨硼烷水解脱氢后的产物为偏硼酸胺和硼酸，两者的比例取决于水解时的 pH。首先，偏硼酸根离子与水合氢离子结合转变为硼酸，而硼酸可与甲醇发生酯化反应得到三甲基硼酸酯。随后，三甲基硼酸酯与氢化铝锂和氯化铵在溶剂四氢呋喃中于 0℃ 下反应 3h 生成氨硼烷，从而完成再生循环，氨硼烷的收率达到 90%。

另一种再生方法是采用电化学电解还原，利用氢过电势较高的阴电极进行电解还原，将氨硼烷水解脱氢后的副产物偏硼酸铵转化为氨硼烷，该过程主要包括：构造双室型电解槽，利用电化学原理将偏硼酸根离子还原为硼氢根离子而生成硼氢化铵，经过冷冻干燥脱水、溶解回流、离心处理和旋转蒸发以及结晶等操作之后可以得到白色疏松状的氨硼烷固体。该方法反应条件温和、无污染，尽管电解需要消耗大量电能，但所需电能如果能通过太阳能电池或风力发电提供，则不失为一种再生氨硼烷的绿色环保之法。

氨硼烷作为一种高效的储氢材料，其应用前景十分广阔。不管对于氨硼烷的热分解、醇解还是水解，开发高效低成本的催化剂催化氨硼烷脱氢是首要前提。对于非贵金属纳米催化剂而言，其不仅成本低，磁性可回收，而且通过对其进行修饰改进能明显提高氨硼烷脱氢性能。氨硼烷热解制氢所需温度高，时间长，并伴随多种气态副产物的产生。相比之下，水解和醇解可在室温下进行，安全快速，产生的氢气也更多，因而更具有实用性。目前氨硼烷储氢研究中的最大挑战是如何实现有效的再生循环利用。尽管这方面已取得了一些进展，针对氨硼烷热解、醇解和水解脱氢后副产物的循环再生氨硼烷分别发展了一些方法，但氨硼烷的再生收率仍有待进一步提高，再生的经济性仍有待进一步研究。与氨硼烷分解制氢的大量研究相比，氨硼烷再生的研究还比较少。因此，氨硼烷再生将是今后的重点研究方向。此外，目前市面上氨硼烷的价格较贵，未来需开发适合大规模工业化生产氨硼烷的技术，从而有效降低氨硼烷作为储氢材料的使用成本。

3.3.4　碳材料储氢技术

碳基储氢材料是近年来出现的一种新型储氢基质，它具有吸氢量大、质量轻、抗毒化性能强、易脱附等优点，被认为是非常有应用前景的储氢材料系列，主要有活性炭（AC）、活性碳纤维（ACF）、碳纳米纤维（CNF）、碳气凝胶（CA）和碳纳米碳管（CNT）等。从微观结构看，决定吸附性能的优劣的最根本的因素在于其孔径分布情况，尤其是微孔的孔径（<2nm）和孔容（>0.5mL/g），这是碳基储氢材料最核心的性能。

3.3.4.1　活性炭/活性碳纤维

现有已知的多种固态储氢材料中，活性炭/活性碳纤维材料因其原料丰富、低成本、比表面积高、孔隙结构和表面化学结构易调控等优势而成为极具潜力和竞争力的吸附类固态储氢材料（表 3.15）。此外，低成本固态储氢材料的开发及其相关理论的基础研究是氢气储存和运输实现突破的核心所在，因此建立在储氢机理研究基础上开发低廉高效储氢材料成为未来储氢技术研究的重点。

表 3.15 活性碳纤维储氢性能

活性碳纤维种类	比表面积/(m²/g)	测试温度/K	测试压力/MPa	储氢量/%(质量分数)
醋酸纤维素 CA-4700	3484	77	3	8.9
沥青基 ACF-KOH 活化	1288	298	20	2.8
沥青基 ACF-KOH 活化	1288	77	4	5.4
沥青基 ACF-Co₂ 活化	1996	298	2	0.25
沥青基 ACF-Pd 掺杂	1990	298	2	0.19
Kynol·™·ACF-1603-10	801	77	3	2.1
Kynol·™·ACF-1603-20	1817	77	3	3.5
PAN 基 ACF-静电纺丝	1933.2	303	5	1.0

2017 年，Robert 等以醋酸纤维素为原材料制备了比表面积 $3771m^2/g$、表面氧含量 17.9% 的富氧超级活性碳材料，在 77K、3MPa 条件下实现了 8.9%（质量分数）的储氢密度，该项研究刷新了当时碳基多孔材料储氢量的纪录，但对该材料中纳米孔隙结构和表面含氧基团提高储氢密度的作用机制并不明确，且缺乏对可逆储氢容量的研究。Balahmar 和 Mokaya 采用聚吡咯和锯屑的混合物为原材料，通过 KOH 活化技术制备了比表面积 $3815m^2/g$、氧含量 11.3% 的活性炭材料，最终在 77K、100bar 条件下实现了 12.6%（质量分数）的储氢密度。

活性炭/活性碳纤维主要利用其高比表面积和高微孔容积对氢气的物理吸附作用实现氢气储存。周理等制备了具有高比表面积（$>300m^2/g$）的超级活性炭，并在 77K、3MPa 的氢气温度和压力条件下获得了 5%（质量分数）的质量储氢密度。活性碳纤维是一种典型的微孔炭质吸附剂，其纳米孔隙结构以直接开口于纤维表面的微孔结构为主。丰富的微孔结构使活性碳纤维具有高比表面积和高总孔容积，此外活性碳纤维和活性炭 MOF、COF、CNT 等其他多孔材料相比具有明显的成本优势，因此被认为是具有产业化应用前景的储氢材料之一。此外，活性碳纤维具有大量不饱和性的碳原子分布于纤维表面，易于在活化制备过程中在生成纳米孔隙结构的同时形成丰富的表面官能团，其常见的表面基团种类主要有羟基、羧基、醌基、羰基和内酯基等。碳基多孔材料的孔径大小和孔径分布情况是决定其储氢性能的关键影响因素。

根据不同的研究团队所报道的氢气吸附模拟结果和测试结果，适合氢气吸附的最佳孔径约为 0.6nm。Cabrial 等的模拟计算结果表明适合氢气吸附的最佳孔径大小与氢气温度条件相关，如在 77K 和 300K 两种温度条件下最佳孔径大小分别为 0.56nm 和 0.6nm。Rzeplca 等基于模拟计算和氢气吸附实验结果研究发现，在室温条件下适合氢气吸附的最佳孔径大小应为氢气分子直径的 2 倍。Gogotsi 等发现活性炭材料在氢气储氢应用中，0.6～0.7nm 孔径范围的极微孔为具有储氢效率最高的微孔结构。

3.3.4.2 碳纳米纤维

碳纳米纤维（CNFs）具有质量轻、比表面积大、力学性能好、高导电性和高导热性等特点，因此在污染物净化、储能储氢等领域具有广泛的应用前景。目前，碳纳米纤维的主流制备方法有静电纺丝法、化学气相沉积法、模板法等。

碳纳米纤维储氢机理还不明确，目前比较受认可的机理为：边缘裸露的石墨片层对氢气分子具有物理吸附作用，物理吸附作用聚集的氢气达到一定浓度后，部分氢气分子向碳纳米纤维的石墨层间进行扩散，与石墨片层的离域π电子发生强相互作用。在氢气吸附过程中，碳纳米纤维的石墨片层晶格发生膨胀，石墨片产生流动特性，从而在移动的缝壁上产生多层吸附。综上所述，碳纳米纤维储氢作用的机理主要包括：①碳纳米纤维具有较高的比表面积，其表面结构可吸附大量的氢气分子；②碳纳米纤维的层面间距大于氢分子直径（0.289nm），表面吸附的大量氢气分子为发生向片层间内部扩散的必要浓度条件和主要通道如表3.16。

表 3.16　活性碳纳米纤维储氢性能

平均直径/nm	质量/mg	压力变化 Δp/MPa	储氢容量	
			L/g	%（质量分数）
80	317	9	1.73	12.4
90	237.8	7	1.79	12.8
100	335	7.5	1.36	10.0
125	674	15.2	1.37	10.1

3.3.4.3　碳气凝胶

碳气凝胶具有高比表面积、低密度、低导热系数和高孔隙率等优良的性能，在生物支架、储能装置、催化剂载体、传感器和污染物处理方面有着广泛应用。利用地球上丰富的生物质资源制备生物气凝胶，不仅成本低，而且具有很好的生物相容性和生物降解性，因此受到众多研究者的关注。

碳气凝胶可根据原料和制备技术分为以下两类：①以碳纳米管、石墨烯等分散液为前驱体通过冷冻干燥的方法制备三维网络凝胶；②以醛类和酚类化合物为原料制备有机气凝胶中间体，经过干燥炭化后制得到碳气凝胶。③基于自上而下策略，以纤维素等三维网状结构为前驱体制备碳气凝胶。

碳气凝胶主要是从石化原料及其衍生物中提取制备而成，主要基于自下而上的制备技术，并需要其他策略制备得到高度各向异性的碳气凝胶材料。通过原子、分子间重新组装构建碳气凝胶材料的方法通常具有高能耗、费时、随机性大等缺点，因此碳气凝胶材料更为简易、低成本的制备方法的创新性研究成为当前研究的一大热点。

3.3.4.4　活性碳纤维（ACF）的制备

活性碳纤维的制备萌芽自高性能碳纤维的研究中，但其制备思想与普通碳纤维却完全相反：普通碳纤维的制备研究中通过提升碳组织的整齐有序、致密化、表面平整等结构因素，进而达到追求高强度、高模量等力学性能的目标，而活性碳纤维则在预氧化、碳化工艺后引入活化反应，最终制备出具有高比表面积、高孔隙率和高表面异质原子含量等结构特性的新一代高效吸附剂。活性碳纤维的制备原料主要包括聚丙烯腈、黏胶纤维、酚醛、沥青、聚醋酸乙烯、莱赛尔纤维和聚酰亚胺等，其制备流程主要包括预氧化、碳化、活化三个核心环节。

（1）预氧化（热稳定化）

预氧化处理一般采用在空气中预氧化的方法，前驱体纤维在一定温度、一定时间条件下进行预氧化反应，或按照一定升温程序进行升温预氧化反应，从而达到热稳定化处理前驱体纤维的目的。预氧化环节通常在前驱体为聚丙烯腈和沥青时使用，目的是为了使前驱体纤维中线性分子链热稳定化后转变为环状结构或耐热的梯形结构，确保在碳化活化过程中纤维状态的保持。然而，本身含有热稳定性环状结构或耐热的梯形结构前驱体纤维中，如酚醛树脂等，在制备活性碳纤维过程中不需要进行预氧化步骤。

预氧化步骤中进行的化学反应十分复杂，许多预氧化机理和反应过程尚未非常明确，目前已知预氧化过程中可能会发生的反应主要包括环化反应、分子间交联、氧化反应、脱氢反应等。以聚丙烯腈（PAN）为例，预氧化过程中经过系列反应生成耐热的网状梯形结构，可显著提高活性碳纤维制备过程中的碳化收率并降低其生产成本。453K 为分子链的解链温度，通常认为，比较适宜的预氧化温度区间为 453～573K，温度过高则易发生纤维熔化，温度过低则反应速率缓慢或热稳定性结构生成不充分。其中，氧化反应是发生在含氧环境或惰性气氛的放热过程，其产物通常是进一步反应的活化中心。环化反应则伴随着纤维颜色改变，从黄白色渐变为棕褐色最后变为黑色，然而其变色机理尚不明确。预氧化处理得到的热稳定性纤维含氧量对制备活性碳纤维的最终性能具有较大影响，一般认为当氧含量为 10 ％附近时比较适宜制备高性能活性碳纤维。

（2）碳化

碳化步骤主要是在惰性气体氛围下（氮气、氩气等）对纤维前驱体或预氧化纤维进行高温热处理的过程，碳化是一个复杂的系统反应过程，主要进行氧、氢等元素的热解脱除，剩余碳原子重排成有限平面内的类石墨微晶结构等过程。以纤维素前驱体为例，温度低于 623 时，主要发生物理间隙水和化学结构水的脱除，在 513～673K 温度区间，部分 C—H 键和 C—C 键断裂，生成焦油、二氧化碳、一氧化碳和水等产物。当温度大于 673K 时，原料进一步碳化分解为碳产物和焦炭产物，剩余碳结构发生重排。类似的，其他种类的前驱体纤维在碳化时都发生脱水、碳氧等小分子生成、碳结构重排等类石墨化的过程。

碳化后生成的类石墨微晶结构呈不规则的排列配向，各微晶间存在大量组合空隙，而碳化过程中热解产物和焦油状产物等物质的沉积使得这些空隙被非晶质碳堵塞填充，而这些非晶质碳易于在活化过程中反应挥发。碳化工艺的主要影响因素包括碳化温度、碳化时间、升温速率等参数，这些主要碳化参数主要影响活性碳纤维的产率，同时也对活化过程中孔隙结构的生成具有重要的影响。低温长时间碳化则有利于纤维中挥发组分的缓慢逸出，从而纤维收缩均匀并形成均匀的初始空隙结构，同样有利于活化后纤维强度的保持。

（3）活化

活化是活性碳纤维制备过程中生成纳米孔隙结构的核心步骤，其基本原理是利用活化剂与纤维上活性位点反应，氧化刻蚀生成丰富的纳米孔隙结构、高比表面积和丰富的表面基团，最终稳定晶区的碳原子和残留非晶区组分构成了活性碳纤维的结构骨架。Yang 等认为活性碳纤维微孔主要生成于其类石墨微晶结构的高活性边缘原子位置，大量的高活性边缘原子位置被活化刻蚀后形成丰富的微孔结构。活化反应的主要影响因素包括活化剂种类、活化剂浓度、活化温度和活化时间。

活化技术按活化剂种类通常分为物理活化法和化学活化法：物理活化法通常指使用气体类活化剂的活化过程，常用气体活化剂主要包括水蒸气、二氧化碳、氧气、空气等；化学活化法通常指使用化学药品类活化剂的活化过程，常用化学药品类活化剂主要包括氢氧化钾、氯化锌、磷酸、硫酸、碳酸钾、氢氧化钠、磷酸酯等。

① 物理活化法　物理活化法需将纤维原料在 673～873K 温度条件下先进行碳化处理，

使得纤维中碳元素多以类石墨微晶的形态存在。物理活化法的反应机理主要为具有氧化性的活化气体在高温下氧化侵蚀碳化后中间体的表面，选择性氧化部分非晶区组分和晶区结构上的活性位点，从而生成孔隙结构，同时使碳化后中间体闭塞孔隙结构开放也生成具有吸附性能的开孔型孔隙结构。活化剂种类在活化过程中至关重要，常用活化剂的活化能力大小顺序为：水蒸气＞二氧化碳＞空气或氧气。通常水蒸气活化的工艺流程相对简单且具有较快的活化速度，因此在活性碳纤维的工业化生产中水蒸气活化剂应用最广泛。

水蒸气活化通常需在 1073K 温度以上进行，可能的反应过程为：纤维表面吸附水分子后，水分子分解释放出氢气，而吸附的氧与活性的碳原子反应，以一氧化碳形式从纤维表面逸出，从而纤维表面生成纳米孔隙结构。二氧化碳活化的反应速率比水蒸气活化相对较慢，且其反应温度通常需在 1073～1373K 较高温度下进行。

② 化学活化法　化学活化法通常包括以下两个主要步骤：将前驱体原料在一定浓度的化学活化剂溶液中浸渍一定时间，浸渍完成后滤除活化剂溶液；然后，将化学活化剂浸渍后的纤维在惰性气体氛围中进行高温碳化活化，并经充分水洗后得到活性碳纤维。化学活化法中最常用的活化剂有氢氧化钾、磷酸和氯化锌。

氢氧化钾活化过程中，首先将纤维原料（或热稳定化纤维原料）与氢氧化钾溶液混合，在 773K 温度下脱水，然后在 1123K 温度下高温碳化活化，冷却后充分水洗即可得到活性碳纤维。关于氢氧化钾活化反应机理，有观点认为在 773K 发生氢氧化钾的脱水反应、水煤气反应和水煤气转化反应，产生的 CO_2 生成碳酸盐。在 1073K 温度附近，金属钾析出，钾蒸气进入类石墨微晶的层间结构内进行活化，而通过如下公式可以认为氢氧化钾被氢分子或碳原子还原。

而磷酸和氯化锌活化反应过程尚不明确，一般认为在活化过程中，磷酸活化剂具有润胀作用、加速活化、催化脱水、氧化作用、芳香缩合作用、骨架作用等效果，而氯化锌活化剂的作用机理主要包括润胀作用、脱水作用、加速活化、芳香缩合作用和骨架作用等。

在现有的固态储氢材料中，碳基储氢材料凭借其高比表面积、高安全性、质量轻和可再生等特点，成为固态储氢材料研究中的一大热门体系，备受广大科研工作者的青睐。活性碳纤维和碳气凝胶具有丰富的高比表面积、纳米孔隙结构和表面化学结构等特性，而且丰富的微孔结构决定其具有优异的可逆储氢性能。当前碳基储氢材料相关研究还存在以下问题：（ⅰ）比表面积大于 $2000m^2/g$ 的高性能活性碳纤维仍未走向产业化应用，特殊结构活性碳纤维的种类尚待进一步丰富，且缺乏对孔径控制问题的研究；（ⅱ）高性能碳气凝胶颗粒的低成本制备技术尚待开发，自上而下制备方法体系尚待进一步完善；（ⅲ）高性能活性碳纤维、特殊结构活性碳纤维、高性能碳气凝胶的储氢功能性有待进一步优化，碳基储氢材料的种类有待进一步丰富，常压条件下碳基储氢材料的储氢密度有待进一步提高。

3.4　有机液态储氢

20 世纪 70 年代，研究发现某些芳香烃与相应的氢化物可以在不破坏碳环主体结构下进行加氢和脱氧，这种反应对结构不敏感，是可逆的，于是提出了利用可循环液体化学氢载体储氢的构想。这种储氢技术的原理是借助液体不饱和有机物与氢气的可逆加脱氢反应来实现储氢。相较于其他储氢方法，有机液态氢化物具有较高的质量体积储氢密度和储氢效率，有望用作车载氢源系统。由于有机液态储氢类似汽油，可以利用现有的汽油输送管路等进行储存及运输，实现长距离输氢，使用能源的地区分布较为均匀，同时也为这项储氢技术的推进大大降低了成本。根据国内外的众多研究，有机液体氧化物主要包括以苯、甲苯、十氢萘为典型代表的传统有机液体储氢材料以及以乙基咔唑为代表的新型有机液体储氢剂，另外还有甲醇、甲酸类等。

高压储氢罐和可逆的固态储氢材料，现阶段已经得到了较好的研究，然后相比较储氢罐和固态储氢具有很多优势的液态有机储氢（LOHC）材料的研究还不很充分，近些年也逐渐引起了关注。基于文献中所报道的对 LOHC 材料体系的研究，一个好的 LOHC 材料体系应该包括以下特点：

① 低熔点（＜−30℃），高沸点（＞300℃）；

② 高储氢能力（＞56kg/m³ 或者＞6%，质量分数）；

③ 脱氢吸热低（例如：在 1bar H_2 的压力下，脱氢温＜200℃）；

④ 能够非常容易选择性氢化或者脱氢，且具备非常好的循环寿命；

⑤ 与现存燃料的基础设施能够兼容；

⑥ 材料容易得到，且价格低廉；

⑦ 在使用和运输过程中，材料毒性低，对环境污染小。

液态有机物储氢的优点很多，包括储氢密度大、储存和远程运输安全、设备和管路的保养容易、便于使用现有的输送管道和设备。同时，该项技术成本低、储氢材料可以循环多次使用，因此成为氢能储运过程中最可行的方法。国际上众多工业和学术研究机构都积极投入开发可实用化的液态有机物储氢技术。全球主要的工业国家如德国、瑞士、日本和英国等正积极从事这方面的研究。

液态有机物储氢技术的储存和释放是一个循环的过程，具体包括储氢剂的加氢反应、储氢介质的储存和运输以及加氢后的液态有机物的脱氢过程等 3 个阶段，具体过程为：首先，储氢剂通过催化加氢反应实现氢能的储存；然后，将加氢后的液态有机物利用现有的设备进行储存和运输；最后，储氢介质储存的氢气通过脱氢反应释放出来，供给终端用户（如氢内燃机或氢燃料电池）使用，储氢剂经过冷却等处理后，等待下次使用。

3.4.1　芳香烃类

理论上讲，烯烃、炔烃、芳香烃等可发生加氢反应的不饱和有机液态化合物，均可作为储氢剂多次循环使用，早期的文献报道中提到的液态有机物，包括环己烷、甲基环己烷、四氢化萘和十氢化萘等。表 3.17 中列出了一些常用储氢介质的相关参数。

表 3.17　不同储氢介质的参数

储氢介质	熔点/℃	沸点/℃	储氢密度/%（质量分数）
环己烷	6.5	80.7	7.19
甲基环己烷	−126.6	101	6.16
反式-十氢化萘	−30.4	185	7.29
顺式-十氢化萘	−43	193	7.29
咔唑	244.8	355	6.7

从储氢过程中需要的能耗、储氢密度、加脱氢可逆性以及储氢介质的物化性质（如熔沸点）等方面考虑，芳香烃作为储氢介质最为适宜。不过近年来，随着对该领域的持续深入研究，越来越多具有实用价值的液态有机储氢小分子被不断开发，如 5.8%（质量分数）乙基咔唑、7.3%（质量分数）吩嗪、吲哚和 6.0%（质量分数）2,5-二甲基-1,5-萘啶等。

液态有机物储氢技术的原理是在催化剂的作用下，利用不饱和液态有机储氢剂与氢气发生催化加氢反应生成液态有机氢载体，达到储氢的目的，然后再利用催化剂，在一定的温度下发生脱氢反应将储存的氢气释放并使用。此前报道中使用较多的储氢介质，如甲基环己烷和十氢化萘，具有较高的脱氢焓，脱氢过程条件比较剧烈，反应温度通常超过 200℃。

3.4.1.1　烷烃-芳烃类储氢材料

烯烃、炔烃和芳香烃等均可作为储氢材料，但从各方面性能的表现来看，芳烃-环烷烃体系是比较适合作为储氢材料的，材料在常温下是液体，便于运输，同时储氢量大，但是该类体系目前最大的问题是加脱氢温度过高，限制了烷烃-芳烃类储氢材料实际应用的可能性。表 3.18 为环己烷、甲基环己烷和十氢萘的物理化学性质及储氢密度。由熔点和沸点可知，在常温 20～40℃时环己烷为液态，便于储存与运输。此外，比较环己烷与汽油、柴油的性质后发现，环己烷可以用现有的燃料输送方式进行储运，如表 3.18 所示。

表 3.18　环己烷、甲基环己烷和十氢萘的物理化学性质及储氧密度

特性	环己烷	甲基环己烷	十氢萘
熔点/℃	6.5	−126.6	−30.4
沸点/℃	80.74	100.9	185.5
密度/(g/mL)	0.779	0.77	0.896
理论储氢密度/%（质量分数）	7.2	6.2	7.3
理论体积储氢密度(10^{28} mol/m³)	3.3	2.8	3.8
脱氢产物	苯	甲苯	萘

环己烷的储氢能力可以达到 7.19%，加氢-脱氢反应所需总热量远低于环己烷放出的氢所包含的热量，因而苯-环己烷体系可以提供较为丰富的氢能。ITOH 课题组采用 Pt/Al_2O_3 作为催化剂，研究环己烷和甲基环己烷在膜反应器中的脱氢反应速率，结果表明甲基环己烷转化率是大于环己烷的。PHAM 课题组采用浸渍法制备的活性碳纤维（ACF）Pd 和 Pt 的催化剂，在 0.7% Pt 催化剂作用下，甲基环己烷脱氢转化率可以达到 76%。

图 3.26　十氢萘的吸放氢过程

十氢化萘储氢能力与环己烷类似，储氢量可以达 7.3%，十氢化萘在常温下也呈液

态，同样非常便于运输，相比较环己烷类体系，十氢萘体系存在着原料不断损耗的问题（如图 3.26）。Lázaro 课题组制备的 Pt/CNF 催化剂，对十氢萘脱氢反应性能进行了充分的研究，发现十氢萘和 Pt/CNF 的比例为 2mL/g 时，转化率最高，反应性最好。Feiner 课题组研究了温度、压力和 Raney-Ni 催化剂对萘、四氢萘及十氢萘间的反应的影响，研究结果表明，催化剂负载量对于反应性能的影响最大，催化剂量越多脱氢性能越好。

3.4.1.2 N-杂环

传统的有机液体氢化物脱氢温度较高，这制约着有机液体氢化物这一储氢介质的应用及发展。2004 年 Pez 等首次提出用芳香杂环有机物作为储氢介质，此类化合物具有较高的质量体积储氢密度，故具有较好的应用前景。例如，在 160℃、氢压为 72atm 的反应条件下，乙基咔唑在催化剂催化下可以生成由十二氢乙基咔唑的同分异构体形成的混合溶液；加氢产物在 50～197℃、催化剂催化下可以释放出纯氢，同时至少可进行次循环加脱氢过程且未出现衰退现象。Clot 等运用密度泛函理论（对新型有机液体分子进行了设计和预测，发现将 N、O 等杂原子引入到芳香烃化合物中的苯环上时有利于该储氢介质的脱氢反应，这是因为相较于被取代的 C—H 键，N—H 键的键强较弱，易断裂，并且相对于纯碳环中的键，氮原子旁的键的键强减弱。近几年，研究人员对新型有机液体储氢材料进行了深入的研究，并取得了一定的研究进展。所研究的新型有机液体储氢剂包括芘、芴、喹啉、咔唑、甲基咔唑、乙基咔唑等芳香杂环化合物。用于可逆加脱氢反应的催化剂有 Ni、Zr、Co、Fe、Mo、W、Ru、Rh、Pd、Pt 等的负载型催化剂，这些催化剂可负载在硅铝、氧化铝、沸石、$ZnCl_2$、$AlCl_3$ 等载体上。

通过在环状烯烃中引入杂原子（例如：N，O，B 或者 P），可以有效地提高材料的加氢/脱氢性能，尤其是引入 N 原子。Crabtree 课题组计算了一系列 N-杂环储氢材料的热力学性质。他们发现，通过引入 N 原子到环的 1,3 位置，或者环的 1,3 位置进行 N 取代，可以有效地降低储氢材料的脱氢温度；在五元环中引入 N 原子，可以有效地降低脱氢焓变，N 原子对五元环的影响明显高于六元环；而且，N，O，B 的引入，也可以改变储氢材料的脱氢焓变。

Crabtree 课题组对杂环和环状烯烃的脱氢能行进行了研究，发现杂环尤其 N 杂环材料的脱氢温度更低。例如：吲哚在 Pd/C 和 Ru/C 的催化下，110℃就可以实现完全脱氢，以 Rh/Al_2O_3 为催化剂，在相同的温度下只能实现 43% 的转化。Jessop 等人研究发现，通过在哌啶环引入供电子或者共轭取代基，能够明显地增加哌啶的催化脱氢效率，但材料在脱氢过程会出现一系列的副反应，在测试的材料中，4-氨基哌啶和哌啶-4-羧酰胺表现出了最好的循环吸放氢性能。在之后的研究中 Jessop 等还发现，哌啶 N 周围具有较大位阻取代基，有利于材料的催化脱氢，同样的实验现象在 12H-N-乙基咔唑中也能够观察到。作者们将这种 N 的位阻加速催化脱氢的现象，归因于较大的位阻阻止了 N 原子与催化剂的相互作用。

在非均相催化剂的应用中，载体的选择对于催化剂的活性和稳定的影响也是非常重要的因素。2011 年 Sánchez-Delgado 课题组发现，在贵金属催化的杂环化合物的加氢反应中，碱性载体（PVPy，MgO）相对于酸性载体（SiO_2，Al_2O_3）具有更快的速率。在喹啉的氢化反应中，他们还发现随着载体碱性的增加，反应速率也表现出了增加的趋势（MgO＜CaO＜SrO）。Teng He 等发现共价的三氮唑框架结构负载的

Pd 纳米颗粒，在催化杂环的氢化反应中，相对于 C 负载的催化剂，催化效果具有明显的提升。

在众多的杂环化合物中，12H-N-乙基咔唑（12H-NEC）和 N-乙基咔唑（NEC）储氢体系，由于其具备在较低的能量下脱氢（50kJ/mol）和高的储氢性能（5.8%，质量分数），具有非常高的潜在的应用前景，目前得到了深入的研究（如图 3.27）。虽然 N-乙基咔唑的氢化的 ΔH 与咔唑的相近，同时由于乙基的引入牺牲了一部分的储氢性能，但是 N-乙基咔唑相比较咔唑在储氢方面还是有很多优势的。例如，乙基咔唑的熔点为 247℃，然而 N-乙基咔唑的熔点只有 68℃，相比较乙基咔唑明显降低；同时 N 原子上乙基的引入，有效地阻止了 N 原子与催化剂的相互作用，降低了 N 原子对催化剂的钝化作用。在储氢的过程中，N-乙基咔唑通过氢化反应得到富含氢的 12H-N-乙基咔唑（12H-NEC）。N-乙基咔唑作为储氢材料熔点虽然只有 68℃，但是仍然不能满足需求，因此选择与其他的具有较低熔点的 N-烷基咔唑进行一定比例的混合则是至关重要的。烷基咔唑作为储氢材料的另外一个缺点是，在反应温度超过 270℃ 的情况下，会出现 N-烷基键的断裂（如图 3.27）。

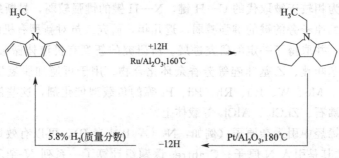

图 3.27　N-乙基咔唑的储氢放氢过程

咔唑（$C_{12}H_9N$）主要存在于煤焦油中，可通过精馏或萃取等方法分离得到。常温下为无色单斜片状结晶，有特殊气味，溶于喹啉、吡啶、丙酮；微溶于乙醇、苯、乙酸、氯代烃；不溶于水，易升华，紫外光线下显示强荧光和长时间磷光。

孔文静研究了 Raney-Ni 催化剂作用下咔唑的加氢性能和 Pd/C 作用下的脱氢反应。在咔唑和十氢萘添加比为 1:5.9、温度 250℃、压力 5MPa，0.5g 催化剂，8g 咔唑的反应条件下，加氢转化率达到 90%；温度 220℃、催化剂用量 11.1%、加入 3mL 反应产物的情况下，脱氢转化率为 60.5%，且产物主要为咔唑和四氢咔唑。Bowker 等分别采用 Ni_2P 及双金属催化剂对咔唑的加氢脱氮反应进行了研究，都具有较高的活性和选择性，在实验条件下，磷化物催化剂比商用 Ni-Mo/Al_2O_3 催化剂活性高，催化剂表面具有更多的酸性位，且在反应条件下更稳定。Lewandowski 采用 NiB 合金作为催化剂，对模型化合物咔唑的加氢脱氮反应进行了研究。结果表明，该催化剂对其加氢脱氮具有很好的活性，主要产物为双环己烷，且反应主要与 Ni 金属相相关。Tominaga 等对咔唑加氢脱氮的反应机理进行了研究，并进行了密度泛函理论计算，提出了稳定的反应模型。

乙基咔唑，白色叶状结晶，分子式为 $C_{14}H_{13}N$，分子量 195.26，熔点为 68℃，沸点为 190℃（1.33kPa），密度 1.059g/cm³，溶于热乙醇、乙醚、丙酮、氯苯和己烷，不溶于水。乙基咔唑可通过以下几种方法制得：以咔唑、氯乙烷为原料，先用氢氧化钠使咔唑生成钾盐，再通氯乙烷反应、精制制得；也可由咔唑与氢氧化钠，在 270℃下反应制成钾盐，然后于 215℃下通入氯乙烷进行乙基化，反应完成后经精馏而得产品；由咔唑钾盐与环氧乙烷反应制得；还可由咔唑与乙炔反应制得。乙基咔唑和咔唑较为类似，也可用作染料中间体、农业化学品、试剂等（图 3.28）。

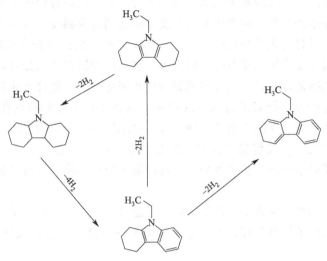

图 3.28　乙基咔唑脱氢反应历程

十二氧乙基咔唑由于吡啶环所在的平面与两侧的六元环不在同一个平面上，呈现中间高两边低的扭曲结构，同时乙基基团的空间位阻效应抑制了原子在催化剂表面的吸附，因此推测十二氢乙基咔唑在催化剂表面存在两种可能的吸附结构：一种借助吡咯环面上的四个碳原子上吸附在催化剂表面，在催化剂作用下进行脱氢反应导致产物八氢乙基咔唑的产生；另一种方式可能是六元环上的六个碳原子吸附在催化剂表面，催化脱氢生成六氧乙基咔唑，但六氢乙基咔唑由于两个六元环中一个环的共轭体系被破坏，导致该结构不稳定，迅速进一步脱氢生成四氢乙基咔唑。由此可以推测，十二氢乙基咔唑脱氢反应首先经过一个平行反应分别生成四氢乙基咔唑和八氧乙基咔唑，接着八氢乙基咔唑又进一步脱氢生成四氢乙基咔唑，然后四氢乙基咔唑再脱氧生成乙基咔唑。

3.4.1.3　芳香烃类储氢介质脱氢模式

目前研究的催化脱氢反应多为分子数增多的强吸热非均相反应，最新成果也有一些均相反应报道，非均相反应需要解决传质问题，理论上，高温和低压才能使反应更加彻底。但是温度过高又会导致催化剂的结焦、催化剂材料孔结构的破坏和副反应的发生等问题，并且温度的升高本身就是不经济的因素。因此实现液态有机物储氢技术的关键问题在于脱氢模式的选择。

自从提出液态有机物储氢技术的设想以来，国内外学者就脱氢模式的研究越来越深入。随着该技术的进步和发展，得到了不同实验模型，现将有机液态氢化物的脱氢模式归纳为气相脱氢、液相脱氢和湿-干多相态脱氢 3 大类，下面分别给予介绍。

（1）气相脱氢模式

最初报道的液态有机物脱氢过程是在气相反应模式下进行的。在这种模式下，固体催化剂填装在固定床反应器中，升温至反应温度后，氢气或氮气将储氢介质以气相的形式带入固定床催化剂层。通过对进气、出气成分和浓度的分析，可以考察不同因素（如温度、压强和空速等）对脱氢反应的影响和相互之间的关系。固定床反应模式操作简单、反应条件易于控制，是文献中报道最多的反应模式。

在气相反应模式中，反应物为气态，催化剂为固态，反应过程中不能充分接触，因此脱氢的反应速率并不快，并且需要较高的温度才能达到反应温度（通常为 400～500℃）。膜反应器的发明可以打破化学平衡的限制，将膜反应器应用到液态有机物脱氢的过程中，将反应得到的氢气从反应体系中及时分离出去，在反应的同时实现分离，促进反应的正向进行。常见的膜包括钯合金膜、微孔玻璃膜和微孔陶瓷膜等。钯合金膜对氢气的分离很充分，有着高度的选择性，分离出的氢气纯度高。但是钯合金膜的缺点在于反应器的体积大、制备过程复杂，因此在液态有机物储氢技术中还没有工业化的应用。微孔玻璃膜和陶瓷膜较钯合金膜更便宜且高温稳定性好，但是对氢气的分离选择性远不及钯合金膜。因此，为了在降低膜成本的同时提高效率，最近报道了分子筛膜、微量钯金属膜和无钯金属膜等新型膜。

可以看出，气相脱氢模式下，产生的氢气不能及时分离出反应体系，对脱氢的反应过程在一定程度上起到了抑制作用。因此近年来又开发了液相脱氢模式和湿-干多相态脱氢模式。

（2）液相脱氢模式

所谓液相脱氢技术，是指储氢载体在液态的形式下与催化剂进行接触实现脱氢反应，由于储氢介质和催化剂在液态下接触更加充分，可以提高反应速率。根据催化剂的量与反应料液的比例，液相脱氢模式可以分为 3 种：悬浮态、过热液膜态和沙浴态。过热液膜态是指在固体粉末或颗粒催化剂表面覆盖一层液膜，液态有机物接触高温催化剂瞬间沸腾变成气态，并且在同时发生脱氢反应，脱氢反应后的产物经过冷凝器后，氢气排出，脱氢后的储氢介质冷凝回流。当液态有机物量过大，完全淹没催化剂时，此时称为悬浮态；当液态有机物量很少，只和很少一部分催化剂接触，与气相脱氢反应模式类似，这种反应模式称为沙浴态，反应效率较低，因此在文献中报道较少。

Tien 等对悬浮态反应模式进行研究，考察四氢化萘在该反应模式下的脱氢反应效率。悬浮液的温度控制在 207～218℃，反应的加热温度控制在 300℃。在悬浮态的反应条件下，催化剂悬浮在液态储氢材料中，反应的最高温度温度只能达到液态有机物的沸点。而大多数液态有机物沸点并不高，一般处在 80～260℃，因此在这种反应模式下，脱氢的反应效率比较低。

鉴于悬浮态和沙浴态的脱氢效率都不高，Saito 等最早对过热液膜态反应模式进行报道，研究表明实现这种反应模式，需要精确控制液态有机物量和催化剂量的相对值，保证在一定范围内，才能形成该状态。

Hodoshima 等对过热液膜态反应模式进行研究，考察十氢化萘和四氢化萘的脱氢反应效率。研究发现加热源和液态有机物之间发生热传导，薄液膜将催化剂上的纳米活性组分颗粒覆盖住，并且在整个反应过程中都处于过热状态。240℃下反应进行 250 min，四氢化萘的转化率可达到 95％，而在 280℃下反应进行 1 h，十氢化萘可以实现完全转化，表明过热液膜反应态的脱氢速率较悬浮态和沙浴态要高。还研究了萘储氢体系在过热液膜态作为车载氢源的想法。在 200℃ 反应温度下，由于脱氢催化剂表面一直是过热状态，因此该反应模式和悬浮态反应模式相比，氢气更易于溢出反应体系，脱氢反应的转化率比化学平衡计算值高。

（3）湿-干多相态脱氢模式

虽然过热液膜态与沙浴态和悬浮态相比脱氢反应效率高很多，但是反应只能间歇进行。为了可以使脱氢反应持续进行，近年来又发展了湿-干多相态反应模式，这种反应模式在液态机物储氢技术领域取得了阶段性的突破。

将湿-干多相态反应模式运用于液态有机物的脱氢中，采用非稳态喷射进料方式，设计出间歇喷射反应装置。在这个过程中，储氢介质以脉冲喷射或间歇滴加的方式进样到达催化剂表层，呈液膜态在催化剂表面分散开发生脱氢反应。过热的催化剂使得反应产物和未反应的液态有机物迅速气化离开催化剂表面，有效防止加氢逆反应的发生。同时，气化的产物和未反应的液态有机物可以产生瞬间的局部压强增大，对催化剂进行吹扫和净化，使催化剂表面恢复干燥状态，同时生成的氢气则通过冷凝器从反应体系中分离溢出。催化剂表面循环出现回温，交替出现干与湿润的状态，即湿-干多相态反应模式。由于外部的高温加热和催化剂表面交替的干燥、湿润过程，使催化剂表面的温度始终保持在加热温度和反应物的沸点之间，湿-干多相态反应模式不仅可以一直保证催化剂表面相对较高的温度，而且极大地提高了脱氢反应过程的传质-反应效率，同时由于催化剂表面保持干燥清洁，还可以抑制催化剂结焦失活以及逆反应的发生，从而提高脱氢转化率和延长催化剂寿命。

Kariya 等考察甲基环己烷、环己烷、十氢化萘和四氢化萘等在 Pt 和 Pt-M（M＝Re、Rh、Pd）催化剂上，采用脉冲进样喷射反应装置的反应模式的脱氢效率，相比于常规的气相脱氢和液相脱氢反应模式，该种反应模式有着更高的氢气生成效率。同时，反应效率还与有机物的进料快慢、反应温度的高低和储氢介质的种类有关。Kariya 等通过研究发现，采用湿-干多相态脱氢反应模式进行有机物脱氢，反应速率比气相脱氢模式反应提高 15～25 倍。而与过热液膜态反应模式相比较，这种方式间歇进样，可以避免催化剂长期与液态有机物接触，因此温度更易于掌握，干-湿周期通过脉冲进样或间歇喷入有机物，控制更准确，也更易于分析在一个周期中液态有机物脱氢的转化效率。Biniwale 等则采用红外热成像仪考察不同反应条件下，催化剂表面形成的热量分布情况。研究发现，将环己烷脉冲喷射到 Pt 催化剂表面，温度为 300℃、进料速度为 0.268mmol/min、0.1Hz 喷头进料频率的条件下，催化剂表面能够维持相对较高的温度，脱氢效率也最高，已经初步接近工程应用条件。

张立岩等研究发现，湿-干多相态脱氢反应模式进行时，反应体系中存在一个最佳平衡位置，那就是液态有机物在催化剂表面的停留时间。这个时间需要满足储氢剂可以充分分散到催化剂表面进行脱氢，又需要满足脱氢后的产物和未反应的储氢介质能够迅速脱离催化剂和反应体系，从而抑制逆反应的发生。胡云霞也通过实验的方法，分别研究进料速率、加热温度和催化剂用量对氢气产生速率的影响，并且优化了最佳的操作条件。研究发现，不论是进料速度过快还是过慢，反应加热温度过低还是过高，都会使得系统偏离最佳平衡点，脱氢效率降低。

从上面的分析可以看出，湿-干多相态脱氢模式在液态有机物储氢技术领域显现出很大优势，在一定程度上提高了接触面积和反应速率，是一种高效的脱氢反应模式。由于可以连续反应，对于车载脱氢反应系统也具有重要的指导意义，但是操作和控制相对复杂。从理论上来说，采用液相脱氢模式和湿-干多相态脱氢模式的脱氢反应的最高温度只能达到反应液的沸点，而在常压下多数储氢液态有机物的沸点都较低，而催化剂的加热温度一般高于有机物的沸点，因此储氢剂在反应的瞬间会发生气化，不利于工业应用。近年来通过对液态有机物与其他物质掺杂，可以降低有机物的熔点并提高沸点，加之对低温脱氢催化剂的研究，也有个别报道在纯液态条件下脱氢，如果在这种反应模式上实现突破，将大大促进液态有机物储氢技术的应用进程。

3.4.1.4 芳香烃类储氢介质脱氢催化剂

催化剂的活性组分、助剂和载体的选择对反应的活性和选择性有不同的影响。理论上 Pt、Cr、Co、Fe、Mo、W、Rh、Ru、Ir、Pd、Ni、Ti、Ta、Ag 和 Sn 等金属均可作为有机物脱氢催化剂的活性组分。脱氢催化剂的载体主要有氧化铝、氧化硅、氧化钛、氧化锆、分子筛、活性炭、碳纤维和碳纳米管等。虽然目前液态有机物储氢技术呈现良好的发展势头，但高效低成本脱氢催化剂的低温、高活性、高稳定性、抗结焦失活、可循环利用的研制仍然是目前实现氢能大规模利用的技术壁垒。

下面从贵金属催化剂、非贵金属催化剂和双金属催化剂（多为 Pt-M，M 为另一种金属）对脱氢催化剂进行介绍。

（1）贵金属催化剂

常用于液态有机物脱氢的贵金属催化剂主要有 Ru、Rh、Ir、Pt 和 Pd，尤其以 Pt、Pd 最为常见。有研究表明，贵金属催化剂的反应活性和催化剂中参与反应的价电子中参与配位效应的 d 电子的量成正比，常用的贵金属如 Pt、Rh、Pd 等原子中，这个比例均达到一个较高水平（>0.4），因此反应活性较佳。

Tien 等采用固定床反应器作为评价装置，考察 Pt、Pd 负载到活性碳纤维上作为催化剂，对甲基环己烷的脱氢转化效率。反应条件为甲基环己烷通入速率 4mL/min，反应温度为 300℃时，负载在活性炭纤维上的 Pt 催化剂的脱氢活性和产氢效率要远高于 Pd 催化剂，Pt 催化剂的脱氢转化率为 76%，而 Pd 催化剂的脱氢转化率仅为 20%，这种现象同样可以在环己烷、1-异丙基-4-甲基环己烷和 1,4-二甲基环己烷的脱氢反应中发现。

Sung 等也研究了 Pt 和 Pd 负载在氧化铝和氧化硅上作为催化剂，进行三联苯脱氢反应，发现在 0.5MPa 下，5%（质量分数）Pt/SiO$_2$ 催化剂有着最好的表现。5%（质量分数）Pt 催化剂在液态有机物分子中有较好的分布，使反应物分子向催化剂活性组分的扩散速率大大提高。对比 Pt 和 Pd 催化剂的差异，发现在这种反应体系中，Pd 催化剂的催化活性和 Pt 催化剂相当，但是 Pd 催化剂的稳定性却远不如 Pt 催化剂，这是因为在反应过程中 Pd 催化剂中活性组分逐渐团聚导致失活。

李晓芸等对 Pt 催化剂负载在不同方式处理的活性炭载体上作为催化剂，用于环己烷脱氢反应进行研究。研究发现，采用硝酸处理后再用高温氢气处理的活性炭负载的 Pt 催化剂对环己烷脱氢有最高的转化效率。表征发现，此种方法处理的活性炭虽然表面和体相孔结构未发生改变，但是催化剂表面含氧官能团的种类和数量发生改变，可以促进活性组分在载体上的高分散，从而提高反应活性。

（2）非贵金属催化剂

贵金属催化剂价格昂贵，在很大程度上限制其在工业中的应用，因此近年来也发展了一系列非贵金属催化剂及双金属催化剂，如 Ni、Co、Fe、Mn、Mo 和 Cr 等。

张立岩等采用雷尼镍为催化剂，采用湿-干多相态脱氢模式进行甲基环己烷脱氢的反应，在 523K 的温度下，脱氢转化率可以达到 65%，但有一定的副反应发生。陈卓等采用 20% Ni/γ-Al$_2$O$_3$ 为催化剂，同样用于甲基环己烷的脱氢反应，在空速为 212/h、0.5MPa、653K 的条件下，甲基环己烷的转化效率可以达到 94.58%，产物的选择性接近 100%。苏君雅等制备新型的氧化铝覆炭载体并负载 Ni 作为催化剂，发现该催化剂不论是脱氢活性还是寿命都明显优于氧化铝载体负载的 Ni 催化剂。研究发现，新型载体集成了氧化铝的高活性、高机械强度、活性炭抗氮化物、抗积炭和比表面大的优点，活性组分在载体上的分散度得到提高，抑制结焦导致的失活。

国外研究者也对非贵金属脱氢催化剂展开研究，Biniwale 等采用 Ni 催化剂，湿-干多相态脱氢反应模式，进行环己烷脱氢的反应尝试，在进料量为 8.5mmol/g$_{catmin}$ 时，发现 Ni 催化剂的催化活性很高。Riad 等以镁铝氧化物、氧化铝和铬铝氧化物分别为载体负载钼催化剂，并用于环己烷脱氢反应。研究发现，以氧化铝负载的钼催化剂的脱氢选择性较低，只有 74.5%，镁铝氧化物和铬铝氧化物的脱氢选择性较高，可达到 95%～96%，两种催化剂的高比表面积是导致催化剂活性高的原因，且在这两种催化剂上，MoO$_3$ 和 MgMoO$_4$ 的颗粒在催化剂表面分散均匀，可促进脱氢反应进行。Yolcular 等采用 20%（质量分数）氧化铝负载的镍催化剂，进行甲基环己烷脱氢反应，研究发现镍催化剂的脱氢效果与工业 Pt 催化剂脱氢效果相当。

上述研究表明，非贵金属催化剂中 Ni 催化剂的脱氢反应性能与贵金属催化剂的催化性能较为接近。但是在稳定性上，贵金属催化剂尤其是 Pt 催化剂的稳定性优于非贵金属催化剂，因此非贵金属催化剂在应用上还需要提高其转化率和稳定性。

（3）双金属催化剂

双金属催化剂的协同作用，使其优于单金属催化剂的脱氢活性和寿命，这是因为第二种金属的加入可促进碳氢键断裂，使反应生成的有机物和氢气更易在催化剂表面脱附，促进化学反应向脱氢反应方向进行。双金属催化剂中两种金属活性组分通常以合金或原子团形式存在，降低表面自由能，抑制单一金属在催化剂表面团聚和迁移，从而提高催化剂的稳定性。

Pt 催化剂在环己烷脱氢时具有最好的活性和选择性。Kariya 等报道了在 PCC 载体上负载的 Pt 催化剂中添加 Mo、W、Re、Rh、Ir、Sn 等，均优于单金属 Pt 催化剂，研究发现不能用简单的加和原则，由单组分推测合金催化剂的催化性能。双金属催化剂性能优于单金属催化剂的原因可能是提高的电子云密度促进 C—H 键的断裂，从而促进脱氢反应的进行。在镍催化剂中加入少量贵金属 Ru 或 Pt 均有利于提高催化剂的催化活性，这是因为贵金属的加入，提高氢的溢出效率，促进氢分子的生成和在催化剂表面的脱附。印度国家环境工程研究所的 Biniwale 等研究发现，利用湿-干多相态脱氢反应模式，在脉冲喷射反应器中，采用 20% Ni-0.5% Pt/ACC 催化剂进行环己烷脱氢反应，反应温度为 280～300℃，双金属催化剂的脱氢活性要远高于 20% Ni/ACC 和 0.5% Pt/ACC 两种单金属催化剂。Wang 等采用气相脱氢模式，使用 Pt-Sn/γ-Al$_2$O$_3$ 双金属催化剂，在常压、反应温度为 275～345℃ 时，脱氢转化率达到 98％，氢气选择性＞99％，还考察了 340℃时的脱氢稳定性，在反应体系中加入氢气的条件下，反应 30h，转化率无明显降低。

总而言之，第二种金属活性组分的加入，可以对催化剂的脱氢性能产生较大影响，特别是双金属的协同作用可以有效提高脱氢活性和催化剂稳定性。而从成本上考虑，由于贵金属催化剂价格较高，因此掺杂少量贵金属的双金属催化剂具有很好的应用前景，可以指导催化剂设计的思路。

另外，上述提到的催化剂一般为固态形式，反应一般为气-固或液-固非均相反应。由于非均相反应的接触面积有限，反应速率较低，近年来又发展了反应速率高的均相催化剂，但报道少。例如 Wang 等首次合成均相的 Ir 催化剂，并在此催化剂下研究十二氢乙基咔唑的脱氢性能。Fujita 等发展更高效的铱催化剂，以 2,5-二甲基吡嗪作为储氢材料进行脱氢反应，其逆过程也能在同样的催化剂作用下顺利发生，质量储氢密度为 5.3％，H/S 比值＞30，甚至可以实现无溶剂参与，TON 值也提高到了 4000。

3.4.2　甲醇类

有机醇类，特别是以甲醇为代表的循环储氢分子具有更高的单位质量和单位体积储氢密度以及良好的化学稳定性；其氢能储放反应相关的催化和工程技术发展均较为成熟，条件也相对温和，因此成为备受关注的液态氢储存平台分子。诺贝尔奖得主 George Olah 在"甲醇经济"的构想中将甲醇-H_2 体系视为后油气时代能源战略的关键。随着世界各国氢能应用的逐步推进，甲醇-H_2 能源体系相关的化学化工问题将日渐成为基础研究和技术开发的热点。催化剂的开发与性能的改进是提升甲醇产氢效率、抑制副反应和降低全流程能耗的基础问题。

3.4.2.1　单位储氢密度比较

芳香化合物等可逆储氢分子的储氢质量分数在 5％～7.6％ 之间，体积密度约 45～85kg/m³（图 3.29，区域 1）；NH_3 和甲醇等可循环储氢分子由于可以完全释放分子内的氢，其单位储氢密度显著大于芳香化合物。例如，NH_3 发生直接脱氢反应（图 3.29，区域 2），理论储氢质量分数可达 17％；甲醇直接脱氢理论储氢率约为 12.5％。然而甲醇直接脱氢反应的主产物是 CO，会导致下游氢能应用 Pt 基催化剂中毒失活，因此不能直接加以利用。考虑到下游氢能应用的需求，经过催化重整反应将甲醇分子储存的氢加以释放是更为合理有效的路线。该过程不仅能有效降低制备的燃料气中的 CO 含量，还同时利用储氢分子的还原能力，进一步从水中取得额外 1mol 氢气，从而使甲醇单位质量的储氢密度突破理论上限，进一步提高到 18.75％；在类似的逻辑下，二甲醚、乙醇等分子如能完全重整制氢，则可使其单位质量储氢密度进一步提升至 26％（图 3.29，区域 3）。醇类极高的质量和体积能量密度表明其是一类理想的储能介质，在高效催化重整过程的辅助下，其储能密度可达各类储能电池的 10～50 倍，与现有其他化石能源基本持平（图 3.29）。

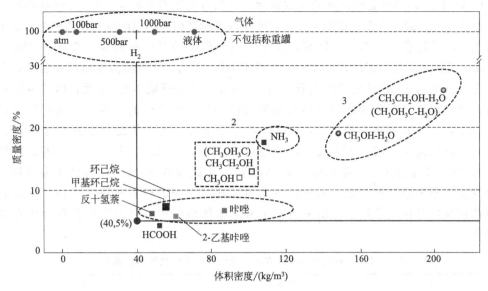

图 3.29　各储能介质的性能比较

3.4.2.2　甲醇-氢能体系的应用

在氢能应用的构想中，基于可再生能源生产的绿色氢能够存储于氢能载体分子（如甲醇）中，实现高效运输、分配和存储，以供下游的加氢站使用或直接加注于分步式燃料电池系统中构建一体化的"甲醇原位制氢-燃料电池"系统。甲醇直接以燃料的形式加注能够避免加氢站建设的巨大成本投入，并发挥与现有的基础设施联用等优势。除此之外，醇重整与高温燃料电池的联用技术路线也被众多科研机构和企业深度开发（图 3.30）。

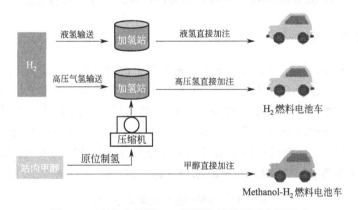

图 3.30　氢气与甲醇-H_2 能源体系的不同应用形式

甲醇作为氢能载体在远距离（>200km）输送经济性方面较直接使用氢气具有较强的竞争力。目前已运行的"高压气态氢输送-高压氢直接加注"的技术路线中，经核算其氢气的成本约为 60~80 元/kg。其中氢气输送成本是其成本偏高的主要原因。与之相比，以年产千兆吨的煤基甲醇为原料，一套规模为 1000m^3/h 的甲醇-蒸汽制氢转化装置制备的氢气成本一般不高 2 元/m^3，重整制氢的成本约 20 元/kg 左右。综合考虑后续流程中的 H_2 提纯、各项设备折旧、人员费用和利润等各项因素，加氢站终端 H_2 的售价预计约为

40～60 元/kg。随着可替代清洁能源的发展，利用可再生新能源将 CO_2 转化制备的甲醇有望替代煤基甲醇，从而真正意义上实现碳中性的能源循环利用网络，但该甲醇的成本未见报道。对于氢能应用的主要终端，氢燃料电池汽车的百公里能源消耗约为 1kg H_2/100km。按前述氢气价格计算，百公里燃料成本约 60 元；目前燃油乘用车百公里能源消耗约为 8L/100km，按最新油价大概 7 元/L 计算，百公里成本为 56 元；所以甲醇氢燃料电池汽车与燃料车在能源消耗消费层面大体持平。但是燃油车百公里消耗的总热值为 255.2MJ，CO_2 排放量经核算约为 18.35kg/100km；对于甲醇氢燃料电池来说，百公里总热值仅需 124MJ，相应的碳排放也仅为 7.3kg/100km（表 3.19）。考虑到氢能汽车在 CO_2 减排层面的优良表现（较燃油车 CO_2 减排约 60%），有助于实现我国在气候变化巴黎大会上的承诺，其推广应用可以获得显著的社会和环境效益。而且随着氢能的普及以及相关政策法规的完善，甲醇制氢体系较传统燃油车的竞争力还有望进一步提升。

表 3.19　甲醇氢燃料电池汽车与燃油车的经济性和碳排放比较

项目	燃油车	甲醇氢气车
100km 耗能	8L	1kg
单价	约 7.0 元/L	60 元/kg
总价/元	56	60
单位热值	31.9MJ/L	124MJ/kg
总热值/MJ	255.2	124
CO_2 排放量/kg	18.35	7.3

在不远的将来，使用甲醇替代分子氢有望构建更加经济便捷安全清洁的氢气供应消费网络。其中决定甲醇-氢能源体系成功与否的关键反应之一是甲醇催化产氢。

3.4.2.3　甲醇产氢反应

从分子层面分析，甲醇产氢反应的本质是将分子内的全部氢原子释放的过程，这其中主要涉及的化学变化包括 C—H、O—H 键等化学键的解离以及碳原子从低价经多步反应氧化为 CO_2。在甲醇制氢反应中氧化剂的选择对制氢反应的热力学、产氢效率和反应器的设计优化和反应条件均会产生显著的影响。水和分子氧是最常见的氧化剂。根据引入氧化剂的特点，目前广为研究的甲醇制氢反应主要分为以下几种实现形式：甲醇水蒸气重整（SRM）、甲醇氧化重整（OMR）和甲醇部分氧化（POM）等（表 3.20）。

表 3.20　甲醇制氢方法优劣势比较

序号	反应类型	反应式	优势	劣势	技术成熟度
1	SRM	$CH_3OH(g)+H_2O(g) \Longrightarrow CO_2+3H_2$；$\Delta H=49.7kJ/mol$	产氢量高（75%）	较耗能，启动慢	成熟
2	OMR	$CH_3OH(g)+x/(x+y)H_2O(g)+y/2(x+y)O_2 \Longrightarrow$ $CO_2+(3x+2y)/(x+y)H_2$；$\Delta H^{\ominus}=(49x-192y)/(x+y)kJ/mol$	易于启动、反应迅速	出口氢浓度（41%～70%）*、操作复杂	开发中
3	POM	$CH_3OH(g)+1/2O_2 \Longrightarrow CO_2+2H_2$；$\Delta H^{\ominus}=-192kJ/mol$	易于启动、反应迅速	出口氢浓度低（41%）*、存在热点致催化剂失活	开发中

　　根据化学计量关系，甲醇与水反应的重整制氢过程（SRM）能在释放甲醇分子内全部氢的同时实现水中取氢，并获得额外 1mol 水中的氢气。重整气中氢气浓度在三类制氢方法中最高（75%）（表 3.20，序号 1）。但是甲醇-水重整制氢过程在热力学上是一个高温有利的吸热反应（$\Delta H = 49.7 \text{kJ/mol}$），目前实际应用和基础研究中报道的甲醇-水重整制氢过程的工作温度一般高于 250℃。相对较高的工作温度和气化单元的存在导致分布式甲醇制氢系统在启动工况下的响应较慢。然而，对于连续现场制氢、现制现用的工业化应用来说，如作为加氢站氢气来源的前端，SRM 制氢技术的 H_2 含量高、技术成熟，是当前制氢反应的最佳选择。

　　以氧气部分或完全替代水作为氧化剂可以显著改变甲醇制氢反应的反应热力学。当反应气氛中分子氧的含量超过水浓度的 1/8 时，甲醇制氢反应即转化为放热反应。利用这一方式开发的空气-水-甲醇共进料的制氢过程被称为甲醇氧化重整，或甲醇自热重整（OMR）；如完全使用空气作为氧化剂，则反应称为 POM 制氢。上述过程在实际体系中响应较快，大幅提升能源利用效率，减少附加装置的配备，简化工艺流程。根据表 3.20 中化学反应计量关系，自热重整过程中每摩尔甲醇能产生 2～3mol 氢。由于氧化重整是以空气为氧化剂，每摩尔氧气的消耗就会引入 1.88mol 的 N_2，导致出口氢气的浓度在 41%～70%。对于 POM 制氢来说，每摩尔甲醇仅能获得 2mol 氢，实际出口氢气的浓度仅为 41%。在甲醇制氢中引入氧化剂，虽然制氢能耗降低，但是氢气选择性的控制较水蒸气重整难度大幅提高，易出现过度氧化的产物；另外空气作为氧化剂，也可能导致氮氧化物等环境污染物生成；同时氧化放热反应对反应器换热要求较高，催化剂容易在局部热点的影响下烧结失活。OMR 或 POM 制氢的技术还处在开发中，尚未实现产业化。

　　经过比较可知，在多种甲醇制氢方式中甲醇-水重整制氢反应产氢率高、选择性控制简便，是目前催化剂合成和工艺开发较为成熟的领域。从工程层面，甲醇重整前期启动所需要的能量可以通过耦合小型储能电池的方式加以解决。因此，接下来将主要针对甲醇重整制氢催化剂的研究进展和面临的挑战进行进一步的阐述。

3.4.2.4　甲醇-水重整制氢催化剂的进展

（1）甲醇水蒸气重整

　　甲醇-水重整制氢催化剂的开发和改进对分布式加氢站现场制氢模式的推广具有重要的推动作用。目前，商业化 $Cu/ZnO/Al_2O_3$ 催化剂在 SRM 制氢应用中得到了广泛的认可，是目前应用的主流。催化剂的助剂、载体酸碱性等改性策略的研究也大幅度提升了 Cu 基催化剂在 SRM 制氢中的催化活性和稳定性。商用 SRM 产氢技术能够在连续工作状态下实现在 10～10000m^3/h（标准状态）规模内的产氢，产能灵活可调。Cu 基催化剂面临的主要问题是其在间断的启停状态下稳定性不够理想，尤其在水蒸气凝结状况下极易失活。为此科学家也针对性地研究了以铂族贵金属为活性中心的负载型催化剂，以提高催化剂的稳定性。然而，受贵金属本征催化性质的影响，贵金属甲醇重整催化剂上 C—H、C—O 键解离速率相对偏高，甲醇分解、氢解、甲烷化等副反应选择性高，制备的氢气中 CO、甲烷等副产物含量远高于传统铜基催化剂。Sá 等按 Cu 基催化剂和铂族贵金属催化剂的 SRM 的催化剂进行了详尽的归类和催化性能列举；Palo 等不仅对甲醇重整的催化剂技术进行了阐述，同时对重整反应器的设计、甲醇重整制氢-燃料电池氢能应用技术、其他储氢材料-燃料电池氢能应用技术与甲醇直接燃料电池等技术路线的优劣势进行了对比剖析。鉴于 SRM 已有的诸多综述报道，本文将主要关注近期新兴的甲醇-水液相重整制氢体系的优势、催化剂的设计和开发以及催化机理。

(2) 甲醇水液相重整制氢催化剂的开发

醇类-水液相重整产氢是 Cortright 等于 2002 年首次提出，在该过程中反应物不经气化，直接以液态的形式发生重整反应产氢。与传统水蒸气重整反应相比，液相重整反应减少了反应物气化的步骤，流程更为紧凑，能耗较低（图 3.31）。同时，在液相反应条件下，产物中残留的 CO 的浓度较水蒸气重整大大降低，有望在后续 H_2 纯化步骤中精简水煤气变换或甲烷化氢气净化提纯装置，直接通过 CO 选择性氧化或 Pd 膜反应器等手段联用获得高纯氢，是一种广受关注的醇类制氢新体系。

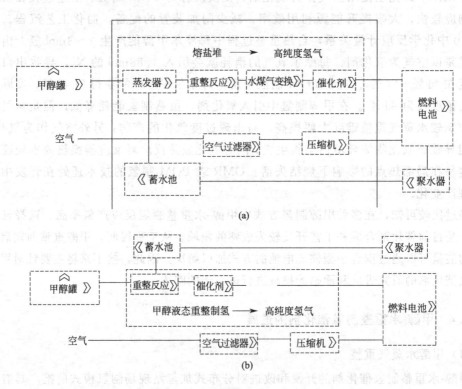

图 3.31 甲醇-氢燃料电池一体化

① 负载型多相甲醇重整制氢催化剂 Cortright 等比较了甲醇、乙二醇、甘油、葡萄糖等生物质基醇类的液相催化重整产氢行为。以 3% Pt/Al_2O_3 为催化剂在 220℃条件下反应，甲醇-水液相重整产氢的速率为 $4×10^4\mu mol/(g \cdot h)$，氢气的选择性为 99%。该催化剂在反应温度相同的水蒸气重整固定床反应器中，副产物 CO 的选择性高达 70%，充分说明在液相反应条件下更有利于 CO 发生水煤气变换，实现水中取氢。Sn 修饰非贵金属 Raney-Ni 在液相重整中表现出和贵金属 Pt 接近的催化活性和选择性，在 Sn/Ni 的原子比为 1：14 时表现出最优的催化活性。研究者对催化剂载体的酸性、金属中心对重整的影响也进行了广泛的对比研究，发现酸性载体和酸性溶液有利于重整中烃类的生成，降低了

H_2 的收率；Pt、Pd、Ni、Sn 等金属中心有利于重整产氢反应的发生，而 Ru、Rh 等金属倾向于解离醇类 C—O 键，利于烷烃的生成，Mo、Fe 等助剂则能有效提升 Pt/Al_2O_3 催化剂的重整产氢活性。在此基础上，Miyao 等对 PtRu 双金属甲醇水液相重整活性的载体效应进行了评价，发现在 SiO_2、Al_2O_3、TiO_2、MgO、CeO_2 和 ZrO_2 等载体中，TiO_2 负载的 PtRu 双金属合金在 80℃ 表现出最高的活性和选择性（$nCO_2/n(CO_2+CO) >$ 90%）。Park 等发现，TiO_2 载体上均匀分散的 MoO_x 纳米团簇能够显著提升 Pt 基催化剂的活性，在 190℃ 下产氢速率达 $800h^{-1}$，副产物选择性 CO/CO_2 和 CH_4/CO_2 均小于 1%。在压力变化对反应性能影响的研究中发现，$Pt-MoOx/TiO_2$ 和 $Cu/ZnO/Al_2O_3$ 催化剂的产氢活性与压力表现出反相关，这个结果与其他报道的 Pt 基催化剂不同，其具体成因仍需进一步研究加以解释。

　　研究者观测到甲醇在水汽重整产氢过程中的中间物种主要为甲醛、甲酸甲酯或甲酸三类（图 3.32）。由于高温液相红外原位检测催化剂表面物种存在技术困难，Miyao 等根据水汽重整的机理认识，将可能的中间物种甲醛、甲酸甲酯或甲酸分别作为液相重整的反应物来进行反应。将对应反应的产物选择性与 $PtRu/TiO_2$ 催化剂催化甲醇水液相重整的选择性进行比较（表 3.21）发现，以甲酸甲酯为反应物时，产物中 CO_2 的选择性与甲醇为反应物时最为相近（约 80%）；而以甲酸和甲醛为中间物种时，CO_2 的选择性分别仅为 54% 和 12%，远远偏离原始反应的催化选择性。由此他们推测甲酸甲酯是 $PtRu/TiO_2$ 催化剂在甲醇水液相重整反应过程的主要中间物种。然而，研究者在讨论中忽略了甲醇可以经过催化脱氢形成中间物种 CO，而 CO 再经水汽迁移反应（$CO+H_2O \longrightarrow CO_2+H_2$）形成 CO_2 的反应路径。

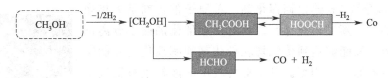

图 3.32　甲醇水液相重整的可能中间物种

表 3.21　甲醇水液相重整可能中间物种的测定

反应物	支持	形成率 μmol/(h·g)			二氧化碳选择性/%
		H_2		CO	
CH₃OH-H₂O	TiO_2	211.2	8.4	61.2	87.9
	SiO_2	123.2	10.2	26.6	72.4
HCHO-H₂O	TiO_2	777.6	1008.0	147.6	12.8
	SiO_2	618.4	794.0	32.8	4.0
HCOOCH₃-H₂O	TiO_2	654.0	235.2	806.4	77.4
	SiO_2	453.2	145.6	527.4	78.4
HCOOCH-H₂O	TiO_2	934.8	1038.0	1215.6	53.9
	SiO_2	721.2	0.0	863.0	100.0

　　② 均相甲醇制氢催化剂　均相催化剂也可以用于催化甲醇产氢反应，Nielsen 等开发了由三苯基膦胺基等有机配体稳定的单核 Ru 均相催化剂，在 91℃ 时催化剂的产氢速率达到 $2668h^{-1}$，是目前报道的 90℃ 下甲醇产氢反应的最高产氢速率。然而，该产氢过程并非严格的甲醇-水重整，而是采用高浓度的氢氧化钠作为甲醇脱氢的氧化剂，反

应式可以写为 $CH_3OH + 2NaOH \Longrightarrow 3H_2 + Na_2CO_3$，即每产生 3mol 的氢气就需消耗 2mol 氢氧化钠，即反应介质中的碱是甲醇产氢的牺牲剂。因此，在甲醇脱氢过程中氢氧化钠的浓度会发生持续改变，随着碱浓度的降低，催化剂活性会发生断崖式下降。因此，虽然 Ru 配合物催化剂在 100℃ 以下实现了高效产氢，能够与低温质子燃料电池在温度上完美匹配，但是反应体系所需的高碱性环境以及碱的消耗是均相催化剂在后续应用推广中面临的难题。

机理研究充分揭示了碱性试剂对于反应的关键作用。在配合物中，Ru 金属中心是催化甲醇分子 C—H 键断裂的活性中心，而三苯基膦胺基配体是甲醇分子中—OH 键或溶剂中—OH 键的活化中心。从反应机理图中可发现，在形成甲醛中间物种时，为了有效抑制中间物种甲醛的分解形成副产物 CO，溶液中的羟基物种对 C 端的进攻是必不可少的；同时羟基也是在温和条件下移除 N 原子上的 H，再生 O—H 键解离中心的关键。溶液中高浓度的 NaOH 提高了反应介质中 OH⁻ 的浓度，极大促进了 Ru 有机配合物催化反应速率。金属 Pincer（一种金属配体的类型，一个配体中有两个以上位点与金属进行配位）类配合物高效的甲醇制氢性能主要源于其配合物独特的双中心结构以及金属 Ru-N 双功能中心之间合适的几何距离和空间结构（图 3.33）。

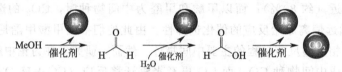

图 3.33　催化甲醇液相产氢

③ 原子级分散 Pt/碳化钼催化剂　单原子催化剂是近年来提出和发展的一类新型催化体系。具有多相催化剂便于分离再生的固有优势，又能够达到传统均相催化剂和酶催化剂才能实现的百分百金属原子利用率。基于对传统甲醇液相重整反应多相与均相催化剂的理解，笔者课题组以原子级高度分散的 Pt 模拟配合物中的金属中心，以新型立方相 α-MoC 为载体构建了双功能的负载单原子催化剂（图 3.34）。Pt/α-MoC 在甲醇水液相重整反应表现出超高的产氢活性，且无需碱性溶液作为助剂，在 190℃ 下其单位 Pt 中心产氢活性高达 18064h⁻¹。原子级分散的金属中心铂完全暴露在表面，使活性位密度最大化，进一步

图 3.34　Pt/α-MoC
催化剂的结构

提升催化剂的产氢效率。该催化剂上 CO 副产物的选择性<1%，对后续氢气的分离提纯要求较低，表现出了一定的应用前景。扩展 X 射线吸收精细谱证明 Pt-Mo 配位数达 2.6，说明在还原性气氛甲烷-氢的作用下，铂与载体 α-MoC 会形成化学键，是二者之间存在载体金属强相互作用的表现。原位 XPS 和 X 射线近边吸收光谱（XANES）表征显示 Pt/α-MoC 催化剂上 Pt 表现出极强的正电性，表明强相互作用会诱导电子转移，使 Pt 的电子密度降低，更有利于重整反应。

Pt/α-MoC 催化剂对甲醇-水重整反应的机理研究主要是通过程序升温表面反应（TPSR）方法与理论计算相结合完成的（图 3.35）。Pt/α-MoC 催化剂的高效产氢活性和高选择性与其微观反应路径密不可分。通过甲醇-水在 α-MoC 表面的 TPSR 实验，可以发

现 α-MoC 具有优异的水和甲醇中—OH 键的解离活性（166℃），因为此时 H_2 的生成未伴随含碳物种的生成；而 CO_2 产物只在更高的反应温度下才被检出，说明甲醇中 C—H 键的断裂在 α-MoC 上能垒远高于 O—H 键解离。与之相比，Pt/α-MoC 的 TPSR 实验表明甲醇重整反应在 115℃时即发生，大量 H_2 的生成伴随着 CO_2 的产生，说明原子级分散的 Pt 是甲醇分子中 C—H 键活化的中心。对比 Pt/α-MoC 甲醇 TPD 的实验现象，可以推测水分子在 Pt/α-MoC 体系中对重整制氢反应的发生具有重要的推动作用。结合对照组 Pt/Al_2O_3 TPSR 的实验结果，我们可发现如果载体没有优异解离水能力用以促进水煤气变换反应的发生，则甲醇的主要反应路径是分解形成 CO 和氢气。TPSR 实验结果说明了 Pt/α-MoC 具有类似于 Ru 有机配合物催化剂的双功能性质，Pt-α-MoC 的协同作用促进了甲醇-水重整制氢反应的高效进行［图 3.35(a)～(d)］。

在此认识基础上构建催化剂模型再结合理论计算，可从原子角度更深层次理解催化反应路径。理论计算证实了甲醇分子主要在原子级分散的金属中心铂原子上发生 C—H 键断裂（0.57eV），且形成吸附态的 Pt—CO；载体 α-MoC 解离水至 OH 的能垒仅为 0.56eV，出色的低温解离水能力促进表面形成高覆盖度的 OH。甲醇分解至 CO、水解离形成 OH 两个基元步骤极低的能垒和高度匹配的速率促进了 Pt-Mo 界面处高效水煤气变换反应的发生，生成 CO_2 和 H_2 释放催化活性位（图 3.35）。

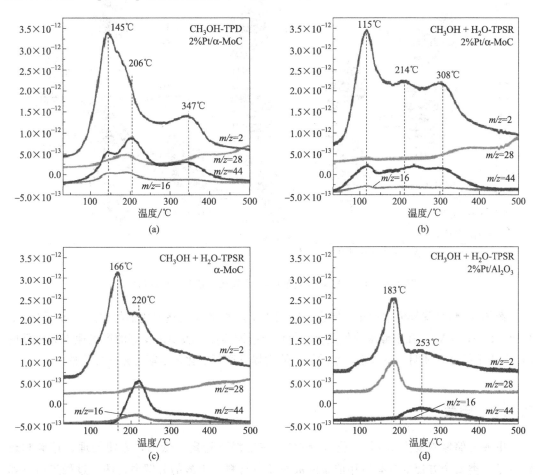

图 3.35

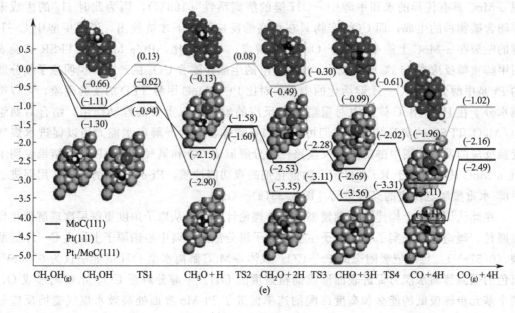

(e)

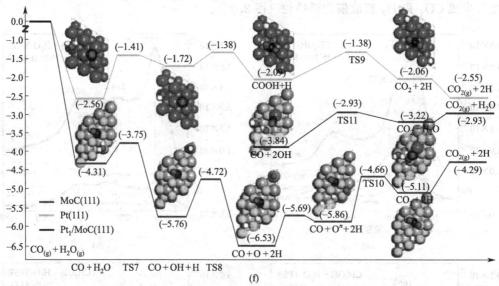

(f)

图 3.35 Pt/α-MoC 催化剂甲醇-水液相重整制氢机理研究

载体 α-Mo C 优异的水活化性能也可以用于甲醇水蒸气重整催化剂的改进。最近 Cai 等报道，Pt-Zn/α-MoC 在甲醇水蒸气重整制氢反应中同样可以表现出良好的产氢速率和极低的 CO 杂质选择性，证明了通过强化水的活化能力提升产氢催化剂性能思路的可行性。

3.4.3 甲酸

甲酸的储氢密度为 4.4%（质量分数），在室温下稳定、低毒，方便处理、存储和运输，是一类安全方便的具有应用前景的液态储氢材料。甲酸的分解通过两个过程进行（如图 3.36），反应(1)中甲酸可以分解成 H_2 和 CO_2，反应(2)中甲酸分解成水和 CO，在应用中要严格控制反应（2）过程的发生。

$$HCOOH \longrightarrow H_2 + CO_2 \qquad (1)$$
$$HCOOH \longrightarrow H_2O + CO \qquad (2)$$

图 3.36 甲酸的放氢过程

3.4.3.1 均相催化过程

早期对于甲酸脱氢的研究并不是针对其潜在的储氢性能的，自 2008 年开始甲酸作为储氢材料的研究才逐渐得到重视。相关工作主要由 Beller 和 Laurenczy 课题组分别独立开展研究。在均相催化的体系中，Beller 课题组研究了一系列 Rh 催化前提和不同配体的催化活性，他们发现以 $RhBr_3 \cdot xH_2O$ 和 $RhCl_2(PPh_3)_3$ 作为催化剂前体具有较高的催化效率，在 40℃ 条件下，没有检测到副产物 CO 的产生，TOF 可以达到 300/h。Beller 课题组进一步的研究发现，基于 $RuCl_2(C_6H_6)_2$ 为催化剂，1,2-双(二苯基膦)乙烷(dppe) 为配体的催化体系，可以实现 TON 达到 260000 且平均 TOF 为 900/h，同时主要的副产物 CO 也没有检测到。考虑到贵金属催化剂的高价性，Beller 课题组开发了一种高活性的铁基催化剂，用于甲酸的分解（TOF：在 80℃ 下为 9425/h）。

从 CO_2 的氢化中再生甲酸需要在碱性环境中运作，有利于甲酸稳定地生成。加氢处理后去除碱不是必须的，因为甲酸的分解也需要碱。Rh，Ru 和 Ir 为基础的均相催化剂得到了较深入的研究。Leitner 课题组研究发现 Rh 催化剂，在不同的配体存在下可以有效地催化 CO_2 加氢反应。Himeda 课题组发现在适当的 pH 下，催化 CO_2 加氢反应，不仅表现出很高的反应活性，同时催化剂也容易分离，可以实现催化剂的回收利用。为了能够实现甲酸可逆的加氢和脱氢反应，Hull 课题组发展了第一例可逆的循环系统，采用 Ir 作为催化剂（如图 3.37）。

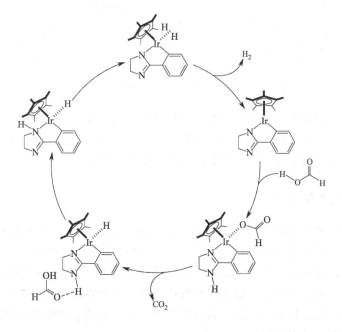

图 3.37 Ir 均相催化剂分解甲酸产氢机理图

虽然以贵金属 Ru、Ir、Rh 为主的均相催化剂在甲酸分解产氢过程中取得了进展，但这类金属储量有限且价格昂贵。因此人们对储量丰富、低成本的非贵金属均相催化剂进行了研究。2010 年，Beller 制备了一种 $[Fe_3(CO)_{12}]/PBn_3/TPY$ 催化剂，应用到甲酸产氢反应中时，催化剂展现出优异的活性和稳定性。随后，他们制备了一种 $Fe(BF_4)_2 \cdot 6H_2O$ 为前驱体、PP_3 为配体的 Fe 基均相催化剂，用于无任何添加剂的甲酸产氢反应，展现出优异的活性。对其催化机理进行探究，发现在甲酸分解产氢过程中 CO_2 解吸是反应的决速步（图 3.38）。2014 年，Hazari 等制备了一种路易斯酸为共催化剂的 Fe 均相催化剂，在甲酸产氢反应中展现出超高的活性。实验证明路易斯酸对 $Fe\text{-}COO^-$ 中间体的脱羧过程至关重要。此后，Zaccheria 等研究了 Cu 基配合物在甲酸/胺混合体系中的催化性能。结果表明，胺的浓度极大地影响催化剂在甲酸产氢过程中的选择性。

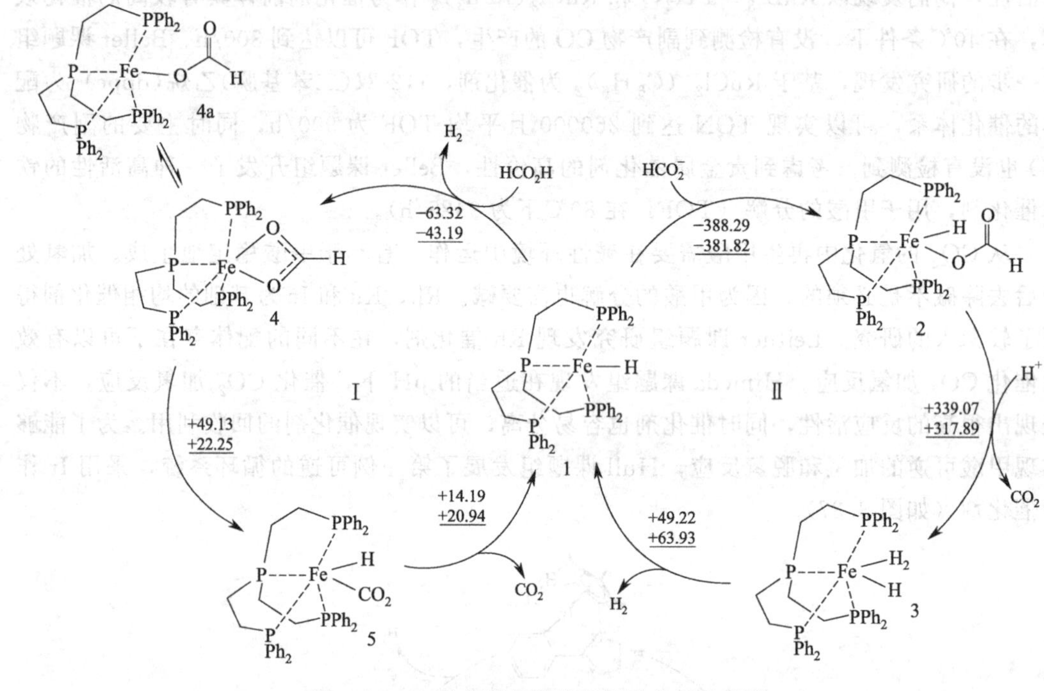

图 3.38　Fe 均相催化剂分解甲酸产氢示意图

在人们不断的研究中，甲酸产氢的均相催化体系取得了可观的进展。但均相催化剂难以回收再利用，且在制备过程中使用了大量有机物，影响环境。因此，开发易分离、可回收利用的非均相催化剂成为了当前甲酸产氢中的研究热点。

3.4.3.2　非均相催化过程

在早期的多相催化剂研究中，使用贵金属 Rh、Ru、Ir 等催化剂催化甲酸分解产氢时，所需温度通常都较高（>95℃），但其活性仍然较低，有时在产氢的过程中生成一氧化碳。近年来，针对分解甲酸产氢反应，人们设计了一系列以 Pd 为活性金属的非均相催化剂，并取得了一定的进展，且催化剂在较低温度下也展现出优异的产氢活性。目前，研究人员旨在设计温和条件下，高效、高选择分解甲酸产氢的非均相催化剂，并分别从活性金属和载体两方面设计催化剂（图 3.39）。

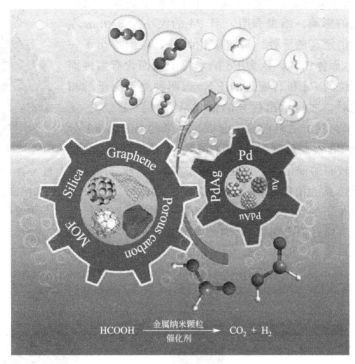

图 3.39　甲酸分解产氢的非均相催化剂示意图

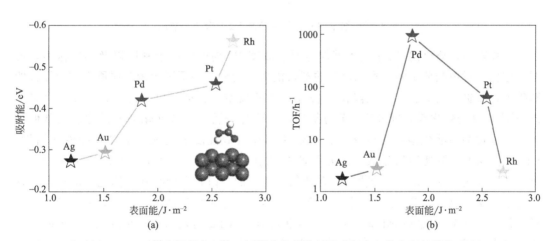

图 3.40　不同金属的表面能、吸附能与催化甲酸分解产氢能力之间的关系

（1）金属组成和结构设计

研究表明，与 Ag、Au、Pt、Rh 相比，Pd 的（111）面对甲酸分子具有合适的吸附能，使得 Pd 具有最佳的分解甲酸产氢能力（图 3.40）。众所周知，在以金属纳米粒子为催化位点的反应体系中，金属粒子的大小以及表面体积比直接影响其催化性能。超小的金属粒子可暴露更多的活性位点，当金属粒子尺寸较小时，其表面能将大幅提高，导致其在催化过程中易团聚。因此，研究人员利用不同的策略制备一系列超细的 Pd 基纳米催化剂，并通过合适的载体进行固定。这类载体通常有金属有机框架（简称 MOF）、分子筛、石墨烯、多孔碳等。

2016 年，Yamasshita 等系统地报道了 Pd 粒子的尺寸效应对甲酸分解产氢的影响。结果表明，当 Pd 的大小为 3.9nm 左右，催化剂展现出超高的活性。通过理论计算，他们提出了一种 Pd 纳米粒子八面体结构，认为 Pd 纳米粒子表面含有两种原子，分别是低配位的 Pd 和高配位的 Pd，当两种类型原子的相对比例达到最优时，才显示出优异的催化活性（图 3.41）。随后，Yu 等利用水热的方法将前驱体合成为纳米的 silicalite-1 分子筛负载高分散 Pd 簇催化剂（Pd/S-1-in-K），并展现出 100% 的产氢选择性和较高的催化产氢活性（图 3.42）。此外，向催化剂中引入的碱性位点会使催化活性大幅提高。由此可见，仅通过调控金属纳米粒子的尺寸效应，并不能满足提高甲酸产氢活性的要求。研究表明，催化剂中 Pd 纳米粒子的大小与甲酸产氢活性之间呈火山型关系，即还需考虑其他因素对催化的影响。

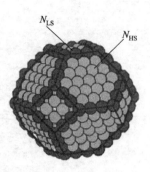

图 3.41 Pd 粒子表面上高配位原子与低配位原子的相对比例示意图

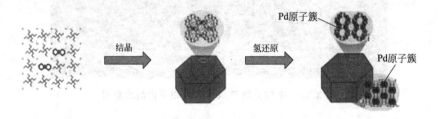

图 3.42 纳米沸石分子筛负载 Pd 簇合成示意图

研究表明，通过向 Pd 中引入其他金属可改变 Pd 周围的电子密度以及晶格张力，可调控催化剂对甲酸分子的吸附和氢气的解析能力。此外，在不影响贵金属原有催化活性的基础上，非贵金属的引入可以降低制备催化剂的成本。目前，以 Co、Ni、Au 等金属与 Pd 形成的合金催化剂，也可使甲酸分解产氢。研究表明，合金催化剂的活化能通常低于单金属催化剂的活化能，使得这些合金催化剂在较低温度下也展现出较高的催化活性。Sun 等合成了一系列均匀分散、成分可调的 AgPd 纳米合金催化剂，并用于甲酸分解产氢。结果表明，单一的 Ag 催化剂没有产氢活性，而 AgPd 合金有利于催化反应进行，且合金中金属的成分影响着活性。随后，Yan 等通过简单的溶液浸渍和还原，制备了一系列具有代表性的单/双金属 Pd 基催化剂。结果表明，当 Pd 与表面能较小的 Au 结合时，形成了最小粒径的合金纳米粒子催化剂，同时展现出最优的催化活性。理论计算表明，甲酸分解产氢的各反应步骤在 Pd(111) 面上的反应能垒与合金 Au/Pd 的比例有直接关系，其中 Au1Pd1 具有较低的反应能垒（图 3.43）。由此可知，充分考虑金属催化剂的电子结构和理化性质是设计高效催化剂的根本所在。

除了催化剂中金属的电子结构和理化性质会影响甲酸分解产氢活性，金属的形貌结构也会影响其催化性能。2015 年，Zheng 等通过简单的方法分别制备了两类微观形貌不同的 Pd-Au 纳米棒（Pd-Tipped Au NRs 和 Pd-Au NRs），并用于室温光催化甲酸分解过程（图 3.44）。结果发现，Pd-Tipped Au NRs 中双金属诱导的界面相互作用使能量更加集中，是提升催化活性的主要因素。

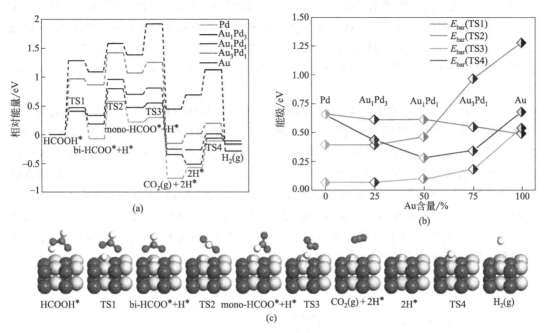

图 3.43 Au_xPd_y 分解甲酸产氢的 DFT 计算

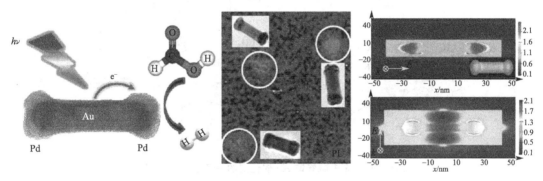

图 3.44 Pd-Au 纳米棒光催化甲酸产氢示意图

（2）载体组成和性质设计

对于负载型催化剂，载体的性质直接影响催化过程。研究表明，在催化剂制备过程中，选择表面积和孔隙率大的载体，不仅可利用其空间限域作用控制纳米粒子的成核和生长，还可以通过调控载体与活性金属之间的相互作用，调控催化剂的催化性能。Bulushev 等系统研究了不同的金属氧化物载体（ZrO_2、Al_2O_3、CeO_2、La_2O_3、MgO）对 Au 催化剂分解甲酸产氢的影响。结果表明，催化剂的催化活性依赖载体中阳离子的电负性，且二者呈钟形关系，其中 Au/Al_2O_3 展现出最佳的产氢活性。由此可知，载体表面的酸碱性影响催化活性。Cao 等报道了一种耐酸性载体固定亚纳米金的催化剂（Au/ZrO_2），并用于甲酸产氢反应。结果表明，催化剂具有高氢气选择性，25℃下 TOF 值达 252/h，并通过动力学同位素实验进行机理研究，发现甲酸脱氢过程中，甲酸分子中 O—H 键的断裂影响催化剂的氢气选择性，C—H 的断裂影响活性。在此基础上，他们又报道了一系列 Au 纳米粒子与不同晶型 ZrO_2 结合的催化剂（$Au/m\text{-}ZrO_2$、$Au/t\text{-}ZrO_2$ 和 Au/

α-ZrO_2），并用于无添加剂的甲酸产氢反应。对催化剂进行 CO_2-TPD 和 DRIFT 分析后发现，与另外两种催化剂相比，Au/mZrO_2 表面具有更多的碱性位点，这些碱性位点促进了甲酸的脱质子过程（O—H 键的断裂），在动力学上促进了甲酸分解产氢的发生。这些研究说明催化剂中的载体效应对催化活性影响较大，且载体上的碱性位点有利于甲酸分解产氢。

除了载体上原有的碱性环境，碱性添加剂也有利于甲酸分解产氢。Zhang 等报道了一种席夫碱修饰的 SiO_2 锚定 Au 的催化剂（图 3.45），展现出优异的催化产氢活性。此外，在碳骨架中引入 N 原子也能促进甲酸分解产氢。Cao 等报道了一种 Pd 分散于吡啶 N 修饰的碳骨架上的催化剂，用于甲酸分解产氢。结果表明，优异的催化性能归因于催化剂表面富电子吡啶氮对 Pd 周围电子密度的调节作用。随后，Xu 等以 MIL-101 为前驱物，通过热解制得了氮掺杂介孔碳载体，发现 Pd/CN 展现出超高的室温催化产氢活性，这归因于催化剂中的 N 对甲酸分子的强吸附作用。由此可见，以不同方式制得的功能化载体可从不同角度促进催化反应的进行。

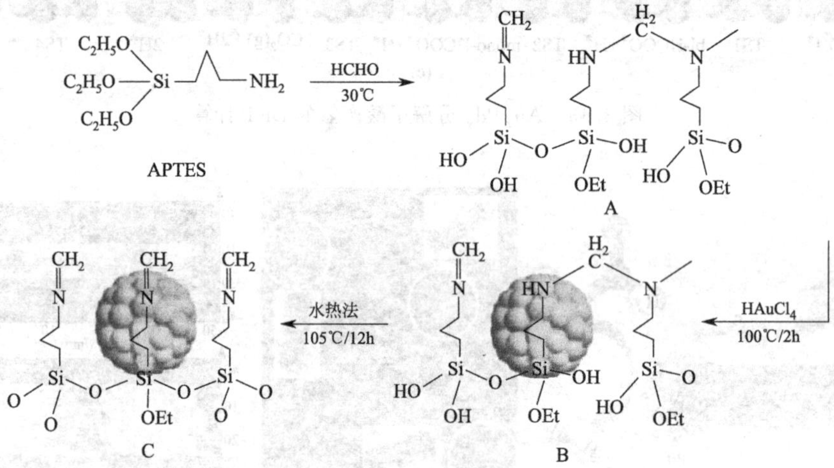

图 3.45　席夫碱修饰 Au 催化剂的制备过程示意图

尽管研究人员在催化甲酸产氢领域取得了显著进展，但在大规模应用甲酸产氢过程中仍需做出巨大努力。在催化剂合成方面，还需从催化剂活性中心的电子结构、载体的微观结构出发，设计出温和条件下具有更高效、高氢气选择性的催化剂，并从经济方面出发，应设计非贵金属取代贵金属的催化剂。

3.4.4　水合肼

肼（N_2H_4）是无色易燃液体，其储氢密度高达 12.5%，主要用作火箭、太空舱的推进剂，在国防军事上极具应用价值。肼在金属催化剂催化反应下过于剧烈，容易发生爆炸，因此出于安全考虑，肼不宜直接作为氢源。肼与水的复合物——水合肼（N_2H_4·H_2O），性质较为稳定、安全性更好，水合肼的含氢质量分数高达 8.0%，更适合作为氢源。水合肼能用现有的液体燃料的基础设施进行储运，具有补给、运输和储存方便等优点。水合肼在室温下相对密度为 1.032g/cm^3，是一种无色透明的液体，沸点为 118.5℃，能与水和乙醇混溶，但不溶于乙醚和氯仿。具有一定的挥发性、吸湿性、腐蚀性、渗透性、碱性和还原性，常被用做还原剂以及医药、燃料和抗氧化剂的主要原料。作为储氢材料，水合肼的有效成分为肼，在催化剂作用下，它完全分解为 H_2 和 N_2，不完全分解为 N_2 和 NH_3。

值得注意的是，水合肼中存在肼分子与水的氢键，因此在温和条件下分解的难度会增加，在放氢过程中，水的不断积累会使催化剂的活性逐渐降低，因此，开发高效、高选择性的水合肼分解产氢催化剂充满挑战，对于水合肼的实际应用具有重要意义。

3.4.4.1　单金属催化剂

（1）贵金属

2006 年，Cho 课题组通过使用重复浸渍法将 Ir 纳米颗粒分散在氧化铝、铝土矿和沉淀氧化铝等载体上，形成铱负载的高效催化剂（质量分数 29%～35%，纳米颗粒尺寸为 2nm），用于催化水合肼产氢催化反应，他们制得的催化剂在无氧条件下催化水合肼分解的氢气选择性大于 91%，当反应温度超 300℃时，氢气选择性可达 100%。

2009 年，Xu 课题组提出利用十六烷基三甲基溴化铵（CTAB）稳定的 Rh 纳米颗粒（NPS）作为催化剂，在室温下催化水合肼分解产氢，其氢气选择性达到 43.8%。当制备过程中加入 CTAB 时，Rh 纳米颗粒的尺寸从 16nm 降低到 5nm，其催化水合肼分解产氢的活性能提高 3 倍。在相同的反应条件下，他们还分别测试了贵金属 Ru、Ir、Pt、Pd 和非贵金属 Co、Cu、Ni、Fe 等纳米颗粒催化水合肼分解产氢的性能，发现 Ru、Ir 和 Co 纳米颗粒有一定的活性，但是选择性低于 7%，而 Pt、Pd、Cu、Ni、Fe 等纳米颗粒在相同反应条件下完全没有活性（如图 3.46 所示）。结合表征发现，相对于 Rh 纳米颗粒 Ru、Ir 和 Co 纳米颗粒更倾向 N—N 键的活化而非 N—H 键，导致产生更多的氨，因而表现低的氢气选择性。

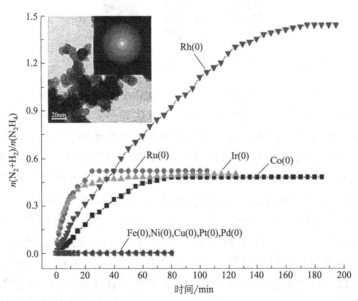

图 3.46　合肼分解产氢，生成的气体与时间的关系图

（2）非贵金属

上述的一些 Ir、Rh 等金属纳米粒子都表现出一定的制氢选择性，但所使用到的 Ir、Rh 等贵金属价格都很高，因此，亟须找到可替代的高选择性、高活性的非贵金属纳米催化剂。Ni 纳米颗粒在室温下对水合肼分解制氢没有活性，但是加入载体 [例如金属氧化物、钛酸酯纳米管（TNT）等] 或合适的助剂（KOH、NaOH），会使 Ni 纳米颗粒或其他非贵金属纳米粒子的催化活性和氢气选择性有不同程度的提升。

Zhang 课题组利用 Ni-Al 水滑石作为原料，通过共沉淀法，得到可以在常温下完全分解水合肼的单金属催化剂 [Ni（质量分数 78%）-Al_2O_3-HT，HT 代表类水滑石结构]。与普通浸渍法（IMP）制备的 Ni/Al_2O_3-IMP 催化剂相比，Ni-Al_2O_3-HT 的金属粒子尺寸不仅从 38nm 缩小到 3～5nm，且在 30℃ 时仅需 70min 就能完全反应，时间缩短了 6 倍，氢气选择性也从 66% 提升 93%（如图 3.47 所示）。Varma 课题组通过固溶燃烧法制备了 Ni/CeO_2 催化剂，通过调节前驱体（硝酸镍和硝酸铈铵）的比例以及燃料（水合肼和甘氨酸）与前驱体的比例（0.5～3），以控制催化剂的物理化学性质，例如结晶度、表面积、孔径、Ni 纳米粒子的尺寸以及 Ni-O-Ce 固溶体的形成。优化得到的 Ni（质量分数 6%）/CeO_2 纳米催化剂在 50℃ 表现出 100% 的氢气选择性和良好的活性（TOF=34/h）。

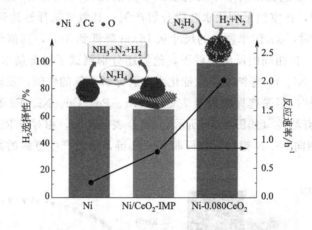

图 3.47　催化剂的结构模型以及催化水合肼产氢性能对比图

金属纳米颗粒负载在多孔惰性载体的表面使金属颗粒之间相互接触的机会降低，减弱颗粒烧结作用，但是金属颗粒在载体的表面容易发生迁移，随着反应的进行，纳米粒子聚结变大，催化能力也会随之减弱。为了更好地保护纳米粒子的稳定性，人们通过载体的物理限制作用来抑制金属纳米颗粒的生长。例如用多孔二氧化硅材料对金属纳米颗粒进行封装或包裹，形成限制层（壳）纳米颗粒的核壳结构。Lu 课题组通过一锅反胶束法，首次成功设计并合成了 SiO_2 限域的 Ni-CeO_2 纳米线（Ni-CeO_2@SiO_2）。表征结果显示，NiCeO_2 纳米线的平均直径仅 2.9nm，长度为 102.7nm。将此催化剂用于催化水合肼分解产氢，表现出高活性（70℃，TOF 值为 219.5/h）和 100% 的氢气选择性。分析得出，优异的催化性能归因于具有大量氧空位的 CeO_2 纳米线与 Ni 纳米粒子之间的协同电子效应和强相互作用，以及催化剂独特的限域效应。纳米管具有独特的纳米级空腔结构及优良的电子传导性和稳定性，已被广泛用作催化剂载体，尤其是其纳米级管道为纳米粒子提供了良好的限域环境。Wang 课题组采用超声处理，利用毛细管力制备了包裹在钛酸酯纳米管

（TNT）中的镍纳米粒子（Ni@TNTs）。表征显示 Ni 纳米颗粒被成功包裹在 TNTs 通道中，且两者之间存在很强的金属-载体相互作用。通过这种方法，使得小粒径的纳米颗粒被封装在 TNTs 通道中，防止金属纳米粒子的浸出和聚集，能进一步提高分散性。该催化剂在 60℃时，0.5mol/L NaOH 条件下，TOF 值为 96.0/h，氢气选择性达 100％，循环使用 6 次后，催化活性都没有显著降低。

活性高、比表面积大、结构稳定性好以及具有磁性等优点使得雷尼镍（RaneyNi）成为工业中应用最广泛的镍催化剂之一。Zhang 课题组利用商业 RaneyNi-300 催化分解水合肼，在 30℃和 NaOH 溶液浓度为 0.5mol/L 时，催化剂的氢气选择性能达到 99％以上，TOF 值达到 2.7/min，且该催化剂稳定性良好，循环 20 次依然能保持 96％的氢气选择性。Wang 课题组用氢气还原 $Ni(HCO_3)_2$ 纳米片，制备了无载体、无表面活性剂的 Ni 纳米催化剂，表征结果显示，得到的纳米颗粒尺寸小（平均尺寸为 25nm）且均匀分散，将其用于催化水合肼分解制氢，在 NaOH 浓度为 0.5mol/L 和反应温度为 70℃时，TOF 值为 11.0/h，H_2 选择性 100％。

Kwon 等通过在氢气环境下对 $CoMn_2O_4$ 的尖晶石结构进行退火处理，制得负载在锰氧化物上的 Co 纳米颗粒（Co/MnO），将制得的 Co/MnO 纳米催化剂用于催化水合肼分解产氢，在 70℃时，TOF 值为 14.2/h。根据盐酸吸收实验和气相色谱（GC）检测的结果，证明分解产物中没有氨气产生，得出氢气选择性为 100％，但水合肼转化率低于 20％。实验测得 MnO 在相同条件下对水合肼分解产氢没有活性，因此在 Co/MnO 催化剂中，催化活性中心是金属钴。MnO 作为催化载体与 Co 纳米颗粒之间存在电荷转移的协同效应。非贵金属催化剂在添加了金属氧化物载体后，其增强的活性和氢选择性经表征证明，归因于载体携带的强碱性位点，以及载体与金属纳米颗粒之间的强相互作用。

3.4.4.2 合金催化剂

单金属催化剂虽然能够实现水合肼到氢气的转化，但是活性一般不高。研究表明，合金催化剂会形成金属-金属之间的协同作用，提高金属纳米粒子的表面电子密度，改变催化材料对反应中间体的吸附能，进而展现出比单金属催化剂更优异的催化性能。目前报道常见的是 Ni 基催化剂，特别是 Rh-Ni 和 Pt-Ni 合金催化剂，活性和选择性表现最好。这里将分别介绍催化水合肼分解产氢的含贵金属和不含贵金属的合金催化剂，其中含贵金属的催化剂分为 Rh-Ni、Pt-Ni、Ir-Ni、Pd-Ni、M-Co（M＝Rh、Pt、Ir、Pd）和其他含贵金属的合金催化剂，非贵金属合金催化剂分为 Fe 基、Cu 基、Co 基和其他非贵金属多金属催化剂。

① Rh-Ni 催化剂　2009 年，Xu 课题组报道了表面活性剂存在下，合成的不同物质的量比例的双金属 RhNi 纳米粒子（$Ni_{1-x}Rh_x$，$x=0.06\sim0.98$）用于水合肼的催化分解。实验表明，不同组分的合金，其催化活性有显著差异。室温下，当铑和镍在合金中的物质的量比为 4:1 时（$Rh_{0.80}Ni_{0.20}$），氢选择性最高可达 100％，继续增加铑或镍含量，氢选择性急剧下降。由于尺寸小的单金属纳米颗粒表面能很高，Zhong 课题组通过简单的物理混合单金属 Rh 和 Ni 纳米颗粒，获得了自发形成的粒径（2.8±1.1)nm 的 Rh_4Ni 合金纳

米催化剂（25℃时，TOF 值为 0.5/min）。物理混合法自发形成的 Rh_4Ni 纳米颗粒，协同催化活性不仅存在于 Rh 和 Ni 原子之间，还存在于不同 nRh/nNi 比值的 RhNi 合金之间，比通过常规共还原法制得的合金纳米颗粒（25℃时，TOF 值为 0.11/min）具有更高的催化性能。

由于石墨烯具有抑制粒子生长，促进催化反应过程中的电子转移等作用，Zhang 课题组通过共还原法制备了负载在石墨烯上的 RhNi 金属纳米粒子，TEM 表征观察到金属纳米粒子在石墨烯上高度分散，平均尺寸约 5nm，在 NaOH 助剂下，RhNi@rGO 催化剂在室温时表现出 100% 的氢选择性，完全反应仅需 49min，其活性远超过纯 RhNi 双金属催化剂。

类石墨烯的二维材料过渡金属碳化物 MXene，因其表面具有丰富的官能团（如 Ti—OH 和 Ti—F 键），不仅可以使纳米颗粒在还原过程中保持稳定，还能提高催化剂的亲水性。Liu 课题组通过一步湿化学方法成功将 Rh-Ni 纳米粒子固定在 MXene 上，$Rh_{0.8}Ni_{0.2}/$ MXene 纳米催化剂（≈2.8nm）在碱性溶液中表现出 100% 的气选择性和优异的催化活性（TOF 值为 857/h）。随后他们又通过相同的方法将 Rh-Ni 纳米粒子（粒径仅 2.8nm）固定在 MnO_x-MXene 双载体上，由于 MnO_x 的存在会促进金属和载体之间的电子转移，得到的 $Rh_{0.7}Ni_{0.3}/MnO_x$ MXene 催化剂，在 50℃条件下 TOF 值高达 1101.9/h。

金属-有机骨架（MOF）也可以被用作催化载体。Luo 课题组通过简单的液体浸渍法，获得了高度分散在 ZIF-8 上的平均粒径为 1.2nm 的 Ni-Rh 纳米粒子（$Ni_{66}Rh_{34}$@ZIF-8），50℃时，在碱性条件下 TOF 值为 140/h。他们还通过共还原法，将 Ni-Rh 纳米粒子高度分散在 ZIF-8 衍生的氮掺杂多孔碳（NPC）上，所制备的催化剂 Ni-Rh/NPC-900 表现出最高活性，在 50℃时，TOF 值为 156/h，氢选择性达到 100%。此外，该课题组合成了纳米级 MIL-101，并用于固定 RhNi 纳米颗粒，所合成的 $Rh_{58}Ni_{42}$@MIL-101 纳米催化剂，在碱性溶液中，50℃条件下氢气选择性 100%，TOF 值达 344/h，活化能只有 33kJ/mol，循环使用五次后还能保持 100% 的氢气选择性。通过控制纳米粒子生长动力学，Lu 课题组成功合成了均匀分散在 MIL-101 上的平均大小为 2.8nm 的 Rh-Ni 纳米颗粒（$Rh_{0.8}Ni_{0.2}/$ MIL-101）。载体 MIL-101 具有可促进反应物吸附的高表面积（1970m^2/g）和易于传质的多孔结构，在 50℃时，$Rh_{0.8}Ni_{0.2}/$MIL-101 纳米催化剂催化水合肼完全分解，TOF 值高达 428.6/h。

② Pt-Ni 催化剂　2010 年，Xu 课题组第一次制备了 NiPt 合金纳米粒子用来催化水合肼分解，发现当 Pt 的含量为 7%～31% 时，原本几乎没有活性的 Ni 和 Pt 单金属在形成合金后，能在室温下表现出 100% 的氢气选择性（如图 3.48 所示）。随后他们制备了 Pt 摩尔分数低至 1% 的镍铂合金纳米颗粒（$Ni_{0.99}Pt_{0.01}$ NPs），研究了 25～60℃ 温度范围内氢选择性与反应温度之间的关系，发现选择性和活性随着温度升高而提升，在 60℃ 时氢选择性从 80% 提升到 100%，完成反应时间从 7h 减少到 70min。此外，该课题组在碱性（氢氧化钠）辅助还原条件下，用 $NaBH_4$ 作为还原剂，合成了无表面活性剂的高分散 Ni-Pt 纳米粒子催化剂，该催化剂的粒径仅有 2.4nm，其中，$Ni_{60}Pt_{40}$ 表现出最高的催化活性和氢选择性，室温下，TOF 值达到 150/h。合成过程中 NaO 的加入能够减缓还原速率，抑制核的增长，从而阻止纳米粒子的聚集，提高催化剂的分散性和活性。

Zhang 课题组用 Ni-Al 水滑石作为前驱体，合成了 Pt 改性的 Ni/Al_2O_3 催化剂

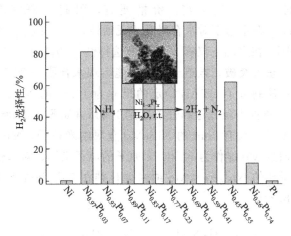

图 3.48　纳米催化剂催化水合肼（0.5mol/L）分解制氢的氢气选择性对比图

（$NiPt_x$/Al_2O_3），由于 Pt-Ni 合金的形成可以显著减弱产生的吸附物（包括 H_2 和 NH_x）与表面 Ni 原子之间的相互作用，该催化剂在常温条件下，表现出 97% 的氢气选择性。Wang 课题组通过一锅蒸发诱导自组装法合成了孔径为 5nm 的介孔氧化铝，所负载的 NiPt 纳米粒子粒径仅 1.94nm，在常温下循环反应 10 次后仍保持 100% 的氢气选择性，且催化活性几乎不变，表现出超高稳定性。此外，该课题组通过相同的方法制备 $Ni_{60}Pt_{40}$/CeO_2 催化剂，30℃ 条件下 TOF 值达到 293/h。

Lu 课题组制备了 TiO_2 修饰的 $Ti_3C_2T_x$ 纳米片（DT-$Ti_3C_2T_x$），用于负载 NiPt 纳米粒子，50℃ 时，TOF 值高达 1220/h，表征结果表明 DT-$Ti_3C_2T_x$ 表面的富氧官能团有助于单分散 NiPt 纳米粒子的形成和固定，且能增强金属纳米粒子与 MXene 载体之间的协同作用。由于具备亲水性、可调节的层间距和可定制的表面化学等特性，用 MXene 材料作为载体可以调节金属的电导率和活性位点，也为基于 MXene 的材料在催化和能源领域中的应用提供了前景。

③ Ir-Ni 催化剂　目前对于 Ir-Ni 双金属催化剂的报道不多，但掺杂低含量的 Ir，能大幅度提高催化性能。Xu 课题组通过共还原法，制备了 CTAB 稳定的 Ni-Ir 双金属纳米粒子。调节 Ni-Ir 金属比例后发现，当 Ir 的摩尔分数仅为 5%～10% 时，催化剂能在室温下表现出 100% 的氢气选择性，完全分解水合肼需 390min，$Ni_{0.95}Ir_{0.05}$-CTAB 催化剂对比单金属或不加表面活性剂的催化剂的氢气选择性和催化活性都有了大幅度的提升，表面活性剂的使用可以防止纳米催化剂的团聚，从而暴露更多的表面活性位点，提高催化活性。

Zhang 课题组在之前 Ni-Al_2O_3-HT 工作的基础上，利用 Ni-Al 水滑石作为原材料掺杂 Ir 纳米颗粒，通过共沉淀法，制备了无表面活性剂的 NiIr/-Al_2O_3 催化剂。在 30℃ 时，$NiIr_{0.016}$/-Al_2O_3、$NiIr_{0.030}$/-Al_2O_3 和 $NiIr_{0.059}$/-Al_2O_3 这三种 NiIr 比例的催化剂均能表现出 99% 的氢气选择性，TOF 值分别为 6.3/h、80.3/h 和 12.4/h，比起 Ni、Ir 单金属催化剂的活性都有很大的提升。$NiIr_{0.059}$/-Al_2O_3 催化剂循环反应 10 次后还能保持 98% 的氢气选择性和 9.2/h 的 TOF 值，并因具有磁性，表现出较好的可回收性和循环使用性，形成 Ni-Ir 合金后，催化剂选择性提升和 N_2H_4 分子在催化剂表面吸附的几何构型有关。

④ Fe-Ni 催化剂　Fe 含量丰富，价格便宜，引起了研究者们的关注，但是 $Fe_{0.95}Ir_{0.05}$、$Fe_{0.77}Pt_{0.23}$ 在室温下对水合肼几乎无活性，$Fe_{0.6}Pd_{0.4}$ 即使在 50℃下也对水合肼分解无活性，$FeRh_4$ 在室温下仅有 30% 的氢选择性。2011 年，Xu 课题组在水合肼分解产氢方面取得了一个重大突破，报道了第一例能实现水合肼完全产氢的非贵金 FeNi 催化剂。他们使用共还原法制备了 CTAB 稳定的尺寸为 10nm 的 NiFe 双金属纳米催化剂，该催化剂在 70℃的碱性条件下氢气选择性能达到 100%（如图 3.49 所示）。Yan 课题组通过共还原法一步合成了尺寸只有 5nm 的 NiFeMo 金属纳米粒子，Mo 的引入降低了 NiFe 催化剂的粒子尺寸，而且 Mo 能作为 Ni 和 Fe 原子的电子供体，对催化剂的催化活性有促进作用，最佳物质的量比的 $Ni_{0.6}Fe_{0.4}$Mo 纳米催化剂在 50℃条件下可以达到 100% 的氢气选择性，TOF 为 28.8/h。

$$H_2NNH_2 \longrightarrow N_2 + 2H_2$$

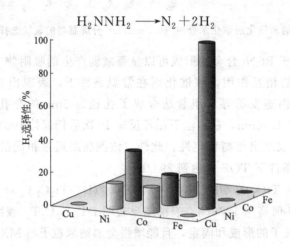

图 3.49　纳米催化剂催化水合肼（0.5mol/L）分解产氢的氢气选择性对比图

⑤ Cu-Ni 催化剂　Kleitz 课题组尝试通过简单的初始湿润法，在介孔纳米球（MCNS）上制备了均匀分布的 CuNi 纳米颗粒，反应温度 60℃时，得到的 $Cu_{0.5}Ni_{0.5}$/MCNS 在碱性溶液中，反应在 50min 之内完成，TOF 值为 21.8/h，表现出 100% 的氢气选择性。Lu 课题组采用简单的化学还原法制备了无载体和表面活性剂的 CuNiMo 纳米催化剂，室温下具有较高的活性和选择性，随着温度的升高，活性和选择性都得到了提升。反应温度为 50℃时，氢气选择性达到 100%，TOF 值为 38.7/h。活化能为 56.6kJ/mol。优异的催化活性归因于 Mo 诱导的超细和富电子的 CuNi 纳米粒子，以及强碱性位点。

⑥ Co-Ni 催化剂　Zhang 课题组采用程序升温还原法，制备了二氧化硅负载的三元磷化物 $Ni_{2-x}Co_xPy/SiO_2$（$0.50 \leqslant x \leqslant 1.50$，$1.00 \leqslant y \leqslant 2.00$）。$Ni_{1.00}Co_{1.00}P_{1.50}/SiO_2$ 催化剂性能最优，室温下氢气选择性达 100%，二元磷化物 Ni_2P/SiO_2 和 CoP/SiO_2，在 30℃时催化水合肼的氢气选择性分别为 6% 和 12%。三元磷化物表现出的更高的催化活性和氢气选择性来源于 Co-Ni 双金属之间的协同效应。Wen 课题组采用动态控制共沉淀还原（DCCR）焙烧工艺制备了 $NiCo/NiO$-CoO_x 超薄层状催化剂，用于催化水合肼分解产氢。表征结果显示，NiCo（≈4nm）纳米颗粒在 NiO-CoO_x 超薄层状载体表面高度分散，由于活性金属和具有高密度碱性位点的载体之间的协同作用，室温条件下，在无碱溶液中，$NiCo/NiO$-CoO_x 对水合肼的分解产氢表现出优异的催化活性（TOF＝5.49/h）和

100％的氢气选择性。

3.4.4.3　肼分解机理

肼有一个 N—N 键和四个 N—H 键，是氮氢系列分子中氨之外的最简单的分子。在肼分子的分解过程中，N—N 键能为 286kJ/mol，低于 N—H 能 360kJ/mol，所以理论上首先断裂的是 N—N 键。例如吸附在 Ir/Al$_2$O$_3$ 催化剂表面的肼分子在分解时，首先断裂的就是 N—N 键，从而产生吸附在催化剂表面的 NH$_2^*$ 自由基，由于 N—H 键难以断裂，所以 NH$_2^*$ 很容易和 H* 结合形成 NH$_3$。如果能够让 N—H 键优先断裂，而不发生 N—N 键断裂，则有利于直接得到理想的最终产物 N$_2$ 和 H$_2$。

对催化水合肼分解产氢的机理研究主要是通过在 Ir、Pt 和 Rh 金属粒子表面的吸附实验开展的。实验结果表明，催化剂的制氢选择性与 N$_2$H$_4$ 在催化剂表面吸附的几何构型有关。例如，温和条件下，N$_2$H$_4$ 在 Ir(111) 晶面以桥型吸附最为稳定，其中，由 N—N 键断裂生成 NH$_2$ 所需要克服的能垒最低，并且，吸附态 N$_2$H$_4$ 分子中的 H 易于被 NH$_2$ 逐个捕获，最终生成 NH$_3$。而以单原子形式分散在 Fe$_2$O$_3$ 上的 Ir 纳米颗粒，在 50℃条件下对水合肼分解无活性，故推测，在以单原子形式分散的 Ir 表面，N$_2$H$_4$ 分子的吸附强度较弱，不能形成桥型吸附，因此在温和条件下对水合肼分解无催化活性，而在 Ir 团簇或纳米晶粒表面，N$_2$H$_4$ 以桥型吸附为主，所以 N—N 键优先断裂，最终生成 N$_2$ 和 NH$_3$。在程序升温表面反应实验中，观察到在 Rh 的表面，主要中间体为 NH，气相产物种类取决于初始肼的覆盖范围，在低肼覆盖率下，只有 H$_2$ 和 N$_2$ 从表面解吸；在较高的肼覆盖率（接近单层覆盖率）下，会产生 N$_2$ 和 NH$_3$。为进一步研究肼分解过程中的中间体，研究者采用同位素标记法，探究 N$_2$H$_4$ 的分解过程。Block 通过同位素标记法探究了肼在 Fe/MgO 表面的分解过程，并未在催化剂表面发现酰胺、亚酰胺或氮化物等中间体的形成，说明此时 N—N 键在水合肼分解过程中保持稳定，优先发生断裂的是 N—H 键。Maurel 等采用同种方法研究了负载金属的 Al$_2$O$_3$ 催化剂的表面肼分子的分解过程。结果表明，60～300℃的高温反应条件下，催化剂表面 N$_2$H$_4$ 分子中的 N—N 键始终没有断裂，反应生成的 N$_2$ 分子来自同一个 N$_2$H$_4$ 分子，因此推测，在 Ni 基催化剂表面，N$_2$H$_4$ 分子以单氮线性吸附为主，优先断裂 N—H 键，逐步脱 H 生成 N$_2$H$_3$、N$_2$H$_2$、N$_2$H 等中间产物，从而生成理想产物 H$_2$ 和 N$_2$（如图 3.50 所示）。

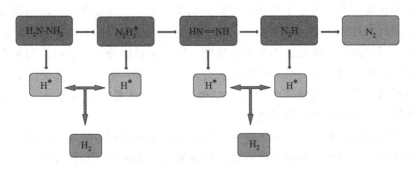

图 3.50　按照 H$_2$N-NH$_2$/N$_2$＋2H$_2$ 途径的肼分解机理图

随着计算化学的发展，研究者对贵金属和非贵金属表面进行了理论计算，得出了肼在金属表面上详细的反应过程，例如 Ir(111)、Rh(111)、Fe(211)、Ni(100)、Ni(111) 和 Cu(111)。N_2H_4 分子在 Ni(100) 和 Ni(111) 表面以单氮吸附构型最为稳定，表现出相对较高的催化活性和选择性，与同位素标记法得到的结果一致。但这些报道中，肼和中间体的吸附构型表现出显著差异，在不同的金属催化剂表面，肼分解的机理仍需通过实验和表征进一步确定。综上所述，水合肼的分解机理有两种，其反应路径与 N_2H_4 分子在催化剂表面的吸附构型相关。若 N_2H_4 分子以双氮桥型吸附于催化剂表面，那么优先发生断裂的是 N—N 键，生成产物 N_2 和 NH_3。若 N_2H_4 分子以单氮线性吸附于催化剂表面，则优先断裂 N—H 键，产物为 H_2 和 N_2。

3.5 本章总结

当前高压气态储氢技术比较成熟，是目前最常用的储氢技术。高压气态储氢容器主要分为纯钢制金属瓶（Ⅰ型）、钢制内胆纤维缠绕瓶（Ⅱ型）、铝内胆纤维缠绕瓶（Ⅲ型）及塑料内胆纤维缠绕瓶（Ⅳ型）4 个类型。高压储氢气瓶正不断朝着轻质高压、高质量/体积储氢密度方向发展。同时随着纤维复合材料、聚合物材料以及缠绕设备、缠绕技术的更新升级，高压储氢气瓶必将更大地拓展其应用场景。但在气瓶性能不断提升的同时，还需要进一步对高压储氢气瓶的氢脆现象、失效机制进行研究，对气瓶的生产、测试等进行标准化，不断提升高压储氢气瓶的安全性能。此外，降低高压储氢气瓶的制造成本也是必要的。玻璃储氢容器很显然是一项很有前景的储氢技术，其具备高压储氢所需的安全、高效、轻质、高压等需求，且无氢脆现象是玻璃储氢容器的一大优势。特别是毛细管阵列储氢容器，可以随意变换尺寸形状，有望用于各类便携式设备的储能装置。目前玻璃储氢容器的机理问题已然清晰，但由于加工技术及配套阀门类装置还不成熟，使其商业化应用还有很长的一段路要走。

低温液态储氢由于氢液化耗能巨大，且对低温绝热容器性能要求极高，导致其储氢成本昂贵，目前多用于航天方面。绝热技术是低温容器的核心技术。传统的被动绝热技术在低温系统中均有广泛应用，在此基础上发展而来的变密度多层绝热技术目前主要用于航天，国内相关研究较少。基于低温制冷机技术，通过主动耗能来实现热量转移的主动绝热技术是研究的一个热点，目前多用于再液化流程或超低蒸发率容器甚至零蒸发容器方面。低温压力容器在选材上要考虑工程材料的低温性能，及材料与储存介质的相容性。目前储氢容器的常用材料有 304 钢及 321 钢。设计上应尽量采用合理的结构来减少漏热量，结构的创新设计是减少漏热、降低成本及制造难度、保障安全性的重要手段。安全方面须主要考虑储罐强度、压力泄放及特殊介质的安全性。除此之外，对于氢等极易泄漏的介质，其加工精度也要求甚高。低温液态储氢因其储能密度大等优势，必将是未来的主要储氢手段，是实现氢能大规模应用的必经之路。

在现有的固态储氢材料中，处于攻克阶段金属合金储氢和金属氢化物储氢能有效克服高压气态和低温液态两种储氢方式的不足，且储氢体积密度大、操作容易、运输方便、成本低、安全等，适合在燃料电池汽车上使用。一般而言，以车载氢燃料箱应用为主要目的的金属氢化物技术对储氢合金性能有如下要求：①高储氢容量；②合适且平坦的压力平台，能在环境温度下进行操作；③易于活化；④吸放氢速度快；⑤良好的抗气体杂质中毒特性和长期使用的稳定性。能在常温下可逆吸放氢的金属氢化物重量储氢密度在 1.4%～2.6%（质量分数）之间，主要是一些稀土系和钛系合金。其中，钛系储氢合金，重量储氢密度略高于稀土系，但也存在抗杂质气体能力差的缺点，通常要以＞99.99%纯氢为氢源才能有好的循环寿命，其次是放氢率较低，需适当加热。提高合金储氢和金属氢化物质量储氢密度是目前储氢合金研究的重点，目前的动向主要从轻金属元素及其合金中寻找新的成分与结构并通过新的制备技术与改性处理方法来提高综合性能。金属氢化物储氢在车上已有小范围应用，但与 2017 年 DOE 制定的储氢密度标准相比，差距还比较大。如果要将金属氢化物储氢大规模应用，还需进一步提高质量储氢密度、降低分解氢的温度与压力、延长使用寿命等。同时，车载储氢技术不仅与储氢金属材料有关，还与储罐的结构有关，需要解决储罐的体积膨胀、传热、气体流动等问题。

MOFs 具有孔结构可调节、拓扑结构穿插以及化学修饰功能性强等特点，但在室温条件下并未得到令人满意的储氢量。据目前 DOE 给出的几种可行的储氢方式，有学者认为 MOFs 低温吸附储氢在 77K、100bar 至 160K、1bar 条件下的放氢量（储氢量的 95%）能够满足车载储氢系统行驶 300 英里的要求，但 MOFs 的种类太多，通过实验室合成与性能测试是一项工程巨大的工作。因此，在理论学科上寻找一种选择合适的大规模筛选的方法，是研究 MOFs 低温吸附储氢的重要手段。氨硼烷热解制氢所需温度高、时间长，并伴随多种气态副产物的产生。相比之下，水解和醇解可在室温下进行，安全快速，产生的氢气也更多，因而更具有实用性。目前氨硼烷储氢研究中的最大挑战是如何实现有效的再生循环利用。尽管这方面已取得了一些进展，针对氨硼烷热解、醇解和水解脱氢后副产物的循环再生氨硼烷分别发展了一些方法，但氨硼烷的再生收率仍有待进一步提高，再生的经济性仍有待进一步研究。碳基储氢材料凭借其高比表面积、高安全性、质量轻和可再生等特点，成为固态储氢材料研究中的一大热门体系，备受广大科研工作者的青睐。活性碳纤维和碳气凝胶具有丰富的高比表面积、纳米孔隙结构和表面化学结构等特性，而且丰富的微孔结构决定其具有优异的可逆储氢性能。

有机液体具有高质量储氢密度和高体积储氢密度，现常用材料（如环己烷、甲基环己烷、十氢化萘等）均可达到规定标准；环己烷和甲基环己烷等在常温常压下呈液态，与汽油类似，可用现有管道设备进行储存和运输，安全方便，并且可以长距离运输；催化加氢和脱氢反应可逆，储氢介质可循环使用；可长期储存，一定程度上能解决能源短缺问题。

有机液体储氢存在很多不足：技术操作条件较为苛刻，要求催化加氢和脱氢的装置配置较高，导致费用较高；脱氢反应需在低压高温非均相条件下，受传热传质和反应平衡极限的限制，脱氢反应效率较低，且容易发生副反应，使得释放的氢气不纯。并且由于冷启动和补充脱氢反应能量需要燃烧少量有机化合物，因此该技术很难实现"零排放"目标。

有机液体储氢技术在中国已有所成就，2017 年，中国扬子江汽车与氢阳能源联合开发了一款城市客车，利用有机液体储氢技术，加注 30L 的氢油燃料，可行驶 200km。有机液体储氢技术的理论质量储氢密度最接近 DOE 的目标要求，提高低温下有机液体储氢介质的脱氢速率与效率、催化剂反应性能、改善反应条件、降低脱氢成本是进一步发展该技术的关键。尽管研究人员在催化甲酸产氢领域取得了显著进展，但在大规模应用甲酸产氢过程中仍需做出巨大努力。在催化剂合成方面，还需从催化剂活性中心的电子结构、载体的微观结构出发，设计出温和条件下具有更高效、高氢气选择性的催化剂，并从经济方面出发，应设计非贵金属取代贵金属的催化剂。水合肼分解制氢催化剂发展迅速，但是非贵金属催化剂的催化活性与贵金属相比仍有差距，迫切需要开发能在环境温度和不添加强碱条件下工作的非贵金属或低贵金属含量的廉价高效催化剂。另外，现阶段水合肼催化分解制氢距离实际应用还有比较大的距离。

参考文献

[1] Huang Z N, Wang Y Q, Wang D, et al. Synergistic Effects of Mg and N Cosubstitution on Enhanced Dehydrogenation Properties of LiBH$_4$：A First-Principles Study [J]. Journal of Physical Chemistry C，2019，123（3）：1550-1558.

[2] U. S. Department of Energy Hydrogen Storage. DOE Technical Targets for Onboard Hydrogen Storage for Light-Duty Vehicles [EB/OL].

[3] 陈潇洒. 铝内胆碳纤维全缠绕高压气瓶的轻量化与长寿命技术研究 [D]. 南京：南京航空航天大学，2017.

[4] 开方明. 铝内衬轻质高压储氢容器强度和可靠性研究 [D]. 杭州：浙江大学，2007.

[5] 杨文刚，李文斌，林松，等. 碳纤维缠绕复合材料储氢气瓶的研制与应用进展 [J]. 玻璃钢/复合材料，2015（12）：99-104.

[6] 周超，王辉，欧阳柳章，等. 高压复合储氢罐用储氢材料的研究进展 [J]. 材料导报，2019，33（1）：117-126.

[7] Zhou C, Wang H, et al. The state of the art of hydrogen storage materials for high-pressure hybrid hydrogenvessel [J]. Materials Review，2019，33（1）：117-126.

[8] 邱龙会，魏芸，傅依备. 薄壁玻璃微球壳的热扩散充气 [J]. 强激光与粒子束，1999，11（3）：317-320.

[9] Martin J J, Hastings L. Large-scale liquid hydrogentesting of variable density multilayer insulation with afoam substrate [R]. NASA/TM-2001-211089，2001.

[10] Notardonato W U, Swanger A M, Fesmire J E, et al. Zero boil-off methods for large-scale liquid hydrogentanks using integrated refrigeration and storage [J]. Materials Science and Engineering，2017，278（1）：012012.

[11] Barsi S, Kassemi M. Investigation of tank pressurecontrol in normal gravity [C]. Aiaa Aerospace Sciences Meeting Including the New Horizons Forum andAerospace Exposition，2013.

[12] Schlapbach L, Züttel A. Hydrogen-storage materials for mobile applications [J]. Nature. 2001，414（6861）：353-358.

[13] Kissinger H E. Reaction kinetics in differential thermal analysis [J]. Anal Chem，1957，29（11）：1702-1706.

[14] Starinck M J. Analysis of aluminium based alloys by calorimetry：quantitative analysis of reactions and reaction kinetics [J]. Int Mater Rev，2004，49（3-4）：191-226.

[15] Züttel A. Materials for hydrogen storage [J]. Materials Today. 2003，6（9）：24-33.

[16] Zhang T B, Yang X W, Li J S, et al. On the poisoning effect of O$_2$ and N$_2$ for the Zr$_{0.9}$Ti$_{0.1}$V$_2$ hydrogen storage alloy [J]. Journal of Power Sources，2012，202：217-224.

[17] Schur D V, Zaginaichenko S Yu. Hydrogen in Lanthan-Nickel Storage Alloys [J]. Journal of Alloys and Compounds，2002，330：70-75.

[18] Liang G, Huot J, Schulz R. Hydrogen Storage Properties of the Mechanically Alloyed LaNi$_5$-based Materials [J]. Journal of Alloys and Compounds，2001，320：133-139.

[19] 王启东，吴京，陈长聘，方添水. 镧稀土金属-镍贮氢材料 [J]，稀土，1984，3：8-14.

[20] 许进. AB$_5$型稀土贮氢合金负极材料研究进展与发展趋势 [J]. 金属功能材料，2009，16（3）：43-48.

[21] Wencui Zhang, Shumin Han, Jiansheng Hao, et al. Study on kinetics and electrochemicalproperties of low-Co AB$_5$-type alloys for high-power Ni/MH battery [J]. ElectrochimicaActa，2009，54：1383-1387.

[22] Xinbo Zhang, Yujun Chai, Wenya Yin, et al. Crystal structure and electrochemical propertiesof rare earth non-stoichiometric AB$_5$-type alloy as negative electrode material in Ni-MHbattery [J]. Journal of Solid State Chemistry，2004，

177：2373-2377.

［23］ Dongliang Chao, Chenglin Zhong, Zhewen Ma, et al. Improvement in high-temper-ature performance of Co-free high-Fe AB$_5$-type hydrogen storage alloys ［J］. Inter national journal of hydrogen energy, 2012, 37：12375-12383.

［24］ Senoh H, Hara Y, Inoue h, et al. Charge efficiency of mischmetal-based hydrogen storagealloy electrodes at relatively low temperatures ［J］. Electrochimica Acta, 2001, 46（7）：967- 971.

［25］ Shuqin Yang, Shumin Han, Yuan Li, et al. Effect of substituting B for Ni on electrochemical kinetic properties of AB$_5$-typehydrogenstorage alloys for high-power nickel/metalhydride batteries ［J］. Materials Science and Engineering B, 2011, 176：231-236.

［26］ Shuqin Yang, Shumin Han, Jianzheng Song, et al. Influences of molybdenum substitutionfor cobalt on the phase structure and electro-chemical kinetic properties of AB$_5$-type hydrogen storage alloys ［J］. Journal of RareEarths, 2011, 29：692-697.

［27］ Zhu J H, Liu C T, Pike L M, et al. A thermodynamic interpretation of the size-ratio limits for laves phase formation ［J］. Metallurgical & Materials Transactions A, 1999, 30（5）：1449-1452.

［28］ Thoma D J, Perepezko J H. A geometric analysis of solubility ranges in Laves phases ［J］. Journal of Alloys & Compounds, 1995, 224（2）：330-341.

［29］ Aoki K, Li X G, Masumoto T. Factors controlling hydrogen-induced amorphization of C15 Laves compounds ［J］. Acta Metall Mater, 1992, 40（7）：1717-1726.

［30］ Magee C B, Liu J, Lundin C E. Relationships between intermetallic compound structure and hydride formation ［J］. Journal of the Less Common Metals, 1981, 78（1）：119-138.

［31］ Jacob I, Shaltiel D. Hydrogen sorption properties of some AB$_2$ laves phase compounds ［J］. Journal of the Less Common Metals, 1979, 65（1）：117-128.

［32］ Didisheim J J, Yvon K, Fischer P, et al. The deuterium site occupation in ZrV$_2$D$_x$ as a function of the deuterium concentration ［J］. Journal of the Less Common Metals, 1980, 73（2）：355-362.

［33］ Cao Z, Ouyang L, Hui W, et al. Advanced high-pressure metal hydride fabricated via Ti-Cr-Mn alloys for hybrid tank ［J］. International Journal of Hydrogen Energy, 2015, 40（6）：2717-2728.

［34］ Zotov T A, Sivov R B, Mitrokhin S V, et al. Hydrogen Absorption Properties ZrFe$_2$ and ZrCo$_2$ Based Alloys ［M］. Springer Netherlands, 2008.

［35］ Majer G. Hydrogen Diffusion in the Laves-Phase Compounds ZrV$_2$H$_x$ ［J］. Defect & Diffusion Forum, 1997, 143-147（4）：957-962.

［36］ Pourarian F, Fujii H, Wallace W E, et al. Stability and magnetism of hydrides of nonstoichiometric ZrMn$_2$ ［J］. J. Phys Chem. 1981, 84：21（21）：3105-3111.

［37］ Sinha V K, Pourarian F, Wallace W E. Hydrogenation characteristics of Zr$_{1-x}$TixMnFe alloys ［J］. Journal of the Less Common Metals, 1982, 87（2）：283-296.

［38］ 涂有龙. 高坪台压 Zr-Fe 系储氢合金改性研究 ［D］. 北京有色金属研究总院，2014.

［39］ Sivov R B, Zotov T A, Verbetsky V N. Interaction of ZrFe$_2$ doped with Ti and Al with hydrogen ［J］. Inorganic Materials, 2010, 46（4）：372-376.

［40］ Jain A, Jain R K, Agarwal G, et al. Crystal structure, hydrogen absorption and thermodynamics of Zr$_{1-x}$Co$_x$Fe$_2$ alloys ［J］. Journal of Alloys & Compounds, 2007, 438（1-2）：106-109.

［41］ Sivov R B, Zotov T A, Verbetsky V N, et al. Synthesis, properties and Mössbauer study of ZrFe$_{2-x}$Ni$_x$ hydrides（$x=0.2～0.8$）［J］. Journal of Alloys & Compounds, 2011, 509：763-769.

［42］ Jain A, Jain R K, Agarwal S, et al. Synthesis, characterization and hydrogenation of ZrFe$_{2-x}$Ni$_x$（$x=0.2$, 0.4, 0.6, 0.8）alloys ［J］. International Journal of Hydrogen Energy, 2007, 32（16）：3965-3971.

［43］ Shaltiel D, Jacob I, Davidov D. Hydrogen absorption and desorption properties of AB$_2$ laves-phase pseudobinary compounds ［J］. Journal of the Less Common Metals, 1977, 53（1）：117-131.

［44］ Rodrigo L, Sawicki J A. Aging characteristics of Zr-V-Fe getters as observed by Mössbauer spectroscopy ［J］. Journal of Nuclear Materials, 1999, 265（1）：208-212.

[45] Yadav T P, Shahi R R, Srivastava O N. Synthesis, characterization and hydrogen storage behaviour of AB_2 (Zr-Fe_2 $Zr(Fe_{0.75}V_{0.25})_2$, $Zr(Fe_{0.5}V_{0.5})_2$) type materials [J]. International Journal of Hydrogen Energy, 2012, 37 (4): 3689-3696.

[46] Jain A, Jain R K, Agarwal S, et al. Structural and Mössbauer spectroscopic study of cubic phase $ZrFe_{2-x}Mn_x$ hydrogen storage alloy [J]. Journal of Alloys & Compounds, 2008, 454 (1-2): 31-37.

[47] Koultoukis E D, Makridis S S, Pavlidou E, et al. Investigation of $ZrFe_2$-type materials for metal hydride hydrogen compressor systems by substituting Fe with Cr or V [J]. International Journal of Hydrogen Energy, 2014, 39 (36): 21380-21385.

[48] Zotov T A, Sivov R B, Movlaev E A, et al. IMC hydrides with high hydrogen dissociation pressure [J]. Journal of Alloys & Compounds, 2011, 509 (5): S839-S843.

[49] Schülke M, Paulus H, Lammers M, et al. Influence of surface contaminations on the hydrogen storage behaviour of metal hydride alloys [J]. Analytical & Bioanalytical Chemistry, 2008, 390 (6): 1495.

[50] Sivov R B, Zotov T A, Verbetsky V N. Hydrogen sorption properties of $ZrFe_x$ ($1.9 \leqslant x \leqslant 2.5$) alloys [J]. International Journal of Hydrogen Energy, 2011, 36 (1): 1355-1358.

[51] Li Z, Wang H, Ouyang L, et al. Increasing de-/hydriding capacity and equilibrium pressure by designing non-stoichiometry in Al-substituted YFe_2 compounds [J]. Journal of Alloys & Compounds, 2017, 704: 491-498.

[52] Erdong Wu, Guo X, Sun K. Neutron diffraction study of deuterium occupancy of deuteride of Laves phase alloy $Ti_{0.68}Zr_{0.32}MnCrD_{3.0}$ [J]. Acta Metallurgica Sinica, 2009, 8 (3): 174-180.

[53] 马建新, 潘洪革. 热处理温度对 AB_5 型 MlNi3.60C00.85Mn0.40Al0.15 贮氢电极合金微结构和电化学性能的影响 [J]. 中国有色金属学报, 2001, 11 (4): 587-592.

[54] 黄太仲, 吴铸. 退火热处理对 TiMn 储氢合金结构及性能的影响 [J]. 中国有色金属学报, 2003, 13 (1): 91-95.

[55] Schefer J, Fischer P, Halg W, et al. Structural phase transition of FeTi-deuterides [J]. Mater. Res. Bull, 1979, 14: 1281-1294.

[56] Zeaitera A, Nardin P, Yazdi M A P, et al. Outstanding shortening of the activation process stage for a TiFe-based hydrogen storage alloy [J]. Materials Research Bulletin, 2019, 112: 132-141.

[57] Bououdina M, Fruchart D, Jacquet S, et al. Effect of Nickel Alloying by Using Ball Milling on the Hydrogen Absorption Properties of TiFe [J]. International Journal of Hydrogen Energy, 1999, 24 (9): 885-890.

[58] Li H L, Eddaoudi M M, O'Keeffe M, et al. Design and Synthesis of an Exceptionally Stable and Highly Porous Metal-Organic Framework [J]. Nature, 1999, 402 (6759): 276-279.

[59] Eddaoudi M, Kim J, Rosi N, et al. Systematic Design of Pore Size and Functionality in Isoreticular MOFs and Their Application in Methane Storage [J]. Science, 2002, 295 (5554): 469-472.

[60] Furukawa H, Miller M A, Yaghi O M. Independent Verification of the Saturation Hydrogen Uptake in MOF-177 and Establishment of a Benchmark for Hydrogen Adsorption in Metal-Organic Frameworks [J]. Journal of Materials Chemistry, 2007, 17 (30): 3197-3204.

[61] Bastosneto M, Patzschke C, Lange M, et al. Assessment of Hydrogen Storage by Physisorption in Porous Materials [J]. Energy & Environmental Science, 2012, 5 (8): 8294-8302.

[62] Jhung S H, Lee J H, Yoon J W, et al. Microwave Synthesis of Chromium Terephthalate MIL - 101 and Its Benzene Sorption Ability [J]. Advanced Materials, 2010, 19 (1): 121-124.

[63] Ferey, G. A Chromium Terephthalate-Based Solid with Unusually Large Pore Volumes and Surface Area [J]. Science, 2005, 309 (5743): 2040-2042.

[64] Getman R B, Bae Y S, Wilmer C E, et al. Review and Analysis of Molecular Simulations of Methane, Hydrogen, and Acetylene Storage in Metal-Organic Frameworks [J]. Chemical Reviews, 2012, 112 (2): 702-722.

[65] Bordiga S, Regli L, Bonino F, et al. Adsorption Properties of HKUST-1 Toward Hydrogen and other Small Molecules Monitored by IR [J]. Physical Chemistry Chemical Physics, 2007, 9 (21): 2676-2685.

[66] Banerjee R, Phan A, Wang B, et al. High-Throughput Synthesis of Zeolitic Imidazolate Frameworks and Application to CO_2 Capture [J]. Science, 2008, 319 (5865): 939-942.

[67] Rosi N L, Eckert J, Eddaoudi M, et al. Hydrogen Storage in Microporous Metal-Organic Frameworks [J]. Science, 2003, 300 (5622): 1127-1129.

[68] Cheon Y E, Suh M P. Selective Gas Adsorption in a Microporous Metal-Organic Framework Constructed of CoII$_4$ Clusters [J]. Chemical Communications, 2009, 17 (17): 2296-2298.

[69] Houston F, Tina D A. Effects of Surface Area, Free Volume, and Heat of Adsorption on Hydrogen Uptake in Metal-Organic Frameworks [J]. Journal of Physical Chemistry B, 2006, 110 (19): 9565-70.

[70] Noguera-Díaz A, Bimbo N, Holyfield L T, et al. Structure-Property Relationships in Metal-Organic Frameworks for Hydrogen Storage [J]. Colloids & Surfaces A Physicochemical & Engineering Aspects, 2016, 496 (5): 77-85.

[71] Sun Y, Li W, Yu H, et al. Hydrogen Storage in Metal-Organic Frameworks [J]. Journal of Inorganic & Organometallic Polymers & Materials, 2013, 23 (2): 270-285.

[72] Langmi H W, Ren J, North B, et al. Hydrogen Storage in Metal-Organic Frameworks: A Review [J]. Electrochimica Acta, 2014, 128 (5): 368-392.

[73] Broom D P, Webb C J, Hurst K E, et al. Outlook and Challenges for Hydrogen Storage in Nanoporous Materials [J]. Applied Physics A, 2016, 122 (3): 151.

[74] Broom D P, Webb C J, Fanourgakis G S, et al. Concepts for Improving Hydrogen Storage in Nanoporous Materials [J]. International Journal of Hydrogen Energy, 2019, 44 (15): 7768-7779.

[75] Balderas-Xicohténcatl R, Schlichtenmayer M, Hirscher M. Volumetric Hydrogen Storage Capacity in Metal-Organic Frameworks [J]. Energy Technology, 2018, 6: 578-582.

[76] Farha O K, Yazaydın A Ö, A, Eryazici I, et al. De Novo Synthesis of a Metal-Organic Framework Material Featuring Ultrahigh Surface Area And Gas Storage Capacities [J]. Nature Chemistry, 2010, 2 (11): 944-948.

[77] Furukawa H, Ko N, Go Y B, et al. Ultrahigh Porosity in Metal-Organic Frameworks [J]. Science, 2010, 329 (5990): 424-428.

[78] Gomez-Gualdron D, Yamil J C, Zhang X, et al. Evaluating Topologically Diverse Metal-Organic Frameworks for Cryo-Adsorbed Hydrogen Storage [J]. Energy & Environmental Science. 2016, 9: 3279-3289.

[79] Jacob G, Amtek G, Wong F, et al. Theoretical Limits of Hydrogen Storage in Metal-OrganicFrameworks: Opportunities and Trade-Offs [J]. Chemistry of Materials, 2013, 5 (16): 3372-3382.

[80] Wang X S, Ma S, Yuan D, et al. A Large-Surface-Area Boracite-Network-Topology Porous MOF Constructed from a Conjugated Ligand Exhibiting a High Hydrogen Uptake Capacity [J]. Inorganic Chemistry, 2009, 48 (16): 7519-7521.

[81] Suh M P, Park H J, Prasad T K, et al. Hydrogen Storage in Metal-Organic Frameworks [J]. Scripta Materialia, 2007, 56 (10): 809-812.

[82] Wang Q, Johnson J K. Molecular Simulation of Hydrogen Adsorption in Single-Walled Carbon Nanotubes and Idealized Carbon Slit Pores [J]. Journal of Chemical Physics, 1999, 110 (110): 577-586.

[83] Yuan D, Zhao D, Sun D, et al. An Isoreticular Series of Metal-Organic Frameworks with Dendritic Hexacarboxylate Ligands and Exceptionally High Gas-Uptake Capacity [J]. Angewandte Chemie International Edition, 2010, 49 (31): 5357-5361.

[84] Haldar R, Sikdar N, Maji T K. Interpenetration in Coordination Polymers: Structural Diversities Toward Porous Functional Materials [J]. Materials Today, 2015, 18 (2): 97-116.

[85] Yang S J, Choi J Y, Chae H K, et al. Preparation and Enhanced Hydrostability and Hydrogen Storage Capacity of CNT@MOF-5 Hybrid Composite [J]. Chemistry of Materials, 2009, 21: 1892.

[86] Latroche M, Surble S, Serre C, et al. Hydrogen Storage in the Gian-Pore Metal-Organic Frameworks MIL-100 and MIL-101 [J]. Angewandte Chemie International Edition, 2006, 45 (48): 8227-8231.

[87] Prasanth K P, Rallapalli P, Raj M C, et al. Enhanced Hydrogen Sorption in Single Walled Carbon Nanotube Incorporated MIL-101 Composite Metal-Organic Framework [J]. International Journal of Hydrogen Energy, 2011, 36 (13): 7594-7601.

[88] Rallapalli P B S, Raj M C, Patil D V, et al. Activated Carbon @ MIL-101: a Potential Metal-Organic Frame-

work Composite Material For Hydrogen Storage [J]. International Journal of Energy Research, 2013, 37 (7): 746-752.

[89] Voskuilen T G, Pourpoint T L, Dailly A M. Hydrogen Adsorption on Microporous Materials at Ambient Temperatures and Pressures up to 50 MPa [J]. Adsorption Journal of the International Adsorption Society, 2012, 18 (2-4): 239-249.

[90] Peterson V K, Liu Y, Brown C M, et al. Neutron Powder Diffraction Study of D2 Sorption in Cu3 (1, 3, 5-benzenetricarboxylate) 2 [J]. Journal of the American Chemical Society, 2007, 128 (49): 15578-15579.

[91] Pham T, Forrest K A, Banerjee R, et al. Understanding the H_2 Sorption Trends in the M-MOF-74 Series (M = Mg, Ni, Co, Zn) [J]. Journal of Physical Chemistry C, 2015, 119 (2): 1078-1090.

[92] Rosnes M, Opitz M, Frontzek M, et al. Intriguing Differences in Hydrogen Adsorption in CPO-27 Materials Induced by Metal Substitution [J]. Journal of Materials Chemistry A, 2015, 3 (9): 4827-4839.

[93] Babarao R, Eddaoudi M, Jiang J W. Highly Porous Ionic rht Metal-Organic Framework for H_2 and CO_2 Storage and Separation: a Molecular Simulation Study [J]. Langmuir the ACS Journal of Surfaces & Colloids, 2010, 26 (13): 11196-11202.

[94] Barman S, Khutia A, Koitz R, et al. Synthesis and Hydrogen Adsorption Properties of Internally Polarized 2,6-azulenedicarboxylate Based Metal-Organic Frameworks [J]. Journal of Materials Chemistry A, 2014, 2 (44): 18822-18830.

[95] Furukawa H, Müller U, Yaghi O M. " Heterogeneity within Order" in Metal-Organic Frameworks [J]. AngewChem Int Ed 2015, 54 (11): 3417-3430.

[96] 张军. Pt@MOFs/GO 复合材料的制备、表征与储氢性能研究 [D]. 镇江: 江苏科技大学, 2014.

[97] Zhou H, Zhang J, Zhang J, et al. Spillover Enhanced Hydrogen Storage in Pt-doped MOF/Graphene Oxide Composite Produced via an Impregnation Method [J]. Inorganic Chemistry Communications, 2015, 54: 54-56.

[98] Mavrandonakis A, Tylianakis E, Stubos A K, et al. Why Li doping in MOFs Enhances H_2 Storage Capacity: A Multi-Scale Theoretical Study [J]. The Journal of Physical Chemistry C, 2008, 112 (18): 7290-7294.

[99] Maark T A, Pal S. A Model Study of Effect of $M=Li^+$, Na^+, Be^{2+}, Mg^{2+}, and Al^{3+}, on Decoration on Hydrogen Adsorption of Metal-Organic Framework-5 [J]. International Journal of Hydrogen Energy, 2010, 35 (23): 12846-12857.

[100] Dinca M, Long J R. High-Enthalpy Hydrogen Adsorption in Cation-Exchanged Variants of the Microporous Metal-Organic Framework $Mn_3[(Mn_4Cl)_3(BTT)_8(CH_3OH)_{10}]_2$ [J]. Journal of the American Chemical Society, 2007, 129 (36): 11172-11176.

[101] Mulfort K L, Hupp J T. Alkali Metal Cation Effects on Hydrogen Uptake and Binding in Metal-Organic Frameworks [J]. Inorganic Chemistry, 2008, 47 (18): 7936-7938.

[102] Prabhakaran P K, Deschamps J. Doping Activated Carbon Incorporated Composite MIL-101 using Lithium: Impact on Hydrogen Uptake [J]. Journal of Materials Chemistry A, 2015, 3 (13): 7014-7021.

[103] Prasanth P K, Catoire L, Deschamps Johnny. Aluminium Doping Composite Metal-Organic Framework by Alane Nanoconfinement: Impact on the Room Temperature Hydrogen Uptake [J]. Microporous and Mesoporous Materials, 2017, 243: 214-220.

[104] 彭荣. 多孔材料吸附储氢的 CFD 模拟与优化 [D]. 武汉: 武汉理工大学, 2012.

[105] Chen H, Yu H, Zhang Q, et al. Enhancement in dehydriding performance of magnesium hydride by iron incorporation: A combined experimental and theoretical investigation [J]. Journal of Power Sources, 2016, 322: 179-186.

[106] Wu G, Zhang J, Li Q, et al. Dehydrogenation kinetics of magnesium hydride investigated by DFT and experiment [J]. Computational Materials Science, 2010, 49 (1): S144-S149.

[107] Huang Z N, WangY Q, Wang D, et al. Synergistic Effects of Mg and N Cosubstitution on Enhanced Dehydrogenation Properties of $LiBH_4$: A First-Principles Study [J]. Journal of Physical Chemistry C, 2019, 123 (3): 1550-1558.

[108] Hamilton C, Baker R T, Staubitz A, et al. B-N compounds for chemical hydrogen storage [J]. Chemical Soci-

ety Reviews，2009，38：279-293.

[109] Borislav B，Manfred. S. Ti-doped alkali metal aluminum hydrides as potential novel reversible hydrogen storage materials [J]. Journal of Alloys and Compounds，1997，253-254：1-9.

[110] Gross K J，Thomas G J，Jensen C M. Catalyzed alanates for hydrogen storage [J]. Journal of Alloys and Compounds，2002，300-302：683-690.

[111] Mosher D A，Arsenault S，Tang X，et al. Design，fabrication and testing of NaAlH$_4$ based hydrogen storage systems [J]. Journal of Alloys and Compounds，2007，446：707-712.

[112] Bogdanović B，Felderhoff M，Pommerin A，et al. Advanced Hydrogen-Storage Materials Based on Sc-，Ce-，and Pr-Doped NaAlH$_4$ [J]. Advanced Materials，2006，18（9）：1198-1201.

[113] Sun T，Zhou B，Wang H，et al. The effect of doping rare-earth chloride dopant on the dehydrogenation properties of NaAlH$_4$ and its catalytic mechanism [J]. International Journal of Hydrogen Energy，2008，33（9）：2260-2267.

[114] Li Y T，Fang F，Fu H L，et al. Carbon nanomaterial-assisted morphological tuning for thermodynamic and kinetic destabilization in sodium alanates [J]. Journal of Materials Chemistry A，2013，1（17）：5238-5246.

[115] Sun J，Xiao X Z，Zheng Z J，et al. Synthesis of nanoscale CeAl$_4$ and its high catalytic efficiency for hydrogen storage of sodium alanate [J]. Rare Metals，2017，36（2）：77-85.

[116] Choi J，Ha T，Park J，et al. Mechanochemical synthesis of Ce$_3$Al$_{11}$ powder and its catalytic effect on the hydrogen sorption properties of NaAlH$_4$ [J]. Journal of Alloys and Compounds，2019，784：313-318.

[117] Murthy S S，Kumar E. A. Advanced materials for solid state hydrogen storage："Thermal engineering issues" [J]. Applied Thermal Engineering，2014，72（2）：176-189.

[118] Wang Y，Li L，Qiu F Y，et al. Synergetic effects of NaAlH$_4$-TiF$_3$ co-additive on dehydriding reaction of Mg(AlH$_4$)$_2$ [J]. Journal of Energy Chemistry，2014，23（6）：726-731.

[119] Chen P，Xiong Z T，Luo J Z，et al. Interaction of hydrogen with metal nitrides and imides [J]. Nature，2002，420（6913）：302-304.

[120] Zlotea C，Latroche M. Role of nanoconfinement on hydrogen sorption properties of metal nanoparticles hybrids [J]. Colloids & Surfaces A Physicochemical & Engineering Aspects，2013，439：117-130.

[121] Isobe S，Ichikawa T，Tokoyoda K，et al. Evaluation of enthalpy change due to hydrogen desorption for lithium amide/imide system by differential scanning calorimetry [J]. Thermochimica Acta，2008，468（1-2）：35-38.

[122] Ichikawa T，Isobe S，Hanada N，et al. Lithium nitride for reversible hydrogen storage [J]. Journal of Alloys and Compounds，2004，365（1-2）：271-276.

[123] Ichikawa T，Hanada N，Isobe S，et al. Hydrogen storage properties in Ti catalyzed Li-N-H system [J]. Journal of Alloys and Compounds，2005，404：435-438.

[124] Xiong Z，Wu G，Hu J，et al. Ternary imides for hydrogen storage [J]. Advanced Materials，2004，16（17）：1522-1525.

[125] Nakamori Y，Kitahara G，Orimo，S. Synthesis and dehydriding studies of Mg-N-H systems [J]. Journal of Power Sources，2004，138（1-2）：309-312.

[126] Hu J J，Xiong Z T，Wu G T，et al. Effects of ball-milling conditions on dehydrogenation of Mg(NH$_2$)$_2$-MgH$_2$ [J]. Journal of Power Sources，2006，159（1）：120-125.

[127] Hu J J，Xiong Z T，Wu G T，et al. Hydrogen releasing reaction between Mg(NH$_2$)$_2$ and CaH$_2$ [J]. Journal of Power Sources，2006，159（1）：116-119.

[128] Rusman N. A. A，Dahari M. A review on the current progress of metal hydrides material for solid-state hydrogen storage applications [J]. International Journal of Hydrogen Energy，2016，41（28）：12108-12126.

[129] Mohtadi R，Orimo S I. The renaissance of hydrides as energy materials [J]. Nature Reviews Materials，2017，2（3）：16091.

[130] George L，Saxena S K. Structural stability of metal hydrides，alanates and borohydrides of alkali and alkali-earth elements：A review [J]. International Journal of Hydrogen Energy，2010，35（11）：5454-5470.

[131] Zhai B，Xiao X Z，Lin W P，et al. Enhanced hydrogen desorption properties of LiBH$_4$-Ca(BH$_4$)$_2$ by a synerget-

ic effect of nanoconfinement and catalysis [J]. International Journal of Hydrogen Energy, 2016, 41 (39): 17462-17470.

[132] Urgnani J, Torres F J, Palumbo M, et al. Hydrogen release from solid state NaBH₄ [J]. International Journal of Hydrogen Energy, 2008, 33 (12): 3111-3115.

[133] He L Q, Li H W, Tumanov N, et al. Facile synthesis of anhydrous alkaline earth metal dodecaborates MB₁₂H₁₂ (M＝Mg, Ca) from M(BH₄)₂ [J]. Dalton Transactions, 2015, 44 (36): 15882-15887.

[134] Matsunaga T, Buchter F, Mauron P, et al. Hydrogen storage properties of Mg[BH₄]₂ [J]. Journal of Alloys and Compounds, 2008, 459 (1-2): 583-588.

[135] Zuttel A, Borgschulte A, Orimo S I. Tetrahydroborates as new hydrogen storage materials [J]. Scripta Materialia, 2007, 56 (10): 823-828.

[136] Zuttel A, Rentsch S, Fischer P, et al. Hydrogen storage properties of LiBH₄ [J]. Journal of Alloys and Compounds, 2003, 356: 515-520.

[137] Schlesinger H I, Brown H C. Metallo Borohydrides. Ⅲ. Lithium Borohydride [J]. Journal of the American Chemical Society, 1940, 62 (12): 3429-3435.

[138] Friedrichs O, Borgschulte A, Kato S, et al. Low-Temperature Synthesis of LiBH₄ by Gas-Solid Reaction [J]. Chemistry A European Journal, 2009, 15 (22): 5531-5534.

[139] Schlesinger H I, Brown H C, Abraham B, et al. New developments in the chemistry of diborane and the borohydrides. I. general summary [J]. Journal of the American Chemical Society, 1953, 75 (1): 186-190.

[140] Orimo S I, Nakamori Y, Eliseo J R, et al. Complex hydrides for hydrogen storage [J]. Chemical Reviews, 2007, 107 (10): 4111-4132.

[141] Mauron P, Buchter F, Friedrichs O, et al. Stability and reversibility of LiBH₄ [J]. Journal of Physical Chemistry B, 2008, 112 (3): 906-910.

[142] Soulié J P, Renaudin G, Cerny R, et al. Lithium borohydride LiBH₄: I. Crystal Structure [J]. Journal of Alloys and Compounds, 2002, 346: 200-205.

[143] Hartman M R, Rush J J, Udovic T J, et al. Structure and vibrational dynamics of isotopically labeled lithium borohydride using neutron diffraction and spectroscopy [J]. Journal of Solid State Chemistry, 2007, 180 (4): 1298-1305.

[144] Filinchuk Y, Chernyshov D. Looking at hydrogen atoms with X-rays: comprehensive synchrotron diffraction study of LiBH₄ [J]. Acta Crystallographica Section A Foundations and Advances, 2007, 63: S240.

[145] Liu H Q, Jiao L F, Zhao Y P, et al. Improved dehydrogenation performance of LiBH₄ by confinement into porous TiO₂ micro-tubes [J]. Journal of Materials Chemistry A, 2014, 2 (24): 9244-9250.

[146] Li H W, Yan Y G, Orimo S, et al. Recent Progress in Metal Borohydrides for Hydrogen Storage [J]. Energies, 2011, 4 (1): 185-214.

[147] Li H W, Orimo S, Nakamori Y, et al. Materials designing of metal borohydrides: Viewpoints from thermodynamical stabilities [J]. Journal of Alloys and Compounds, 2007, 446: 315-318.

[148] Jin S A, Lee Y S, Shim J H, et al. Reversible hydrogen storage in LiBH₄-MH₂ (M＝Ce, Ca) composites [J]. Journal of Physical Chemistry C, 2008, 112 (25): 9520-9524.

[149] Siegel D J, Wolverton C, Ozolins V. Reaction energetics and crystal structure of Li₄BN₃H₁₀ from first principles [J]. Physical Review B, 2007, 75 (1): 014101.

[150] Mosegaard L, Moller B, Jorgensen J E, et al. Reactivity of LiBH₄: In situ synchrotron radiation powder X-ray diffraction study [J]. Journal of Physical Chemistry C, 2008, 112 (4): 1299-1303.

[151] Ma Y F, Li Y, Liu T, et al. Enhanced hydrogen storage properties of LiBH₄ generated using a porous Li₃BO₃ catalyst [J]. Journal of Alloys and Compounds, 2016, 689: 187-191.

[152] Zang L, Sun W Y, Liu S, et al. Enhanced Hydrogen Storage Properties and Reversibility of LiBH₄ Confined in Two-Dimensional Ti₃C₂ [J]. Acs Applied Materials & Interfaces 2018 10 (23): 19598-19604.

[153] Zanella P, Crociani L, Masciocchi N, et al. Facile high-yield synthesis of pure, crystalline Mg(BH₄)₂ [J]. Inorganic Chemistry 2007 46 (22): 9039-9041.

[154] Newhouse R J, Stavila V, Hwang S J, et al. Reversibility and Improved Hydrogen Release of Magnesium Boro-hydride [J]. Journal of Physical Chemistry C, 2010, 114 (11): 5224-5232.

[155] Han M, Zhao Q, Zhu Z Q, et al. The enhanced hydrogen storage of micronanostructured hybrids of $Mg(BH_4)_2$-carbon nanotubes [J]. Nanoscale, 2015, 7 (43): 18305-18311.

[156] 张集. 活性碳纤维改性及储氢性能研究 [D] 大连: 大连理工大学, 2020.

[157] 付正芳. 聚丙烯腈基中空活性碳纤维的制备及储氢性能的研究 [D]: 上海: 东华大学, 2005.

[158] Amankwah K. A. G, Noh J. S, Schwarz. J. A. Hydrogen storage on superactivated carbon at refrigeration tem-peratures [J]. International Journal of Hydrogen Energy 1989 14 (7): 437-447.

[159] 詹亮, 吕春祥. 超级活性炭储氢性能研究 [J]. 材料科学与工程, 2002, 20 (1): 31-35.

[160] 赵东林, 李岩, 李兴国, 沈曾民. 沥青基活性碳纤维的微观结构及其储氢性能研究 [J]. 功能材料, 2007, 38 (s1): 1655-1657.

[161] Zhu H W, Li X S, Ci L J, et al. Hydrogen storage in heat treated carbon nanofibers [J]. Synthetic metals, 2002, 126: 81-85.

[162] Browning D J, Gerrard M L, Laakeman J B, et al. Investigation of the hydrogen storage capacities of carbon nanofibres prepared from an Ethylene precursor [C]. 13th World Hydrogen Energy Conference, 2000: 240.

[163] 白朔, 侯鹏翔, 范月英, 等. 一种新型储氢材料——纳米炭纤维的制备及其储氢性能 [J]. 材料研究学报, 2001, 15 (1): 77-82.

[164] 宛真. 鱼骨状纳米碳纤维与多壁碳纳米管的制备及其储氢、储锂性能研究 [D] 杭州: 浙江大学, 2015.

[165] Handa K, shiono H, Matsuzaki K. Hydrogen uptake of carbon nanofiber under moderate temperature and low pressure [J]. Diamong and related materials, 2003, 12: 874-877.

[166] Ye Y, Ahn C C, Witham C, et al. Applied physics letter, 1999, 74 (16): 2307-2309.

[167] Chen P, Wu X, Lin M, et al. High H_2 uptake by alkalidoped carbon nanotubes under ambient pressure and moderate temperatures. [J]. Science, 1999, 285: 91-93.

[168] 毛宗强, 徐才录, 阎军, 等. 碳纳米纤维储氢性能初步研究 [J]. 新型碳材料, 2000, 15 (1): 64-66.

[169] Ao Zhiming, Dou shixue, Xu Zhemi, et. al. Hydrogen storage in porous grapheme with Al decoration [J]. Int. J. hydrogen energy, 2014 (39): 16244.

[170] Wei chao, Julian Gebhardt, Florian SPath, et. al. Reversible hydrogenation of grapheme on Ni (Ⅲ) -Synthe-sis of "graphone" [J]. Int. J. Hydrogen Energy, 2012, 39 (3): 12014-12020.

[171] Itoh N, Watanabe S, Kawasoe K, et al. A membrane reactor for hydrogen storage and transport system using cyclohexane-methylcyclohexane mixtures [J]. Desalination 2008, 234 (1-3): 261-269.

[172] Tien P D, Satoh T, Miura M, et al. Continuous hydrogen evolution from cyclohexanes over platinum catalysts supported on activated carbon fibers [J]. Fuel Processing Technology 2008, 89 (4), 415-418.

[173] Lázaro M P, García-Bordejé E, Sebastián D, et al. In situ hydrogen generation from cycloalkanes using a Pt/CNF catalyst [J]. Catal. Today 2008, 138 (3-4): 203-209.

[174] Feiner R, Schwaiger N, Pucher H, et al. Chemical loop systems for biochar liquefaction: hydrogenation of Naphthalene [J]. RSC Advances 2014, 4 (66): 34955-34962.

[175] Crabtree R H. Hydrogen storage in liquid organic heterocycles [J]. Energy & Environmental Science 2008, 1 (1): 134.

[176] Moores A, Poyatos M, Luo Y, et al. Catalysed low temperature H_2 release from nitrogen heterocycles [J]. New J. Chem. 2006, 30 (11): 1675.

[177] Clot E, Eisenstein O, Crabtree R H. Computational structure-activity relationships in H_2 storage: how place-ment of N atoms affects release temperatures in organic liquid storage materials [J]. Chem. Commun. 2007, (22): 2231-2233.

[178] Cui Y, Kwok S, Bucholtz A, et al. The effect of substitution on the utility of piperidines and octahydroindoles for reversible hydrogen storage [J]. New J. Chem. 2008, 32 (6): 1027-1037.

[179] Dean D, Davis B, Jessop P G. The effect of temperature, catalyst and sterics on the rate of N-heterocylede-hydrogenation for hydrogenstorage [J]. New J. Chem. 2011, 35 (2): 417-422.

[180] Sotoodeh F, Huber B J M, Smith K J. The effect of the N atom on the dehydrogenation of heterocycles used for hydrogen storage [J]. Appl. Catal. A: General 2012, 29 (419-420): 67-72.

[181] Champness N R. The future of metal-organic frameworks [J]. Dalton Trans 2011, 40 (40): 10311-10315.

[182] Rahi R, Fang M, Ahmed A, et al. Hydrogenation of quinolines, alkenes, and biodiesel by palladium nanoparticles supported on magnesium oxide [J]. Dalton. Trans. 2012, 41 (48): 14490-14499.

[183] He T, Liu L, Wu G, Chen P. Covalent triazine framework-supported palladium nanoparticles for catalytic hydrogenation of N-heterocycles [J]. J. Mater. Chem. A 2015, 3 (31): 16235-16241.

[184] Eblagon K M, Tam K, Tsang S C E. Comparison of catalytic performance of supported ruthenium and rhodium for hydrogenation of 9-ethylcarbazole for hydrogen storage applications [J]. Energy & Environmental Science 2012, 5 (9): 8621.

[185] Eblagon K M, Tam K, Yu K M K, et al. Comparative Study of Catalytic Hydrogenation of 9-Ethylcarbazole for Hydrogen Storage over Noble Metal Surfaces [J]. J. Phy. Chem. C 2012, 116 (13): 7421-7429.

[186] 孔文静. 咔唑加脱氢性能研究 [D]. 杭州: 浙江大学, 2012.

[187] 张立岩, 徐国华, 安越, 等. 多相态甲基环己烷催化脱氢反应过程的研究 [J]. 高校化学工程学报, 2007, 21 (4): 598-603.

[188] 胡云霞. 环己烷催化多相态连续脱氢过程研究 [D]. 杭州: 浙江大学, 2010.

[189] Enthaler S, von Langermann J, Schmidt T. Carbon dioxide and formic acid——the couple for environmental-friendly hydrogen storage? [J] Energy & Environmental Science 2010, 3 (9): 1207.

[190] Grasemann M, Laurenczy G. Formic acid as a hydrogen source——recent developments and future trends [J]. Energy & Environmental Science 2012, 5 (8): 8171.

[191] Loges B, Boddien A, Junge H, et al. Controlled generation of hydrogen from formic acid amine adducts at room temperature and application in H_2/O_2 fuel cells [J]. Angew. Chem. Int. Ed. 2008, 47 (21): 3962-5.

[192] Boddien A, Loges B, Junge H, et al. Hydrogen generation at ambient conditions: application in fuel cells [J]. ChemSusChem 2008, 1 (8-9): 751-758.

[193] Boddien A, Mellmann D, Gartner F, et al. Efficient dehydrogenation of formic acid using an iron catalyst [J]. Science 2011, 333 (6050): 1733-1736.

[194] Bielinski E A, Lagaditis P O, Zhang Y, et al. Lewis acid-assisted formic acid dehydrogenation using a pincer-supported iron catalyst [J]. J. Am. Chem. Soc. 2014, 136 (29): 10234-10237.

[195] Schaub T, Paciello R A. A process for the synthesis of formic acid by CO_2 hydrogenation: thermodynamic aspects and the role of CO [J]. Angew. Chem. Int. Ed. 2011, 50 (32): 7278-7282.

[196] Fornika R, Görls H, Seemann, et al. Complexes [(P2) Rh (hfacac)] (P2= bidentate chelating phosphane, hfacac=hexafluoroacetylacetonate) as catalysts for CO_2 hydrogenation: correlations between solid state structures, 103Rh NMR shifts and catalytic activities [J]. Chem. Commun. 1995, (14): 1479-1481.

[197] Hull J F, Himeda Y, Wang, W H, et al. Reversible hydrogen storage using CO_2 and a proton-switchable iridium catalyst in aqueous media under mild temperatures and pressures [J]. Nat. Chem. 2012, 4 (5): 383-8.

[198] Boddien A, Loges B, Gärtner F, et al. Iron-catalyzed hydrogen production from formic acid [J]. J. Am. Chem. Soc., 2010, 132: 8924-8934.

[199] Boddien A, Mellmann D, Gärtner F, et al. Efficient dehydrogenation of formic acid using an iron catalyst [J]. Science, 2011, 333: 1733-1736.

[200] Bielinski E A, Lagaditis P O, Zhang Y, et al. Lewis acid-assisted formic acid dehydrogenation using a pincer-supported iron catalyst [J]. J. Am. Chem. Soc., 2014, 136: 10234-10237.

[201] Scotti N, Psaro R, Ravasio N, et al. A new Cu-based system for formic acid dehydrogenation [J]. RSC Adv., 2014, 4: 61514.

[202] Li Z, Xu Q. Metal-nanoparticle-catalyzed hydrogen generation from formic acid [J]. Acc. Chem. Res., 2017, 50: 1449-1458.

[203] Sun Q, Wang N, Xu Q, et al. Nanopore-supported metal nanocatalysts for efficient hydrogen generation from liquid-phase chemical hydrogen storage materials [J]. Adv. Mater., 2020, 32: 2001818.

[204] Li S J，Zhou Y T，Kang X，et al. A simple and effective principle for a rational design of heterogeneous cata lysts for dehydrogenation of formic acid [J]. Adv. Mater.，2019，31：1806781.

[205] Navlani-García M，Mori K，Nozaki A，et al. Investigation of size sensitivity in the hydrogen production from formic acid over carbon-supported Pd nanoparticles [J]. Chemistry Select，2016，1：1879-1886.

[206] Wang N，Sun Q，Bai R，et al. In situ confinement of ultrasmall Pd clusters within nanosized silicalite-1 zeolite for highly efficient catalysis of hydrogen generation [J]. J. Am. Chem. Soc.，2016，138：7484-7487.

[207] Zhang S，Metin Ö，Su D，et al. Monodisperse AgPd alloy nanoparticles and their superior catalysis for the dehydrogenation of formic acid [J]. Angew. Chem. Int. Ed.，2013，52：3681-3684.

[208] Zheng Z，Tachikawa T，Majima T. Plasmon-enhanced formic acid dehydrogenation using anisotropic Pd-Au nanorods studied at the single-particle level [J]. J. Am. Chem. Soc.，2015，137：948-957.

[209] Zacharska M，Chuvilin A L，Kriventsov V V，et al. Support effect for nanosized Au catalysts in hydrogen production from formic acid decomposition [J]. Catal. Sci. Technol. 2016，6：6853-6860.

[210] Bi Q Y，Du X L，Liu Y M，et al. Efficient subnanometric gold-catalyzed hydrogen generation via formic acid decomposition under ambient conditions [J]. J. Am. Chem. Soc. 2012，134：8926-8933.

[211] Bi Q Y，Lin J D，Liu Y M，et al. Gold supported on zirconia polymorphs for hydrogen generation from formic acid in base-free aqueous medium [J]. J. Power Sources，2016，328：463-471.

[212] Liu Q，Yang X，Huang Y，et al. A Schiff base modified gold catalyst for green and efficient H_2 production from formic acid [J]. Energy Environ. Sci.，2015，8：3204-3207.

[213] Bi Q Y，Lin J D，Liu Y M，et al. Dehydrogenation of formic acid at room temperature：boosting palladium nanoparticle efficiency by coupling with pyridinic-nitrogen-doped carbon [J]. Angew. Chem. Int. Ed. 2016，55：11849-11853.

[214] Wang Q，Tsumori N，Kitta M，et al. Fast dehydrogenation of formic acid over palladium nanoparticles immobilized in nitrogen-doped hierarchically porous carbon [J]. ACS Catal.，2018，8：12041-12045.

[215] 张安琪，姚淇露，卢章辉. 水合肼分解产氢催化剂研究进展 [J]. 化学学报，2021，79，885-902.

第 4 章

氢的运输技术

氢气的存储方式有高压气态存储、液态纯氢存储、转化为液氨存储、有机液态氢化物存储以及固态储氢材料存储等方式。对应的运输物质便相应为高压气态氢、液态纯氢、液氨、有机液态氢化物，以及固态介质。高压气态、液态纯氢、液氨以及有机液态氢化物可以采用管网输送以及车船运输。固态介质形式运输一般可用车船，但目前报道较少。

具体应该采取哪种运输方式，与运输距离、运输的规模（或者加氢站的需求）、氢的应用场景有关，需要做全流程的设计和经济性测算。接下来将从氢气管网运输和车船运输两种方式进行介绍。

4.1 管道运输

与氢的车船运输相比，管道输送氢气是最经济，最节能的大规模长距离输送氢气的方式。目前已有专用长距离输氢的管道，也有采用天然气（NG）长管道输氢的报道[1~3]。使用管道对氢气进行长距离输送已有 80 余年的历史，在发达国家已经具有一定的规模。1938 年，德国鲁尔建成最早的氢气长输管道，其总长达 220km，输氢管线管径在 100～300mm 之间，额定输氢压力为 2.5MPa，实际工作压力为 1～2MPa，连接杜塞尔多夫市至雷克林豪森市之间 18 个生产厂和用户，每年输氢量 1106m³，从未发生过事故[4~6]。欧洲大约有 1500km 的低压氢气管道，美国现有的氢气管道超过 1600km。世界最长的氢气管道位于法国和比利时之间，长约 400km[6,7]。

液态有机储氢材料也可以采用管道运输，由于其常温下为液态，使用非常成熟的输油、输液管道就可以完成长距离的输送[5]。本部分重点介绍气态氢的长距离管道输送。

4.1.1 氢气的管道输送方法

任何采用管网输送燃油或者燃气的方法，其管道的功能有两个：一是为终端用户输送足够的能量；二是当供大于求时，管道本身可短期存储燃料。这种在管道内短期储存燃料的方式称为"管线充填（linepack）。管线充填有助于管网向用户不间断地提供燃料，无论需求是否发生大的波动。管道中燃料的充填量大意味着存储量大，但是所需要的压力也更高[6]。

气态氢的长距离管道输送主要包括纯氢气的管道输送和氢-天然气混合气的管道输送两种。

4.1.1.1　纯氢气的管道输送

（1）氢气的管道输送流程

氢气的管道输送过程一般包括以下几个过程，首先是集中制氢，一般采用电解水、化石燃料重整等方法集中制氢。其二是加压，氢气在制氢设备出口压力约为 3MPa，主管道输送时压力需要达到约 7MPa，

经电解水、化石燃料的重整等方法集中制氢后，需要将氢气进行加压处理，将氢气加注到输氢主管道，然后进入配氢主管道，最后再分配到加氢站或者其他客户端，便完成氢气的管道输送过程，见图 4.1。氢气在管道输送过程中会发生摩擦损耗，因此在管道输送的不同节点，压力是不同的，一般氢气在制氢设备出口的压力约为 3MPa，进入输氢主管道前需要加压至约 7MPa，等进入配氢管道时需要降压至约 3.5MPa。

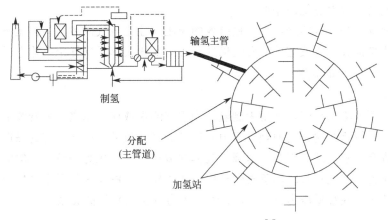

图 4.1　氢气管道输送流程图[8]

（2）氢气管道输送中的能量损失

气体在管道输送过程中，随管线延长会发生能量变化。如图 4.2 所示，在管道中任意两点 A 和 B 的流体能量受海拔高度、压力和流速等因素的影响，可用伯努利方程（Bernoulli's equation）和能量守恒方程来表达：

$$Z_A + \frac{p_A}{\gamma} + \frac{V_A^2}{2g} + H_p = Z_B + \frac{p_B}{\gamma} + \frac{V_B^2}{2g} + H_f \tag{4.1}$$

式中，Z_A 为 A 点的海拔；Z_B 为 B 点的海拔；p_A 为 A 点的气体压力；p_B 为 B 点的气体压力；$\gamma = \rho g$，ρ 为气体密度，g 为重力加速度；V_A、V_B 分别代表两点的气体流速；H_p 为 A 点流体被压缩机压缩的等效压头；H_f 为流体从 A 点到 B 点由管道摩擦力引起的压力损失。

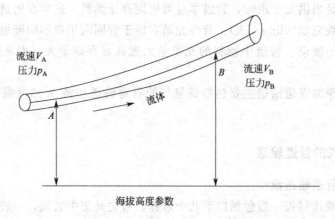

图 4.2　流体在管道输送过程中的能量变化示意图

式(4.1)是基础的能量方程，与气体定律相结合，可用于分析管道输气的特性。该方程与气体特性（如压缩系数、重力），管道的物理参数（如长度、直径），以及管道中的流体流速和压力等相关。如已知管道某段的进气压力和出口压力，即可计算出管道中的气体流速。

该方程的成立是假设气体温度是均温，且气体与埋藏管道的环境土壤没有热交换。实际上，在气体长距离管道输送的过程中会遇到瞬间变化的情况，但由于气体温度基本保持恒定，等温流动的假设还是适用的。

尽管管网输送是公认的最经济、最有效的长距离输送氢气的方法，但是不可忽视输送过程中的氢能量损失。有报道估算管道输送过程中氢损失率是同样距离输电过程能量损失率（约 $7.5\%\sim8\%$）的 2 倍[4]。

（3）加压站

与天然气管道输送相似，从集中制氢厂到用户终端或储氢罐之间的管线上会有多次氢气压缩过程。气体管线输送的原理是压力差诱导的气体流动。由于气体的黏性和与内管壁的摩擦，气流会受阻，从而引起压力降。气体的流速越高，压力降越大。输氢管道要维持最高和最低压力，因此在长距离氢气输送中需要再压缩。图 4.3 显示了气体压力降与使用加压站以维持压力在最低压力（$p_{\min}$）和最高压力（$p_{\max}$）间的关系[6]。

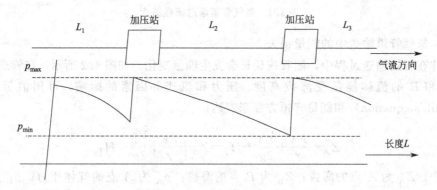

图 4.3　气体管道输送中的压力降和再压缩间的关系

（4）降压站

当两段输气管道在不同压力下运行时，需要降压站相连，该降压站中通过一个节流阀使气体膨胀以达到降压的目的。根据焦耳-汤姆森效应（Joule-Thompson Effect），气体的膨胀会改变非理想气体的温度，因此气体的最终温度用下式表示：

$$T_2 = T_1 + \mu(p_2 - p_1) \tag{4.2}$$

式中，T_2 为气体的最终温度，℃；T_1 为气体的初始温度，℃；μ 为焦耳-汤姆森系数，℃/bar；p_2 为气体的最终压力，bar；p_1 为气体的初始压力，bar。

所有的真实气体都有一个转化温度，在该温度下，焦耳汤姆森系数变号。对大多数气体而言，室温下该系数为正值，但是氢、氖和氦除外。天然气的焦耳汤姆森系数为 0.5℃/bar，氢气为 0.035℃/bar。即从 80bar 降压至 15bar 时，天然气的温度降低 32.5℃，因此为了避免形成冰，气体需要预热；而相同的压降，氢气温度仅降低 2.3℃。

4.1.1.2　氢-天然气混合气的管道运输

从能量角度考虑，氢要取代天然气（NG）作为主燃料，输送到用户端的氢量必须满足与天然气相同的能量需求。氢的高热值（HHV=13MJ/m³）约为天然气的 1/3，而密度（ρ=0.084kg/m³）仅约为天然气的 1/8。根据气体流速公式和 HHV 计算，输送相同能量的氢，其体积是天然气的 3 倍。因此，氢气流速需要保持 3 倍于天然气流速，两者输送相同距离的压力降才能相同。压力降是输气管道设计中一个非常重要的参数。

当天然气中混入 0～100%（体积分数）的氢气时，其相对能量如图 4.4 所示[6]。研究表明，当管道和压力降不变时，纯氢的能量是贫天然气的 98%，是富天然气的 80%。但在现有天然气管道中混入约 10% 的纯氢时，能量仅损失约 3%，是一种可行的输氢方式。

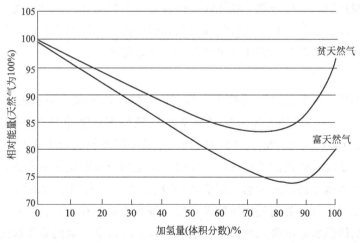

图 4.4　恒压条件下 H_2 和 H_2-NG 混合气能量对比

研究表明，使用已有管道输送氢气是低成本长距离输送大量氢气的优选方法之一。直接把天然气管道变为氢-天然气混合气（含氢约 15%），仅需对原有管道进行适当的改造即可。

但是，如果要输送纯氢，则需要对原天然气管道进行实质性的改造，包括材料和重要部件的更换，安全性措施升级等。例如，输送纯氢需要承受比天然气更高的压力，可以选择低碳钢。而天然气管道压力比较低（一般为 0.4MPa 左右），可以使用价格较低的塑料管，如聚氯乙烯（PVC）和新型高密度聚乙烯管。但是，这些塑料管道不可阻止高压氢气的渗透，不能用于输氢。世界上许多主要城市都建有这样的管道，最初它们是为传输城市煤气到普通家庭而建立的。城市煤气含有约 50% 的氢和 5% 的 CO，最早的城市煤气管道大约出现在 1800 年[4]。利用天然气管道输送氢天然气混合气和升级改造天然气管道来输送纯氢，这两个方面的技术分析、调研和研发工作也是美国能源部（DOE）氢能发展计划中重要内容。

4.1.2 氢气管网输送关键技术

氢气从集中制氢厂送出，经管网输送至终端客户或储氢罐，中间要多次使用到氢压缩机和氢传感器。管网输氢有以下三个重要的技术问题需要解决[9]：

(1) 管材的氢脆问题

氢气的管网输送要求气态氢在较高的压力（最高为 21MPa）下进行，同时，输氢管应采用高经济性的材料，如钢管。然而，钢材在高压下的氢脆问题尚未完全弄清楚。输氢管焊接对钢材的微观组织造成了一定影响，并加剧了氢脆的程度。如何消除或减缓氢脆是保证输氢管线安全、经济、高可靠性的关键[10]。

(2) 氢的泄漏与全程监测

氢分子非常小，因此比其他种类的气体（如天然气）扩散更快。为了避免氢泄漏，对相关的材料、密封件、阀门和管件，以及设备的设计等提出了更高要求。输氢管道的建设不仅依赖于质优的材料、可靠的设计和工程实施，还要依靠监测传感技术。这需要配备低成本的氢气泄漏探测器。由于氢无色无味，选择合适的气味掺入配氢管线中以便监测氢气泄漏也是一种有效的手段。在输氢管线和储氢容器中植入氢监测传感器，使用并进一步提高其机械完整性，是预防外部破坏和机械故障的基本保障[1]。

(3) 氢气压缩技术

天然气压缩是一种非常成熟的技术。然而，天然气压缩技术对氢的压缩而言不再适用。原因主要有二：①氢分子比天然气分子小且轻得多；②单位体积的氢气所含能量（13MJ/m³）仅为天然气（40MJ/m³）的 1/3。这两个因素给氢的压缩带来了极大的挑战。譬如，离心压缩是成本最低的天然气压缩方法，但是用于压缩氢并不合适，因为氢分子质量太小。采用离心压缩法压缩天然气需要 4~5 次，而压缩相同能量的氢气则需要 60 次。因此，输氢前压缩氢气需要消耗比压缩天然气大得多的功率和能量。同时，氢压缩机中采用普通的润滑剂给燃料电池带来的污染问题也令人无法接受。氢的管道输送需要采用更加可靠、更低成本和更高效率的压缩技术。研究人员正在开发一种新的免压缩技术，该技术是以目前高压氢电解槽（出口氢压 10MPa）为基础的。如氢气出口压力高于 10MPa，则需进一步研发。

4.1.2.1　输氢用钢制管道和氢脆

尽管工业上使用管道输氢已经有几十年的历史，早期的研究结果表明氢没有恶化输氢管道用钢的力学和物理性能[11,12]，然而石油和天然气工业会常常遇到来自输送钢管内部或外部的氢蚀，如氢致开裂、氢脆、硫化物应力开裂、应力腐蚀开裂等[13]。对于天然气管道而言，这些危险主要来自外部；而对于输氢管道来说，来自内部的威胁更严重。特别是当输送大量、高压（高达 21MPa）的氢气时，管道材料的氢脆和氢致开裂，特别是焊缝区域，需要特别关注和采取特殊措施。

（1）氢渗透

氢侵入并渗透钢材是氢脆发生前的氢蚀现象。目前，关于高压氢气氛下输氢钢管材料中氢的侵入、渗透率和钢中的固氢量等认识还很有限，而这三者之间又是互相联系的。例如，如果氢侵入的速率比渗透（扩散）速率慢，则氢侵入是控制步骤；氢在钢中的累积数量由氢侵入数量和渗透数量共同决定；氢从管道外表面离开钢材。研究氢的渗透行为有助于修正氢侵入、氢在输氢管道内表面的吸附数量、氢在材料中扩散、可逆和不可逆的氢俘获等机制及其动力学特征。

21 世纪初 DOE 立项资助了一个高压氢气在输氢钢管材料中的渗透行为的研究项目[10]，项目采用两种钢材：一种为 API X52，是 20 世纪 50 年代常用的管道钢牌号；另一种为 API X65，是 90 年代的典型管道钢牌号。样品取自天然气输气管道。图 4.5 描绘了 X52 输氢管道钢在 3.5MPa、165℃下的氢压升曲线。图中，在样品氢气渗出端的瞬态压力被标准化处理过（设充氢压力为 0）。由图 4.5 可知，在此充氢条件下，氢气突破0.5mm 厚的样品需要约 30min；而达到稳定的渗透通量，即氢在钢材中达到饱和浓度需要 10h。采用时间延迟法[14]，用图 4.5 中的瞬态压升可以确定有效扩散系数。钢中氢的溶解度可以用稳态、有效扩散系数来计算。

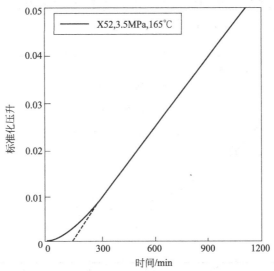

图 4.5　X52 高压输氢管道在氢渗透测试中的压升曲线［测试压力被标准化处理
（设充氢压力＝0），测试条件为充氢压力 3.5MPa、温度 165℃。］[10]

此外，商用管道钢由于陷阱浓度增加，氢在其中的扩散系数会降低。有意思的是，管道中充氢压力高低对扩散系数影响不大。然而钢中氢浓度与氢压强相关，这与西韦特法则（Sievert's law）相符。例如，充氢压力 3.5MPa，温度 165℃时，钢中氢浓度约 200×10^{-6}；而同温度下，0.093MPa 时约 70×10^{-6}。可以预见，钢中氢浓度越高，对管道钢材的结构完整性更有害。

为了尽量降低氢的侵入数量，可以采用表面氧化或者涂层（比如涂覆玻璃）等措施。在管道钢中增加氢陷阱是减轻和控制氢蚀的有效方法，这属于冶金学范畴。

（2）氢脆和氢致管道钢的性能衰退

由氢引起的钢材机械性能（如延展性、韧性、负载能力等）下降，以及氢致裂纹等都属于氢脆（Hydrogen Embrittlement，HE）。在石油、天然气工业领域，氢致开裂常发生在潮湿的含 H_2S 环境下[15]。氢（质子）产生于腐蚀反应阴极，进而（氢原子）扩散进入管道内部，在空洞处结合成氢分子，产生内压，或者形成脆性化合物，最终导致裂纹的产生。

过去有不少关于低压气态氢对钢材影响的报道[16,17]。然而，对高压气态氢环境下的管道钢的研究工作不多。

人们对材料与高压气态氢间的相互作用尚缺乏认知，需要开展相关的系统性研究工作。这里用 20 世纪 70 年代低合金压力容器钢的研究结果来推测氢气压力对管道钢的影响[3,13,18]。

以三种低合金压力容器钢（AISI4130，AISI4145 和 AISI4147）为例，氢气压力和屈服强度（YS）与材料的断裂韧性（K_{IH}）的关系如图 4.6 所示[18]。其中，氢气压力从 0 增至 95MPa，断裂韧性（K_{IH}）是材料失效的临界应力强度因子，下标"I"代表 I 型裂纹，"H"代表气态氢。从图 4.6（a）中可见，断裂韧性（K_{IH}）随着氢气压力的升高而降低，氢气压力为 95MPa 时，K_{IH} 约为 45MPa·$m^{1/2}$，约为 0.1MPa 时的 1/3。由图 4.6（b）中可知，断裂韧性（K_H）随着钢中屈服强度（YS）的增加而降低。当 YS＝1200MPa 时，其断裂韧性（K_{IH}）约为 YS＝620MPa 时的 1/4。因此可以推测，在高压氢气氛下，管道钢（X52-X65）断裂韧性下降的程度比低合金高强度压力容器钢要低，甚至低得多，因为前者具有更低的屈服强度。当氢气压达到 41MPa 时，输氢管道钢的断裂韧性（K_H）值有望超过 85MPa·$m^{1/2}$。

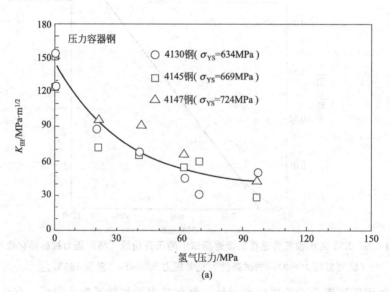

(a)

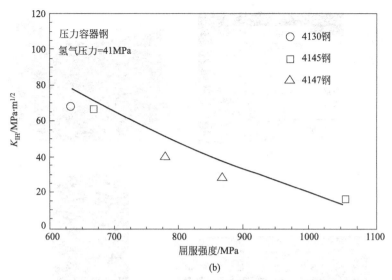

(b)

图 4.6　三种低压合金压力容器钢的断裂韧性（K_{IH}）与氢气压力（a）和屈服强度（b）的关系[18]

　　为了研究高压氢气环境下管道的安全运行问题，Sofronis 等[19] 用第一性原理和有限元法模拟了平面应变条件下，高压（7MPa）氢通过管壁上的裂纹表面渗入管道材料内部的路径，并计算出裂纹尖端附近的标准晶格间隙上氢浓度分布，如图 4.7 所示。该结果为输氢管道工程中预防氢致断裂设计准则提供了参考。

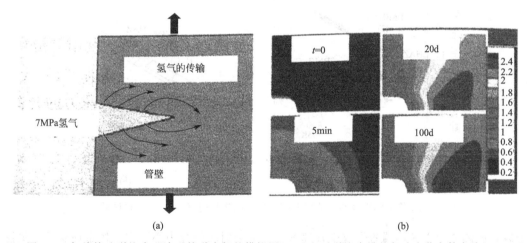

(a)　　　　　　　　　　　　　　　　(b)

图 4.7　氢从管壁裂纹表面渗入管道内部的模拟图（a）和近裂纹尖端的氢浓度分布等高线（b）

　　此外，在氢气氛围下，温度、应力、疲劳等都是引起管道机械性能下降的因素，特别当关注的是焊接部位和热影响区的性能变化。Somerday 等[20] 对比了采用气体-金属电弧焊（GMAW）、电阻焊（ERW）和搅拌摩擦焊（FSW）的 X65 钢和 X52 钢在氢气氛下的疲劳裂纹生长规律。图 4.8 展示了两种牌号的钢材采用不同焊接方法的焊缝组织特征。

　　由图 4.9 可见，在低应力 $\Delta K_{有效}$ 时，采用气体金属电弧焊（GMAW）焊接的 X65 管道钢焊缝热影响区（HAZ）的裂纹生长速率比基体（BM）高。采用电阻焊和搅拌摩擦焊的 X52 钢管，其在氢气氛下的疲劳裂纹生长速率基本相同，且搅拌摩擦焊的实验进行了 3 次，结果都能重复，见图 4.10。搅拌摩擦焊 X52 钢的焊缝中心区裂纹生长速率高于基体

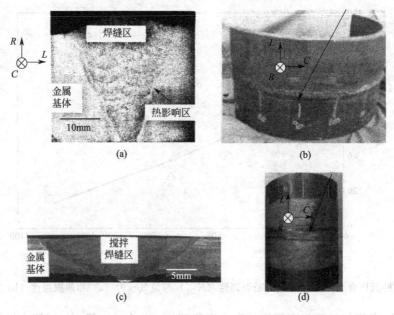

图 4.8　采用气体-金属电弧焊（GMAW）的 X65 钢（a）（b）和采用搅拌摩擦焊（FSW）的 X52 钢（c）（d）的焊缝区微观组织及环形焊缝外观[20]

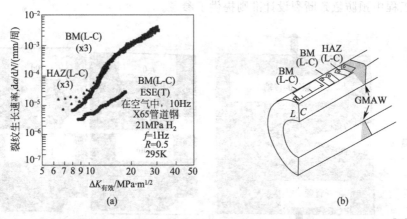

图 4.9　X65 管道钢焊缝热影响区和基体的裂纹生长速率（a）及取样区域（b）[20]

金属，但焊缝中心区远端的裂纹生长速率在高应力时较焊缝中心区和基体金属更低，见图 4.11，归因于微观组织的较大差异。

J. Ronevich 等[21] 对更高等级的 XI00 进行了研究，结果显示在 21MPa 氢气氛中，焊缝区的疲劳裂纹生长速率比基体金属高，热影响区最低，见图 4.12（a）。但是去除残余应力的影响后，焊缝区的疲劳裂纹生长速率比基体金属更低，证明了残余应力对氢气氛下疲劳裂纹生长速率的影响不容小视。

上述研究结果为输氢管道钢的选材、相关标准的制定等提供了数据支撑。此外，根据管道钢的疲劳裂纹生长规律还可以计算出输氢管道钢的最小壁厚，对输氢基础设施的设计起到了重要的作用。

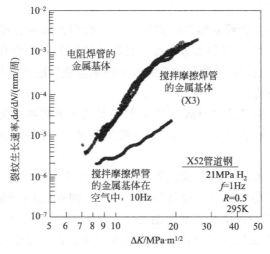

图 4.10 采用电焊和搅拌摩擦焊的 X52 管道钢金属基体的裂纹生长速率[20]

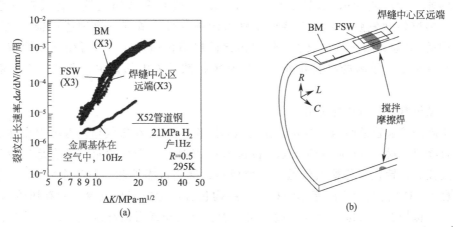

图 4.11 X52 管道钢焊缝区、基体和焊缝中心区远端的裂纹生长速率（a）及取样区域（b）[20]

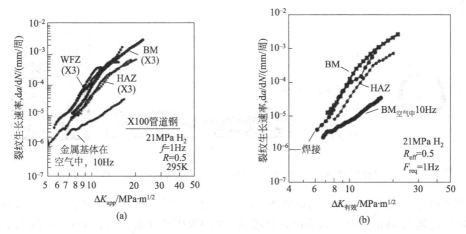

图 4.12 X100 管道钢焊缝区、基体和热影响区的裂纹生长速率（a）

及经去残余应力校正后的裂纹生长速率（b）[21]

（3）钢材等级及要求

美国能源部（DOE）曾设立相关研究项目，全面测评输氢管道用钢的机械性能，包括 API X52～X70/X80[22]，输氢管道最高运行压力的评定对评价其经济性和氢致损伤有重要的意义。该项目还包含现天然气管道的表面防氢渗透涂层和高氢压条件下新管道的钢材和焊接填料成分等研究。

曾有一项关于现存输氢管道的调查[13]，目的是为风电可再生能源匹配大口径输氢管道的钢等级做鉴定。调查结果显示，在用的输氢管道用钢品种繁多，但主要是低碳钢[23～25]。

由于缺乏相关输气标准，加拿大监察机构在 1980 年提出了氢气输送管道的基本要求[23]，包括最高材料等级 290，设计因数＜0.6，韧性比同等的天然气管道用钢高 30%，工作温度＜40℃，极限交变承压能力＞3MPa（每年低于 100 次交变）。此外，该调查结果还建议输送纯氢气的钢材需满足低强度要求，最高等级为 X65；达到抗酸性介质标准（主要针对合金化和加工过程），微观组织均匀，偏析可控，超高质量，满足这一要求的非常少；低 Mn，痕量 S（＜10mg/kg），低 C 和低淬硬性；比天然气管道壁厚，容忍内壁轻微氢脆，从而保持整条管道的强韧性。氢气管道钢还可选择 Al-Fe 合金，其中的 Al 起到阻止氢扩散进入钢材内部的屏障作用。此外，可变硬度管道，即较硬的材料在内部，较软的材料在外部，如有氢扩散进入内部钢中，则可快速扩散至外部逸出[13]。

（4）输氢管道新材料的研制

由于高压输氢管道用钢成本高、有氢脆的风险，DOE 在氢气输送专项中设立了纤维增强聚合物复合材料（fiber reinforced polymer，FRP）以取代钢材，这也是该专项中的主要研发任务，旨在降低输氢管道的安装成本，提高可靠性和运行安全性[23]。图 4.13（a）示意了 FRP 输氢管道的基本结构，该结构包含：①内部防氢渗透的高压输氢管道；②输氢管外保护层；③保护层外的过渡层；④多层玻璃或者碳纤维复合层；⑤外部抗压层；⑥外部保护层。每层都具有独特的功能，层与层间有机的相互作用使输氢管道具备超常的性能。

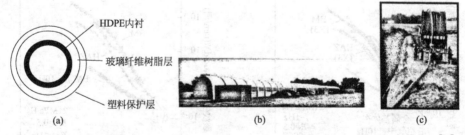

HDPE内衬
玻璃纤维树脂层
塑料保护层

（a）　　　　　　　（b）　　　　　　　（c）

图 4.13　纤维增强聚合物（FRP）输氢管结构（a）、现场检查（b）和卷绕安装（c）[28]

FRP 输氢管道的安装成本比钢低约 20%，因为每段 FRP 可以比钢管长，一段卷绕式 FRP 最长可达 0.8km（约 0.5mile），现场生产的 FRP 可达 3.2～4.8km，见图 4.13（b）和（c）所示，焊接成本比钢管节约[26,27]。此外，FRP 不易引起氢脆，抗腐蚀能力强。FRP 寿命为 50 年，纤维强度衰减小于 5%，疲劳寿命 28500 周。

最早对 FRP 用于输氢管道的评价是从性能和成本上讲，可以取代管道钢[29]。从成本上分析，FRP 相当有吸引力，特别是在区域供氢或者配氢环节。目前，可卷绕式复合材料管生产商可为 10 万人提供氢气，成本为 25 万～50 万美元/mile（不含取得通行权费用），这一成本价格比 DOE 设置的 2017 年达到 80 万美元/mile 的目标低[29]。可见，FRP 输氢管道还是极具经济性的，特别是在配氢环节。

当然，采用 FRP 技术用于管道输氢还有如下问题需要解决[29]：①评价管道材料对氢的适应性；②开发大直径管道的生产工艺；③开发低氢渗透率的塑料内衬；④对现有规范和标准进行必要的修正，以确保其在管道使用中的安全性和可靠性。

如聚合物-层状硅酸盐（polymer--layered silicate，PLS）纳米复合材料被证实是具有低氢渗透率的材料。PLS 纳米复合材料是把有机改性黏土（蒙脱土）与聚合物（如聚乙烯对苯二酸盐，PET）在熔融或者溶液里混合后制成的。如果聚合物和改性黏土能够很好地匹配，满足离子交换要求，则可获得层状黏土结构，这种结构对降低氢在聚合物中的渗透率尤为重要。图 4.14（a）为纳米复合材料（PET/10％黏土）的透射电镜图（TEM），可见存在部分插层结构。图 4.14（b）给出了该复合材料与纯 PET 中氢的渗透曲线，可见氢在 PET/10％黏土薄膜中扩散速率比在纯 PET 薄膜中低 60％，改善效果非常显著，实际上纯 PET 的阻氢性能已经不错了。Chisholm 等[30] 还开发了一种部分磺化的聚合技术，可以获得更好的插层效果以阻氢。

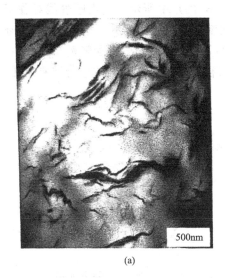

(a)

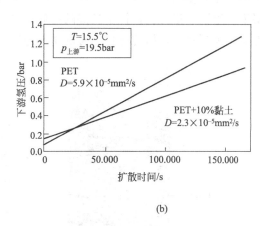

(b)

图 4.14　纳米复合材料（PET/10％黏土）的透射电镜图（TEM（a）
和复合材料与纯 PET 中氢的渗透曲线（b）

除了 FRP 管道技术以外，加拿大横加管道有限公司 Trans Canada Pipelines Limited（TCPL）还开发了一种复合增强管道（composite reinforced line pipe，CRLP^{TM}）[31]。这种 CRLP 材料包含了高性能复合材料和薄壁、高强低合金（HSLA，X42-X80）钢管。钢材和增强复合材料一起构建了一种价廉的混合体，可以取代高强度的全钢输氢管道。大规模输氢用复合管道（外径＞1.5m，承压＞14MPa）的总价（含安装成本）比全钢管道低约 3％～8％。尽管钢内衬没有避免氢脆问题，但是由于其壁厚小，应力降低，氢致开裂的倾向也会更低。

4.1.2.2 氢气的泄露和全程监测

氢气输送过程中需要传感器来探测氢气的泄漏和监测输氢管道的完整性。氢气无色无味，仅靠人的感官无法识别。在氢气中加入有气味的物质（示踪气体）是探测氢泄漏的一种方法。天然气亦无色无味，输气时加入 H_2S 是常用的有效方法。然而，这种方法并不适合于输氢，因为 H_2S 比氢重得多，其传输速率赶不上氢。此外，含硫物质对氢燃料电池还有毒化作用。因此寻找合适的氢气示踪气体难度不小。

（1）氢气泄露检测器

美国可再生能源国家实验室开发了一系列价廉、可靠的氢气传感器，如使用光学纤维制作的氢气传感器等，这也是美国能源部氢能专项中的一个重要部分[32]。图 4.15 出示了一种薄膜光学纤维传感器的结构以及其检测特性曲线。该传感器中使用了显色物质作为氢的指示剂。当空气中氢浓度达到 0.02％时，指示剂的光学特性将发生变化，或者变色，抑或薄膜的透射率因氢原子的渗入而发生变化。许多材料都有这种光学特性，如 WO_3、NiO_x、V_2O_5 以及一些金属氢化物等。当氢分子在顶层催化剂（如 Pd）的表面解离后，部分氢原子快速扩散进入显色剂层中，改变其光学特性。这一光学特性的变化易用光束读出，既可通过测试薄膜层的透光率，也可通过测试光束在催化层表面的反射率来判定。光学薄膜层沉积在光纤（FO）线缆的顶端，如图 4.15（a）中所示。光束顺着线缆往下传播，反射光束或者透射光束的强度表征了氢气的浓度，如图 4.15（b）所示。从图中还可以看出，光学传感器的寿命长，2001 年 5 月启用的氢传感器在空气中含氢量 0.1％的检测下限下使用了 3 年，仍保持了良好的检测功能。与初始性能相比，其响应时间有所滞后，动态显色范围降低，但传感器本身的功能还在。

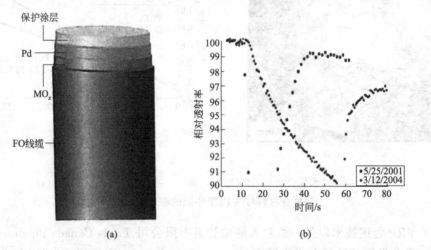

图 4.15　薄膜光学纤维氢传感器示意图（a）和出厂时原始相应曲线与 3 年后
光学氢传感器对低氢探测限（0.1％）的响应曲线（b）[32]

检测氢气泄漏时，传感器应有高的敏感度，对初始氢气泄漏提供快速的响应，以便空气中的氢含量达到爆炸限前采取措施。采用这种光学纤维传感器可以满足快速响应的要求，且价廉、可靠。然而，这种光学纤维薄膜传感技术对输氢管道来讲不适用，因为管线较长，一般上百甚至上千英里。因此输氢管道上的氢气泄漏应当采用更合理的方法来监测。

（2）输氢管道整体监测传感技术[23]

美国机械工程师学会制定的工业代码 ASME B31G.8S 中总结了天然气输送管道有 9 类主要的潜在危险，包括内部和外部腐蚀、应力腐蚀开裂、第三方损毁、土壤破坏、制造和安装损坏、不当操作、天气、外力损坏等。其中，破坏管道完整性的最大风险来自第三方损毁，主要是承包商在安装和挖掘过程中无意造成的管道损毁，这可能造成非常严重的后果。传统天然气输送管道中的危险性因素在输氢管道中同样存在。

目前有几种传感技术用于监测输氢管道（也包括压力容器）的机械完整性。光学纤维传感器和其他的传感器用于监测与时间相关的缺陷，如内部腐蚀、外部腐蚀、应力腐蚀开裂、管道移位、管道应力、管道边坡失稳造成的扭曲应力、地基沉降、气流对暴露管道的影响等。这几种传感技术特别适用于复合结构，也被用于钢制管道和容器的氢泄漏监测。运用这些技术可以避免氢气输送设施的机械故障和严重的氢气泄漏[33,34]，被证明是非常适用的监测技术。图 4.16 所示为采用布里渊（Brillouin）光学纤维传感系统监测输氢管道完整性的示例[33]。该监测系统采用两个不同频率的可调激光光源来测试光学纤维的信号，光源波长为 1320nm。其中一个激光源作为泵激光源，另一个作为探测激光源，发出的激光脉冲顺着纤维传导，并与从反方向端发出的泵激光源相互作用。

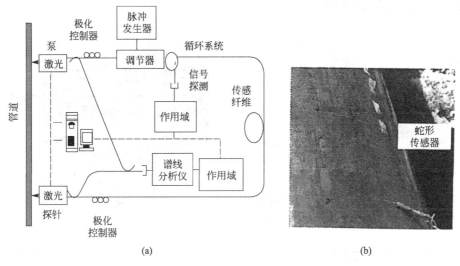

图 4.16　用于输氢管道监测的典型布里渊光学纤维测试系统

研究显示，采用布里渊光学纤维传感系统可探测 25km 或者更长输氢管道的氢气泄漏或者第三方入侵。该系统对温度和机械应变具有本征响应特性，据此可在扫描图像中分辨出不同的影响因素，并检测出各种异常现象。此外，同样的传感器可与输氢管道系统相结合，用以监测地面移动。如果建新的输氢管道时预留了线缆槽，则安装布里渊系统比较经济。

针对第三方损毁监测，科学家还研发了其他种类的传感器，如基于声学技术的水诊器等[27]。

为了监测输氢管道的第三方机械损毁，人们在研发和工业应用领域已做了大量的工作来开发各种传感技术。尽管如此，还有一些问题需要解决，例如报警系统的准确性（避免误报警)、沿管道的距离分辨能力、响应时间、由氢原子过轻引起的氢气泄漏信号特征问题等。

4.1.2.3　氢气压缩

氢气压缩是采用管道输氢所必需且非常关键的一个环节。氢气管道输送和拖车运输时会采用不同规格的压缩机[35]。高压氢气一般采用压缩机获得。压缩机可以视为一种真空泵，它将系统低压侧的压力降低，并将系统高压侧的压力提高，从而使氢气从低压侧向高压侧流动。氢气压缩机有往复式、膜式、离心式、回转式、螺杆式等类型。选取时应综合考虑流量、吸气及排气压力等参数。

往复式压缩机利用气缸内的活塞来压缩氢气，也称为容积式压缩机，其工作原理是曲轴的回转运动转变为活塞的往复运动，见图 4.17。往复式压缩机流量大，但单级压缩比较小，一般为 3∶1～4∶1。一般来说，压力在 30MPa 以下的压缩机通常用往复式，经验证明其运转可靠程度较高，并可单独组成一台由多级构成的压缩机。

膜式压缩机是靠隔膜在气缸中做往复运动来压缩和输送气体的往复压缩机，其工作原理见图 4.18。隔膜沿周边由两限制板夹紧并组成气缸，隔膜由液压驱动在气缸内往复运动，从而实现对气体的压缩和输送。膜式压缩机压缩比高，可达 20∶1，压力范围广，密封性好，无污染，氢气纯度高，但是流量小。一般来讲，压力在 30MPa 以上、容积流量较小时，可选择用膜式压缩机。

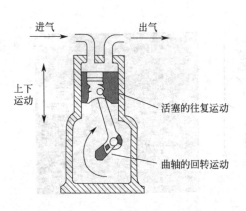

图 4.17　往复式压缩机工作原理[36]

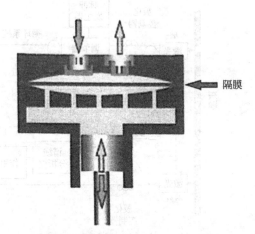

图 4.18　膜式压缩机工作原理[37]

大型氢气压缩机组常采用离心式压缩机，它非常像一台大型风机，但它不属于容积式压缩机，其工作原理如图 4.19 所示。通过叶轮转动，将离心力作用于氢气，迫使氢气流向叶轮外侧，压缩机壳体收集氢气，并将其压送至排气管，氢气流向外侧时会在连接有进气管的中心位置形成一个低压区域。

大型氢气压缩机组还采用螺杆式压缩机，它是一种容积式压缩机，见图 4.20。氢气从进口处进入至出口处排出，完成一级压缩。

回转式压缩机也是一种容积式压缩机，其工作原理见图 4.21，它采用旋转的盘状活塞将氢气挤压出排气口。这种压缩机只有一个运动方向，没有回程。与同容量的往复式压缩机相比，其体积要小得多，主要用于小型设备系列。这种压缩机的效率极高，几乎没有运动机构。

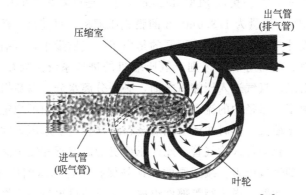

图 4.19　离心式压缩机工作构建的工作原理[36]

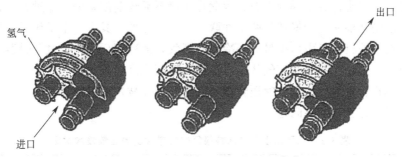

图 4.20　螺旋式压缩机的工作构建[36]

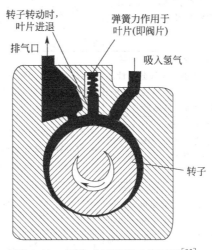

图 4.21　回转式压缩机工作原理[36]

氢气压缩机的结构包括基础部件（如曲轴箱、曲轴、连杆等）、缸体部件、柱塞部件、冷却器部件、安全保护控制系统以及其他附属部件。

我国早在 20 世纪 80 年代就进行了超高压氢气压缩机组的研制，成功试车了一台排气量为 120m³/h、排气终压为 200MPa 的机组。该氢气压缩机组按 3 个压力段由三台压缩机率联组成：第一段是 L 型活塞往复式压缩机，将气体由常压压缩至 30MPa；第二段是膜式压缩机，将第一段输出的气体升压到 100MPa；第三段也是膜式压缩机，将第二段输出的气体增压至 200MPa[38,39]。美国 PDCMachines 公司是世界著名的压缩机生产商，开发了最高压力为 410MPa、流量为 $178.6m^3/h$ 的膜式压缩机，目前已广泛应用到加氢站。

　　氢气压缩机的设计与天然气类似，不同的是由于氢气质量小，压缩因子也与天然气有较大区别，因此密封、动力等有所区别。氢压缩机的进口系统主要由气水分离器、缓冲器、减压阀等部件组成。氢气进入压缩机之前，必须分离水分，以免损坏下游部件。管道内氢压受外界环境温度、路径中的流动阻力和流量等因素影响而不稳定，缓冲器可起到缓冲压力波动的作用。压缩机工作时的活塞运动会在进气管内引起压力脉动，缓冲器亦可用来阻断进气管内的压力脉动传入输气管。此外压缩机的卸载阀和安全阀排出的氢气也送入缓冲器中，使之膨胀到进口压力。减压阀的用途是保持一定的压缩机进口压力[40]。出口系统主要由干燥器、过滤器、逆止阀等部件组成。当压缩机出口的氢气含水量超标时，出口系统由吸收式干燥器来清除水分，以免下游部件锈蚀和在低温环境下造成水堵。氢气流过干燥器时，会带走部分干燥剂颗粒，因此在干燥器后还需配备分子筛过滤器，以清除干燥剂颗粒、水滴和油滴。干燥器是两个并联、交替工作的，其中一个工作时，另一个进行恢复处理。在压缩机出口引出少量未经冷却的氢气，经减压后反向流过干燥器，使干燥器恢复吸收能力。逆止阀只允许氢气从出口流出，而不允许流入[40]。

　　对于大体积、大直径的氢气输送管道，有几种压缩技术可以选择，表 4.1 列出了这几种技术的优势和存在的主要问题。

表 4.1　几种用于十亿瓦特级氢气管道输送的压缩技术对比

压缩种类	技术说明	优势/主要问题
往复式压缩	技术成熟，适用于多种气体。氢气由于分子量极低，极难控制其在容器内被压缩，需特殊设计	容积式，可输出高压氢气；有含油和无油润滑两种，含油润滑有助于控制气态氢，但会污染氢气；常采用电动机驱动。体积大，部件多，用于十亿瓦级输氢管道压缩的可能性小
离心压缩	技术成熟，适用于多种气体，可用于 30000kW 以上气体压缩。氢气分子量过低，极难压缩。从 30bar 压缩至 100bar 约需 60 个压缩段，设备价格昂贵	多压缩段间的机械公差很难维持，需要考虑段间密封，导致压缩效率低和设备造价高
膜式压缩	适用于所有类型的气体。三层膜结构把气态氢与液压用油分隔开，确保整个压缩过程无污染、无氢气泄漏；可达到高压（>700bar）输出	与往复式压缩机相比，每段的压缩比高，可降低投资成本；没有针对氢气管道运输的大尺寸设备；尺寸放大难度和成本高；最大能力 $2000m^3/h$
电化学压缩	多状态电化学压缩采用一系列的膜电极组件（MEAs），与质子交换膜燃料电池（PEMFC）相似。加在 MEA 上的电压引导氢从一种状态转变为另一种状态，从而使氢气压力升高	针对传统压缩机的一些内在缺陷提出的一种非机械压缩机。没有运动部件，降低了机械式压缩机具有的磨损、噪声和能量强度问题。需要解决适用于管道输氢的大尺寸设备制造和防止氢气污染的问题
金属氢化物压缩	采用吸放氢可逆的金属氢化物制作，比传统机械式氢气压缩机更经济。操作简单易行，比机械式压缩机具有众多优势	金属氢化物压缩机结构紧凑、无噪声、无需动密封，仅需少量维护，可长期无人值守运行。技术新，难以制造适用于管道输氢的大型压缩机

4.2　氢气的车船运输

　　氢气的车船运输，主要可以运送四种形式的氢气：①气态氢或者氢气/天然气混合气体的拖车运输；②低温液态氢的卡车、铁路、船舶运输；③高能量密度载体，如乙醇、甲醇或者其他来自可再生物质的有机液体的卡车、铁路、船舶运输；④固体储氢材料的卡车、铁路、船舶运输。③和④这类载体便于运输，且可在使用时重整为氢气。

4.2.1　氢气的车船运输方式

（1）气态氢的拖车运输

在我国氢经济发展进程中，从近期和中期发展趋势来看，氢气的短距离异地运输主要通过集装管束运输车进行。例如，化工富余氢气经过脱水、脱氧等净化流程后，经过氢压缩机压缩至 20MPa，由装气柱充装入集装管束运输车（见图 4.22 所示）。经运输车运至目的地后，通过高压卸车胶管把集装管束运输车和卸气柱相连接，卸气柱和调压站相连接，20MPa 的氢气由调压站减压至 0.6MPa 并入氢气管网使用，如图 4.23所示。

图 4.22　氢气集装管束运输车

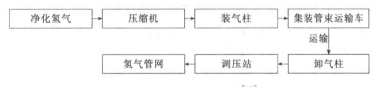

图 4.23　氢气运输流程[41]

为了降低运输成本和整车质量，提高安全性和体积储氢效率，海克斯康·林肯（Hexagon Lincoln）公司提高了储氢罐的压力，其设计的 TITAN V XL40 型 25MPa 高压氢气管束车装氢量达到 890kg，其设计的 35MPa 和 54MPa 高压管束车的装氢量高达1176kg 和 1190kg，且还存在上升空间。

集装管束运输车由 10 只大容积无缝钢瓶组成容器主体，钢瓶由瓶体两端的支撑板固定在框架中构成集装管束，其技术参数见表 4.2，框架四角采用 ISO 集装箱标准角件，符合 40ft（1ft≈0.3048m）标准集装箱的运装要求。集装管束前段为安全仓，设置爆破片安全泄放装置；集装管束后端为操作仓，配置测温、测压仪表及控制阀门和存放气管路系统[41]。

表 4.2　集装管束技术参数[41]

项目	数据	项目	数据
公称工作压力/MPa	20	钢瓶规格(外径×长度)mm×mm	559×10975
环境工作温度/℃	−40~60	单瓶公称容积/m³	2.25
钢瓶设计厚度/mm	16.5	钢瓶数量/只	10
瓶体材料	4130	集装管束公称容积/m³	22.5
水压试验/MPa	33.4	充装介质	氢气
气密性试验压力/MPa	20	充装氢气体积/m³	3965(20MPa,20℃)

实际运行时充气压力一般为 19.0~19.5MPa，卸气至瓶内压力≤0.6MPa，每次运输氢气量 3750~3920m³，充气时间 1.5~2.5h/车，卸车时间 1.5~3h/车，卸车时间和充气时间可以随氢气用量在规定的范围内调整。

高压氢气还可以采用 K 瓶运输。K 瓶盛装的氢气压力在 20MPa 左右，单个 K 瓶可以盛装 0.05m³ 的氢气，质量约为 0.7kg。盛装氢气的 K 瓶可以用卡车来运输，通常 6 个一组，可以输送约 4.2kg 的氢气。K 瓶可以直接与燃料电池汽车或者氢内燃机汽车相连，但因气体储存量较小且瓶内氢气不可能放空，因此比较适用于气体需求量小的加气站[42]。

由于常规的高压储氢容器自重大，而氢气的密度又很小，装运的氢气质量只占总运输质量的 1%~2% 左右，因此气态氢的拖车运输仅适用于将制氢厂的氢气输送到距离不太远，同时需用氢气量不太大的用户。按照每月运送氢 252000m³，距离 130km 计，氢的运送成本约为 0.22 元/m³[4]

（2）液态氢的车辆运输

当液氢生产地与用户相距较远时，可以把液氢装在专用的低温绝热槽罐内，用卡车、摩托车、船舶或者飞机来运输。液氢运输是一种既能满足较大输氢量，又比较快速、经济的运氢方法。液态氢的体积是气态氢的 1/800，单位体积的燃烧热值提高到汽油的 1/4。液化氢可大幅提高氢的储运效率，运输、储存容器需使用特殊合金和碳纤维增强树脂等，而且还必须使用应对自然蒸发的液态氢用浸液泵和高隔热容器等特殊设备和技术[5]。液态氢的运输、储存设施部分已实用化，但规模相对小，为了操作处理大量液态氢，还需建设、配备液态氢的大型运输、储存设施。

当加氢需求小时，采用高压氢拖车运输更经济。一旦加氢量增大至相当水平，高压氢拖车运输不再适用。以高速路加油站需求为例，每天售汽油/柴油约 20t，即每天一辆 20t 油罐车即可完成运输。如果改为运输相同热值（约 80GJ）的氢气，每天需要运输 6.5t 氢。一辆拖车载高压氢的能力为 350kg，每天需 20 车次完成运输。而采用液态氢拖车运输的方式，每天运输两趟即可完成[43]。

基于液态氢的公路运输，G. Arnold 等[43] 提出了如图 4.24 的技术路线。来自电解水或者化石原料/生物质等重整制得的氢经过液化后，可方便地进行公路运输，到达加氢站后可直接给液氢用户加氢，如商用舰船、航天器和少量汽车客户，或者通过气化、加压后给高压氢罐用户加氢，如大量的乘用车客户。

对于液氢的车运来说，槽车是关键设备，常用水平放置的圆筒形低温绝热槽罐。汽车用液氢槽罐储存液氢的容量可达 100m³，而铁路用特殊大容量的槽车可运输 20~200m³ 的液氢。液氢的储存密度和损失率与储氢罐的容积有较大的关系，大储氢罐比小储氢罐更

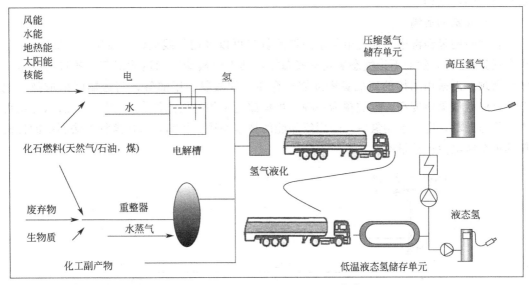

图 4.24　液态氢公路运输路线图[43]

具优势。我国为海南大运载发射场设计了 300m³ 液氢运输槽车，用于将发射场液化站的液氢运输到相距约 4km 的液氢库区，并满足对火箭加注液氢的各项功能[44]。

（3）液态氢的船舶运输

与运输液化天然气（LNG）类似，大量的液氢长距离运输可采用船运，这是比陆上的铁路和高速公路运氢更加经济和安全的方式。美国宇航局（NASA）专门建造了输送液氢的大型驳船，船上的低温绝热罐储液氢的容积可达 1000m³ 左右，能从海上将路易斯安那州的液氢运到佛罗里达州的肯尼迪空间发射中心。

另据报道，日本川崎重工业公司计划从 2017 年开始，着手开展从澳大利亚进口氢气的业务[45]。该公司将全面分析业务前景，如商用化有望，将在 2030 年增加进口量。按照估算，进口总量可供 1 台 65 万千瓦功率的燃气轮机联合发电机或约 300 万辆燃料电池车使用 1 年。

图 4.25 为川崎重工设计的全球首艘液态氢运输船及储罐。图 4.25（a）为双储罐设计，图 4.25（b）为多储罐设计，两种设计方案的船舶货运能力均为 2500m³。该型液氢运输船主要依据国际散装运输液化气体船舶构造和设备规则（IGC Code）、船舶入级规范，以及根据危险源识别分析（HAZID）进行的风险评估而完成入级认证。这艘叠加型储罐的液态氢运输船舱容 1250m³，储罐为圆柱形，见图 4.25（c），水平安装于船上，完

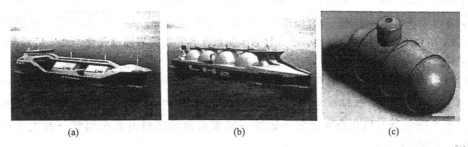

(a)　　　　　　　　　(b)　　　　　　　　　(c)

图 4.25　日本川崎重工设计的全球首艘双储罐（a）、多储罐（b）、液态氢运输船和罐体（c）[46,47]

全独立于船体结构。

（4）液氨的运输

在理想的氢经济中，通过电解水制得的氢气可以采用管线运输、高压氢或液态拖车/火车/船舶运输，然而不论气态氢还是液态氢，其大规模储存和运输都存在各自的技术或经济瓶颈。而采用间接的高能量密度储运介质，如液氨、甲醇等，其运输网络成熟、规范，且储运氨灵活度高，也被视为一种大规模储运氢的有效选择[48]。图 4.26 所示为用可再生能源发电，电解水制氢后，采用氨储能的技术路线。目前，采用这种方法制氨的比例仅约占全球氨生产总量的 0.5%[49]。

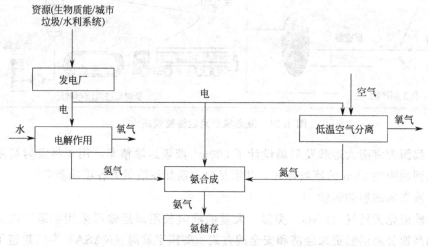

图 4.26　电解水制氢合成氨的工艺流程图[50]

氨的沸点为 -33℃，冰点为 -77℃，密度为 0.73kg/m³，大气条件下自燃温度为 657℃（甲烷为 586℃），汽化热高达 1371kJ/kg（汽油为 271kJ/kg）。在 20℃、891kPa 条件下能液化，可使用热绝缘性高的容器储存和运输液氨。

液氨的运输方式包括水路驳船、公路汽车罐车、铁路罐车以及管道运输，其中液氨罐车运输方式在运输过程中，受到天气、道路等多种客观因素的影响，安全性不高，易发生风险事故。对于罐车的检修、押运等，不仅要求较高，且需时刻进行监督。因此铁路、公路运输方式多用于短距离运输。而管道运输方式具有一定的稳定性、可靠性、安全性、经济性，且运输量大，不易受到道路、天气等客观因素的影响，更适合于液氨的长距离运输。

（5）有机液态氢化物的运输

有机加氢化合物法（organic chemical hydride method，OCH）用甲苯（TOL）等不饱和芳烃的加氢反应固定氢，转换成甲基环己（MCH）等饱和环状化合物，氢以液态化学品形态在常温、常压条件下运输、储存，再在需要使用的场所进行脱氢反应，释放的氢加以利用。脱氢后的有机物还可再次加氢，从而实现多次循环使用。常温、常压下 MCH和甲苯是液体，利用该氢化物体系，在常温、常压下可把氢气作为约 1/500 体积的液体搬运。MCH、甲苯都是汽油所含成分，其运输、储存可用原有汽油流通基础设施实现。图 4.27 描述了制氢→有机化合物加氢→运输→脱氢后供给燃料电池车用氢→有机化合物回收的整个流程[51]。

OCH 法由加氢反应和脱氢反应两部分组成。甲苯与氢结合形成 MCH。MCH 氢载体可储存 6% 的氢，1L 液态的 MCH 可储存 $0.5m^3$ 氢气，即液态 MCH 可储存约 500 倍体积的氢气。该 MCH 被称为 "SPERA 氢"。日本千代田化工建设公司开发的系统，作为大规模储存、运输手段，潜在危险性小，比基于其他原理的方法更安全，2013 年成功进行了中试装置的技术验证运行。

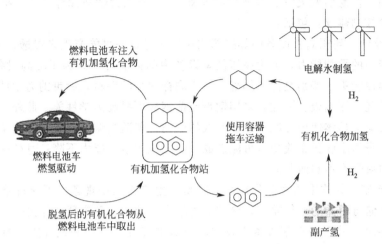

图 4.27　有机加氢化合物法完成氢的储存、供燃料电池车使用、循环再生的流程[51]

（6）固态氢的运输

固态氢的运输是指用固体储氢材料通过物理、化学吸附或形成氢化物储存氢气，目前最具有实用化价值的是使用储氢合金储存氢气，然后运输装有储氢材料的容器。固态氢的运输具有如下优点：①体积储氢密度高；②容器工作条件温和，无需高压容器和热绝缘容器，不必配置高压加氢站；③系统安全性好，没有爆炸危险；④可实现多次（>1000 次）可逆吸放氢，重复使用。主要缺点是储氢材料质量储氢密度不高（不到 3%），运输效率太低（不到 1%）。

固态氢的运输装置应具备重量轻、储氢能力大的特征。如日本大阪氢工业研究所的多管式大气热交换型固氢装置，使用 672kg 钛基储氢合金，可储氢 $134m^3$，材料储氢密度为 1.78%，氢压 3.3~3.5MPa。德国曼内斯曼公司、戴姆勒奔驰公司采用 7 根直径 0.114m 的管式内部隔离、外部冷热型固氢装置，使用 10t 钛基储氢合金，可储氢 $2000m^3$，材料储氢密度为 1.78%，氢压 5MPa。其中使用的储氢合金在放氢时需加热至较高的温度。

由于储氢合金价格高（通常每吨几十万元），放氢速度慢，还需要加热，最重要的是储氢合金本身很重，长距离运输的经济性较差，所以用固态氢运输的情形并不多见。

4.2.2　氢气车船运输关键技术

4.2.2.1　高压氢气车船运输的关键技术

车船运输的高压氢气必须经过两次压缩，这一点常被忽视[43]。第一次压缩是给槽车氢罐充装氢气，通常压力不超过 30MPa。第二次压缩是在加氢站为了给车载氢罐充氢需要进一步压缩至超过氢罐压力。这个压力目前有两个标准，一个标准是国际上普遍使用的 70MPa，另一个标准是国内大多采用的 35MPa。对 70MPa 加氢站而言，两步压缩总耗能量约为 20%。采用先进的氢气压缩技术以降低能耗并提高压缩效率是一个关键问题。

由于储氢设备的结构缺陷、机械撞击、疲劳断裂、表面腐蚀、人为失误等原因，长时间在高压下工作的氢气运输装置易发生失效泄漏事故。而氢气作为一种易燃易爆的气体，一旦发生泄漏，极易引发火灾、爆炸事故风险[52]。浙江大学郑津洋等[42]提出了高压储运设备的风险控制建议，包括：

① 结构设计。高压储氢设备的焊接部位在焊接过程中可能产生未焊透、夹渣等缺陷，降低了焊接接头的承载能力，成为高压储氢设备中的薄弱环节。为了提高设备的安全性，应尽量减少焊接接头，特别是深厚焊缝。对于同样牌号的钢材，钢带的力学性能优于薄钢板，薄钢板又优于厚钢板。因此，采用钢带或薄钢板可提高力学性能。此外，不同类型的高压储氢设备受其具体使用工况和设计参数的影响，需适当调整对设备的约束。过多的约束会使设备本身的刚度分布改变，可能造成局部区域的承载能力下降；过少的约束又可能导致设备因约束强度不够而脱离。

② 应力控制。结构中曲率变化较大处容易发生应力集中现象，可通过结构的优化设计，改变高压储氢容器的外形轮廓，调控应力集中区域，避免容器整体失效。

③ 超压保护。在高压储氢设备中设置超压保护装置可以很好地解决充装和储运氢气的高压风险。当设备因各种原因出现超压时，超压控制系统可以及时地调整和关闭系统中氢气的通道，截断超压源，同时泄放超压气体，使系统恢复正常。

氢的车船运输必须考虑动载荷对储氢设备本身的影响，设备要做减振措施以增强保护。由于振动等影响，储氢设备的阀门可能会受到一定冲击，配备在车船上的储氢设备必须进行严格检查后才能使用。氢气运输时，高压储氢设备处于移动状态，如果发生事故其危害性更强。为了提高运氢车船的安全性，除了在储氢设备中要进行安全状态监控外，还应在驾驶室、车船体外部增加气体探测器等[42]。

氢气集装管束运输车的安全技术要求主要有两点：

① 冬季运输、卸气过程中，因氢气中微量水结冰易造成调压站切断阀密封胶圈的损坏，为此将卸气站至调压站之间的管线进行保温、加热来解决这一问题；

② 氢气压缩机在压缩过程中会将微量机油带入氢气中，易造成调压站切断阀密封胶圈的损坏，频繁更换胶圈，为此在氢气装车的流程中加高效除油器可解决带油的问题[41,53]。

4.2.2.2 液态氢车船运输的关键技术

液态氢的供应除火箭用已小规模实用化外，长途或国外氢的大量运输用设备和技术正在开发中。除日本川崎重工致力于开发液态氢用大型贮罐、氢运输船等外，日本战略技术创新促进计划（SIP）氢载体则以日本船舶技术研究协会等为中心，研究开发来自国外的液态氢运输，以及维持低温下的装卸系统等。

经过大规模集中制得的氢可与氢液化厂无缝连接。液氢储运的一个主要劣势是氢液化耗能大，氢液化需要最低能量 $0.35kW \cdot h/m^3$，目前的生产水平能耗约为氢热值的 1/3。如林德公司在德国英戈尔施塔特的液氢生产厂[43]，液氢产量 4.4t/d，液氢生产能耗为氢热值的 32%。该生产厂主体包括厂房外的 5 个变压吸附气体净化单元（PSA），厂房内的液化装备含氢压缩机、氮预冷、若干气体膨胀透平等。今后采用新的制冷循环、采取液化机大型化等措施后，能耗预计可下降至 15％。

前已述及日本川崎重工计划采用船舶运输液态氢（图 4.25），川崎重工研发的液态氢储存系统是建立在 LNG 船设计和建造的丰富经验基础上的。由于液态氢是一种极易挥发的液化气体，而氢气比天然气密度小，扩散系数大，易在材料中渗透，因此必须改装 LNG 船的封闭系统。

液态氢需要在超低温（－252℃）的条件下运输。圆柱形液氢罐的罐体结构为双层真空绝热系统设计，液态氢储存在内置密闭容器中，需要解决的主要问题有"层化"和"热溢"。液态氢的自然蒸发问题是不可避免的，随技术进步可在相当程度上得到抑制。按到现在为止的开发成果，自然蒸发率可达到约 0.1％/d 的水平。此外，由于外部热渗透所产生的蒸发气体将被紧紧密封于耐压储罐中，这样一来，卸载液态氢时既可使用储罐内的泵，也可方便地利用储罐内增加的压力形成的内外压差。

支持船体结构的安全壳采用新开发的低热传导率且高结构强度的复合材料。储罐外部设计了圆顶室，仅提供一个进行储罐内部检查的孔，形成类似于双层绝缘的系统。为了进一步提高液态氢船舶运输过程中的安全性，船体均为双面壳和双层底壳，以尽量降低搁浅或者碰撞发生事故的风险。货舱被全覆盖，以防止安全壳的外部损伤和露天造成的腐蚀。

值得一提的是川崎重工对液态氢罐船舶的发动机设计构想：第一阶段的船舶主发动机建议为常规的柴油发动机或者纯蒸汽机，而未来的设计规划拟采用燃料电池发电机，液态氢罐挥发的气体将用于发电。

4.2.2.3　液氨车船运输的关键问题[48]

液氨车船运输的基础设施和相关技术是成熟的。氨活性较低，其燃烧和爆炸危害性比其他气体和液体燃料低。

然而，氨对人体健康有害，被美国国家消防协会归类为有毒物品[5]。鉴于此特性，氨的运输规范中对安全性提出了极为苛刻的要求，同时，储氨罐的重量和牢固性要求也很严格。根据英国健康保护局公布的关于氨的化学危害纲要，无水氨不易燃，但氨蒸气在空气中易燃，点燃后会引发爆炸，常温常压下化学稳定，热分解时释放有毒气体，需使用细水雾稀释并着液密封防护服、戴防毒面具。另外，氨对一些工业原材料有较强的腐蚀性，会腐蚀铜、黄铜和锌合金，生成绿色或蓝色的腐蚀产物。氨是碱性还原剂，与卤素（氯、溴、碘）、次氯酸盐、酸及氧化剂会发生反应。因此，在液氨的运输中防泄漏是重点要解决的问题。

另一个问题是液氨储运氢的经济性和能耗。第一步，合成氨需要在高温下催化进行；第二步，氨气要液化成液氨，需将液氨冷冻至－33℃沸点以下才能在常压低温下储运，这需要耗能；第三步，运输液氨前后要使用大容量容器储存，容量通常在 5000～30000t 之间，此工艺固定成本不高，但是操作成本较高；第四步，氨在使用前要分解为氢，分解反应需在常压、400℃以上完成，且为了实现氨的快速分解，需含钌等贵金属催化剂。即使是澳大利亚联邦科工研究组织（CSIRO）开发出的基于金属薄膜的氢-氨转换新技术中采用了钒基合金膜分离氢的新技术，实现氨分解的温度也在 300～400℃高温。针对加压低温储存技术，借助制冷系统，对液氨进行冷冻储存，按照《固定式压力容器安全技术监察规程》规范，将液氨储存容器的设计温度、设计压力分别控制为 20℃、0.95MPa，则可以通过降低储存容器壁厚以降低成本[5]。

此外，采用氨分解制取的氢中含少量杂质气体氨，对燃料电池有毒化作用，使用前需要用 $MgCl_2$ 等试剂除氨。

4.2.2.4　有机液体氢化物车船运输的关键问题

有机液态氢化物（主要包含环己烷类、咔唑、吲哚等）作为储运氢的介质，在常温常压下采用车船运输，与汽油的运输是类似的，可以采用化石燃料已有基础设施。表 4.3 中列出了几种典型的有机液态氢化物的加氢、脱氢特性。这类储运氢介质在车船运输及应用中的关键问题主要包括以下几点：

① 有机氢化物的毒性　环己烷、甲基环己烷、咔唑、吲哚等化合物有微毒性，开发无毒的有机液态氢化物是达到氢能安全使用目标的任务之一。

② 长途运输的经济性问题　尽管有机液态氢化物的理论质量储氢密度可以超过 5%，体积储氢密度可以超过 $50kgH_2/m^3$，但是长途车船运输仍然面临经济性问题，需要做细致的测算。需要重点关注的是，采用有机液态氢化物运输氢，没有像汽油、液氢那样返空车船的概念，因为使用完的脱氢介质必须随车返厂加氢，也就是往返均为重载运输，降低了其运输的经济性。

③ 加氢、脱氢条件仍显苛刻　以中国地质大学（武汉）程寒松教授带领的团队成功开发的芳烃类有机液态氢化物为例，可在 150℃ 左右实现高效催化加氢，催化脱氢温度低于 200℃，对于其在汽车上使用而言，必须增设加热装置，增加了系统的复杂性，也降低了系统的储氢密度。

④ 催化剂价格仍显昂贵　由表 4.3 可知，要达到优异的加氢/脱氢特性，通常需要采用贵金属催化剂，增大了系统成本。在保证加氢/脱氢特性的前提下，开发廉价的催化剂，是推进有机液态氢化物规模化应用的重要研究方向。

表 4.3　典型有机液态氢化物的加氢/脱氢特性

有机氢化物种类	有机氢化物毒性	质量储氢密度/%	体积储氢密度/ (kg H_2/m^3)	加氢条件 (温度、压力)	脱氢条件 (温度、压力)	催化剂种类	循环特性	参考文献
环己烷	低毒类	7.2	56	300~370℃ 2.5~3MPa	400℃ 101kPa	Pt-Mo/SiO_2		[61]
甲基环己烷	低毒类	6.2	47	90~150℃ 约 11MPa	300~400℃ 101kPa	Ni/Al_2O_3		[62]
十氢萘	低毒类	7.3	64.7	120~280℃ 2~15MPa	210~280℃ 101kPa	加氢：Ni/Al_2O_3 脱氢：5% Pt/C		[63]
N-2-乙基吲哚	低毒类	5.23	48	160~190℃ 9MPa	160~190℃ 101kPa	加氢：5% Au/Al_2O_3 脱氢：5% Pd/Al_2O_3		[64]
2-甲基吲哚	低毒类	5.76	52	120~170℃ 7MPa	160~200℃ 101kPa	加氢：5% Au/Al_2O_3 脱氢：5% Pd/Al_2O_3		[65]
N-乙基咔唑	低毒类	5.8	54	200℃ 6MPa	230℃ 101kPa	加氢：20% Ni/Al_2O_3 脱氢：20% Ni-0.5% Cu/Al_2O_3	10 个循环后仍有很好的催化能力	[66, 67]

4.3　本章总结

　　从技术和经济性角度综合考虑，采用管网大规模、长距离输送氢气的优势比车船等运输方式更显著。然而，为了达到更高的经济性以推动氢能社会的良性发展，需要开发20MPa以上的管网输送技术，这需要从新材料、氢气泄漏的在线监测、氢气的安全压缩等多方面开发新的配套技术。此外，不论采用哪种输氢技术，合理利用地方优势资源都是首要考虑的因素。

　　氢的车船运输方式主要有高压气态、液态纯氢、液氨、有机液态氢化物，以及固态介质运输几种。具体应该采取哪种运输方式，与运输距离、运输的规模（或者加氢站的需求）、氢的应用场景有关，需要做全流程的设计和经济性测算。

参考文献

[1]　US Department of Energy：Hydrogen，fuel cells and infrastructure technologies program multi-year research，develop-ment and demonstration plan，Section 3. 2，Hydrogen Delivery，January 21，2005.

[2]　Keith G，Leighty W. Transmitting 4000 MW of New Windpower From North Dakota to Chicago：New HVDC Electric Lines or Hydrogen Pipeline，Draft Report，September 28，2002.

[3]　Leighty W，Holloay J，Merer R，et al. Compressorless hydrogen transmission pipelines deliver large-scale stranded renewable energy at competitive cost，The 23rd World Gas Conference，Amsterdam，2006.

[4]　毛宗强. 氢能知识系列讲座（4）-将氢气输送给用户［J］. 太阳能，2007：18-20.

[5]　罗承先. 世界氢能储运研究开发动态［J］. 中外能源，2017（1）：41-49.

[6]　Gondal IA. Chapter 12-Hydrogen transportation by pipelines，Compendium of Hydrogen Energy，2016.

[7]　Ohta T，Nejat Veziroglu T. Energy Carriers and Conversion Systems with Emphasis on Hydrogen，Oxford：EOLSS Publishers/UNESCO，2015.

[8]　Mintz M，Molburg J，Folga S. Hydrogen Distribution Infrastructure，Hydrogen in Materials&Vacuum Systems，AIP Conference Proceedings，2003，671（1）：119-132.

[9]　DOE. Hydrogen Safety FactSheet，DOE Hydrogen Program，November 2006.

[10]　Feng Z. Hydrogen Permeability and Integrity of Hydrogen Transfer Pipelines，FY 2006 Annual Progress Report，Ⅲ. A. 1，DOE Hydrogen Program，2006.

[11]　Pangborn J，Scott M，Sharer J. Technical prospects for commercial and residential distribution and utilization of hy-drogen［J］. Inter J Hydrogen Energy，1977，2：431-445.

[12]　Blazek CF，Biederman RT，Foh SE，et al. Underground storage and transmission of hydrogen，Proceedings of the 3rd Annual US Hydrogen Meeting，Washington，DC，pp. 4-203-4-221，March 18-20，1992.

[13]　Leighty W，Hirata M，O'Hashi K，et al. Large renewables-hydrogen energy systems：Gathering and transmission pipelines for windpower and other diffuse，dispersed sources，World Gas Conference，Tokyo，Japan，June 1-5，2003.

[14]　Frank J. The Mathematics of Diffusion，Second Edition，Oxford University Press，Oxford，1975，p. 52.

[15]　Ghosh G，Rostron P，Garg R，et al. Hydrogen induced cracking of pipeline and pressure vessel steels：A review［J］. Engineering Fracture Mechanics，2018，199：609-618.

[16]　Gangloff R. Hydrogen assisted cracking of high strength alloys［M］. in Comprehensive Structural Integrity，Milne I，Ritchie RO，Karihaloo B（Eds），Vol. 6，Elsevier，New York，2003.

[17]　Wei RP，Gao M. Chemistry，microstructure and crack growth response［M］. in Hydrogen Degradation of Ferrous Alloys，Oriani RA，Hirth JP，Smialowska S（Eds），Noyes Publications，Park Ridge，NJ，1985：

579-607.

[18] Loginow A W, Phelps E H. Steels for Seamless Hydrogen Pressure Vessels [J]. Corrosion, 1975, 31: 404-412.

[19] Sofronis P, Robertson I M, Johnson DD. Hydrogen embrittlement of pipeline steels: Cause and remediation, 2006Annual Progress Report, Ⅲ. A. 5, DOE Hydrogen Program, 2006.

[20] Somerday B, Ronevich J. Hydrogen Embrittlement of Structural Steels. FY 2015 Annual Progress Report, Doc 2015.

[21] Ronevich J, Feng ZL, Slifka A, et al. Ⅲ. 1 Fatigue Performance of High-Strength Pipeline Steels and Their Welds in Hydrogen Gas Service. FY 2017 Annual Progress Report, May 2018.

[22] Das S. Material solutions for hydrogen delivery in pipelines. FY 2006 Annual Report, Ⅲ. A. 3, DOE Hydrogen Program, 2006.

[23] Mohitpour M, Golshan H, Murray A. Pipeline Design and Construction: A Practical Approach [J]. ASME Press, New York, 2000.

[24] Mohitpour M, Pierce C, Hooper R. The design and engineering of cross-country hydrogen pipelins [J]. ASME J Energy Resources Tech, 1988, 110: 203-207.

[25] Pottier J. Hydrogen transmission for future energy system, Hydrogen Energy System [M]. Kluwer Academic Publishers, Netherlands, 1995: 181-193.

[26] Gupta, R B. Hydrogen fuel: production, transport, and storage [M]. London: CRC press, 2009.

[27] Rawls G. Fiber reinforced composite pipelines [J]. DOE: FY 2015 Annual Progress Report, Dec, 2015.

[28] George Rawls. Fiber Reinforced Composite Pipelines. FY 2015 Annual Progress Report, Dec, 2015.

[29] Smith B, Eberle C, Frame B, et al. Mays J. FPR Hydrogen Pipelines, FY 2006 Annual Progress Report, Ⅲ. A. 2, 2006.

[30] Chisholm BJ, Moore R B, Barber G, et al. Nanocomposites derived from sulfonated poly (butylenes tereph-thalate) [J]. Marcromolecules, 2002, 35: 5508.

[31] Leighty W, Hirata M, O'Hashi K, et al. Large renewable-hydrogen energy systems: Gathering and transmission pipelines for windpower and other diffuse, dispersed sources, World Gas Conference, Tokyo, Japan, June 1-5, 2003.

[32] Pitts RR, Smith D, Lee S, et al. Interfacial Stability of Thin Film Hydrogen Sensors, FY 2004 Annual Progress Re-port, VI. 3, DOE Hydrogen Program, 2004.

[33] Tennyson RC, Morison D, Colpitts B, et al. Application of Brillouin fiber optic sensors to monitor pipeline integrity, IPC2004, Paper#0711, Calgary, October 2004.

[34] Zou L, Ferrier GA, Afshar S, et al. Distributed Brillouin scattering sensor for discrimination of wall-thinning defects in steel pipe under internal pressure [J]. Applied Optics, 2004, 43 (7): 1583-1588.

[35] US Department of Energy: Hydrogen, fuel cells and infrastructure technologies program multi-year research, devel-opment and demonstration plan, Section 3. 2, Hydrogen Delivery, January 21, 2005.

[36] William C Whitman, etal. 制冷与空气调节技术 [M]. 5 版. 寿明道, 译. 北京: 电子工业出版社, 2008: 29-31.

[37] Hoerbiger 压缩机基础理论及应用.

[38] 张超武, 等. 超高压氢气压缩机组的研制 [J]. 压缩机技术, 1990, 3: 1-6.

[39] 张超武. 200MPa 氢气压缩机组的研制 [J]. 流体工程, 1992, 20 (8): 17-21.

[40] 李磊. 加氢站高压氢系统工艺参数研究 [D]. 杭州: 浙江大学, 2007.

[41] 徐胜军, 盖小厂, 王宁. 集装管束运输车在氢气运输中的应用 [J]. 山东化工, 2015 (44): 1168-1174.

[42] 郑津洋, 开方明, 刘仲强. 高压氢气储运设备及其风险评价 [J], 太阳能学报, 2006, 27 (11): 1168-1174.

[43] Arnold G, Wolf J. Liquid hydrogen for automotive application next generation fuel for FC and ICE vehicles [J]. Teion Kogaku (J Cryo Soc Jpn), 2005, 40 (6): 221-230.

[44] 陈崇昆. 300m³ 液氢运输槽车液氢贮罐的研制 [D]. 哈尔滨: 哈尔滨工业大学, 2015.

[45] 庄红韬. 氢社会的未来: 有望形成 160 万亿日元市场 [EB/OL]. 2013.12.10 [2020-05-17].

[46] 国际船舶网. 川崎重工研发全球首艘液态氢运输船 [EB/OL]. 2014-06-11 [2020-05-17].

［47］　祁斌. 川崎重工新型液化氢运输船 ［J］. 技术研发, 2014（8）: 72.

［48］　Valera Medina A, Xiao H, Owen Jones M, et al. Ammonia for power ［J］. Prog Energy Combustion Sci, 2018, 69: 63-102.

［49］　Morgan E, Manwell James, et al. Wind-powered ammonia fuel production for remote islands: a case study ［J］. Renewable Energy, 2014, 72: 51-61.

［50］　Bicer Y, Dincer I, Zamfirescu C, et al. Comparative life cycle assessment of various ammonia production methods ［J］. J Cleaner Prod, 2016, 135: 1379-1395.

［51］　Hodoshima S, Takaiwa S, Shono A, et al. Hydrogen storage by decalin/naphthalene pair and hydrogen supply to fuel cells by use of superheated liquid-film-type catalysis ［J］. Applied Catalysis A: General, 2005, 283: 235-242.

［52］　袁雄军, 任常兴, 葛秀坤, 等. 氢气长管拖车运输定量风险分析 ［J］. 可再生能源, 2012（2）: 7375, 81.

［53］　高永宜, 马荣胜. 压缩氢管束车充装与运输的安全管理与要求 ［J］. 化工管理, 2017（7）: 133-134.

［54］　Boufaden N, Pawelec B, Fierro JL G, et al. Hydrogen storage in liquid hydrocarbons: Effect of platinum addition to partially reduced Mo SiOz, catalysts ［J］. Mater Chem Phys, 2018, 209: 188-199.

［55］　陈进富, 陆绍信. 基于甲苯与甲基环己烷可逆反应的贮氢技术 ［J］. 中国石油大学学报（自然科学版）, 1998（5）: 90-92.

［56］　Hodoshima S, Takaiwa S, Shono A, et al. Hydrogen storage by decalin/naphthalene pair and hydrogen supply to fuel cells by use of superheated liquid-film-type catalysis ［J］. Appl Catal A, 2005, 283（1）: 235-242.

［57］　Dong Y, Yang M, Yang Z, et al. Catalytic hydrogenation and dehydrogenation of Nethylindole as a new heteroaromatic liquid organic hydrogen carrier ［J］. Inter J Hydrogen Energy, 2015, 40（34）: 10918-10922.

［58］　Li L, Yang M, Dong Y, et al. Hydrogen storage and release from a new promising Liquid Organic Hydrogen Storage Carrier（LOHC）: 2-methylindole ［J］. Inter J Hydrogen Energy, 2016, 41（36）: 16129-16134.

［59］　Soo S B, Won YC, Kyu K S, et al. Thermodynamic assessment of carbazole-based organic polycyclic compounds for hydrogen storage applications via a computational approach ［J］. Inter J Hydrogen Energy, 2018, 43（27）: 12158-12167.

［60］　Yang M, Han C, Ni G, et al. Temperature controlled three-stage catalytic dehydrogenation and cycle performance of perhydro-9-ethylcarbazole ［J］. Inter J Hydrogen Energy, 2012, 37（17）: 12839-12845.

氢能的利用可以实现大规模、高效可再生能源的消纳；在不同行业和地区间进行能量再分配；充当能源缓冲载体提高能源系统韧性；降低交通运输过程中的碳排放；降低工业用能领域的碳排放；代替焦炭用于冶金工业降低碳排放，降低建筑采暖的碳排放。2018 年下半年以来，我国氢能产业发展热情空前高涨，在氢燃料电池汽车领域的布局已初见成效。然而，作为一种二次能源，氢能的潜力却远不止于氢燃料电池汽车，利用氢能在电力、工业、热力等领域构建未来低碳综合能源体系已被证明拥有巨大潜力。我国在氢能技术与产业发展方面开展了许多相关研究，但重点仍主要集中在制氢、储氢技术及氢燃料电池汽车产业发展方面，对于如何更广泛地利用氢能，以及氢能在改善我国能源结构方面如何发挥作用鲜见报道。本章将对氢能高效利用的关键技术进行讨论与分析。

5.1 热能利用

5.1.1 氢气催化燃烧

化石燃料是人类生活运行的能量基础，然而，近年来，多种化石燃料面临枯竭，同时化石燃料的使用极大地影响了地球环境。因此非化石燃料（如氢能、风能、太阳能、生物质能等）受到了极大的重视，其中氢能是公认的最理想能源，因为它的燃烧产物只有水，不会对环境造成破坏，且氢能具有超高的质量能量密度，被视为是取代化石燃料和减少温室气体排放的最佳选择。分子态氢气作为最理想和最有效的能源载体可以通过燃烧转化为热能，被广泛地应用于工业、商业和住宅等。但 H_2 的使用也存在一定危险，它是一种窒息剂，同时具有爆炸性，在空气中极易燃烧，而且由于 H_2 无色无味，很难被检测到。此外，氢气与氧气的反应是剧烈的放热反应，若明火燃烧氢气，其温度会超过 1000℃，这会导致一些副反应的出现，产生有害物质。

　　相比之下，氢气催化燃烧（catalytic hydrogen combustion，CHC）所产的热量是有限的，因为 CHC 反应只发生在催化剂表面，不存在 NO_x 排放和回火的问题。CHC 反应可以在较低温度下在去除低浓度的 H_2，H_2-O_2 的结合是一个基本的催化氧化反应，其应用较为普遍。其中一项应用涉及核反应堆的破坏性爆炸防控；在化工厂中，利用 CHC 反应放热，可以与吸热反应的装置偶联，如烷烃脱氢反应；CHC 反应也可应用于 NO_x 选择性催化还原（SCR），烯烃的加氢；对于质子交换膜燃料电池，该电池无法消耗全部氢气，利用 CHC 反应，可以对汽车尾气进行净化；在住宅使用中，CHC 反应可以用于取暖，比明火燃烧更安全。CHC 反应主要涉及两个方面，一个是催化剂的选择，另一个是反应器的设计。根据不同的应用场景选择对应的催化体系和反应器，可以满足工业和生活所需。

　　（1）氢气催化燃烧催化剂。

　　用于氢气催化燃烧的催化剂，应具有足够的储氧能力和热稳定性，并能够使氢和氧活化。Pt，Pd 这两种贵金属在低温条件下对氢的吸附能力较强，因此对氢气比较敏感，常作热电型氢敏材料，用于氢气传感器的制备。Haruta 等人对前人研究用于氢气燃烧的催化剂进行分析，得到了每克氧原子与氧化物生成热的关系曲线，如图 5.1 所示。图中纵坐标是转化率为 50% 时对应的温度，$T_{1/2}$ 是衡量催化剂性能的重要参数，该温度越低代表催化剂性能越优。该火山型曲线可以解释为金属氧化物对氢燃烧的催化活性与金属-氧（M—O）的键能有关。对于位于火山峰右侧的氧化物，M—O 键的断裂最慢，因此催化活性随键能的增加而降低。而火山峰左侧的氧化物的 M—O 键的形成要慢于键的断裂，因此活性随着键能的增加而增加。

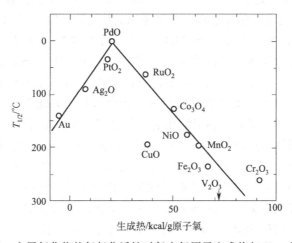

图 5.1　金属氧化物的氢氧化活性对每克氧原子生成热与 $T_{1/2}$ 关系图

　　Pt 对氢有很好的催化活性，虽然过渡金属对氢也具有一定的吸附能力，但是催化剂寿命往往不理想。对于 Pt 基催化剂，由于 C—H 键，C—C 键，H—H 键容易在其表面断裂，因此其活性通常高于过渡金属和其他贵金属催化剂，被广泛应用于氢气、VOC，烟气的催化氧化反应。为减少贵金属的用量，常用分子筛、天然矿物、复合金属氧化物等作为载体。Preez 等人利用 Pt 为活性组分，以不锈钢为载体，应用于氢气的催化燃烧。反应温度范围在 420～520℃，并能维持数个小时。与明火燃烧相比，氢气催化燃烧能够杜绝

NO_x 的产生。但是这种 Pt/不锈钢催化剂的热稳定性不足，该研究发现，当反应器温度高于 390℃时，Pt 会发生聚集。高温暴露进行 5 次疲劳过程后，Pt 发生了很明显的聚集，这导致可反应比表面降低，削弱催化性能，无法长期循环使用。在此之后，Preez 又利用 Ti 做载体，Pt 的聚集得到了很大的改善。研究发现，高温煅烧后的 TiO 能很好地抑制 Pt 聚集。600℃焙烧温度下，该催化剂反应后发生了严重聚集，而对于 900℃和 1200℃焙烧温度，反应后没有明显聚集。根据红外谱图可以发现，高温煅烧后的 TiO 晶相大部分为金红石相，而锐钛矿成分较少。因此认为，金红石相的 TiO 能够有效抑制 Pt 聚集，从而能够长期进行反应。上述两种催化剂在活性评价时，其起燃温度在 40～70℃之间。催化床温度和反应气体温度是影响氢催化燃烧性能的重要因素，这通常取决于环境温度，而实际情况比此温度低得多。因此降低氢催化燃烧点燃温度成了关键。

华东理工大学马建新课题组利用复合金属作为载体，实现了氢气低温点燃。该研究利用 Pt 作活性组分，堇青石作第一载体，镁铝氧化物作第二载体，并用铈锆氧化物改性，最终制备了 $Pt/Ce_{0.6}Zr_{0.4}O_2/MgAl_2O_4/$堇青石整体式催化剂。由于铈锆氧化物不仅提高催化剂比表面，还增强了催化剂的储氧能力，从而更容易进行催化氧化反应，因此点火温度能够降低。在本研究中，利用不锈钢固定床反应器进行催化燃烧，试验结果表明氢气的点燃温度能够低至 263K，在 5000～20000/h 空速范围内，其点燃温度都能控制在 263K。此研究也为之后氢气低温催化提供了新思路。Arzac 等人研究了不同载体的催化剂，分别从催化活性、Pt 颗粒尺寸、持久性等方面进行了比较。该研究利用 TiO_2、Al_2O_3、SiO_2 和 SiC 四种纳米粉末作为载体，其中 SiO_2 是通过 SiC 在 1000℃焙烧 7h 得到的。通过浸渍法制备了 Pt 负载量为 0.5%的催化剂。利用固定床反应器进行催化活性测试，原料气为含有体积分数 1% H_2 的空气，流量为 200mL/min。测定了四种催化剂在 200℃至室温冷却模式下的氢气转化率，结果显示，未经还原的催化剂，Pt/SiC 的 T_{50} 最低，约 32℃，其次是 Pt/SiO_2，T_{50} 约为 50℃，Pt/TiO_2 的 T_{50} 约为 98℃，Pt/Al_2O_3 下的最高转化率为 20%，活性远远低于其他三个催化剂。该团队还发现了 Pt 在 SiC 上的颗粒大于在载体 TiO_2、Al_2O_3 上的，并且在 SiC 上有聚集，而在 TiO_2、Al_2O_3 上呈现高分散状态，平均 Pt 粒径在 1nm 左右。其中 SiC 的催化活性和稳定性最佳。因此该团队认为，在氢气催化燃烧反应中，Pt 的高分散度并不利于催化活性与稳定性能的提高。

随 Pt 基催化剂研究的不断推进，该类催化剂的应用体系也变得更加复杂。氢气催化燃烧技术旨在汽车、工业等尾气的净化，由于尾气中常常含有多种组分，因此需要对尾气进行选择性燃烧，由此提出了选择性氢气燃烧技术（Selective Hydrogen Combustion，SHC），它是烃类脱氢（Hydrocarbon Dehydrogenation，DH）技术的拓展，为了回收或净化其他气体，SHC 技术成为了关键一环。目前 SHC 技术普遍应用于丙烷丙烯体系中丙烯的纯化。近年来，高纯丙烯的工业需求迅速增长，并有可能继续增长。目前世界上大部分丙烯都是乙烯蒸气裂解的副产品。通过丙烷脱氢生产丙烯具有重要地位。而丙烷脱氢是一个强吸热过程，需要外部供热，能耗大。而氢气燃烧是一个强放热过程，因此氢气催化燃烧有利于丙烯生产。当然最具挑战性的还是在丙烷丙烯共存条件下对氢选择性燃烧。

Liu 等人选用了 3A，4A，5A 分子筛作载体，Pt 为活性组分，制备 SCH 的催化剂。反应气体为丙烷、丙烯、氢气、氧气和氮气的混合气，体积比为 4：4：4：2：86。研究表明，负载量为 0.5%（质量分数）的 Pt/3A 催化剂具有很好的催化性能，在氢气 100%

转化的同时，不消耗体系内其他有机物。但氢气的选择性会随着温度升高而有所降低。此外，图 5.2（b）显示 3A 分子筛做载体时，催化剂的热稳定性较好，在 500℃其选择性可达到 98.5%，而对于 4A，5A 分子筛而言，500℃时其选择性已经降至 93%左右。

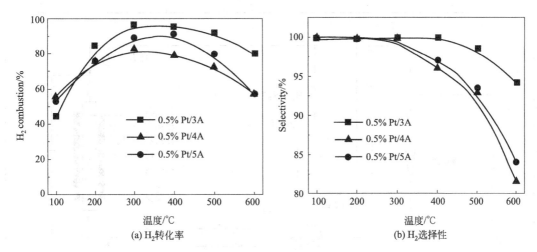

图 5.2　不同 A 型分子筛做载体在氢气燃烧中的催化性能比较（均为质量分数）

常用于氢气催化燃烧的活性组分主要有 Pt 和 Pd 两种贵金属，但实际上用于 CHC 反应的 Pd 基催化剂较少。根据 Haruta 的火山型曲线，Pd 对氢气的吸附性能实际上优于 Pt，Rubtsov 等指出，在常压下，氢气在 Pd 箔片上的点燃温度比 Pt 箔片的点燃温度低 100℃。但是 Pd 的成本较高，并且 H_2 会使 Pd 相聚集，当 H_2 浓度增加，Pd 相逐渐形成大块，长期反应会造成催化剂性能大幅度下降。对于单纯的氢气氧化反应，Pt 基催化剂也能使氢气达到 100%转化，因此 Pd 基催化剂用于 CHC 反应体系较少，更多的是用于复杂反应体系，比如甲烷催化燃烧反应（Catalytic Methane Combustion，CMC），氢敏传感器的制备。Kramer 等尝试在低温条件下（<250℃）探索 H_2 在 Pd 基催化剂表面燃烧机理，研究表明，当温度小于 125℃时，氢气转化率取决于氢氧摩尔比；当温度大于 125℃时，传质限制变得明显，因此随温度升高，氢气转化率受氢氧摩尔比的影响变小。Luo 等人研究了不同的碱土金属对 Pd/HZSM-5 催化剂在甲烷燃烧中的影响。研究人员利用不同的碱土金属氢氧化物和氨水作为沉淀剂，通过沉淀-沉积法制备得到 Pd 负载量为 1%的催化剂。利用 TEM 表明，用氨水作沉淀剂得到的 Pd 平均粒径为 10.2nm，而利用金属氢氧化物作沉淀剂制得的 Pd 平均粒径为 3nm 左右，并且呈现较好的分散度。在 CMC 反应中，反应活性明显优于由氨水制备得到的催化剂。该研究拓展了制备 Pd 基催化剂的路径。

Shinde 等利用溶液燃烧法，制备得到 Pd 改性的 Ni/CeO$_2$ 催化剂，用于水气转化（WaterGasShift，WGS）和 CHC 反应。经过 Pd 修饰后，催化剂的反应活性得到明显提高，CHC 反应的 T_{50} 降了 20℃左右。在 Ni/CeO$_2$ 中掺入 Pd 后，催化剂的储氧能力没有明显增加，但是经过 3 次循环后，未经 Pd 修饰的催化剂，其氧空位浓度由 992 降至 976μmol/g，Pd 修饰的催化剂氧空位浓度从 992 降至 970μmol/g，说明 Pd 可以提高催化剂的稳定性。该研究为 Pd 基催化剂在处理尾气氢中的应用提供了可能。

（2）氢气催化燃烧器。

氢气燃烧反应基本是以固定床反应器为模板，再制成不同功能的反应器。整个工艺流程如图 5.3 所示，初始阶段氢气和空气进行预混，之后再进入反应器，反应器内会填充一定体积的催化剂，反应后的气体通入气相色谱仪进行在线检测，根据检测结果评价整个催化体系的优劣。

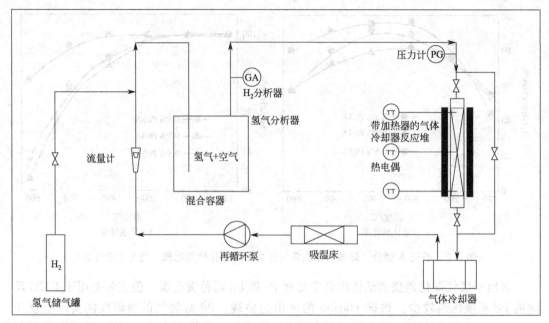

图 5.3　氢气催化燃烧工艺流程

固定床催化反应器通常由圆形柱形管组成，将一定量的催化剂固定在管内。催化剂的形状可以是粉末、球形、条状等等。这种类型的反应器是最常用的，不仅适合用于催化剂活性测试和动力学研究，还适用于化学和加工行业的实际应用。在催化反应器的工业设计中，一般的方法使减小运输限制，使最大反应速率接近本征动力学。固定床反应器的特点包括易于操作、成本低、催化剂空间密度高。肖方暄等为研究氢气低温起燃，在固定床反应器的基础上加以改造。在反应管外围套上了循环水导管，当通入冷凝水时，可将燃烧室内温度降到 0℃ 以下，为解决燃料电池汽车低温启动问题提供了一种新的方法，具有重要的社会效益和工业应用前景。

微通道反应器传统固定床反应器由于低表面-体积比，限制了传热，与固定床相比，微通道反应器具有强化传热、强化传质、高表面-体积比和低压降的特点。这类反应器常用于研究氢气燃烧特性。Chen 等利用数值模拟对微通道反应器中氢气燃烧特性进行研究。图 5.4 为微通道反应器，该类反应器催化床层在反应器内壁上。氢气和空气预混后进入反应器，在反应器的管内可以分为两个区域。入口区域以表面催化反应为主，出口区域以气相燃烧为主。随着进口气体速度的增加，表面催化反应占主导的区域向出口端扩展，最终占据整个微管。因此微通道反应器传热性能较差，不利于整个反应器恒温，对于强放热反应，如果反应器没有很好的隔热性能，反应器会因大量热流失而导致熄火。

整体式催化剂是指活性组分负载在整体式载体上的一类催化剂，整个催化剂就是一个催化反应器。与传统的用于固定床反应器的颗粒催化剂相比，整体式催化剂具有床层压降低，传质效率高，温度梯度和浓度梯度小等优点。较低的温差和较短的热源与散热器之间

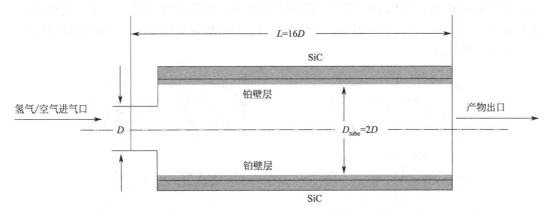

图 5.4　微通道反应器

的距离有利于提高热交换效率，因此这种反应器更适用于放热反应和吸热反应之间的耦合。Nguyen 等利用整体式催化反应器确定了低氢含量情况下的整体动力学反应方程。同时，针对贫氢-空气混合物中氢的氧化过程，提出了一阶氢和零阶氧反应的阿伦尼乌斯动力学方程表达式。

目前对氢气催化燃烧反应器的研究正在向具有高热效率、高燃料利用率、结构紧凑、小型化的反应器方向发展。研究人员也正在开发新型催化燃烧反应器，各种结构新颖、设计巧妙的催化燃烧反应器的出现也在扩展催化燃烧的应用范围。利用 CHC 反应放热特性，可以制成涡轮燃烧器，加热炉等燃烧器。Yedala 等利用 3D 计算流体动力学数值模拟，研究了涡轮式反应器的氢气催化燃烧情况，其中心处为原料气入口，末端为出口。研究表明，涡轮式微型反应器相较于常规直筒式反应器，其最大温度能高出 200～450K，并且传热更加均匀，如图 5.5 所示。这主要得益于反应器内横向传热，催化燃烧产生的热从中心向四周扩散，从而也保护了中心区域，避免造成局部过热。

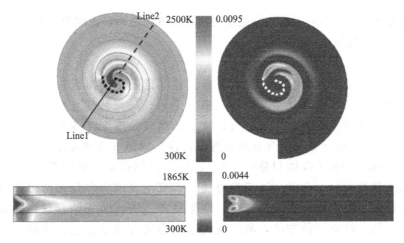

图 5.5　涡轮式燃烧器在使用过程的热分布

Fumey 等考虑到温度过高（大于 1000℃）会导致副反应的进行，产生氮氧化物。基于此，该研究团队设计了一种燃烧器，利用 Pt 基催化剂负载在多孔材料 SiC 上，使得燃烧温度控制在 800℃以内，为之后的家用燃具的研发奠定基础。如图 5.6 所示，该燃烧器内部放置多层 Pt/SiC 催化剂，由于 SiC 的多孔性质，氢气较容易通过，与空气相接触，并混合均匀，使氢气得以充分燃烧。因此，氢气催化燃烧在家庭烹饪、取暖等方面具有很高的安全应用潜力。

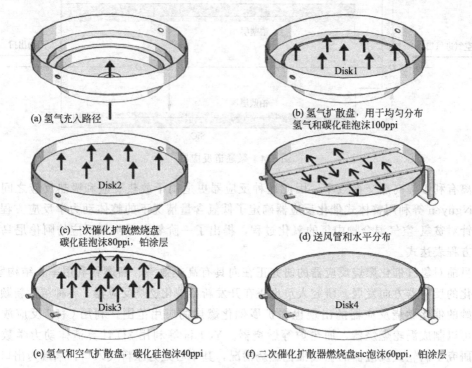

(a) 氢气充入路径

(b) 氢气扩散盘，用于均匀分布氢气和碳化硅泡沫100ppi

(c) 一次催化扩散燃烧盘碳化硅泡沫80ppi，铂涂层

(d) 送风管和水平分布

(e) 氢气和空气扩散盘，碳化硅泡沫40ppi

(f) 二次催化扩散器燃烧盘sic泡沫60ppi，铂涂层

图 5.6　多层式氢气燃烧器（ppi：孔隙密度，每英寸长度上的孔隙数）

5.1.2　天然气掺氢

天然气掺氢技术是未来天然气行业发展的重要方向之一，也成为美国、德国、法国等国家重点发展的氢能技术。

（1）天然气掺氢利用技术

掺氢天然气用于居民用或商业用燃具时，需保证天然气掺混氢气后无需对燃具改造。不同国家和地区的天然气组成不同，掺氢天然气与天然气互换性判断需要具体情况具体分析。我国普遍使用 12T 天然气，掺氢天然气偏离 12T 天然气的波动范围应符合 GB/T 13611—2018《城镇燃气分类和基本特性》中第 6 章的要求。现行国家标准对家用燃具排放烟气中的 CO 体积分数（ϕ）进行了强制规定（见表 5.1），但未对 NO_x 的排放给出强制性指标。在安全适应性方面，研究主要围绕燃具在使用掺氢天然气过程中的点火特性、火焰稳定性等燃烧安全性能展开。Devries 等结合理论计算和试验测量，提出一种回火倾向评估方法，利用层流燃烧速度和当量比进行计算，结果能准确反映掺氢对火焰回火行为的影响，无需进行大规模的设备测试，就可以得出兼顾安全性和适用性的最大掺氢比例。罗子萱等在 12T 基准气中掺混了体积分数为 5%～20% 的氢气形成混合燃气，测试发现家用燃具不做任何调整时，点火率、火焰稳定性合格。陈豪杰等采用理论和试验相结合的方法探究掺氢比例对家用燃气灶、热水器、燃气供暖热水炉燃烧特性的影响，研究表明这 3 类燃具在 1%～10% 掺氢比例范围内均未出现脱火、回火、黄焰现象，燃烧安全稳定。

表 5.1　家用燃具 CO 排放指标

燃具种类	标准	CO 排放指标
家用燃气灶具	GB 16410—2007《家用燃气灶具》	$\phi < 0.05\%$
家用燃气热水器	GB 6932—2015《家用燃气快速热水器》	$\phi < 0.06\%$
家用燃气供暖热水炉	GB 25034—2010《燃气采暖热水炉》	$\phi < 0.10\%$

在燃烧特性方面，研究主要围绕掺氢天然气在燃具内燃烧时一次空气系数、热负荷、热效率等物性参数的变化规律展开。Choudhury 等以两种典型的储水式热水器为研究对象，在可靠运行、不损失关键性能参数的情况下探讨燃烧性能影响，结果表明掺氢比例在10％以内，掺氢天然气的燃烧性能和热水器的可操作性基本不受影响。胡业龙等对烟道式燃气热水器热工性能展开实验研究与分析，结果表明在 50％额定热负荷状态下，当掺氢比例从 0 增加到 20％时，热效率由 87.5％提高到 90.1％，掺氢有效提高了燃气热水器的热效率。在排放性能方面，出于室内安全考虑，研究主要围绕掺氢对烟气中 CO 和 NO_x 排放的影响展开。马向阳等针对掺氢天然气嵌入式灶具的烟气污染物开展了实验研究，结果表明 5 种掺氢比例下烟气中 CO 和 NO_x 含量均有所降低，NO_x 排放量与一次空气系数成反比，可以通过控制燃料和空气的比例来控制烟气中 NO_x 的含量。吴嫱对比了1.5kPa、2kPa、3kPa 压力下天然气和掺氢天然气（掺氢比例为 5％、10％、15％、20％）的燃烧工况，实验结果表明，烟气中 CO 含量随着掺氢比例增大逐渐减小，不完全燃烧减少；NO_x 排放量也随着掺氢比例增大而降低，且当一次空气系数在 0.55～0.70 范围内时，NO_x 含量出现极小值。将掺氢天然气用于居民用户或商业用户时，提高掺氢比例提高了燃具热效率，但造成燃具热负荷降低，导致燃气消耗量上升，燃气费用增加；同时增加了室内管件发生泄漏和燃爆的风险。此外，民众对掺氢天然气认知程度较低，难以顺利接受将其作为家庭燃料。因此，需要综合考虑经济性、安全性和环保性需求，统筹制定掺氢比例和燃气费用；进一步完善室内检测手段和检测设备，提升管道完整性管理；强化掺氢天然气相关知识普及和宣传，提高终端用户接受度。

掺氢天然气在工业领域主要用于工业锅炉及燃气轮机，国外相关项目较多，国内鲜见报道。研究表明，在天然气中掺混适量的氢气可以提高燃气轮机效率，减少 CO_2 排放。此外，利用工业副产氢，可以节省天然气用气量，降低燃料成本。GB 13223—2011《火电厂大气污染物排放标准》第 4 章规定了新建火力发电锅炉和燃气轮机组大气污染物排放浓度限值。国外掺氢天然气用于工业领域的研究主要从安全适应性、燃烧特性、排放性能等方面展开。在安全适应性方面，欧盟 NATURALHY 项目于 2004～2009 年通过大范围实验研究了工业掺氢天然气的泄漏和爆炸行为，结果表明掺氢天然气的聚积性、泄漏特性与天然气类似，掺氢会增大天然气爆炸的严重性，但是 20％以内的掺氢比例影响可忽略不计。在燃烧特性方面，日本三菱日立动力系统有限公司（MHPS）于 2018 年参加日本新能源产业技术综合开发机构项目，自主研制了干式低 NO_x（DLN）燃烧器，并开展了掺氢天然气大型燃气轮机测试。该测试在 J 系列燃气轮机预混式燃烧器中进行，掺氢比例为 30％，涡轮机入口温度为 1600℃，能够产生 700MW 输出。结果表明，该燃烧器能实现掺氢天然气的稳定燃烧，发电效率在 63％以上，NO_x 排放满足排放要求，CO_2 排放量比天然气发电降低了 10％，电厂其他设备可以不进行改造，减少了电厂改造的成本。

在排放性能方面，不同于居民和商业用燃气领域关注掺氢天然气烟气中 CO 和 NO_x 的排放，在工业领域和车用燃料领域，掺氢天然气与天然气相比的最大优势是可以降低碳排放，故在其排放性能方面更关注 CO_2 和 NO_x 的变化规律。Peantong 等于 2017 年对比使用了天然气模式和混氢模式锅炉，测量不同掺氢比例下烟气中的 CO_2、NO_x 浓度，通过成本计算模型得到总消耗，结果表明，向工业锅炉燃料天然气中掺混氢气可以降低成本，减少由于锅炉燃烧释放到空气中的 CO_2 和 NO_x。日本 Kozaika 工厂于 2009 年开始使用以掺氢天然气为燃料的烟管锅炉，有效利用化学生产副产氢，每年节省 $109 \times 10^4 m^3$ 天然气，减少 2500t CO_2 排放量。Kumma 等于 2019 年对比了发动机在分别使用掺氢天然气和柴油运行时的 NO_x 排放量，结果表明，使用掺氢天然气的 NO_x 排放量降低了 12.78%。Park 等测试了掺氢天然气发动机的 NO_x 排放，发现其平均 NO_x 排放量在 $2.6g/(kW \cdot h)$ 左右。Khodam-rezaee 等验证了掺氢天然气发动机的排放数据，掺入体积分数为 15% 的氢气后，NO_x 的平均排放量较未掺入氢气前减少了 9.6%。掺氢天然气在工业领域推广面临的主要问题是难以确定掺氢比例上限，管网范围越大、设备越多，对掺氢上限的要求越严格。未来应兼顾经济性、安全性和环保性，确定不同工业系统的掺氢比例上限；建立天然气掺氢工业标准体系，推动掺氢天然气成为低排放的天然气替代能源。

（2）天然气掺氢输送技术

氢气运输方式主要有气态储运（长管拖车、管道）、液氢储运、有机液体储运等，其中管道运输是大规模远距离运输中成本最低、最具发展潜力的一种方式。纯氢管道建设和运营成本高，可考虑利用现有的天然气管网掺入氢气输送，输送至终端分离或直接燃烧，降低氢气运输成本。直接燃烧可改善燃烧特性，减少温室气体排放，是促进氢能产业规模推广的重要途径之一，但目前仍存在技术机理不明晰、安全风险高和大众认知度低等问题。

天然气和氢气在物性上具有一定的相似性，其压缩、储存、管输、燃烧等基础设施对氢气均有适应性，这为开展天然气掺氢输送奠定了良好的基础。天然气管道掺氢输送如图 5.7 所示。生产的氢气按一定比例注入天然气管网，掺氢天然气可直接输送给工厂、居民和商业用户使用，或者经过分离提纯后供应至工厂、加氢站等地。

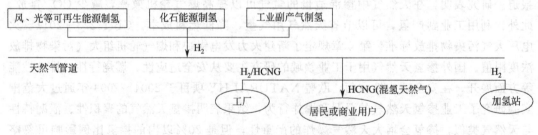

图 5.7 天然气管道掺氢输送示意

输气管道及配套基础设施对氢气的适应性是决定能否掺氢和掺氢比例的重要因素。受气体物性差异、管道材质特性、掺氢比和外部环境等影响，氢气掺入天然气管道后容易产生氢脆、渗透和泄漏等风险。管道钢级越高越容易受氢气影响，X80、X70 比 X60 更易发生氢致开裂。氢气压力、纯净度、环境温度、管道强度水平、变形速率、微观组织等因素均会影响氢气对管道的损伤程度，低强度钢，如：API5LA、API5LB、X42 和 X46 等，适合加氢天然气的输送。氢气浓度低于 50％时，管道不易发生严重断裂；管输压力低于 2MPa 时，管道不易在缺陷处发生氢致裂纹扩展。氢脆问题不仅取决于管材本身，同时与管道的服役状况有关。如果在之前的服役中，管道内压力起伏波动较大，管道可能会产生疲劳损伤，会增大发生氢脆的概率。浙江大学通过实验获取了不同掺氢比的 X70、X80 管道钢的力学性能，研究了含氢天然气环境中管道钢性能劣化规律、疲劳寿命和断裂安全评估等，发现高压含氢天然气环境中管道钢的疲劳裂纹扩展速率比不含氢环境中的约提高一个数量级，掺氢后 X80 管道疲劳寿命显著降低，不掺氢管道的疲劳寿命是掺氢比为 50％管道的 22.8 倍。

一般来说，管道钢等级越高、服役年限越长，氢脆敏感性越大，承受氢气掺混量越小。因此，在对天然气管道进行掺氢输送时，需针对管道基础设施进行整体的适应性分析与评价。中国学者张小强等结合国内外最新研究成果及标准规范，制定了管材适应性分析的具体步骤：当氢气浓度小于 10％时，可参照 CGAG—5.6—2005 (Reaffirmed 2013)《Hydrogen Pipeline Systems》进行分析，如果管道钢级低于 X52（包含 X52），则该天然气管道可用于输送氢气浓度小于 10％的混合天然气；当氢气浓度大于等于 10％时，可依据 ASMEB31.12—2014《氢气管道和管线》进行分析，此时需综合考虑钢级、输送压力、杂质元素和管道韧性等条件，确定用于掺氢输送的天然气管道是否能够适应，或者需要采取的相应措施。

现在管道掺氢的相容性研究主要集中在天然气长输管道。由于输配管网管材多为低强度钢管、球墨铸铁管和聚乙烯管，且管道运行压力通常低于 1MPa，发生氢损伤的风险较低，故对城市输配管网的相容性一般不考虑。但是目前的研究未考虑 H_2S、CO、CO_2 等组分对掺氢的协同影响，中国缺少管材在掺氢条件下的力学性能基础数据库，尚未明确掺氢比、运行压力对管材氢损伤的定量关系，这也导致管道掺氢在标准法规方面缺少重要支撑。在天然气中掺入氢气后不仅影响输送管道，压缩机、管道阀门、流量计等管道沿线部件同样面临氢脆、泄漏等安全风险。德国燃气与水工业协会对天然气基础设施的耐氢性进行了实验，从"交通运输"到终端"利用"各环节的耐氢性如图 5.8 所示，整个输配环节可承受的掺氢比例相对较高。压缩机领域，离心压缩机的动力机构会和氢气直接接触，叶轮旋转速度和材料

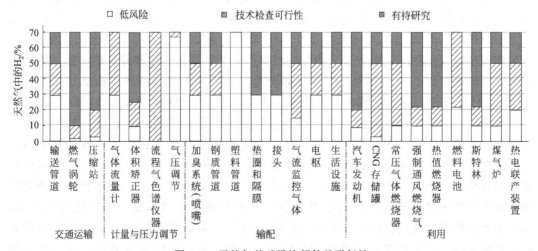

图 5.8　天然气基础设施部件的耐氢性

强度受掺氢影响很大，因此，长距离高压管道掺氢输送应当优先选择往复式压缩机。

输送至终端的混氢天然气可将其中的氢气分离后使用，但是整体经济性有待提升。目前常用的氢气分离方法有吸附、气体离心机、膜分离、变压吸附和电化学氢分离等 5 种方法，其原理和优缺点如表 5.2 所示。其中，变压吸附和膜分离是应用最为广泛的两种方法，如：炼厂富产氢提纯多采用变压吸附方式。燕山石化公司采用变压吸附法，建设了一套炼厂副产氢提纯生产燃料电池用氢气装置，设计氢气产量在标况下为 $2000m^3/h$，用于满足北京市氢燃料电池汽车对低成本氢气的需求。受我国掺氢输送技术尚处于起步阶段和氢气分离成本较高等因素影响，目前尚无掺氢输送后再分离使用的示范项目。

表 5.2　氢气分离方法的原理及优缺点

方法	吸附	气体离心	膜分离	变压吸附	电化学氢分离
原理	通过气液接触净化气流	混合气体在转筒中高速旋转，由于分子量不同，轻、重组分在转筒内的分布不同	利用特殊薄膜对混合气体中各组分渗透性不同的性质，以膜两侧压力差作为驱动力来分离气体	吸附器吸附杂质气体的同时允许氢气渗透通过	施加电流，将氢原子从气体中分离出来，并在产品端重新聚合成氢气
优点	1. 氢气压力接近进料压力，不需要额外压缩 2. 回收率较高（85%～95%）		1. 温度、压力范围、操作规模适用性广 2. 系统磨损小 3. 瞬时响应，反应快	1. 产品纯度高（99%～99.999%） 2. 杂质含量低	1. 氢气纯度高 2. 操作精细
缺点	氢气产品纯度不高（85%～95%）	1. 设备投资高 2. 仍处于研发阶段	1. 膜需要具备选择性 2. 维持较大氢气流量所需的气体压缩成本较高	1. 提纯成本较高 2. 操作规模较大 3. 基础设施投入较高	1. 膜易失活 2. 成本高

由天然气管道掺氢输送至终端的掺氢天然气可直接供应终端用户使用，涉及的问题主要有燃气具适用性、气体热值降低等。研究表明，家用燃气具对掺入一定比例氢气的燃气具有较好的适应性。我国居民使用的燃气具是以 12T 基准气为标准设计的，掺氢燃烧时燃气具的燃烧工况将发生变化，进而影响燃烧性能。掺氢后燃气热值降低，氢气体积热值（$13MJ/m^3$）约是天然气（$38MJ/m^3$）的 1/3，随着混氢比增加，燃料热值下降。当混氢比小于 27% 时，混合气体符合二、三类天然气的热值标准（热值大于等于 $31.4MJ/m^3$）。中国学者采用德尔布指数法、韦弗指数法、高沃泊指数与高热值法，分别对不同掺氢比的天然气燃烧特性进行评估、分析发现：随着混合气体中氢气体积分数的增加，燃具的热负荷下降，燃气的火焰传播速度急剧增大，燃具发生回火的风险增大。氢气的体积分数依据沃泊指数和高位热值判定小于 27%、依据德尔布指数法判定小于 24%、依据韦弗指数法判定小于 13% 时，对下游用户影响较小。研究发现：在天然气中加入氢气的比例小于 23% 时，燃气热值虽然降低，但燃烧状态稳定，几乎不产生离焰、黄焰、回火和不完全燃烧等情况，满足城镇燃气 12T 基准气的相关技术指标要求。由于各地区天然气的组分不一、燃气互换性的判定方法多样，所以测算的掺氢比例上限尚未有统一的定论。

掺氢天然气也可直接用于天然气内燃机和工业燃气轮机。氢气与天然气相比，具有火焰传播速率快、点火能量低和稀燃能力强等优点。氢气按一定比例混入传统的天然气内燃机中，可提高火焰传播速率和稀燃能力，从而提升发动机的热效率，降低碳排放。在预燃室式大功率中速天然气发动机中掺入 10％ 的氢气，状态达到最佳，指示热效率提高约 1％，碳氢化合物的总量降低 80％，CO 排放降低 70％，NO_x（氮氧化物）排放增加到 60％，由于是稀薄燃烧，NO_x 排放仍处于较低水平。清华大学汽车安全与节能国家重点实验室研究发现：在 CNG 汽车燃料中掺氢可以增加燃料性能和稳定性，当掺氢比为 20％ 时效果最佳；天然气掺氢混合燃料汽车（HCNG 汽车）的碳氢化合物、CO 和甲烷等排放物明显减少，其研制的 HCNG 重型客车已在中国开展了多个示范项目。此外，F 级重型燃气轮机在掺氢比为 10％～20％ 时，可以实现安全和稳定燃烧，并满足排放的要求。目前中国的城市燃气以体积进行计量，工业副产氢的价格（0.9～1.45 元/m^3）低于等体积天然气门站的价格（1.8～3 元/m^3），若直接将工业副产氢掺混输送至城市燃气管网，具备一定的经济性。未来随着国家油气管网设施的开放和天然气热值计量条件的日益完善，热值计量势在必行，而氢气的体积热值约为天然气的 1/3，当氢气价格降低至 0.6～1 元/m^3 时，氢气掺入燃气管网具备商业价值。综合而言，现阶段在有大量工业副产氢但无更好的消纳市场的情况下，可以考虑掺混天然气燃烧，但是由于掺氢后燃料热值降低、安全风险增大等因素，终端用户接受度不高，所以短期内仍以实验研究和试点示范为主。

与重新修建纯氢管道相比，天然气管道掺氢具有经济可行性高、投资成本低、接触终端客户多、未来商业化推广相对容易等特点。未来，随着掺氢混输和掺氢分离技术的成熟、可再生能源快速发展、东部等发达地区氢气需求增长，利用西北地区廉价的电力资源制取氢气，掺入天然气管道，有望实现氢气的大规模输送，有助于解决中国能源地域分布不均等问题，促进氢能产业大规模快速发展。在天然气终端消费分类中，城市燃气和工业用气占据 70％ 以上，且呈现较快上升趋势。石油公司拥有管理和实施大型项目、控制项目风险的经验，具备将新技术与现有基础设施进行集成的能力，可以考虑在资源和市场条件具备的地区，将氢气掺入低钢级支线管网中，向民用燃气、工业锅炉以及 CNG 汽车提供混氢天然气，降低燃气碳排放，有助于中国居民和工业用气深度脱碳，具有广阔的发展前景。

5.2　氢燃料电池

5.2.1　质子交换膜燃料电池

质子交换膜燃料电池主要由端板、流场板、膜电极及密封元件组成。其中流场板通常通过石墨板及合金材料制作，具有高强度，在高压力下无变形、导电、导热性能优良等特点。经铣床加工成具有一定形状的流体通道，其流道设计和加工工艺与 PEMFC 的性能密切相关。在阳极区为氢燃料发生氧化的场所，阴极区为氧气（空气）发生还原反应的场所，两极都含有促进电极电化学反应的催化剂，质子交换膜作为电解质。工作时相当于直流电源，其阴极即为电源正极，阳极为电源负极。燃料电池的工作过程实际上是电解水的逆过程，以氢氧燃料电池为例，在其工作时，氢气在阳极区进入阳极流道，再通过气体扩散层到达阳极催化层，并在催化剂的作用下发生氧化反应得到质子和电子，在电势和化学势的驱动下，质子通过交换膜到达阴极的催化层（catalytic layer，CL）。同时，电子通过外电路由阳极运动到阴极，产生电流。二者与氧气在阴极催化层中发生还原反应产生水分子。当使用 PEMFC 发电时，要源源不断地向电池内输送燃料和氧化剂，并且顺利地排出反应产物水，同时也要排出一定的废热，以维护电池工作温度的恒定。PEMFC 以质子交换膜为电解质，其特点是工作温度低、启动速度较快、功率密度较高（体积较小），因此很适于用作新一代交通工具动力。

（1）质子交换膜燃料电池膜电极（MEA）研究进展

膜电极（Membrane Electrode Assemblies，MEA）是 PEMFC 最核心的部件，是燃料电池和水电解中反应发生、多相物质传输以及能量转化的场所。涉及的三相界面反应和复杂的传质传热过程直接决定了 PEMFC 的性能、寿命及成本。美国能源部（DOE）提出 2020 年车用 MEA 指标是成本小于 14USD/kW，功率密度能够达到 1W/cm^2，电池的稳定性超过 5000h。目前使用最广泛、性能最好的 MEA 是美国 3M 公司生产的纳米结构薄膜（Nano Structured Thin Films，NSTF）电极，但是其价格昂贵、耐久性差等问题仍然需要进一步解决。目前中国能够生产出膜电极产品并能实现商业化的企业屈指可数，技术水平与国外仍然存在一定的差距，因此科研人员仍需继续努力，争取早日突破瓶颈，解决卡脖子问题。MEA 的结构主要包括气体扩散层（Gas Diffusion Layer，GDL）、催化层和质子交换膜（Proton Exchange Membrane，PEM）三部分。其中 GDL 能够有效存储反应所需的燃料，确保电子和质子在电极和双极板之间的接触，同时为反应过程中产生水的排除提供通道。CL 中的催化剂用来提高电极表面的化学反应速率，它的高成本和低耐久性是目前 PEMFC 大规模应用的关键障碍。因此，研究开发具有高性能、低成本、长耐久性的催化剂是必不可少的。PEM 首先需要能隔绝氢气和氧气，防止气体透过膜发生混合反应，此外能够使得氢离子通过膜到达阴极与氧气发生反应。因此要求 PEM 具有较高的质子传导率，同时在高温运行条件下具有良好的稳定性和保湿性。

在高电流密度下，阴极更易产生液态水，导致 GDL 中气态反应物与液态水耦合流动，使传质过程变得复杂，所以产生的水需即时通过 GDL 排出，避免 CL 发生水淹。为了达到最高的效率，PEMFC 在低电流密度下工作，高功率密度的实现往往以牺牲效率为代价，所以合理的热和水管理是实现高效率和高功率密度的关键之一。适当地散热和加湿可以保持膜充分地水化，从而降低欧姆损失，增加电池电压。因此，在电化学反应过程中，MEA 需要满足燃料连续不断地传输、及时排出产生的水及质子和电子的高效传递等要求。在实际的电化学反应过程中，GDL、CL 和 PEM 各功能层之间需要相互协调、共同参与，功能层的传质、催化、传导等能力与 PEMFC 的性能密切相关，通过分别改善各功能层的结构将对提高 PEMFC 的性能具有非常重要的作用。

在燃料电池中，GDL 位于气体流场和催化层之间，它的主要功能是收集电流、传导气体和排出反应产物水。理想的扩散层应满足三个条件：良好的导电性、良好的透气性和良好的排水性。目前应用较为广泛的扩散层材料有碳纸、碳布、碳带等。由于其具有丰富的多孔结构和较低的电阻率，从而保证了优异的气体渗透率和电子传导能力。气体扩散层通常由一层含有大孔的基底材料和一层含有炭黑颗粒及聚合物的混合物质的微孔层组成（图 5.9）。在 PEMFC 的发展过程中，曾有许多材料被用作基底材料，但最终碳纤维材料因其优良的导电性及多孔性成为了基底层的首选材料。目前使用最多的基底材料有碳纤维编织布（碳布）、碳纤维纸（碳纸）等。Ralph 等研究表明，当反应体系中电流密度较高时，以碳布作为燃料电池的扩散层，其性能优于碳纸的性能。由于碳布相对高的表面孔隙率和疏水性，从而加快了氧气的扩散和液态水的排出。除了这些碳基材料外，也有使用金属材料的，比如金属网、扁平的金属泡沫等。Hottinen 等使用一种通过煅烧后得到的钛作为扩散层基底材料，表现出良好的机械强度和延展性，并且具有相对较低的价格。

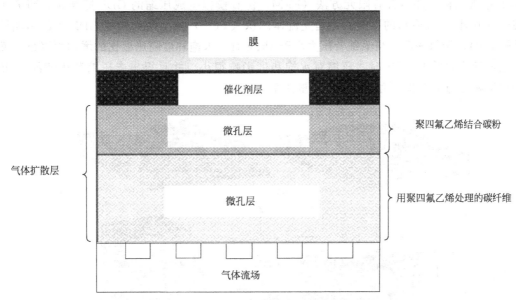

图 5.9　GDL 结构示意图

此外，基底材料上炭黑的担载量直接影响 GDL 的厚度、孔径分布以及电子传导特性等。许多研究结果表明微孔层中炭黑的含量对电池的性能有很大影响，并且电池的运行条件不同，其负载量的最优值也有区别。微孔层中另外一种物质为含氟树脂类聚合物，如聚偏氟乙烯（PVDF）、乙烯-四氟乙烯共聚物（ETFE）、氟化乙烯丙烯共聚物（FEP）、聚四氟乙烯（PTFE）等，其中 PTFE 最为常见，主要起到黏结炭黑颗粒和制造憎水孔的作用。一方面 PTFE 提供通道，有利于气体传输，从而降低传质极化。另一方面，由于 PTFE 较差的导电性，又增加了电极的欧姆极化。PTFE 和炭黑的比例同样与电池的运行条件如气体流速、反应温度、增湿程度、电流密度以及膜的类型等密切相关。基于 GDL 内部复杂的微观结构，目前现有的技术还无法完全清楚地探明其内部的传热传质机理，GDL 内部的三相传递环境也无法准确地评估。通过现有的制备工艺水平对 GDL 的组分进行改善制备性质差异化的 GDL，不能精确地解决 GDL 的设计最优问题，因此，加强基础理论研究仍然是必须的。

PEMFC 的运行受 GDL 的影响很大，因此正确预测 GDL 传质特性对于了解电池性能很重要。目前已有研究人员对提升 PEMFC 性能进行大量的实验评估，但在设计和优化燃料电池性能时，采用数值仿真模拟方法有利于更好地了解有效参数，以改进燃料电池技术。两相计算模型是目前研究 GDL 中不同复杂程度流体特性和水淹现象的常用模型，但两相模型是宏观模型，缺乏与真实两相流体流动的关联，通常使用曲线拟合的毛细管饱和压力数据，导致模型结果与真实情况产生误差，所以需要发展建立 GDL 微观结构模型以了解真实结构对传质的影响。Yiotis 等用 X 射线 μ-CT 扫描得到气体扩散层的真实微观三维结构，研究了该结构的树脂含量和各向异性对传质性能的影响，特别是对达西渗透率、有效扩散系数、热导率、导电率和孔隙弯曲度进行了数值研究。结果表明，树脂的加入有利于增强复合材料的结构稳定性和导热、导电性。Göbel 等为了模拟 GDL 流动和热性能，采用基于同步辐射的 X 射线层析成像和聚焦离子束扫描电子显微镜（FIB-SEM）分析方法研究了含 MPL 的碳纤维基 GDL 材料的微观结构。Zhou 等使用随机模型重建未压缩的GDL 微观结构，并结合有限元方法（FEM）仿真模拟生成压缩的 GDL 微结构，研究了装配压力对 GDL 变形的影响。并建立流体体积（VOF）模型研究压缩 GDL 中的两相流（图 5.10）。结果表明，当毛细管压力高于 4kPa 时，水饱和度随压缩比的增加而降低，而当毛细管压力低于 3kPa 时，压缩对水饱和度影响很小。并且得出未压缩和压缩的 GDL中水饱和度与毛细管压力之间都有定量关系。

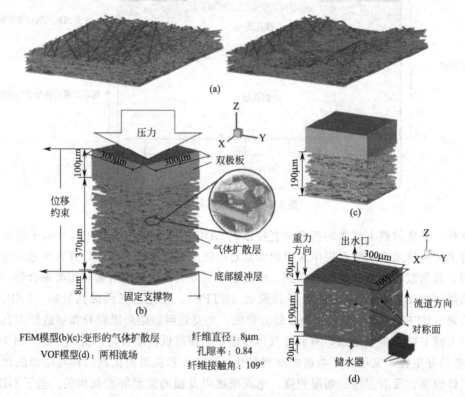

图 5.10　基于 PEMFC 中 GDL 微孔结构构建的有限元模型和 VOF 模型原理

　　目前，能够生产具有良好性能的 GDL 的国家主要是美国、日本和德国，由于我国的GDL 研究起步较晚，因此目前国产的 GDL 与进口的高性能 GDL 之间还有一定的差距。合成的材料很难同时满足 PEMFC 对 GDL 超薄、高机械强度、高渗透率以及低电阻率的要求。目前世界上具有代表性的 GDL 公司有以下几个，首先是德国的 SGL 公司，其长期从事碳材料的研发积累，具有悠久的发展历史，其生产的 GDL 产品型号较多，并且市场占有率最高。其次是日本的 Toray 公司，其掌握在碳纤维原料和碳纸方面的核心技术，由于合成的 GDL 具有很多优势而被广泛使用，但同时价格也比较高昂。此外，德国 Freudenberg、美国 Avcarb、韩国 JNTG 以及我国上海河森公司生产的 GDL 也有一定的市场占有率。目前，国内生产 GDL 以及燃料电池的公司大多数是通过进口碳纤维纸，然后对其进行疏水处理，最后通过喷涂、丝印或沉积的方法将微孔层（Microporous Layer，MPL）乳液涂布在碳纤维纸上，最终烧结形成 GDL，产品性能与进口 GDL 接近。但由于价格以及产量受原材料制约影响较大，有限的产量不能支撑我国燃料电池产业需求。因此，应大力发展碳纤维、碳纸制造技术，加强自主国产化推进步伐。

随着社会的快速发展，各个国家对燃料电池技术的发展高度重视，尤其是燃料电池在汽车上的应用。开发高放电性能、高稳定性、低成本的 PEMFC 是目前研究的主要方向。在 MEA 发展数十年的过程中，催化剂贵金属 Pt/C 的负载量从几十毫克每平方厘米到目前的零点几毫克每平方厘米，已经降了两个数量级，这归结于人们对 PEMFC 认识的不断深入。未来，PEMFC 将向低铂、非铂方向发展，以进一步降低成本。以有序化膜电极为代表的新型电极结构在很大程度上能提高催化剂的利用率，降低气体传质的阻力，有望成为未来 MEA 的发展方向。此外，MEA 的水管理问题、耐久性问题等同样还具有很大的优化空间。通过从催化剂、交换膜等材料的设计合成、MEA 三个功能层之间的配合和协同、制备工艺、数值模拟与实验验证相结合等多个方面入手，可一步步推进 PEMFC 技术的发展。

（2）质子交换膜燃料电池双极板研究进展

双极板是质子交换膜燃料电池组中除膜电极外的第二个关键部件，它的作用主要体现在分隔氧化剂和燃料、传导电流、支撑膜电极以保持电池堆结构稳定，因此双极板必须具有阻气性、良好的导电性与耐蚀性以及一定的力学性能（强度）。双极板材料目前存在的关键问题是如何实现涂层材料的导电性和耐蚀性的合理匹配，即在保证合理导电性的前提下，实现高的耐蚀性，保障整个体系的服役寿命。最近研发的双极板材料主要分为三大类：金属双极板、石墨双极板以及复合双极板。

金属及合金有良好的力学性能和导电性能，且价格便宜；在服役环境中金属表面容易形成钝化膜，虽然这些钝化膜减缓了腐蚀速率，但这些钝化膜的电导率低，从而导致燃料电池的输出功率和使用寿命降低。金属材料在服役条件下的导电性和耐蚀性具有矛盾性，如何解决这对矛盾，实现材料的导电性和耐蚀性的合理匹配，是金属双极板技术提升的一大瓶颈。目前，解决导电性与耐蚀性问题的最有效方法是金属表面进行涂层改性，涂层后的金属双极板能在保证良好导电性的同时提高双极板的耐蚀性，保障整个体系的服役寿命提升。但是不同金属材料表面涂层改性后表现出的性能各有差异，因此，选择合适的基材与涂层材料是金属双极板实现在双极板上广泛运用的关键。金属双极板基体材料主要包括不锈钢、铝、钛合金。这类材料强度高、韧性好，且具有良好的导电性和加工性能。

例如，金属双极板的导电性可达石墨的 $10\sim100$ 倍，并且由于具有优异的力学性能，金属双极板的厚度可以小于 1mm，从而可大幅度降低电池组的体积。但是金属材料在电池环境中（$pH=2\sim3$，$T=80℃$）容易发生腐蚀，造成电池性能下降。Mehta 等发现溶解后的金属离子会扩散到电池膜中，从而引起电池膜的传导率下降。Kim 等认为不锈钢双极板的耐蚀性不仅与 Cr 有关，也受合金元素 Mo 的影响。Davies 等指出，电池性能主要与不锈钢的成分有关，接触电阻与 Cr、Ni 的含量有关。Wang 等的研究表明不锈钢中的 Cr 能够提高耐蚀性，但是表面形成的 Cr_2O_3 氧化层会产生大的界面电阻。Hermann

等研究了不锈钢、钛、铝、镍等多种合金双极板，结果表明，在合金表面都形成了电阻率极高的氧化层，且接触电阻随着氧化层的增厚而增加，造成电池输出功率明显下降。Davies 等比较了不同合金的界面电阻，发现在 2.2MPa 的压力下，不同合金的界面电阻以321 不锈钢＞304 不锈钢＞347 不锈钢＞316 不锈钢＞纯 Ti＞310 不锈钢＞904 不锈钢＞Inone1800 高温合金＞Inone1601 高温合金的顺序递减，且与氧化层厚度递减顺序一致。此外，Iversen 对一系列不锈钢基体材料的表面进行了测量，发现 Mn 元素有助于形成具有较高导电性能的钝化膜，并且在钝化膜外部区域存在的镍会与氧形成镍氧化物，这些氧化物与铬/铁氧化物结合会改善钝化膜的导电性能。事实上，大量实验数据表明，普通不锈钢不适合用作双极板材料，这是由于不导电氧化物导致高的接触电阻造成的。

相比不锈钢而言，镍基耐蚀合金（超合金）在电池环境中表现出优异的耐蚀性，并且超合金的接触电阻低于石墨。Scholta 等的研究结果表明，纯钛双极板在水蒸气中的接触电阻与石墨双极板相当，在热水中略高于石墨，但在电池长时间运行过程中，纯钛的电位会明显下降，从而导致电池性能恶化。纯钛基体在表现出良好耐蚀性的基础上，进一步添加 Nb、Ta 等元素，可改善钛合金表层 TiO_2 钝化膜的导电性。综上可知，金属双极板有良好的强度，基本可以满足双极板的力学性能要求。但是，金属双极板在质子交换膜燃料电池环境中的耐蚀性差，且溶解的金属离子会毒化质子交换膜，导致电池的性能下降。通过在金属材料中添加一些合金元素可以提高金属双极板的耐蚀性，原因是这些合金元素在服役环境中会形成氧化物，这些氧化物在金属表面起到了隔离钝化作用，降低了材料的腐蚀速率。但是这些氧化物的电导率低，使得燃料电池的输出功率和使用寿命降低。材料成分不同，表面形成氧化膜的厚度也有差异，且氧化膜的增厚顺序与接触电阻的增高顺序基本一致。由此可见，金属双极板在提高耐蚀性的同时，其导电性下降，且耐蚀性的提高与电导率的下降成反比。虽然在金属中加入合金元素可以改善钝化膜的导电性，但是不能满足双极板的性能要求。因此，金属材料不能直接作为双极板使用。

石墨是最早开发的双极板材料。相比金属及合金双极板而言，石墨双极板具有低密度、良好的耐蚀性，与碳纤维扩散层之间有很好的亲和力等优点，可以满足燃料电池长期稳定运行的要求。但是，石墨的孔隙率大、力学强度较低、脆性大，为了阻止工作气体渗过双极板，且满足力学性能的要求，石墨双极板通常较厚，导致石墨材料的体积和质量较大。另外，由于石墨材料的加工性能差、成品率低，使得制造成本增加。纯石墨板一般采用碳粉或石墨粉与沥青或可石墨化的树脂来制备。石墨化的温度通常高于 2500℃，且石墨化过程必须按照严格的升温程序进行，制备周期长，从而导致纯石墨板价格高昂。用可膨胀石墨膨化得到的蠕状石墨直接压出不同密度的柔性石墨板，这些柔性石墨的性能稳定、导电性好、耐腐蚀、有自密封作用并且易加工，是很好的流场板材料。Jool 等提出了一种整片石墨板的制备方法，其密封边缘部分无孔或孔极小，但工作部分孔隙率大，从而导致能耗高；上海交通大学燃料电池研究所的王明华等采用真空加压方法用硅酸钠浓溶液浸渍石墨双极板，然后加热使之转变为 SiO_2，这种方法大大降低了空隙率；美国的 Emanuelson 等使用石墨粉和炭化热固性酚醛树脂混合注塑制备双极板。采用这种方法制得的双极板强度达到了燃料电池所需的要求，但电阻率大，比纯石墨双极板大 10 倍左右；Jisanghoon 等采用石墨薄片叠加的方式，将石墨与支撑材料板组合在一起制作双极板，这种双极板材料的电流密度和电池电压有明显的提高；Lawrance 采用在石墨板上涂覆薄层金属的方法来避免材料中的树脂降解。由此可知，石墨双极板材料具有良好的耐蚀性和电导率,可以满足双极板长期运行的要求,但是石墨材料的加工性能差,制造成本高,近几年的研究虽然使得石墨双极板的力学性能和成本有了很大改善,但还是不能满足双极板的力学性能和成本要求,这仍是限制石墨双极板广泛运用的最大瓶颈。

相比金属双极板和石墨而言,复合双极板综合了上述两种双极板的优点,具有耐腐蚀、易成型、体积小、强度高等特点,是双极板材料的发展趋势之一。但是目前生产的复合双极板的接触电阻高、成本高,这是科研工作者目前正在攻克的难题。复合双极板材料一般由高分子树脂基体和石墨等导电填料组成,其中,树脂作为增强剂和黏结剂,不仅可增强石墨板的强度,还可以提高石墨板的阻气性。Lawrance 等采用氟塑料与石墨制成复合材料,其力学强度表现优异,导电/热及耐腐蚀性能都达到了燃料电池的要求,但这种双极板的生产周期长,成本高,不适于商业化生产;Wilson 等采用石墨/乙烯基树脂制备双极板,该双极板具有成本低、导电性高及制备简单等优点,但生产周期长,稳定性不够好。相比之下,采用液晶高分子和石墨混合,利用液晶高分子的低黏度注射成型双极板,其体电导率高,而且成型周期短。Pellegri 等采用环氧树脂等热固性树脂制作复合材料双极板,其力学强度优异,但电阻较大。Blunk 等采用环氧树脂和膨胀石墨制备复合材料,其显示了较低的电阻,但弯曲强度达不到要求。阴强等采用碳纤维/酚醛树脂复合材料制作的双极板具有良好的导电性和力学性能,但制作工艺复杂,价格昂贵;华东理工大学的张世渊等采用粉体聚芳基乙炔树脂作为黏结剂,以石墨作为导电填充物,混合热压成型制备了聚芳基乙炔/石墨复合双极板。结果表明,当复合双极板中石墨的质量分数为 70% 时,其密度、导电性、透气性和弯曲等方面的综合表现最佳。近年来,一种高性能碳-碳复合材料正在兴起,黄明宇等采用凝胶注模工艺将中间相碳微球和碳纤维共混,制备出了碳-碳复合材料双极板,这种双极板的性能稳定,而且制作成本低。综上可知,相比石墨材料,复合材料有较低的成本,良好的耐腐蚀性,但是目前加工出来的双极板的电导率低,不能满足双极板的性能要求,需要科研人员进一步提高复合材料的导电性。镀涂层后的金属双极板在保证合理导电性的前提下,明显提高了双极板的耐腐蚀性,使得燃料电池整个体系的服役寿命大幅度提升。但金属表面镀涂层无疑增加了制造成本和工艺的复杂性,如何在保证耐腐蚀性和电导率的基础上提高双极板的服役寿命,且进一步降低成本和工艺的复杂性,是金属双极板下一步需要解决的问题。

（3）质子交换膜燃料电池堆研究进展

车用质子交换膜燃料电池堆作为燃料电池动力系统的核心部件,其正常工作时,氢气和氧气分别通过各自进口进入电堆气体管道,再经导流区域分配到各个双极板中的微流道中。然后,气体经双极板的传输以及扩散传输至膜电极组件中,在催化层上发生电化学反应。近些年,针对电堆的研发主要集中于提高输出性能（例如提高体积比功率密度）、降低电堆组件的成本、提高电堆耐久性指标以及延长电堆的使用寿命,最终目标是使燃料电池发动机的工作特性能够达到或者超越传统内燃机。为了取代传统的内燃机,同时兼顾整车开发过程中所需的动力性、集成度以及空间要求,研制大功率、高功率密度的车用燃料电池堆迫在眉睫。一方面,使用超薄质子交换膜降低膜电极的欧姆损失、使用新型的 Pt-based 催化剂提高电化学活性从而提高膜电极的输出性能等调整电堆关键零部件材料体系的方式可以提升电堆性能,例如日本丰田公司开发的 MIRAI 一代电堆采用了超薄膜电极组件（质子交换膜约 $10\mu m$、阴极催化剂层约 $9\mu m$、阳极催化剂层约 $2.3\mu m$、阴极气体扩散层约 $160\mu m$、阳极气体扩散层约 $150\mu m$）,并且使用了新型的 PtCo/C 催化剂,有效提升了电堆的输出功率；另一方面，通过改善电堆的结构组成，例如采用新型的高强度端板材料、采用新一代的超薄金属双极板等手段，也可以降低电堆的体积，进一步提高电堆的体积比功率。根据日本新能源产业技术综合开发机构（JapanNEDO）的预测数据，2030年和2040年的车用质子交换膜燃料电池堆的功率密度目标分别为6.0kW/L和9.0kW/L。Jiao等测算，若电堆功率密度要达到6.0kW/L（计算端板体积），则在电流密度为3A/cm^2时，单片电压还需保持在0.8V以上；电流密度为4A/cm^2时，单片电压还需保持在0.7V以上。更进一步，若电堆功率密度要达到最终目标9.0kW/L（计算端板体积），则在电流密度为4A/cm^2时，单片电压还需保持在0.9V以上；电流密度为5A/cm^2时，单片电压还需保持在0.8V以上。如此高的电流密度/功率密度需求对传质、传热等性能提出了较为苛刻的要求。随着电流密度的升高，反应气流量的增加会显著加剧压力降以及气体分布的不均匀性，导致附件（例如空压机）功耗急剧增加、膜电极两侧压力差加大、浓差损失增加等负面影响。传质能力是双极板设计的重要指标之一，其主要取决于流场结构。目前，针对流场结构的优化已形成两条主要的技术路线。第一种是基于传统的槽-脊（channel-rib）结构进行优化，例如丰田 MIRAI 二代的 2D 变径流道，以及流道中含挡板的流场等；第二种是发展无传统槽-脊结构的新型流场，例如丰田 MIRAI 一代的 3Dmesh"鱼鳞状"流道结构，以及基于金属或石墨烯多孔泡沫的一体化极板流场。液态水和反应热的导出是高电流密度所带来的另一挑战。法拉第定律决定了大电流必然导致高电化学产水速率。在电流密度大于2A/cm^2的情况下，液态水的凝结和积累很容易造成"水淹"现象，阻碍反应气体的扩散，降低性能输出且影响耐久性。此外，高电流密度还会导致高电化学产热速率。与内燃机相比，质子交换膜燃料电池因工作温度低，与环境温差小，故存在散热较困难的问题。

根据 JapanNEDO 的预测数据，到 2040 年，PEMFC 的工作温度会从目前的 70～90℃提升至 120℃，高温 PEMFC 是未来的必然趋势。提高工作温度可以同时缓解上述两大难点。一方面，当工作温度超过 100℃时，"水淹"现象可以通过蒸发得到很大程度的缓解；另一方面，提高工作温度可加大 PEMFC 与环境之间的温差，有利于反应热的导出。但高温 PEMFC 也会带来新的难点，例如由于热胀冷缩现象的加剧，电堆紧固、密封困难等。从国内、外的研究成果来看，影响电堆使用寿命的主要因素包括电堆关键零部件（特别是膜电极组件以及金属双极板）的耐久性、电堆的机械结构设计（包括电堆的端板结构以及组装的可靠性等）、电堆实际运行过程中的控制策略、阴、阳极气体的加湿、气体流道的设置等。最后，电堆运行过程中的控制策略以及水管理也尤为重要，例如丰田 Mirai 一代电堆在运行过程中，空气（阴极）不加湿、氢气自循环，结合其独特的3Dmesh 流道结构，使得电堆在阴极侧水淹的现象大大减缓，有利于电堆寿命的延长。

经过 20 年的努力，国内燃料电池堆的发展已取得长足的进步，特别是电堆功率提升较大，关键零部件实现了不同程度的国产化，国产电堆已广泛应用于燃料电池商用车和乘用车。目前，国内的电堆供应商主要包括新源动力、上汽捷氢、氢璞创能、明天氢能、雄韬氢能等，其发布的燃料电池堆的额定功率均已超过100kW，例如上汽捷氢于 2020 年 10月发布了最新的 H2150F 型燃料电池堆，其额定输出功率已达到 150kW。尽管如此，相比于国际先进的电堆技术和产品，国产电堆依然在耐久性、可靠性和成本等方面存在明显的差距。未来，为保证国产电堆的可靠性，需要对电堆在车用工况下的耐久性以及环境适应性进行更为充分的验证，同时必须严格按照统一的标准进行测试（例如 GB/T 38914—

2020《车用质子交换膜燃料电池堆使用寿命测试评价方法》），全行业共同努力以尽快提高国产电堆的耐久性与可靠性。

5.2.2 固体氧化物燃料电池

根据电解质种类的不同，将电解质呈固态，不易产生渗透和流失的燃料电池叫做固体氧化物燃料电池（SOFC）。在所有的燃料电池中，SOFC 的运行温度最高，燃料适应强，电解质稳定性好，目前已经成为最有前景的能源装置之一。

（1）固体氧化物燃料电池的工作原理

固体氧化物燃料电池组一般是靠单电池片串联或并联，再通过连接材料和密封材料组装成电池堆。其中单电池片又由阳极、电解质、阴极三部分构成。阳极又名燃料极，是燃料气体的氧化和产生电子的场所；电解质用来传导氧离子或质子，同时其致密的结构可以来隔绝阳极和阴极反应物；阴极又名空气极，是氧分子消耗电子变成氧离子的场所。导入阴极的氧在阴极电极中得到电子成为氧离子，氧离子经电解质向阳极移动，在阳极中形成的电子沿着外部电路向阴极移动，如此一来形成电流，进而在外部电路中流通。根据燃料电池反应方程式和工作原理，从理论上说，只要在阳极持续提供氢气，阴极提供氧气，那么 SOFC 就可以源源不断地输出电能。

可逆电动势 E 与温度和压力有关，升高温度可以加快反应物的质量传输，增加电极反应速度。但是过高的温度又会限制电池材料的选择。以上分析是在电池可逆的前提下提出的，即电极内无电流的理想平衡状态。但在实际工作中，电极上一定会有电流通过，电池处于不可逆状态，产生电极损耗。所以理论上的热力学可逆电动势实际上一定会比实际的工作电压高，两者之间的差值即为电池的极化损失，也称为极化过电位。根据损耗的来源或极化产生的原因，我们将极化归为以下几种类型：①由于离子和电子传导产生的电流在外电路上引起的电压降而导致的欧姆极化（Ohmic Polarization），②由电化学反应的存在，使其电极反应的输出电压偏离开路电压，其偏移量即活化极化（Activation Polarization），③由燃料电池中反应物质的供给限制而产生的浓差极化（Concentration Polarization）。除此之外，还会有部分电解质的电子导电引起的电流极化（Internal Current Polarization），燃料气渗透引起的对穿极化（Crossover Polarization）。可以看出，在实际运行中，完全可逆的状态是不存在的，电池的极化程度都会受到反应温度、气体压力以及电解质和电极材料的组成等影响。通常会通过改进电池的设计和对电池组成材料进行修饰来尽量减小各种极化损失。对于燃料电池系统，阳极通常为多孔结构，这样有利于燃料气体到达反应点，同时又让反应废气可以快速排放出去，还可以增大三相反应界面的面积，提高电化学反应速率，一般由电解质材料和催化剂复合而成。

在 SOFC 中一般采用便宜易得的镍与电解质材料复合，Ni 既有催化作用又提供电子电导。SOFC 的电解质具有较好的离子传导能力，同时对电子不传导，其物化稳定性和与阳极、阴极的适配性是其电池能够稳定运行的关键。电解质的传导能力对温度敏感，因此，不同的电解质适合用于不同的温度；阴极一般是离子传导与电子传导的复合材料，或是单相的离子、电子传导材料。阴极由于没有采用催化剂材料，因此一般要求较高的运行温度才能达到理想的性能。阴极极化一般要大于阳极极化，所以要降低固体氧化物燃料电池的运行温度，开发对应的阴极材料是非常重要的。

（2）固体氧化物燃料电池的研究进展

固体氧化物燃料电池的研究是从能斯特 1899 年发现固体氧化物电解质开始的，而到了 1937 年，Baur 和 Preis 才开始了固体氧化物燃料电池的第一次运行，他们采用钇稳定的氧化锆为电解质，运行温度高达 1000℃。此后的几十年，其研究进展较为缓慢。而 1980 年后，针对该项技术的研究活动又开始活跃起来，并取得了鼓舞人心的突破性进展。高温管式 SOFC 的材料研究、制备工艺和现场试验验证千瓦级的装置等领域取得了显著的技术进步。同时，对采用管道输送天然气为燃料的 SOFC 装置的长程运行稳定性进行了试验，几种该模型在 800～1000℃ 连续成功运行了几千个小时。

最近 10 年中，SOFC 技术开发的努力主要集中在电性能的改善以及降低电池的运行温度上。高性能的阴极、耐碳和硫的陶瓷阳极、低成本的金属电流收集器和复合封装材料是研究开发的具体方向。经过几十年的发展，全球范围内出现了大量的企业和研究机构，致力于开发 SOFC。这些企业和研究机构主要分布在欧洲、北美、亚洲的日本和韩国、澳大利亚。如欧洲芬兰的 VTT，它主要是通过建模和对单电池和电池组的测试，通过调节燃料种类，开发适应性更强的 SOFC；美国的 PNNL 针对阴极性能和阳极/电解质界面的 TPB 面积和微观结构的研究，开发出可在 800℃ 以下稳定运行的高性能平板式 SOFC，最大输出功率密度超过了 $1W/cm^2$。加拿大的 Global 公司主要研究的是中温小容量 SOFC 系统，对单电池片、连接体和其他系统相关组件材料的研究也在全球处于领先地位。日本在 20 世纪 80 年代后期，许多优秀的企业和研究机构针对 SOFC 系统和电池材料方面做了大量的研究工作。如 MHI（Mitubishi Heavy Industries）与 CEPCo（Chubu EPCo）联合开发了一种特殊形状的 SOFC（MOLB），在热循环环境下能够保持长期稳定运行。尼桑等公司联合开发的管状 SOFC 发电系统，采用氢气为燃料，输出功率可达到 5kW，电池堆输出功率为 $0.18W/cm^2$ 时，燃料利用率在 80% 以上。

在国内，对 SOFC 的研究从 20 世纪 60 年代中期才开始，其方向也主要集中在 SOFC 的组成材料、结构设计和制备小功率电池堆等方面。早期的重视不够，导致我国在 SOFC 的基础研究上与国外相比存在较大的差距。相对于传统的热机和其他能量转换装置，燃料电池不仅转换效率高，而且污染小，建设快、便于维护保养，随着时间的推移，更多的优势凸显和专项经费的流入而引起国内越来越多的关注。现今国内众多研究所和高校都加入到 SOFC 的研究行列。以中国科学院上海硅酸盐研究所和华中科技大学等单位为代表的高校和研究机构，都相继开展了关于 SOFC 的研究，并陆续取得了重大进展，许多单位的研究成果也已经赶上了国际研究水平。

（3）固体氧化物燃料电池的未来发展趋势

虽然高温操作有其独特的优点，但会造成 SOFC 性能的下降。如电池组成材料的缓慢分解及不同相之间的缓慢扩散、电极的高温烧结等，这些问题最终会抵消其因高温带来的极化损失的减少，而造成较为严重的后果如电池部件失效并降低电池的寿命。将 SOFC 的操作温度从传统的 900～1000℃ 降到 500～800℃，会显著提高电池组的热力学效率，并且可以大幅降低制作成本，同时解决了高温下电池片封装困难的问题，加速 SOFC 的产业化。一般为了降低 SOFC 的操作温度，通常从改善电极的极化电阻和电解质电阻两方面来研究。选择新型高催化活性的电极材料和采用新型的电极微结构来降低电极极化损失，以及采取氧离子传导率较高的固体电解质材料来改善电解质电阻，如用掺杂的 CeO_2 基等氧化物取代 YSZ，其操作温度可以降低到 500～700℃，而性能不亚于传统的 YSZ 基在 1000℃时的性能水平；减少电解质的厚度，使 SOFC 从电解质支撑向电极支撑转变，同样有利于减少电解质电阻。如将传统的 $100\sim200\mu m$ 厚度的电解质层，减少到由电极支撑的 $10\mu m$ 以下（一般在 $4\sim10\mu m$），操作温度可降到 800℃以下。

SOFC 是由许多的单电池片串联或者并联在一起形成的电池组，单电池片目前主要有两种构型：平板型和管状两种。平板型 SOFC 单电池片的阴极/电解质/阳极经烧结，成为一体的夹层平板状结构，简称 PEN 平板。结构设计通常有电解质支撑或电极（阳极或阴极）支撑两种。传统高温的 SOFC 用 YSZ 做电解质，通常采用电解质自支撑设计，其操作温度在 $900\sim1000℃$，厚度在 $150\sim200\mu m$ 之间。这种结构的电池组在稍低的操作温度下，会因为电解质电阻较大而带来极大的欧姆损失。而采用阳极支撑的单电池片，不仅可以减少操作温度降低带来的极化损失，同时也增大了整体的强度。管状 SOFC 是用一端封闭的单电池为基本单元串联组装而成，一般采用增加单电池的长度来提高电池堆的总体功率密度，通过燃料内重整技术来提高燃料重整转化率，减少设备的投入成本和操作复杂性。但通常在工业的设计上，管状结构由于其电极间距大，内阻损失增大，从而对应的功率密度会较低。并且当用阴极支撑型管状结构时，制作工艺比较复杂，导致成本增加。

西门子西屋在管式结构 SOFC 的研究方面一直处于较先进的地位，并且已经将研制的管状结构的 SOFC 电池堆成功用于大型电站。其他三菱重工等少数几个公司也在开发管状构型的固体氧化物燃料电池方面有较为显著的成绩。为了进一步降低 SOFC 的大小尺寸和制作成本，推出了一种新结构的电池设计-高功率密度固体氧化物燃料电池（HPD-SOFC）。它不仅集中了管状 SOFC 的全部优点，而且还拥有比管状设计更高的长度和体功率密度，而且不需要高温密封。除此之外，与管式结构相比，它被平板化而且有多个幅条在空气电极上作为电路的桥梁。从而降低了电池的内阻，并使用较薄的空气电极使电极的极化阻力降低并减轻了电池的重量。

在传统能源日益枯竭，资源严重匮乏的今天，对各种燃料能源的适应性是很多能量转换装置的必由之路。而 SOFC 的优点之一就是除了氢源之外，对各种碳氢化合物具有普遍适应性。其使用碳氢化合物主要通过外部重整、内部重整、直接氧化三种途径来实现。外部重整采用燃料电池外部的燃料处理器，在气体进入阳极前进行高温水蒸气重整，生成阳极反应所需的 H 及其他产物如 CO、CO_2 等，氢被送入燃料电池中继续参与电化学氧化反应，其他的反应废气则不断排出。高温下燃料气体在阳极腔内部的重整是目前 SOFC 研究的另一个热点。有水蒸气重整、CO_2 重整以及气体的部分氧化三个方面。其中水蒸气和 CO_2 重整属于吸热反应，部分氧化属于放热反应。在内部重整型 SOFC 中，燃料电池的电化学反应可以直接提供内部重整所需的热量，而不需要传统 SOFC 的外部热交换器提供，从而将电化学反应与燃料气内重整进行电热偶联，可以省去 SOFC 昂贵的外部重整装置，降低成本，也因此可以作为小型可移动电源和偏远地区小微型发电的首选电源。最后一种方式是直接（电化学）氧化，它不受低温时的反应平衡限制，克服了很多水蒸气重整的缺陷，但却容易在阳极上发生碳沉积。因而通常需要选用合适的阳极材料和控制一些反应参数来减少碳沉积。随着技术的发展，必然要求我们开发出新型的阳极材料，优化其组成与结构，使其性能可以适应大量无需处理的原材料，从而简化操作过程，降低整个产业的运行成本。

5.2.3　碱性燃料电池

碱性燃料电池又称为阴离子交换膜燃料电池（AEMFCs），由于具有比其他种类燃料电池更多的优点，如在碱性条件下氧气的还原具有更高的反应效率，允许使用 Ag、Co、Ni 等非贵金属作催化剂，对气体原料中的一氧化碳具有更好的耐受性等，而受到广泛关注。阴离子交换膜（AEMs）在燃料电池中具有关键功能，在 AEMFCs 中，阴离子交换膜起的主要作用是隔绝阳极与阴极，传导氢氧根离子。阴离子交换膜在 AEMFCs 中的工作原理如图 5.11 所示。为了满足 AEMFCs 的性能要求，阴离子交换膜需要具有以下几种性能：

① 阴离子交换膜应具有较强的力学性能和热力学稳定性能；

② 能够传导氢氧根离子，具备较高的氢氧根离子传导率；

③ 具有较高的碱稳定性能；

④ 为了降低燃料渗透，阴离子交换膜需要具有较好的致密性和耐溶胀性能；

⑤ 低成本。

然而，由于阴离子交换膜在碱性条件下离子型聚合物的骨架结构和阳离子交换基团容易发生降解，氢氧根离子的迁移率低于质子的迁移率，阴离子交换膜的氢氧根离子传导率低于质子交换膜的质子传导率。

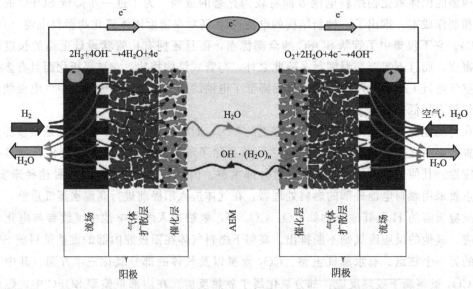

图 5.11　阴离子交换膜燃料电池（AEMFCs）工作原理示意图

阴离子交换膜在结构上是指高分子主链上连有含阴离子交换功能基团的离子型聚合物膜。阴离子交换膜的阴离子交换功能基团主要作用是提供阴离子传导功能，一般为季铵、咪唑盐和脒基等。由于阴离子交换膜在燃料电池中的工作环境为强碱性，阴离子交换功能基团容易受到氢氧根离子的进攻而发生分解，从而使膜的性能降低。降解机理主要包括亲核取代反应和消除反应等。虽然有不同种类的功能基团可用于阴离子交换膜，但含有季铵盐类功能基团的阴离子交换膜由于合成方法比较简单，成本较低，而受到了广泛关注。

阴离子交换膜聚合物的骨架结构一般为聚苯醚、聚芳醚砜和聚苯并咪唑等芳香族聚合物和聚烯烃类聚合物。研究发现，主链含有芳香醚结构的聚苯醚、聚芳醚砜等结构的离聚物由于 C—O 键易受到氢氧根离子的攻击而使聚合物骨架结构断裂，一般具有较差的碱稳定性能，具有无醚氧键主链的离聚物如聚苯并咪唑和聚烯烃等具有较优异的碱稳定性能。

　　阴离子交换膜燃料电池由于其具有环境友好、可使用非贵金属催化剂、电极反应速率快等特点受到广泛关注。阴离子交换膜是 AEMFCs 的关键组件，起到传导离子和阻隔燃料的作用，其性质决定着碱性燃料电池的性能、能量效率和使用寿命。尽管研究人员对具有聚合物骨架结构的阴离子交换膜的制备和性能进行了广泛研究并取得了一些进展，但对于阴离子交换膜的研究刚刚处于起步阶段，阴离子交换膜的碱稳定性能的提高仍是挑战。因此，科研工作者还需要进行广泛深入的研究，如可以对阴离子交换膜的降解机理进行研究，以提高膜的碱稳定性能；可以在现有聚合物骨架基础上设计新的功能基团，以提高膜的碱稳定性能；开展阴离子交换膜对电池性能影响的研究等。相信随着研究的不断深入，符合阴离子交换膜燃料电池使用的阴离子交换膜可以取得重要进展。

5.2.4　磷酸燃料电池

　　磷酸燃料电池（PAFC）自从 20 世纪 60 年代在美国开始研究以来，越来越广泛地受到人们重视，许多国家投入大量资金用于支持项目研究和开发。美国能源部（DOE）、电力研究协会（EPRI）以及气体研究协会（GRI）三个部门在 1985～1989 年投入 PAFC 研究开发的经费高达 1.22 亿美元。日本政府部门在 1981～1990 年用于 PAFC 的费用也达到 1.15 亿美元。近些年来，意大利、韩国、印度、中国台湾等国家和地区也纷纷组织 PAFC 的研究开发计划。世界上许多著名公司，如东芝、富士电机、西屋电气、三菱、三洋以及日立等公司都参与了 PAFC 的开发与制造工作。由美国国际燃料电池公司（IFC）与日本东芝公司联合组建的 ONSI 公司在 PAFC 技术上处于世界领先地位。以美国和日本的一些煤气公司和电力公司为主，许多公司一直在参与 PAFC 的示范和论证试验以取得运行和维护方面的经验。PAFC 作为在所有燃料电池中技术最成熟、发展最快、最接近实用的一种，人们可以制造出从几十千瓦至 11MW 的多种规格 PAFC 装置。至今在世界各地已对上百套 PAFC 装置进行了长时间监测运行，试验结果证实了 PAFC 技术的成熟可靠性。ONSI 公司制造的 200kWPC25 型装置，最长运行时间达到 3.7 万小时，接近商业化目标要求的 4 万小时，最长满负荷连续运行时间达到 9500h。富士电机制造的 FP-100 型 100kWPAFC 最长运转时间和连续运转时间也分别达到 2.3 万小时和 7000h。另外，PAFC 制造成本亦在大幅度降低。ONSI 公司 1995 年推出的 200kWPC25C 型制造成本是 3000＄/kW，而将于近期推出的商品化 PC25D 型成本会降至 1500＄/kW，体积比 PC25C 型减少 1/4。

　　作为一种新型发电技术，PAFC 要获得社会广泛认可和使用，需要进一步改进性能，降低制造成本。亟待解决的 PAFC 研究课题，概括来讲就是：

　　① 提高电池功率密度；

　　② 延长电池使用寿命，提高其运行可靠性；

　　③ 进一步降低电池制造成本。

　　电池比功率指单位面积电极的输出功率，它是燃料电池的一项重要指标。提高电池功率密度不但有利于减少电池的质量和尺寸，而且可以降低电池造价。开发高活性催化剂，优化多孔气体电极结构，研制超薄的导热、导电性能良好的电极基体材料等都将改善电池的输出性能。在 PAFC 长期运行过程中，其输出性能不可避免要降低，特别是在操作温度比较高、电极电位也比较高的情况下，电池性能下降更快。为此，需要研究催化剂 Pt 微晶聚集长大以及催化剂载体腐蚀问题，开发保证电池温度分布均匀的冷却方式，以及寻找避免电池在低的用电负荷或空载时出现较高电极电位的方法。由于电池本体占整个 PAFC 装置成本的 42%～45%，因此降低它的制造成本非常关键。在电池性能方面，提高电池功率密度，简化电池结构都是非常有效的措施。在电池加工方面，则待开发电池部件的大批量、大型化制造技术以及气室分隔板与电极基板组合的技术。可以说，电极催化剂与上述三方面问题都有联系。因此，人们一直在设法改进电极催化剂的性能。在 PAFC 运行条件下，Pt 阳极反应可逆性好，其过电位只有 20mV 左右，阴极极化被认为是影响电池性能的一个主要因素。对于阴极催化剂的研究主要集中于减少阴极极化和延长催化剂使用寿命。现在发现 Pt 与过渡金属元素形成的合金的电催化性能和稳定性均优于纯 Pt 催化剂。例如 Pt-Cr，Pt-Co-Cr，Pt-Fe-Mn，以及 Pt-Co-Ni-Cu 等。阳极主要问题是消除燃料气中有害物质（如 CO、H_2S 等）的中毒影响。研究表明，Pt-Ru 合金阳极催化剂具有良好抗中毒能力。另外，在电极中形成催化剂的梯度分布或者选择催化剂表面适当的疏水性质，也能提高电极催化剂的利用率，从而降低电极中贵金属 Pt 的用量。

在我国，新一轮燃料电池研究热潮已经到来，有不少单位进行熔融碳酸盐燃料电池（MCFC）、固体氧化物燃料电池（SOFC）、质子交换膜燃料电池（PEMFC），以及直接甲醇燃料电池（DMFC）研究，然而至今唯有 PAFC 研究仍属空白。面对广阔市场前景，除日本、美国、欧洲等发达国家和地区外，许多发展中国家也采取引进、消化等方式，积极发展本国 PAFC 技术。我国是一个人口众多的发展中国家，面临着十分严峻的资源和环保问题。大力发展能量利用率高，有害物质排放量极少的 PAFC 技术，就显得非常必要。因此，我们建议：

① 国家应该尽快设立 PAFC 开发研究计划，给予足够资金投入，支持 PAFC 基础和应用研究。纵观所有已进行开发国家，毫无例外是在国家大力支持下开始起步的。

② 加强国际交流合作，并积极引进国外先进 PAFC 装置，以积累操作、维护经验。韩国、意大利等国家就是通过引进 PAFC 装置，在较短时间内掌握了此项技术。美国和日本在 PAFC 技术上处于领先地位，它们既是竞争对手，同时又通过购买设备、组建合资公司等方式加强相互间合作。

③ 组织各部门分工协作，争取及早制造出国产 PAFC 装置。由于 PAFC 技术复杂，可由化工、机械、电工、研究单位分别负责天然气转化制氢、设备制造、交直流转换、电池本体制作安装。

我国于 1997 年成立了在中国电工技术学会领导下的氢能发电装置专业委员会，这为组织研制开发 PAFC 工作创造了有利条件。

5.3 氢燃料热机

热机的出现使得人类首次完全实现掌握了一种稳定的动力能源，不受时间、地点、自然环境和条件的限制，只要有充足的燃料可以随时随地的获取机械动力。热机出现以后，很快改变了人类的工业生产、交通、生活方式。热机是一种将内能转化为机械能的机器，热能是内能最常见的体现形式，而燃料燃烧是最常用的获得热能的手段。从诞生到现在，热机的应用一直伴随着不同类型燃料的变化。从最初的木柴，发展到煤炭、煤气、石油，再到现代牌号繁杂的各类精炼燃料油、天然气、液化石油气等。凡是能够燃烧的物质，都曾经被作为热机的燃料进行过测试和评估。氢气作为一种为大家熟知的、容易获得的燃料，其在作为燃氢热机的应用领域也早有研究。下面将按照内燃机和外燃机两种分类，介绍以氢气为燃料的主要热机种类。

5.3.1　氢燃料的特性

氢气作为燃料具有一些不同于常规燃料的燃烧特性，氢气使用过程中的风险都是由氢气本身的理化特性所决定的。相比于传统汽油和天然气、甲醇、乙醇、DME 等代用燃料，氢气具有独特的分子结构和理化特性，作为点燃式内燃机燃料能够有效地优化缸内的火焰传播。表 5.3 对比了氢气、甲烷、异辛烷的燃烧及理化特性（甲烷和异辛烷分别为天然气、汽油的主要成分）。

表 5.3　氢气与其他燃料的物理化学特性对比

燃料种类	氢气	甲烷	异辛烷
分子式	H_2	CH_4	C_8H_{18}
分子质量/(g/mol)	2.016	16.043	114.236
理论空燃比	34.2	17.1	15.0
空气中质量扩散率/cm	0.61	0.16	0.07
化学计量比混合气热扩散率/mm	42.1	20.1	18.3
空气中燃烧界限/%（体积分数）	4～75	5～15	1.1～6
化学计量比混合气热值/(kJ/m³)	3189	3041	3704
最小点火能量/mJ	0.02	0.28	0.28
火焰淬熄距离/cm	0.06	0.2	0.2

在传热传质特性方面，由于氢气是自然界中最小的分子，在相同的温度下具有最高的分子平均运动速率，因此氢气具有极强的传热传质性能。从表 5.3 中可以看出，氢气在空气中的质量扩散率为甲烷的 3.8 倍、异辛烷的 8.7 倍，这使得氢气作为内燃机燃料时缸内混合气均匀程度更高，有利于完全、充分燃烧；同时，化学计量比氢气-空气混合气的热扩散率高于另两种燃料两倍以上，在氢气火焰传播过程中已燃区高温气体对未燃混合气的传热过程相比于另两种燃料更加强化，有利于促进缸内燃烧反应的快速进行。

在燃烧反应的发生条件方面，由于氢气分子极低的分子质量和极高的分子平均运动速率，氢气具有较低的燃烧反应活化能，这使得氢气在空气中具有更宽的燃烧界限，有利于在内燃机缸内组织稀薄燃烧；氢气的最小点火能量仅为另两种燃料的十分之一，这保证了氢内燃机在低温环境中的冷起动性能；此外，较低的燃烧反应活化能还使得氢气的火焰淬熄距离仅为另两种燃料的 30%，这有利于促进近燃烧室壁面处混合气的完全燃烧，提高燃烧效率，同时对于掺氢内燃机而言还能够促进碳氢化合物的减排。

在火焰传播特性和燃烧放热规律方面，由于氢气是不含碳的燃料，在氢气的氧化过程

中不存在缓慢的 $CO \rightarrow CO_2$ 转化过程，因此氢气的层流火焰速率远高于碳氢燃料，这使得氢气的燃烧可以在极短时间内完成，对于内燃机而言，这是使得工作循环接近理想热力学循环的有利因素。

5.3.2 斯特林热气机

5.3.2.1 斯特林热气机的发展历程

1816 年，英国人 Robert Stirling（罗伯特·斯特林）发明了外部燃烧的闭式热空气机如图 5.12 所示，后人称之为 Stirling Engine，即斯特林发动机，又称为热气机。在这项发明里，他创新性地发明了回热式换热器，因它有可以储存热量的填料，故在高温流体经过此换热器时，填料可以吸收部分热量，并将其释放给下次流经它的低温流体，提高了整个热机系统的热效率。

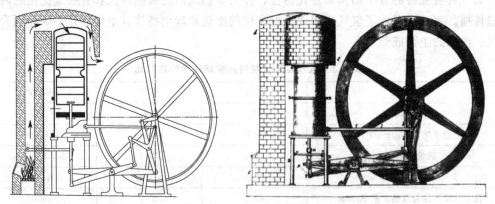

图 5.12　1816 年 Robert Stirling 申请专利中的原理解释图

最初斯特林机曾用于采石场和煤矿抽水。到了 19 世纪中后期，随着内燃机的发展，斯特林发动机渐渐被取代而未能被进一步研究优化。直至 20 世纪中期，随着对能源与环境污染等问题的研究不断深入，斯特林热气机的研究才重新开始并不断发展，斯特林热气机目前在很多领域有着广泛的应用。20 世纪中期，飞利浦公司和美国通用汽车公司等研究斯特林热气机在汽车上的应用，在此期间飞利浦公司优化了斯特林热气机的结构，陆续发明了菱形传动、斜盘传动机构，并以提升内部工作压力的方式提高了斯特林热气机的功率与效率。在斯特林发动机驱动的汽车实验中，斯特林热气机的性能取得了很多优化。实验中 295kW 功率的 8-500DA 型汽车用斯特林发动机的最大效率可达 40%。但因为和当时飞速发展的内燃机相比，斯特林发动机的优势并不明显，因此直至现在内燃机仍是汽车的主要发动机。此外斯特林发动机驱动的飞机也仅仅是在实验阶段。由于利用水冷作为其冷却方式能够极大地提高斯特林热气机冷端的散热能力，使其冷却器保持在一个稳定的相对低温，大幅提高工作效率。因此斯特林热机特别适用于船用发动机，日本就曾研发出 800 及 1600 马力的船用斯特林发动机。斯特林发动机的这一特性也广泛用于潜艇的 AIP（Air Independent Propulsion）系统——不依赖空气推进系统。早期的潜艇使用内燃机作为发动机，使用内燃机为蓄电池充电后用于水下航行，航行速度慢、时间短，不利于隐蔽。而斯特林热机具有噪声小、热源广泛等优点，很适合潜艇 AIP 系统。瑞典自 20 世纪 60 年代开始就对其进行研究，并成功实现了潜艇用斯特林热气机的开发，相较于普通柴油机潜艇，其下潜时间增长了 2～3 倍。

斯特林热气机在分布式发电上也得到了比较广泛的应用。例如沼气发电和光热发电。光热型斯特林发电机组使用太阳能聚光器将阳光聚焦在斯特林热气机的热端气缸上，将太阳能转化为热能，从而作为驱动斯特林热气机的热源供其工作，最终带动发电机发电。最常见的斯特林光热系统是碟式太阳能热发电系统，单机功率 20kW 左右，相比起投资和占地巨大的熔岩蓄热-汽轮机发电的大型蓄热光热发电系统，光热型斯特林发电系统占地面积小、部署灵活、可靠性高，适合满足分布式的能源需求。

因斯特林机对热源的要求较低，高低温热源之间温差低至几十摄氏度也能驱动其工作，因此斯特林热机也常用于余热回收。为缓解区域性用电用热矛盾、降低二氧化碳的排放量、提高能源的利用率，21 世纪以来，英国、德国、新西兰、中国等国家陆续对热电联产进行研发并推广。热电联产既能发电又能供热，而斯特林热机因热源适应性广，可使用各种气液体燃料、太阳能及余热作为热源进行工作，也适用于热电联产，尤其是适用于以家庭为单位的微型热电联产。在使用风力发电、水力发电、太阳能发电的同时，使用生物质、太阳能、地热能等驱动的斯特林发电设备，可减少生物质垃圾的排放，充分利用身边的可用能源，又可部分满足供电供热等能源需求。

5.3.2.2　斯特林发动机的特点

斯特林热机一般由加热器、冷却器、回热器、膨胀腔、压缩腔及活塞组成，它利用工作流体在不同温度下，循环压缩和膨胀带动活塞运动做功，从而将热能转化为机械功。理想的斯特林循环由两个等温过程和两个等容过程这四个过程组成，该循环的 p-V 图与 T-S 图如图 5.13 所示。图 5.13 中，T_H 与 T_L 分别是斯特林热机高温热源与低温热源的平均温度，理想斯特林循环的几个过程分别为：

1-2 等温膨胀：膨胀腔中工作流体从高温热源（加热器）吸热，气体膨胀；

2-3 等容放热：高温的工作流体经流回热器，放出热量被回热器储存，留待下个过程使用；

3-4 等温压缩：工作流体在压缩腔中被低温热源（冷却器）降温，气体压缩；

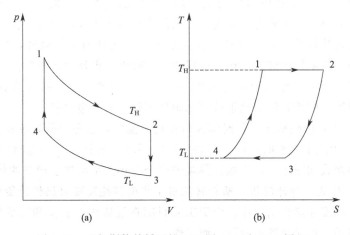

图 5.13　理想斯特林循环的 p-V 图（a）和 T-S 图（b）

4-1 等容吸热：从压缩腔流出的工作流体流经回热器，吸收 2-3 过程回热器中储存的热量。

斯特林发动机不同于内燃机的间歇燃烧工作过程，它将外部热量持续传递给封闭的气体（工作介质，即工质），气体在较低的温度和压力下受压缩，在较高的温度和压力下膨胀，最终获得持续对外作功的能力。作为一种外燃闭式循环活塞发动机，工质在流动过程中交替改变压力与温度组成斯特林热力循环。斯特林热力循环的效率等于卡诺循环热效率，即最高理论热机效率。斯特林发动机的热量来源可以多种多样，如燃料燃烧、太阳能、原子能、蓄热装置以及化学反应生成热等。

从斯特林热机的原理和结构等方面可以分析出斯特林热机的很多优点：

① 热源广，对燃料要求低：斯特林热机是外燃机，工作时只需使其高低温热源之间存在一定的温差，斯特林热机就可以工作。既可使用石油、天然气等燃料在加热器（燃烧室）中燃烧为膨胀腔中的气体提供热量，又可使用太阳能聚焦在加热器（接收器）对其进行升温等等，使用不同的热源时，仅需对其加热装置进行改装，其几乎适用于所有热源。

② 理论效率高：理想的斯特林循环是可逆循环，其热效率为 $1-(T_L/T_H)$，在高低温热源温度相同时，等于卡诺循环热效率。

③ 污染少：斯特林热机的内部工作流体一般使用氢气、氦气，循环为闭式循环，且当其热源使用清洁能源（氢能、太阳能等）时，几乎不会污染环境。

④ 噪声小：因斯特林机为外燃机，其工作时燃烧安静，仅有活塞连杆运动时的撞击声，故其噪声相较于内燃机燃烧爆裂时的噪声小。

⑤ 不受气压影响：因斯特林循环为闭式循环，工作时不受外部气压影响，可用于海拔高地区；且因其为外燃机，使用燃料时燃烧室只需存在氧气致使燃料燃烧并对膨胀腔加热，故可不依赖空气，携带氧气瓶即可在无空气环境下工作。

同时，虽然斯特林机早在 200 多年前就发明了，但至今未能如晚它几十年出现的内燃机及电动机等推广开来，早期的斯特林机存在很多在当时无法解决的技术难题：

① 密封性要求高：由于斯特林循环为闭式循环，为防止工作流体外泄，热气机需有良好的气密性；且为了提高斯特林机的功率密度，缸内工质往往需要加压，这就为密封提升了难度。

② 对材料要求高：由热机效率公式可知，当低温热源不变时，高温热源温度越高，其效率越高。提高热端工质温度是提高热气机效率的有效手段，但作为外燃机，工质吸收燃烧热量必须通过热缸传递，工质的工作温度不高于热缸的工作温度，故需材料耐热性好；而往复式内燃机虽然气缸的平均温度仅 400～500K，但作为工质的高温燃气最高温度可达 2000K 以上，远高于常见金属材料的使用温度。为增加斯特林机的竞争力，提高斯特林机的工作温度，就需要使用比钢铁更加耐热耐腐蚀的合金材料。

③ 热能损失大：因热机热源长时间保持很高的温度，热源向外界散发的热量会很大。

④ 体积大：为减小热源的热损失，热气机需要较大的外壳和保温材料厚度以增强其保温性。独立燃烧式和膨胀机，冷端、热端的多个换热器都增加了设备的体积。

⑤ 反应慢：作为一种外燃机，斯特林热机工作前往往需要对热机的膨胀腔进行预热，使其达到一定的温度才能开始工作。由于工质封闭在缸体内，缸体和工质整体热容量大，无法实现快速启动，也无法迅速改换热源工作。

⑥ 成本高：为解决上述难题，提高斯特林机的比功率和热机换热效率，需要使用氢

气、氦气等性能更好的工质；要提高内部的换热器性能，增强回热器回热效率，需要提高热机循环内的工作压力；为降低热机内气体损失，故要提高斯特林机的密封性；要提升加热器的工作温度，并降低因热源温度过高而产生的导热损失、辐射损失等，需要热端使用性能更好的耐热材料和隔热性能好的保温材料；为保持冷却器在一个恒定的低温条件下工作，要增强低温端的散热，一般需要采用冷却塔；此外，对于活塞连杆机构的斯特林热机，为使其活塞连杆正常工作，需要做好润滑并在其磨损后及时更换。这些要求就造成了斯特林热机的制造工艺复杂、材料要求高，故其成本往往大大超过同等功率的内燃机。

5.3.2.3　斯特林热气机的优势

虽然总体来看，斯特林热气机的缺点远远大于优势，导致实际应用当中斯特林热气机的使用极其有限，但是在特定的应用领域内，斯特林热气机仍然可以体现出其优势，所以多年来斯特林热气机仍然在不断地发展。在氢能的利用中，斯特林热气机也有其独特的优势，主要体现在以下几点：

(1) 燃气型热气机无需特殊改装

斯特林热气机属于外燃机，这一属性决定了斯特林热气机对燃料的种类和燃烧方式不敏感，燃气型热气机可以在不改装或简单改装的情况下适应多种气体燃料，包括天然气、氢、气态丙烷、煤层气、垃圾填埋气和沼气。同时由于外燃机的燃料燃烧过程属于稳定燃烧，燃烧组织简单，燃料流动混合条件温和，这对于氢气这类爆炸范围宽，与空气密度差异大的气体燃料特别友好，能够很好地避免爆燃、早燃等异常燃烧状况。实验表明天然气型斯特林热气机就具有在不改动硬件的条件下换用氢气燃料的能力。

(2) 对氢气纯度没有要求

从 GB/T 37244—2018《质子交换膜燃料电池汽车用燃料：氢气》中可以看到，常见的质子交换膜燃料电池对氢气燃料的纯度有极高的要求，特别是对硫化物杂质极度敏感。这主要是由燃料电池内部电化学反应催化剂的毒化敏感性导致的。相比之下，采用燃烧完成化学能能量释放的斯特林热气机对各类杂质具有良好的适应性，H_2S、CO 等对燃料电池具有极度危害性的杂质均可在热气机中作为正常燃料燃烧。实际上只要不威胁燃烧过程的稳定性，热气机对燃料成分的宽容度极大，即便是成分及其复杂的沼气也能够作为热气机的良好燃料。

(3) 单机容量适中，适合小规模的分布式应用

斯特林发动机（热气机）机组一般单机容量<100kW，常见功率为 20~50kW，一般来说氢燃料消耗速率为 $1m^3/(kW \cdot h)$（标准状况），供气压力 50~100kPa，无论是对储氢系统的容量还是纯度要求都很低，非常适合对规模不大的于分布式氢能应用场景。

(4) 结构简单，安装方便

斯特林热气机由于单机功率较小，一般都采用了高度集成的方舱设计，只要用户按要求提供水、电、气接口，吊装就位后可以很快完成安装，设备自动化程度高，对用户和安装调试人员技术要求低，便于推广应用。

项目所选用的 4R90GZ 型热气机设计燃料为天然气，设计燃料流量 $17m^3/h$。氢气体积热值约为天然气的 1/3，本次采用氢气作为燃料，燃烧过程中氢气流量相比天然气偏大，理论上火焰长度偏长，使用氢气作为燃料时，热气机组能够达到的运行功率及此时的运行参数需要进行测试。

5.3.2.4 氢气燃料对热气机性能的影响

由于目前氢燃料的应用较少，燃气型热气机大多是针对天然气、沼气燃料设计的，未考虑过氢燃料的需求。为探索斯特林热气机的在实际情况下的燃料适用性，我们采用上海齐耀动力 4R90GZ 型热气机对氢燃料替代对热气机性能的影响。燃氢试验系统原理如图 5.14 所示，主要包括：燃氢供气系统和 4R90GZ 型热气机外燃系统。燃氢供气系统主要由氢气集装格、波纹软管、黄铜减压阀、稳压减压阀、氢气缓冲罐、压力表、V 锥流量计（配备温度压力补偿、变送器、积算仪）、氢气阻火器等组成。试验时由氢气集装格内 16 个氢气瓶组成汇流排对热气机进行供气。氢气经减压阀减压至 0.4MPa 左右，再经球阀通过稳压减压阀减压至 0.1MPa 左右进储气罐。储气罐用来对减压后的氢气进行稳压，并保证阀门开启时系统压力的稳定性。氢气通过不锈钢氢气阻火器和膜片减压器，最后再以 4kPa 左右压力通过 V 锥氢气流量计进入 4R90GZ 型热气机燃烧系统，氢气流量由机内燃气蝶阀控制，氢气管路的开闭由热气机内电磁阀控制。空气由机内鼓风机提供，其流量由空气管路上的空气蝶阀控制。为了监控热气机的燃烧状况，在排气烟道处设置了烟气流量计和烟气成分分析仪。

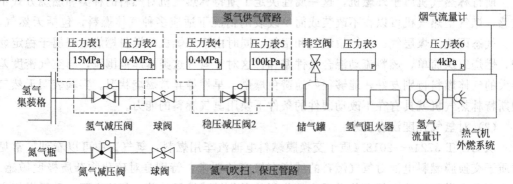

图 5.14 燃氢试验系统原理图

4R90GZ 型热气机箱设计燃料为天然气，额定功率 50kW，额定燃料流量 $17m^3/h$（标准状况）。当考虑将天然气燃料置换为氢气时，首先应该考虑的因素是不同燃料的热值差别。对于燃气型热气机来说，燃料的输入是以体积进行计量的，天然气热值根据不同产地和气源稍有差别，但整体上氢气热值约为同体积天然气的 30%。理论上来说需要大约 $54m^3/h$（标准状况）的氢气流量才能满足热气机满负荷运行的要求，但是实际运行中，超过设计流量的气体燃料输入会显著地拉长燃烧室火焰长度，使得火焰最高温度位置偏离燃烧室中热气机热缸布置区域。因此理论上，在不改动燃烧器和燃烧室结构的情况下，机组实际可承受的最大氢燃料流量难以满足热气机额定功率运行的需求。

实际运行当中，机组的运行控制目标是通过调节燃料输入来使得热端气缸达到热气机允许的最高工作温度。控制系统采用按阀位点调节的算法来稳定最高管壁温度。试验中机组的点火、拖动、爬坡阶段均为自动运行，为测试燃料替换对热气机效率的影响，在热气机稳定运行阶段改为手动调节，根据燃气流量值不断地修正燃气调节阀和助燃风调节阀的阀位值，以保证热气机热端部件获得最高工作温度。

在运行过程中为了实现热气机发电功率的爬升，需要不断加大燃气调节阀的开度和供氢管路上稳压减压阀的开度。当氢气流量上升后需要配合相应的助燃风调节阀的阈值。助燃风的控制目标是保证燃烧所需的空气充足，避免熄火、爆燃等异常燃烧状况，当烟气中氧含量稳定在 10%～12% 时，认为实现氢气的充分燃烧。

为实现功率的上升需要向热气机中添加循环工质（氢气）提供热气机的做功能力。现阶段 4R90GZ 型热气机并没有安装进气执行机构，运行中的工质加压进气必须由人工通过进气球阀完成。充气过程一次冲入压力不能过高，需要分多次进行。此次燃氢试验中设置的不同燃气调节阀值、助燃风调节阀值和工质进排气压力对应的功率如表 5.4 所示。

表 5.4　试验中阈值及工质压力设置

序号	燃气设定 /mA	助燃风设定 /mA	工质排气压力 /kPa	工质进气压力 /kPa	功率 /kW
1	8	11	7.44	4.5	11.3
2	9.5	10	7.52	4.63	14.24
3	10.5	9	7.66	4.7	16.61
4	11.49	9.2	7.83	4.76	19.17
5	12	9.2	7.89	4.84	20.74
6	12	9.2	9.46	5.78	26.45
7	15.7	9.7	9.43	5.71	24.79
8	15.7	9.7	9.44	5.73	25.03
9	17.5	9.75	9.43	5.76	25.45
10	17.5	9.75	10.43	6.36	28.66
11	17.5	10.05	11.43	6.94	31.8
12	17.5	10.4	11.4	6.97	31.69
13	17.5	10.4	11.43	6.96	32.11
14	18.7	10.5	11.89	7.19	33.75
15	18.7	10.75	11.87	7.21	33.95
16	18.7	10.75	12.66	7.69	36.53
17	18.7	10.75	12.57	7.63	35.32
18	18.7	10.75	12.55	7.61	34.9
19	18.7	10.75	12.53	7.67	34.85
20	18.7	10.75	12.53	7.61	34.81

对氢气燃料试验的具体试验情况及结果分析如下：

① 稳定燃烧时氢气压力较低。在氢气稳定燃烧过程中，为避免火焰长度过长，应在能保持氢气持续稳定燃烧的基础上尽量减小氢气压力。

② 由于氢气实现了稀薄燃烧，燃烧经济性较高。氢气流量 38～48m³/h（标准状况）时对应的发电功率为 25～35kW。以氢气低位热值 10.786MJ/m³ 计算，该状态下的发电效率仍有 22%～26%。燃氢试验时排气温度大于 210℃，最高可达 270℃。

③ 测得热气机的工作特性见表 5.5，由于该斯特林热气机匹配的燃料为天然气，目前使用氢气做燃料，由于相同体积下氢气的热值比天然气低很多，导致相同功率下消耗的氢气速率远远大于天然气，燃烧火焰偏长，而该套热气机并未作相应的调整，所以使用氢气的最高输出功率不能超过 35kW，并且该套设备的燃烧效率远比理论上低，导致当初定

的脱氢反应器与热气机不完全匹配。以氢气低位热值 10.786MJ/m^3 计算，不同工作特性点的发电效率见图 5.15。

表 5.5　热气机的工作特性

功率/kW	氢气流量/(m^3/h)（标准状况）	空气流量/(m^3/h)（标准状况）	工质排气压力/MPa	工质进气压力/MPa	排气温度/℃	排气氧含量/%
20	29	102	7.88	4.79	212	10.0
24	36	108	8.8	5.4	216	10.1
25	38	110	9.4	5.7	218	10.0
31.8	40	119	11.4	6.9	222	10.2
33.8	44	124	11.9	7.2	220	10.1
34.6	48	123	12.53	7.61	217	10.3

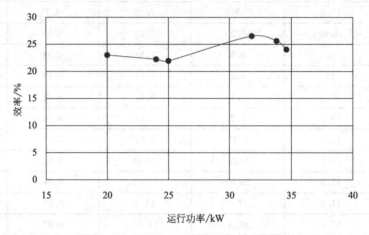

图 5.15　热气机运行效率-功率关系图

5.3.3　活塞式氢内燃机

5.3.3.1　发展历程

氢能源利用方式很多，其中以氢燃料电池和氢内燃机最受关注。氢燃料电池通过电化学反应，将氢燃料中的化学能直接转变为电能，能源利用率高、工况平稳、能实现零排放，一度被认为是氢能源最有效的利用方式。但氢气纯度要求高（＞99.999%），依赖于稀有金属铂，以及尚未完善的工业体系，以致氢燃料电池的价格一直居高不下，在可以预见时间段内，国内氢燃料电池的价格难以降低到能够进行大规模商业应用的水平。同时氢燃料电池苛刻的使用环境和燃料/空气洁净度要求也限制了其大规模使用。相反，氢内燃机虽然在能源利用、排放方面有所不足，但在结构上和传统内燃机差距不大，氢内燃机的生产可以依托于现有的工业体系，在低成本进行批量化生产。从整体上看，在氢能源利用方面，氢内燃机将长期具备成本和可靠性优势。

1794 年，英国人斯特里特提出从燃料的燃烧中获取动力，并第一次提出了燃料与空气混合的概念。早在 1820 年，Rev. W. Cecil 就发表文章，谈到用氢气产生运动力的机械，还给出了详尽的机械设计图，这比第一台实用的用煤气做燃料的内燃机的出现整整早了40 年。现代氢能燃机的大规模研究起源于 21 世纪初，早在 2000 年，福特汽车就正式开始氢内燃机研究，随后国外如宝马、马自达等汽车公司和博世等企业，国内如长安汽车等公司先后投入资金进行氢内燃机研发。氢内燃机的发展并非一帆风顺，在深入研究过程中，发动机回火、氢脆、排放等问题相继出现。因为车载储氢问题无法解决、气道喷氢导致动力不足、加氢站不完善等问题，宝马等汽车公司先后放弃了氢内燃机在汽车使用上的探索。在之后的很长时间里，氢内燃机在汽车运用上的发展陷入停滞。虽然如此，但国内外对于氢内燃机技术上的研究从未间断，随着时间推移，氢气缸内直喷技术和材料有了突破性发展，燃烧、排放、动力等问题得到有效解决，氢内燃机在近几年被重新予以重视。2019 年，上汽集团和博世集团分别发布了 2.0T 的缸内直喷增压氢内燃机。随后的 2021年，丰田公司的氢内燃机汽车丰田-卡罗拉在日本富士赛道进行了 24h 拉力赛，国内一汽、广汽、长城等汽车公司也分别推出不同型号的缸内直喷增压氢气发动机样品。

5.3.3.2　氢内燃机的特性

氢气作为发动机的燃料具有一些不同于常规燃料的燃烧特性，不管是优点还是缺点，都是由氢气本身的理化特性所决定的。相比于传统汽油和天然气、甲醇、乙醇、DME 等代用燃料，氢气具有独特的分子结构和优良的理化特性，作为点燃式内燃机燃料能够有效地优化缸内的火焰传播。氢气具有相对高的绝热火焰温度和较低的混合气热值，因此氢内燃机的氮氧化物排放及大负荷动力性应在研发过程中予以关注。

氢气的上述性质给氢气发动机带来一些独特优势，主要有：

① 氢气的可燃混合气范围广，稀燃极限大，易于实现稀薄燃烧，这样既可以提高经济性又可以控制燃烧最高温度，从而降低 NO_x 的排放。同时也有利于降低循环变动，提高发动机的工作平稳性，降低噪声。

② 虽然氢气的燃烧范围和爆炸范围很广，但氢气在空气中的自燃温度较高，且其燃烧速度相对于汽油和天然气则有数量级的提高，这两点使得氢燃料发动机有机会实现较高的压缩比，可以适当提高压缩比来改善性能。例如 Ford 公司开展了 Zetec 2.0l 发动机的压缩比改为 14.5 时效率最高。与此同时也会带来氢内燃机运行稳定性方面的问题，内燃机的抗爆震性能需要关注。

③ 氢气的高燃烧速度使得氢燃发动机的燃烧持续期很短，这有效地提高了热力循环的等容度，提高了效率。同时高燃烧速度允许点火提前角大大推后，这有利于在活塞上止点之后释放燃料大部分热量，易于提高热效率。

④ 氢气的沸点很低，在一般的温度范围内都是气态，提高了氢燃发动机的冷启动性。

⑤ 氢气的淬熄距离很短，发动机不易发生汽油机中常见的淬熄效应，燃料的燃烧更加充分。

同样由于氢具有特殊性质，用氢作内燃机的燃料，会带来诸如早燃、回火、爆燃等异常燃烧的现象，使发动机正常工作过程遭到破坏。氢内燃机实用化过程中遇到的主要难题有以下几点：

（1）不正常燃烧

氢燃料在进气口喷射发动机中燃烧，会产生一些不正常的燃烧问题，主要是指回火、早燃和爆震，回火就是新鲜充量在进气门关闭之前就被点燃，造成火焰蹿入进气管，早燃是指混合气充入汽缸后，在进气门关闭后火花塞点火前就被点燃，早燃很容易和爆震相混淆，因为二者的表现是相似的，但实际上它们还是有区别的，爆震是在火花塞点火后出现的,可以通过推迟点火时间来控制,而早燃则不行。回火和早燃对发动机的影响很大,回火在严重的情况下会造成进气管炸裂,另外由于进气管中的充量被燃烧完,也可造成发动机突然停车。早燃加速了燃料放热率,使缸内燃烧温度和压力大大提高,造成发动机比较大的震动。反过来,缸内温度和压力的提高又进一步将着火时间提前形成恶性循环,使发动机无法正常工作。

回火和早燃的一个重要原因是混合气容易被缸内炙热的表面或热点点燃,这主要是由于氢气所需的点火能量很低。Lewis 等对氢气在不同当量燃空比下的点火能量做了研究并与甲烷和庚烷做了对比,在理论燃空比附近,各类气态燃料中氢气所需的点火能量最低,氢气的最小点火能量与甲烷等有数量级的差异,且越靠近理论燃空比,需要的点火能量越低。需要注意是氢气的点火能量低与自燃温度高并不冲突,这是由于自燃和点火在燃烧的物理和化学过程上的差异造成的。

由于早燃的影响,氢燃发动机很难工作在浓混合气状态下,因为混合气越浓(当量燃空比小于1的阶段)缸内的热负荷就越大,最小点火能量也降低,越易发生早燃,因此发动机的输出功率受到限制,由上可见,回火和早燃对氢发动机的运行造成了重要影响,许多学者都在努力研究以避免这种不正常燃烧,提出了很多方法,这些方法大都是以降低缸内热负荷抑制早燃,因为回火也主要是由于过早点燃所致。目前,各公司推进直喷技术,直接在发动机气缸内喷氢气,不仅消除了氢气占用气缸容积的问题,还大幅提高了氢内燃机的动力性,与进气道喷射相比,直喷氢内燃机可以在进气门关闭后喷氢,避免氢气回流导致的回火问题。缸内直喷和进气道喷射比较见表5.6。选用缸内直喷氢内燃机,会因为混合器分布不均,过早点火会产生早燃、爆震现象。目前根据爆震强度和未燃混合器质量分数间的关系,可以总结出氢内燃机抑制爆震主要方法:①优化燃烧室结构;②优化喷射策略;③采用 EGR 和喷水降低干缸内温度;④利用增压技术提升爆震边界。

表 5.6 缸内直喷和进气道喷氢特点比较

喷射方式	进气道单点喷射	进气道多点喷射	低压缸内直喷	高压缸内直喷
喷射时刻	进气冲程初段	排气冲程末端或进气冲程初段	压缩冲程初段	压缩冲程初段至压缩上止点
异常燃烧	高风险回火	低风险回火	无回火	无回火
混合气	易形成不均匀混合气	易形成均匀混合气	基本均匀	均匀或分成可调控
特点	升功率低、燃烧风险大	升功率低、有异常燃烧风险	升功率低	升功率高、效率高

(2)能量密度低

氢气的体积理论空燃比仅为2.38,这表明氢气在混合气中占有大量的体积,从而严重影响充量系数,降低了输出功率。同时由于前述早燃的影响,混合气不能太浓,进一步影响功率。氢气的体积能量密度一般为天然气的1/3左右,所以从总体上来看,氢燃发动机的动力性一般不如同样排量的汽油机和天然气发动机,尽管氢气的质量热值很高,但实际更影响内燃气气缸做工能力的是燃料的体积能量密度。

(3)排气污染物问题

在常压空气中当量燃烧的氢火焰的燃烧温度可达1700K,在内燃机中甚至可达2000K以上,在混合气较浓的情况下,高温燃烧会提高尾气中 NO_x 的含量。发动机在不同负荷时，NO_x 的排量与当量燃空比有关系，空燃比 λ 小于 2 时，NO_x 排放量急剧升高，甚至排放量会明显超过法规的规定值，必须加以控制。当 λ 达到 2.5 时，达到临界点。因此，控制过量空气系数是减少氢内燃机排放最有效的方式。为保证内燃机燃烧稳定性，λ 一般小于 3.3，所以 λ 取 2.5～3.3 之间时，既能使排放归零，又能保证氢气燃烧的稳定性。通过机械增压或者涡轮增压提高进气压力以保证氢内燃机在稀薄燃烧下的动力性，使氢内燃机始终保持在 λ>2.5 的工况下工作，此时排放通常小于 0.1g/kW·h。对喷射相位对排放影响的研究，得出在部分负荷下喷射提前，排放降低；而在大负荷工况下，推迟喷射会导致排放降低。这是因为在部分工况下，整体燃烧稀薄，提前喷射可使混合气混合时间延长形成低浓度均匀混合气，降低排放；在大负荷工况下，推迟喷射可使缸内混合气出现分层，避开高排放阶段降低排放。

为了控制 NO_x 的排放，一般采用如下的控制策略：

① 低负荷时，节气门接近全开，实行稀薄燃烧，这样可以降低燃烧温度，减少 NO_x 的排放，同时通过改变喷气量来调节负荷，为此必须使用电子节气门；

② 中等负荷时将节气门全开，在理论空燃比下运用 EGR 来降低 NO_x 排放，由于氢燃料燃烧范围广、抗猝熄能力强的特性，氢燃发动机可以承受的 EGR 率范围很宽，这时可通过改变 EGR 率来实现一定范围内的负荷调节；

③ 在大负荷时，可以在理论空燃比的同时采用增压技术，通过三元催化转化器降低 NO_x 排放，不过此时需要特别注意防止出现早燃现象。

废气再循环（Exhaust Gas Recirculation，EGR）技术起源于降低柴油机 NO_x 排放的研究，通过 EGR 技术，提高进气比热，能显著降低燃烧温度和燃烧速率，从而有效降低排放。EGR 目前是降低柴油机 NO_x 排放的有效方法。根据废气抽取位置和温度的不同，EGR 分冷、热两类。对于柴油机来说，热 EGR 和冷 EGR 都能使柴油机在动力性和燃油经济性下降较小的情况下改善排放性能。冷 EGR 降低排放的效果更好且同时能降低柴油机的烟度。与柴油机不同的是，氢内燃机的排放物主要是水和 NO_x，不含 CO，因而不同的 EGR 方式对其动力性和排放的影响也和柴油机不同。氢内燃机冷 EGR 气体主要是 NO_x，比热容较小；而热 EGR 气体则含有比热容较高的水蒸气，对控制气缸内温度和降低燃烧速度更有利。热 EGR 还能避免因水蒸气冷凝而造成的 EGR 管路锈蚀。

喷水技术在控制排放上原理和 EGR 技术类似，但相对于 EGR 技术，喷水技术能更精准地调控燃烧工质和控制燃烧温度，且不会大幅度影响内燃机动力性能。喷水技术按照喷射方式可分为进气道喷水和缸内直喷两种形式。

5.3.3.3　活塞式氢内燃机小结

近年来，活塞式氢内燃机在实际使用方面已经取得了重大的进展，氢内燃机的产业化前景比较明朗，短期内，氢内燃机比氢燃料电池更适合用于实现碳中和、碳达峰目标的手段。

氢内燃机在出力特性、运行稳定性、燃烧、排放等方面的问题已经有了比较好的解决方案，为氢内燃机未来的产业化提供了有力支撑。但同时，就当前技术形式下，国内的储氢技术、氢气喷射技术还需要进一步提升，并且由于氢燃料和柴油、汽油燃料的差异性，应当尽早根据氢燃料特性，摆脱原有内燃机的框架，建立新的氢内燃体系。

5.3.4 氢燃气轮机

5.3.4.1 氢燃气轮机的发展历程

燃气轮机（Gas Turbine）是一种动力机械，以连续流动的气体为工质带动叶轮高速旋转，将燃料的能量转变为有用功的内燃式动力机械，燃气轮机主要由压气机、燃烧室、燃气透平三个主要部件组成。它利用高压空气和燃料混合燃烧产生的高压高温燃气在燃气透平中做功，推动叶片转动，是一种连续做功、旋转叶轮式热力发动机。

1791 年，英国人巴贝尔（John Baber）首次使用燃气轮机这一名词。巴贝尔提出了燃气轮机具体的设计方案，并申请登记了第一个燃气轮机设计专利。19 世纪，很多人提出了不同的燃气轮机设计方案，并进行了试验。其中著名代表人物是德国的斯托尔兹（F. Stolze），他制造了燃气轮机技术装置，遗憾的是，由于装置始终未能脱离外界动力的帮助，试验宣告失败。

1905 年，法国人勒梅尔（L. Lemale）和阿芒戈（R. Armengard）制成了一台与现代型式相同的燃气轮机。这是世界上第一台能输出有效功率的燃气轮机，但由于输出效率仅为 3%～4%，没有实用价值。

1939 年，瑞士 BBC 公司制成了一台 4000kW 发电用燃气轮机并投入商业应用。同年，德国 Heinkel 工厂设计的第一台燃气涡轮喷气发动机通过地面试车，并装机试飞成功，后来人们把这一年视为燃气涡轮发动机获得成功之年，标志着燃气轮机发展成熟，进入了实用阶段。1939 年 7 月 7 日，世界上第一台工业燃气轮机在瑞士纳沙泰尔市一座市政发电站投入商业运行。这台燃气轮机由 Brown Boveri & Cie（BBC）公司设计研发。这台燃气轮机效率为 17.4%，燃机输出功率为 4000kW，仅作为备用发电和调峰。

从 20 世纪 50 年代至今，燃气轮机不断运用新技术、新材料及新设计，使可靠性、维护性更加完美，技术经济性能不断提高，在各领域的应用得到迅速发展。20 世纪 50 年代的燃气轮机是第一代产品。当时的燃气轮机的初参数较低，性能较差，主要技术特点：单轴重型结构（航空移植型除外），初期用高温合金，简单空冷技术，亚音速压气机，机械液压式/模拟式电子调节系统；性能参数特征：燃气温度＜1000℃，简单循环效率约 30%。这一时期的代表产品有：苏联 H3ЛІ 生产的 GT-600-1.5 型燃气轮机、苏联 ЛИМЗ 工厂生产的 GT-12-3 型燃气轮机、瑞士 BBC 6000KW 燃气轮机和美国 GE 公司 21500KW 燃气轮机。早期的燃气轮机透平进口温度不到 700℃，以后随着技术进步平均每年上升约 10℃；20 世纪 60 年代后，平均每年上升 20℃。

到了 20 世纪 70 年代燃气轮机的发展进入了第二代的阶段。这个时期生产的燃气轮机性能有了很大的提高，使用了轻重结合的结构，除了合金技术和空冷技术较第一代先进许多并增加了保护涂层外，同时还使用了微机控制系统和低污染燃烧技术。代表产品是 120MW 等级的 E 级燃机。当今的燃气轮机应该算是第三代产品了。特点是耐高温的合金材料和冷却技术得到进一步的改善和提高，采用了超级合金材料和先进的空冷技术。至于第四代燃机，目前尚处在构想阶段。主要方向是使用新型的耐高温材料，例如陶瓷。

在燃气轮机用于发电初期，由于当时机组的单机容量和效率的限制，仅用于调峰或作为备用。1949 年世界首套燃气蒸汽联合循环装置投入运行，由于它能有效利用燃气轮机高温排气的热量，明显地提高了系统效率，得到越来越广泛的应用。发展至今，燃气轮机已经在国内外得到了广泛的应用。

20 世纪 80～90 年代开始，多个国家和国际机构制定了氢燃气轮机和氢能相关研究计划。2005 年美国能源部（DOE）同时启动为期 6 年的"先进 IGCC/H2 燃气轮机"项目和"先进燃氢透平的发展"项目，这 2 个项目以 NO_x 排放小于 3ppm 的燃气轮机为目标，主要研究内容包括富氢燃料/氢燃料的燃烧、透平及其冷却、高温材料、系统优化等。2007 年欧盟在其第七框架协议（FP7）中启动了"高效低排放燃气轮机和联合循环"重大项目，以氢燃料燃气轮机为主要研究对象。2008 年欧盟第七框架又把"发展高效富氢燃料燃气轮机"作为一项重大项目，旨在加强针对富氢燃料燃气轮机的研究。日本将高效富氢燃料 IGCC 系统的研究作为未来基于氢的清洁能源系统的一部分列入为期 28 年的"新日光计划"中（WE-NET），以效率大于 60％的低污染煤基 IGCC 系统为目标展开研究。

如今世界上富氢燃料燃气轮机已有较多的应用业绩，主要是以合成气扩散燃烧模式的 IGCC 电厂系统。日本三菱日立自 1970 年开始研发含氢燃料的燃气轮机，早期扩散燃烧器已被证实能在含氢 0～100％的燃料中安全稳定运行，截至 2018 年含氢燃料的燃气轮机业绩已达 29 台，运行时数超过 3.57 百万小时，以 M 系列和 H 系列机型为主。2018 年三菱日立在 700MW 输出功率的 J 系列重型燃气轮机上使用含氢 30％的混合燃料测试成功，测试结果证实该公司最新研发的新型预混燃烧器可实现 30％氢气和天然气混合气体的稳定燃烧，二氧化碳排放可降低 10％，NO_x 排放在可接受范围内。

美国 GE 公司的燃氢气轮机开发是在 7FA 燃机基础上进行的，20 世纪 90 年代其中以合成气扩散燃烧＋N_2/水蒸气稀释为主的 7FB 机组已完成开发并广泛应用，随后也推广到 6B 机组中。

在小型机中，最近澳大利亚领先的氢气基础设施开发商 H2U 与 GE 贝克休斯签署协议，将部署 NovaLT 燃机为 PortLincoln 项目提供 100％的氢气运行，打造绿色氢能发电厂。在富氢燃料干式低氮燃烧器研发方面，GE 目前仍在研究测试中。德国西门子的燃氢气轮机则是以 SGT-6000G（W501G）为基础开发合成气/氢气燃气轮机。对于富氢燃料干式低排放燃烧器的研究，目前第 4 代 DLE 燃烧系统富氢燃烧已完成多次试验，试验表明，氢浓度在 35％时该系统的 NO_x 排放可控制到 20ppm 内。

截止到 2020 年底，全球燃氢机组接近 1/2 为 GE 机组，主要机型包括 7E、7F、6B、6F、9E、LM2500 等等，超过 75 台燃气轮机以掺氢燃料运行，其中 50 台掺氢比列 50％以上，机组遍布美国、欧洲、韩国、中国等地。

5.3.4.2　氢燃料燃气轮机发电的技术特点

天然气和氢气的燃料特性差异决定了燃气轮机采用含氢燃料时，燃机需要通过相应的升级改造以适应燃料的变化。

燃气轮机中氢燃烧面临问题时燃烧特性的差异，这在贫预混燃烧情况下更为显著。表 5.7 比较了在 20℃和 101.325kPa 下氢气和甲烷的热物理和化学性质。

表 5.7 20℃，101.325kPa 下氢气和甲烷的热物理和化学性质

性质	比重	热扩散系数 /(mm²/s)	动量扩散系数 /(mm²/s)	空气中质量扩散 系数/(mm²/s)	质量低热值 /(MJ/kg)	体积低热值 (MJ/m³)
氢气	0.07	153.26	105.77	78.79	119.93	10.05
甲烷	0.55	23.69	16.81	23.98	50.02	33.36

性质	自燃温度/K	空气中可燃极限 （体积分数）	空气中最小点火 能量/mJ	空气中最高绝热 火焰温度/K	最大层流/(cm/s)
氢气	858	4%～75%	0.02	2376	306
甲烷	813	5.3%～15%	0.29	2223	37.6

这些性质中，氢气较高的绝热火焰温度、火焰速度和扩散系数给燃烧室的运行带来了一些挑战，包括回火、自燃以及更高的 NO_x 排放和不稳定特性等。

回火是由于局部湍流火焰速度大于反应物流速导致的，是火焰锋面从燃烧区向燃烧室与预混段上游传播的一种有害现象。回火的机理包括：①不稳定燃烧引起的火焰传播；②主流中的火焰传播；③边界层中的火焰传播；④燃烧引起的涡破碎。氢更高的反应活性可能会增加由不稳定燃烧引起的回火，更高的湍流火焰速度则可能会引起主流和边界层中的回火，氢火焰与涡旋更强的相互作用还可能引起涡破碎回火。回火可能会导致局部火焰滞留在预混通道内，并引起过热和硬件损坏。

现代燃气轮机进口压力和温度较高，足以发生自燃。自燃是指在预混段无点火源的情况下可燃燃料空气混合物自发着火。虽然氢气的自燃温度略高于天然气，但须要注意的是氢气具有更短的点火延迟时间。自燃延迟是可燃混合物在没有点火源的情况下发生反应的时间间隔。如果点火延迟时间短于燃料空气混合物停留时间就会发生自燃，导致局部火焰滞留并发生回火。

尽管氢燃烧时没有 CO_2 排放，但是比天然气更高的绝热火焰温度带来了 NO_x 排放较高的问题。在典型贫预混燃烧室的当量比下，纯氢的绝热火焰温度比甲烷的高出 150K 以上。对于地面燃气轮机，如果不改变操作工况，例如切换为更贫的当量比，将导致更高的 NO_x 排放。燃料成分的变化也会对贫预混燃烧热声不稳定特性产生显著影响。

热声振荡是另一个技术难点，在燃烧室气缸上施加极高的热负荷时会引起燃烧压力波动，并产生非常大的噪声。巨大声音的振荡和燃烧火焰的振荡叠加，就会产生共振。在氢气燃烧时，由于燃烧间隔特别短，火焰和振荡更容易匹配，增加了燃烧压力波动的可能性。贫预混燃烧是实现富氢燃料燃气轮机低 NO_x 燃烧的有效途径之一，但是贫预混燃烧极易产生热声振荡，热声振荡会干扰燃烧过程，对燃烧室的结构造成破坏。通过实验分析了当量比、燃料组分以及空气质量流量对热声振荡特性的影响，结果表明动态压力频率随当量比的增加而增加，并影响振荡强度；氢含量越高，越容易发生热声振荡，提高氢含量会影响热声振荡的特性，当氢含量达到一定值之后再提高氢含量对热声振荡特性的影响变得不明显；空气质量流量越大，振荡强度增大，稳定燃烧的范围变小。

面对燃气轮机烧氢遇到的问题，科研人员也进行了不同方向的尝试和探索，接下来就先介绍氢燃气轮机燃烧室的发展现状。

（1）传统燃烧室

日本的三菱开发并运营了各种含氢燃料类型的燃气轮机，包括合成气、炼厂气、焦炉煤气和高炉煤气等。这些燃氢燃气轮机中的传统燃烧室多采用向扩散燃烧喷注蒸汽或氮气的方法降低 NO_x。然而由于 NO_x，排放法规的收紧和提高整体效率的需要，最终推动了氢燃烧系统向预混燃烧发展。目前有两种氢燃烧发展理念：一种是掺氢天然气混合燃烧系统，氢体积分数最高达 30％；另一种是开发一种纯氢燃烧室。混合燃料的概念是基于对 2030 年发电市场的短期愿景提出的，三菱认为，从经济和成本的角度考虑，氢发电不可能完全取代目前运行中的天然气和燃煤发电。即使快速建设氢气基础设施，也难以保证作为燃料的氢气储量水平。所以先开发含氢量为 30％ 的混合燃烧技术，可以减少对当前基础设施改动的同时逐渐过渡到纯氢发电。传统天然气燃烧通过旋流稳燃，使用传统的燃烧室和喷嘴燃烧混合燃料，当含氢量达到 20％ 时没有回火，但是当含氢量达到 30％ 时不可避免地出现回火。混合燃料喷嘴通过在旋流器中央部分附加喷射气流，提高喷嘴出口回流区中心流动速度，降低了回火风险。目前，该方法已经完成了 30％ 含氢量的燃烧室示范实验，未来将进行燃烧室外辅助部件的开发和燃料混合的运行技术开发。

（2）DLE 燃烧室

德国西门子是开发掺氢天然气混合燃烧技术最活跃的燃气轮机制造商之一。从其研究成果中可以看出，现有天然气燃烧室在不做重大变动的情况下可直接使用含氢量最高为 15％～20％ 的掺氢天然气。然而为了防止混合燃料在燃烧过程中出现回火和局部高温现象，仍须要改变选择的材料、燃料系统的尺寸和燃烧室操作方式。西门子设计并通过 3D 打印技术制造了燃烧室和喷嘴，用来实现高含氢量的混合燃烧。

两代燃烧室的主燃级和值班级都可以使用不同燃料，并在不同的空气通道中进行掺混。西门子根据燃料成分的变化，采用分别控制每条流道上空气和燃料的喷射速率的方法优化火焰位置和燃烧温度。此外，当含氢量增加时一般可以通过提高燃烧室下游轴向流速抵消中心回流区引起的回火风险。到 2018 年，西门子已经在使用第 3 代燃烧室的 SGT600/700/800 型号上成功完成了 50％ 含氢量的燃烧实验。使用第 4 代 DLE 燃烧室的 SGT750 进行了混合燃料实验，其 NO_x 排放及不稳定性结果如图 5.16 所示，可以看出随着含氢量的升高，NO_x 排放急剧上升，含氢量在 50％ 之内 NO_x 排放就超过了 $60mg/m^3$。如果不对目前使用的第 4 代 DLE 燃烧室进行改动，直接使用纯氢进行燃烧，其 NO_x 排放必将达到不可承受的地步。

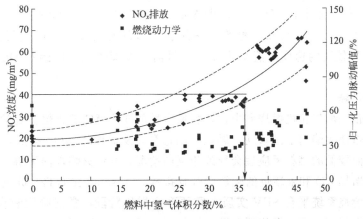

图 5.16　西门子第 4 代 DLE 燃烧室富氢燃料燃烧 NO_x 排放水平

（3）多喷嘴燃烧室

拥有全球最多燃气轮机销售记录的美国通用电气（GE）长期以来都在研究开发含氢燃料的燃烧技术。根据 GE 在 2019 年发表报告，目前生产的混合燃料燃烧技术可以分为三种系统。第一种是航改燃机的环形燃烧室（SAC），可以燃烧含氢量为 30%～85% 的混合燃料。第二种是主要用于大型燃气轮机的多喷嘴燃烧室（MNQC），目前应用在 E 级和 F 级燃气轮机上，能燃烧 89% 含氢量的混合燃料，燃烧纯氢还在验证过程中。但前两种使用的基本都是扩散燃烧，不可避免地带来大量 NO_x 排放，15% 氧含量下最大排放量为 $410mg/m^3$。而在第三种的贫预混干式低 NO_x 燃烧室中，如 DLN2.6e 只能使用含氢量为 15% 的混合燃料，在实际运行中更是将含氢量控制在 5% 以下。

为了避免回火，目前使用最先进低 NO_x 技术的贫预混燃烧室不能直接燃用纯氢，一般控制燃料中氢气体积分数少于 30%。使用传统的扩散燃烧室可以控制回火，但是需要注入大量的蒸汽或氮气，以减少由较高的扩散燃烧火焰温度引起的 NO_x 增加，或者附加成本昂贵的 NO_x 减排装置。然而，世界上先进的燃气轮机制造商已经开始将新型燃烧室应用或考虑应用在最新一代的氢燃气轮机上。下一小节将介绍应用于纯氢燃烧的新型燃烧室。

（4）多簇燃烧室

三菱公司开发和研究燃烧纯氢的微型燃气轮机燃烧室，名为多簇燃烧室。其燃烧原理与川崎-亚琛工业大学的微混合燃烧室类似，是用很多个小直径的喷嘴代替一个大喷嘴，通过增加空气喷射速度降低回火风险，并减少高温区中烟气停留时间降低 NO_x 排放量。与川崎的扩散燃烧相比，多簇燃烧室截面有一个短的预混空间，可以让燃料和空气预先混合。理论上这种燃烧室能够直接使用纯氢进行燃烧，但其具体的基础结构还在研究之中，三菱的目标是在 2025 年开发一种使用这种燃烧方式的氢燃气轮机。

（5）多管燃烧室

GE 自 2000 年来就在开发能够满足日益严苛 NO_x 排放法规的氢燃烧技术，从 2005 开始，更是在美国能源部的支持下开展了持续了十多年的"先进 IGCC/H2 燃机发展计划"。计划主要分为两个阶段进行。第一阶段是从开始到 2007 年，制造了约 30 个旋流预混燃烧室，并对其在氢燃烧系统中的适用性进行了测试。测试结果表明，由于存在回火等问题，现有的旋流预混燃烧室并不能应用于氢发电系统中的大型燃气轮机。根据第一阶段研究结果，GE 开发设计了一种降低氢燃烧回火和温升风险的多管燃烧室。与采用旋流的方法相比，这种类似于川崎和三菱的方法能在较短的时间和空间中进行燃料和空气的掺混，喷嘴出口较高的速度也能防止回火。目前，多管燃烧室已经在 DLN2.6e 上进行测试。

（6）顺序燃烧室

在传统的预混燃气轮机燃烧室中，燃料反应性的变化意味着火焰位置的变化。较高的燃料反应性会迫使火焰向上游移动，燃烧时间过盈，从而增加 NO_x 排放，并可能使燃烧室超温过热；而较低的燃料反应性会导致相反的情况，并将火焰推向下游，导致燃烧室时间不足，从而增加 CO 和未燃烧的碳氢化合物排放。Ansaldo 在 GT26 机组上采用顺序燃烧系统。顺序燃烧系统平台 SEV 实质上需要两个燃烧阶段：常规阶段和自动点火阶段。它包括 2 个短燃烧室，预混燃烧器和顺序燃烧器，可实现快速混合，因此火焰后停留时间足够短，并将有害的 NO_x 排放保持在限值以下。

对于氢含量较高的反应性较高的燃料，顺序燃烧系统可通过降低第 1 阶段的火焰温度来帮助火焰避免移动到过于靠近燃烧室出口的位置，这还会导致第 2 阶段的入口温度降低从而降低燃烧室的出口温度，稀释空气与第 1 阶段燃气的混合。由于顺序燃烧器的火焰主要是自动点火稳定的，因此与传播稳定的火焰相比，其火焰位置由入口温度而非出口温度驱动。因此，下降的混合器出口温度可以通过较高的燃料反应性补偿，在不损害燃气轮机性能的情况下，保持最佳的火焰位置和原始的理想火焰温度。这也使透平入口温度保持恒定。Ansaldo 的 SEV 顺序燃烧系统平台具有燃烧天然气和氢气混合燃料的能力，其中 GT26F 级可以燃烧 30％的含氢燃料，GT36H 级可以燃烧 0～50％的含氢燃料。

总结来说，氢添加对燃气轮机的设计影响见表 5.8，主流燃气轮机厂家采取的燃烧室设计方案见表 5.9。

表 5.8　不同氢气体积分数对燃气轮机设计的影响

系统	燃料中氢气体积分数		
	0％～30％	30％～70％	70％～100％
燃烧器与燃烧系统	无变化	需要改造燃烧器	全新燃烧器设计
燃烧动态监控系统	无变化	需要改造	需要改造
燃料供应系统	无变化	所有材料需升级到不锈钢材质 增加燃料检测系统,所有风险区域	加大管道直径,清吹系统改造 增加燃料检测系统,所有风险
燃机控制与保护系统	无变化	电气设备防爆等级须达到 气体组 IIC 等级	区域电气设备防爆等级须达到 气体组 IIC 等级
运维方案	无变化	维修维护后需检查密封性能	启停使用常规天然气
总结	基本无须改动	少量改动	升级改造

表 5.9　主流燃机厂商氢燃料燃机燃烧器对比

公司	燃烧器(系统)	技术特点	最大燃氢能力/％
GE	多喷嘴低噪扩散 燃烧系统	可同时燃用两种燃料,以传统天然气 燃料作为启动和备用燃料	90
	DLN2.6e	在 F 级的燃烧压力和温度下 NO_x 排放 可低至个位数	50
Siemens	WLE 燃烧器	用于 SGT-35A、45A、65A 等	100
	第 N 代 DLE 燃烧系统	采用旋流稳定火焰与贫燃料预混组合	60
MHPS	可燃用部分氢气的 DLN 多喷嘴燃烧室	从喷嘴顶部注射一股空气,从而增加 涡核部分的流速,降低回火风险	30
	燃氢的多集群燃烧室	采用大量的喷嘴替代了原 DLN 的 8 喷嘴 结构,燃烧喷嘴口径更小,取消了旋流	100
	扩散燃烧室	采用注蒸汽或水来降低 NO_x	100
Ansaldo	顺序燃烧系统	包括 2 个短燃烧室,premix pcombustor (预混燃烧器)和 sequential combustor (顺序燃烧器)	100

5.3.4.3 氢燃气轮机的应用情况

（1）GE

GE 有一台超过 20 年燃烧高氢燃料运行经验的 6B 机组，功率约 44MW，氢气在燃料中体积分数为 70%～95%。2021 年 7 月，GE 公司和 Cricket Valley Energy Center（CVEC）宣布将共同推进 CVEC 位于纽约州多佛平原的联合循环发电厂的一个示范项目，以减少碳排放。该项目计划于 2022 年底开始，该项目的第一步将证明将天然气燃料转化为氢气的可行性，逐步实现 100% 零碳排放。将在该电厂 3 个 GE 7F 燃气轮机中的 1 个进行。

目前，GE 公司的 HA 级燃气轮机能够燃烧 50% 氢含量的混合燃料，主要采用稀释扩散技术，可以将 NO_x 排放控制在 25×10^{-6}（15% O_2）以内。在"先进 IGCC/H_2 燃气轮机"和"先进燃氢透平的发展"两个项目中，GE 公司以 NO_x 排放小于 3×10^{-6} 为目标，开展氢燃料的燃烧、透平冷却、高温材料、系统优化等内容的研究。为美国 Long Ridge 电厂供货的 7HA.02 燃气轮机使用的燃烧系统是 DLN 2.6＋，在 2021 年开始运营时使用含氢混合燃料，并期望在 10 年内通过技术升级最终过渡到 100% 绿色氢燃料运行。

（2）Siemens

绿色氢-欧盟 HYFLEXPOWER 项目是世界上首个可再生能源制氢与燃氢发电相结合的示范工程，该工程展示了一种工业规模的 Power-to-H_2-to-Power 解决方案，通过对法国现有的热电联产工厂进行现代化改造对发电设备进行脱碳。

该项目于 2020 年 5 月启动，总体目标是测试一种完全绿色的氢能源供应，以实现完全无碳的能源组合。证明可以通过可再生电力（如水能和风能）生产和存储氢气，然后将氢气添加至目前热电联产工厂的天然气中混合使用，直至完成 100% 氢气燃料燃烧，实现无碳发电。

（3）MHPS

2018 年 MHPS 在 700MW 的 J 系列重型燃气轮机上使用含氢 30% 的混合燃料测试成功，证实该公司研发的新型预混燃烧器可实现 30% 氢气和天然气混合气体的稳定燃烧，二氧化碳排放可降低 10%，NO_x 排放在可接受范围内。2020 年 3 月，MHPS 表示已经从美国犹他州 Intermountain Power Agency 获得了首个燃氢燃料的先进燃气轮机订单，该机组旨在过渡到可再生氢燃料，从能够燃烧 30% 氢气和 70% 天然气混合燃料过渡到 100% 氢燃料。项目涉及 2 台 M501JAC 重型燃气轮机，这也是行业内率先专门设计和购买氢燃料燃气轮机，从而为全球工业提供一条从燃煤发电，再到天然气发电，最后再到可再生氢燃料发电的发展路线图。

（4）JERA

2021 年 9 月，日本东京电力公司（JERA）宣布在日本新能源产业技术综合开发机构（NEDO）资助下，实施大规模液化天然气（LNG）电厂掺混 30% 氢燃料的燃烧示范项目。这是日本首次在大型商用 LNG 电厂中使用大量氢气作为燃料。JERA 计划通过逐步提高燃料中氢和氨的含量来减少碳排放，开发在发电过程中无 CO_2 排放的"零排放火电"。由于 JERA 希望在现有的 LNG 发电厂实现氢气的应用，该项目将把部分 LNG 燃料转换为氢气，并评估由此产生的运行和环境影响。JERA 将在项目初期进行可行性研究，并基于该结果在 LNG 电厂中建设氢气供应设施和其他相关设施，在燃气轮机中安装能够燃烧氢气和 LNG 混合气体的燃烧室，实现到 2025 年使用氢气体积含量达 30％的混合燃料。

（5）KHI

Kawasaki Heavy Industries（川崎重工，KHI）在日本神户正在进行一个氢示范项目。2018 年，该公司展示了 1 台 1MW 的 M1-17 燃气轮机，可以 100％燃烧氢气，为附近大型活动设施和医院提供电力和蒸汽。该示范使用的是 MMX 燃烧器（DLE），而不是通过注水来减少氮氧化物。该测试第一次使用 DLE 在 100％氢的条件下运行，与湿法相比，效率提高了 1％。

（6）UGTC

2021 年 7 月 23 日，中国联合重型燃气轮机技术有限公司（UGTC）与荆门市高新区管委会、国家电投湖北分公司、盈德气体集团有限公司在荆门市签署《燃气轮机掺氢燃烧示范项目战略合作框架协议》。此次签约标志着荆门氢混燃机项目进入实施阶段。

目前，GE、Siemens，日本公司和中国重燃都陆续在 2020—2021 年间推进氢燃料燃气轮机示范项目，燃气轮机型号包括 7F、7HA.02、SGT 400、SGT5-2000E、M501JAC、M1-17、SGT-800，单机功率 1～519MW，掺氢比例目标 5％～100％。如表 5.10 所示。

表 5.10　各公司示范项目对比

公司	主要合作方	燃机机型	单机功率/MW	掺氢比例/％
GE	—	6B	44	70～95
	CVEC	7F	187	5
	Long Ridge 电厂	7HA.02	约 519	50
Siemens	欧盟政府、Engie Solutions、Centrax、Arttic、德国航空航天中心和四家欧洲大学	SGT-400	10～15	100
	巴西石化企业 Braskem	2*SGT-600		60
	俄罗斯 TAIF 集团	2*SGT5-2000E	联合循环 495	27
MHPS	美国犹他州国有山间电力公司（IPA，Intermountain Power Agency）	2 台 M501JAC	370	30～100
JERA	NEDO		—	30
KHI	—	M1-17	1	100
UGTC	荆门市高新区管委会、国家电投湖北分公司、盈德气体集团有限公司	SGT-800	56	15～30

5.3.5　氢热机的余热利用

余热是在一定经济技术条件下，在能源利用设备中没有被利用的能源，也就是多余、废弃的能源。对于热机来说，它包括高温废气余热、冷却介质余热、废汽废水余热三类。根据不同氢热机的机械效率，余热约占其燃料消耗总量的 50％～70％。余热利用是提高热机综合能量效率的有效手段。

在各类燃氢热机中，燃气轮机的余热利用是最成熟的。燃气轮机联合循环（combined-cycle gas turbine，CCGT）、整体煤气化联合循环发电系统（Integrated Gasification Combined Cycle，IGCC）等发电系统已经经过了数十年的发展，进入应用阶段。无论是通过余热利用式或是排气再燃式锅炉，都可以将机组的热效率提升至55%以上。同时，由于单机容量较小和应用不广，活塞式氢内燃机和斯特林热气机的余热利用较少被报道。在以碳达峰、碳中和为目标的新型能源系统建设中，余热利用为代表的综合能源利用技术又是节能减排的重要的环节，本节将针对不同燃氢的热机的循环特性，对燃氢热机的余热利用应用进行分析。

5.3.5.1 不同燃氢热机卡诺循环的差别

燃氢热机都是遵循卡诺循环的热机，工作过程都需要从高温热源获取热量做功并向低温热源放热。但是在具体形式上，斯特林热气机与内燃机之间差别巨大。如图 5.17 所示，斯特林热气机属于闭式循环，这意味着推动机械做功的工质是封闭在热气机内部，反复进行压缩-吸热-膨胀-冷却的循环。而内燃机，如图 5.18 和图 5.19 所示，无论是活塞式内燃机还是燃气轮机，都属于开式循环，这意味着推动机械做功的工质是不断从外部环境中吸入并完成压缩-加热-膨胀的过程，在冷却过程中，工质实质上已经离开热机。这一差异对不同热机的卡诺循环效率影响并不显著，但在考虑余热利用时，闭式循环和开式循环将出现巨大的差别。

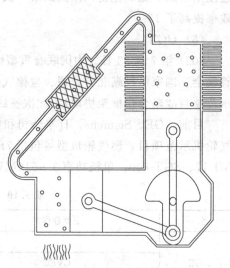

图 5.17 斯特林内燃机结构

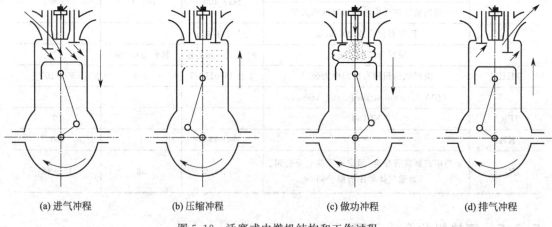

(a) 进气冲程　　　　(b) 压缩冲程　　　　(c) 做功冲程　　　　(d) 排气冲程

图 5.18 活塞式内燃机结构和工作过程

结合图 5.13 和图 5.20 所示的理想斯特林循环和理想内燃机循环的 T-S 图可以更好地理解这两者的差别，闭式斯特林循环中，所有的来自高温热源的热量都将被传递到温度为 T_L 的低温热源，因此斯特林系统对外提供余热的最高温度也被限制在了不高于 T_L 的水平。斯特林循环本身要求尽量低的 T_L 以提高循环效率，而过低的 T_L 将导致失去余热利用的价值。因此，斯特林机的余热利用与提高热效率的要求是冲突的。

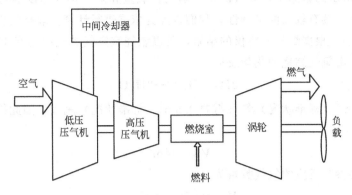

图 5.19　燃气轮机简要结构

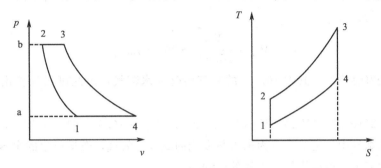

图 5.20　理想内燃机机循环

对于开式循环的内燃机则是完全不同的状态，图 5.20 中，在完成膨胀做功后，工质状态达到 T-S 图中的 4 号点位置，此时工质温度依然远高于环境温度，而内燃机不需要一个低温热原来吸收工质的热量，而是将这些工质排放到环境中，同时从环境中再次吸收新的冷工质进行压缩和加热。内燃机循环提高循环效率的方式在于提高最高工作温度，而非降低低温热源的温度。这样的特性为余热利用提供了极大的便利。

5.3.5.2　斯特林热气机余热利用的计算

虽然从卡诺循环的理论分析中能够很好地说明斯特林热机在余热利用中的缺点，但是在实际工程案例中，斯特林热气机依然会排放温度高达 270℃ 的燃气。这样的燃气给人以具备很高余热利用价值的错觉。为进一步说明热气机余热利用的问题，我们通过计算来分析热气机工作过程中热量和能量流向情况。

以上海齐耀动力 4R90GZ 型热气机为基础进行分析，表 5.11 显示了该型热气机燃氢试验时的一个典型工况。我们以此进行粗略的计算，即可了解烟气中热量的分布。

表 5.11　4R90GZ 型热气机典型运行工况

功率/kW	氢气流量(标准状况)/(m³/h)	空气流量(标准状况)/(m³/h)	工质排气压力/MPa	工质进气压力/MPa	排气温度/℃	排气氧含量/%
33.8	44	124	11.9	7.2	220	10.1

从表 5.11 所示的数据中，氢气流量、烟气含氧量和烟气排气温度通过涡锥流量计和烟气分析仪测量，具有较高的准确性，我们以此为依据进行计算。取空气中平均氧含量为 21%（体积分数），根据烟气分析仪的结果，可以燃烧室空气进气中约有 10.9% 的氧气参与了氢气燃烧，由氢气燃烧的化学反应：

$$2H_2 + O_2 \longrightarrow 2H_2O$$

可知燃烧 $1m^3$（标准状况）氢气需要 $0.5m^3$（标准状况）氧气，因此按照氢气每小时进气量：

$$V_H = 44m^3$$

每小时需要参与反应的氧气数量为：

$$V_O = 0.5V_H = 22m^3$$

根据烟气分析结果和大气平均含氧量，参与反应的氧气约占空气体积的 10.9%，可计算空气进气量：

$$V_{air} = \frac{V_O}{10.9\%} \approx 201.83m^3$$

参与燃烧室燃烧后，其中 10.9% 的氧气转化为水蒸气，因此可以计算出排出烟气的流量：

$$V_{ex} = 2(10.9\% \times V_{air}) + V_{air}(1 - 10.9\%) = V_{air} + 10.9\% \times V_{air} = 223.83m^3$$

在排出的烟气中，主要成分为未参与燃烧的氮气、氧气，燃烧产生的水蒸气，根据烟气含氧量，我们可以得出排气中氧气的体积为：

$$V_{oex} = 10.1\% \times V_{ex} \approx 22.6m^3$$

排气中水蒸气的体积为：

$$V_{Vap} = V_H = 44m^3$$

其余少量气体计入氮气，得到氮气体积：

$$V_N = V_{ex} - V_{oex} - V_{Vap} = 157.2m^3$$

计算了排出烟气的大致成分之后，我们可以根据烟气温度和各组分气体的比热容对烟气含有的热量进行计算，由于斯特林热气机采用的是鼓风的开放燃烧室，燃气压力基本等同于大气压，因此计算热容采用定压热容，作为粗略的估算，我们选取 100℃ 时各气体的定压热容作为计算依据，计算用的各气体的定压比热容和密度如下：

气体	氮气	氧气	水蒸气
定压热容(100℃)/(J/(g·K))	1.040	0.923	1.873
密度(20℃)/(kg/m³)	1.16	1.33	0.586(107℃)

根据理想气体方程，我们可以导出定压条件下不同温度的气体密度计算公式：

$$\rho_T = \frac{T_0 \rho_{T_0}}{T}$$

由此可以计算出 20℃ 标准状态下水蒸气的密度：

$$V_{vap} = 0.760kg/m^3$$

根据前述计算的排气量，计算得到各种气体的排气质量：

气体	氮气	氧气	水蒸气
排出质量/kg	182.35	30.06	33.44

根据定压热容和质量，可以计算 220℃ 烟气中各分成的内能，假设进气温度为 20℃，有：

$$U_N = m_N C_{pN}(T_{ex} - T_0) = 38137 \text{kJ}$$
$$U_{Oex} = m_{Oex} C_{pO}(T_{ex} - T_0) = 5549 \text{kJ}$$
$$U_{Vap} = m_{Vap} C_{pVap}(T_{ex} - T_0) = 12527 \text{kJ}$$

合计烟气排出的内能为：

$$U_{ex} = U_{Vap} + U_{Oex} + U_N = 56213 \text{kJ}$$

以氢气低热值计算，1h 内输入的氢燃料燃烧热为：

$$Q = V_H \Delta_c H_H = 44 \text{m}^3 \times 10803.57 \text{kJ/m}^3 = 475357 \text{kJ}$$

可以算出，烟气中排出的内能占燃烧热量的总比值为 11.8%，表明大量的热量并不是从烟气排放的。考虑斯特林热机在该工况的热效率约为 26%，表明大部分燃烧产生的热能从低温热源的冷却过程中排放了。对 4R90GZ 型热气机来说，这个低温热源由冷却水提供，为保证机组效率，冷却水出口温度约 35℃，这个温度与环境温度差距较小，不具备作为余热利用的价值。

5.4　氢能的安全利用

5.4.1　氢燃料的特性

氢气作为能源/燃料具有一些不同于常规燃料的特性，氢气无色、无臭、无味，空气中高浓度氢气易造成缺氧，会使人窒息，同时由于燃料电池系统苛刻的杂质气体要求，氢气不能像煤气和天然气一样添加警示用的异味示踪气体。氢气比空气轻，相对密度为 0.07，氢气泄漏后会迅速向高处扩散。氢气与空气混合容易形成爆炸性混合物。氢气极易燃烧，属 I 类易燃气体，石化行业防火设计规范中氢气火灾风险等级甲 A。空气氢气混合物燃烧时的火焰没有颜色，肉眼不易察觉。氢气的化学活性很大，与空气、氧、卤素和强氧化剂能发生剧烈反应，有燃烧爆炸的危险，而金属催化剂如铂和镍等会促进上述反应。

氢气使用过程中的风险都是由氢气本身的理化特性所决定的。相比于传统汽油和天然气、甲醇、乙醇、DME 等代用燃料，氢气具有独特的分子结构和理化特性。表 5.12 对比了氢气、甲烷、异辛烷的燃烧及理化特性（甲烷和异辛烷分别为天然气、汽油的主要成分）。

表 5.12　氢气与其他燃料的物理化学特性对比

特性	氢气	甲烷	异辛烷
分子式	H_2	CH_4	C_8H_{18}
分子质量/(g/mol)	2.016	16.043	114.236
分子直径/nm	0.289	0.38	—
密度(20℃,1bar)/(g/L)	0.089	0.717	5.031

续表

特性	氢气	甲烷	异辛烷
空气中质量扩散率/cm	0.61	0.16	0.07
化学计量比混合气热扩散率/mm	42.1	20.1	18.3
空气中燃烧界限/%(体积分数)	4-75	5-15	1.1-6
最小点火能量/mJ	0.02	0.28	0.28

由于氢气是自然界中最小的分子，在相同的温度下具有最高的分子平均运动速率，因此氢气具有极强的传热传质性能。氢气在空气中的质量扩散率为甲烷的 3.8 倍、异辛烷的 8.7 倍，这使得氢气泄露时稀释速度极快。同时由于氢气分子小，氢气对管道和容器的泄漏非常敏感，极容易泄漏。甚至在足够高的压力下，氢气能够渗入钢铁材料的原子间隙，导致材料氢脆。因此氢气容器、管道和阀门具有极高的密封要求。特别对于临氢阀门等具有动密封的部件，提出了更高的可靠性要求。

同时，氢气是最轻的气体，与空气的密度差距极大，泄漏的氢气将迅速向上飘散，氢气在泄漏后并不会在泄漏位置产生聚集效应。

在燃烧反应的发生条件方面，由于氢气分子极低的分子质量和极高的分子平均运动速率，氢气具有较低的燃烧反应活化能，这使得氢气在空气中具有更宽的燃烧界限；氢气的最小点火能量仅为另两种燃料的十分之一。一般撞击、摩擦、不同电位之间的放电、各种爆炸材料的引燃、明火、热气流、高温烟气、雷电感应、电磁辐射等都可点燃氢。这意味着高压氢气泄漏时候，气体和管道、漏洞的摩擦能量也足以点燃氢气。自然界中的静电也极易导致氢气被点燃。在火焰传播特性和燃烧放热规律方面，由于氢气是不含碳的燃料，在氢气的氧化过程中不存在缓慢的 $CO \longrightarrow CO_2$ 转化过程，因此氢气的层流火焰速率远高于碳氢燃料，这使得氢气的燃烧可以在极短时间内完成，对于泄漏后的燃烧表现而言，意味着容易发生爆炸。

5.4.2 风险管控

由于氢气的特性，氢气的使用安全要求要远高于其他燃料和气体。国家将氢气列入危险化学品管理，颁布了一系列法律和法规。氢气使用和生产企业也都需要编制专门的氢气使用和管理规范。针对氢气的使用安全技术问题，国家也出台了强制标准 GB 4962—2008《氢气使用安全技术规程》，下面我们将介绍氢气使用过程中的管理和技术要求。

5.4.2.1 管理要求

在国家应急管理部会同国务院工业和信息化、公安、环境保护、卫生、质量监督检验检疫、交通运输、铁路、民用航空、农业主管部门，根据化学品危险特性的鉴别和分类标准确定、公布的《危险化学品目录》中，氢气目前被列为危险化学品，其生产、运输、储存、使用首先应受到危险化学品相关管理规定的制约。对应法规为《危险化学品安全管理条例》，其中规定了危化品生产、储存、使用过程中的资质要求。

（1）生产、储存

氢气作为危化品，首先其生产和储存应有政府统一规划，国务院工业和信息化主管部门以及国务院其他有关部门依据各自职责，负责危险化学品生产、储存的行业规划和布局。地方人民政府组织编制城乡规划，应当根据本地区的实际情况，按照确保安全的原则，规划适当区域专门用于危险化学品的生产、储存。

氢生产、储存装置的新建、改建、扩建的建设项目，应当由安全生产监督管理部门进行安全条件审查。建设单位应当对建设项目进行安全条件论证，委托具备国家规定的资质条件的机构对建设项目进行安全评价，并将安全条件论证和安全评价的情况报告报建设项目所在地设区的市级以上人民政府安全生产监督管理部门审查，并书面通知建设单位。新建、改建、扩建储存、装卸危险化学品的港口建设项目，由港口行政管理部门按照国务院交通运输主管部门的规定进行安全条件审查。

氢气的生产必须取得安全生产许可证，许可证的办理遵循《危险化学品生产许可证实施细则（三）（危险化学品工业气体产品）》。进行生产前，应当取得危险化学品安全生产许可证。同时，氢气属于国家实行生产许可证制度的工业产品，应当依照《中华人民共和国工业产品生产许可证管理条例》的规定，取得工业产品生产许可证。负责颁发危险化学品安全生产许可证、工业产品生产许可证的部门，应当将其颁发许可证的情况及时向同级工业和信息化主管部门、环境保护主管部门和公安机关通报。同时依照《危险化学品安全管理条例》的要求，还需要遵循《危险化学品经营许可证管理办法》取得危险化学品经营许可证，但有两种例外情况：依法取得危险化学品安全生产许可证的危险化学品生产企业在其厂区范围内销售本企业生产的危险化学品的；依法取得港口经营许可证的港口经营人在港区内从事危险化学品仓储经营的。

（2）使用

氢气的使用同样受到其危化品属性的影响。由于氢气在分析化学、生物医药、新材料研究等科研领域具有广泛的用途，而这些领域的氢气用量极小，安全风险可控，因此氢气使用管理上，国家政策根据实际情况做出了灵活的规定。由国家应急管理部牵头制定的《危险化学品安全使用许可证实施办法》是氢气使用过程中需要遵守的主要法规，配套公布的《危险化学品使用量的数量标准》对需要办理使用许可证的危化品用量限值做出了规定。对于氢气，法规设置了相对较宽泛的规定，使用量低于 180 吨/年的企业、单位，都不需要办理氢气使用许可证。

5.4.2.2　技术管控

从氢气使用的安全技术角度，GB 4962《氢气使用安全技术规程》为氢的生产、储存、使用都提供了详细的安全技术规范。1985 年 GB 4962 第一版标准颁布，并在 2008 年进行了修订。对从氢站设计布置、设备技术要求、作业人员要求、消防要求方面提出了一系列详细的技术措施。并对氢气的储存、置换、压缩与充装、排放、消防与应急情况处置提出了有用的技术要求。

在实际使用过程中，即便是在遵守全部安全管理和技术规范的前提下，各家企业、单位的氢气使用现场条件和管理情况也可能存在巨大的差异。因此，各个使用单位应该对照 GB 4962 的要求，认证分析使用环境下的风险点，制定具有实用性的安全技术措施和应急措施。

5.5 本章总结

近年来，氢能发展在我国已取得令人瞩目的进展。2020 年 4 月，国家能源局对外发布《中华人民共和国能源法（征求意见稿）》，其中在能源的定义中将氢能列入，国家统计局 2020 年起也将氢能纳入能源统计，这表明从国家监管的角度已逐渐承认氢能是一种正式的能源并进行管理。我国当前氢能发展方向主要集中在氢燃料电池汽车领域，从国家政策的支持方向来看，氢燃料电池汽车与纯电动汽车或将共同形成我国新能源汽车未来发展的"双轮并行"态势。国内氢燃料电池汽车的发展路径与电动车类似，遵循从公交车、物流车再到乘用车的路径，此外重型卡车也是氢燃料电池汽车的重点发展方向。截至 2020 年底，我国氢燃料电池汽车累计销量已超过 7000 辆，其中绝大部分为公交车和物流车。2020 年 10 月由工信部指导、中国汽车工程学会组织编制的《节能与新能源汽车技术路线图 2.0》提出，到 2035 年燃料电池汽车保有量将达 100 万辆左右。从产业集聚的角度来看，氢能发展在现阶段仍将由政策主导，2020 年 4 月国家发改委等 4 部委联合发布《关于完善新能源汽车推广应用财政补贴政策的通知》，将原来面向全国的购置补贴方式调整为选择有基础、有积极性、有特色的城市或区域，重点围绕关键零部件的技术攻关和产业化应用开展示范，采取"以奖代补"方式对示范城市给予奖励。通过国家补贴＋地方补贴共同推动的方式，我国氢能产业在经济发达、基础设施配套完备、政府支持意愿高的区域将赢得快速发展，现阶段已逐步集聚形成长三角、珠三角、环渤海、川渝等四大产业集群区域。长三角率先发布的《长三角氢走廊建设发展规划》指出，燃料电池汽车保有量到 2021 年将达到 5000 辆，到 2025 年将达到 50000 辆，到 2030 年将达到 200000 辆。《北京市氢燃料电池汽车产业发展规划（2020—2025 年）》提出目标：燃料电池汽车保有量 2023 年将达到 3000 辆，2025 年超过 1 万辆。

对于未来一段时期我国氢能利用发展的前景，应积极探索发展各类氢能利用方式。氢燃料电池汽车仍是我国氢能发展的重点，但实际上基于我国能源资源的禀赋特点、二氧化碳减排的压力和可再生能源大规模接入的现实状况等，氢能作为一种主要的二次能源载体有必要、也有潜力在实现碳中和目标过程中发挥更大的作用。因此，应借鉴欧洲、日本等技术领先国家在氢能发展方面的经验，探索更多、更好的氢能利用方案。

参考文献

[1] Yedala, Neha, Aswathy K. Raghu, and Niket S. Kaisare. A 3D CFD study of homogeneous-catalytic combustion of hydrogen in a spiral microreactor. Combustion and Flame 206 (2019): 441-450.

[2] Haruta, Masatake, Hiroshi Sano. Catalytic combustion of hydrogen I—Its role in hydrogen utilization system and screening of catalyst materials. International Journal of Hydrogen Energy 6. 6 (1981): 601-608.

[3] Sandeep K C, et al. Determination of gas film mass transfer coefficient in a packed bed reactor for the catalytic combustion of hydrogen. Chemical Engineering Science 202 (2019): 508-518.

[4] Park, Sehkyu, Jong Won Lee, Branko N. Popov. Effect of carbon loading in microporous layer on PEM fuel cell performance. Journal of Power Sources 163. 1 (2006): 357-363.

[5] Liu Siqin, et al. Selective hydrogen combustion in the presence of propylene and propane over Pt/A-zeolite catalysts. International Journal of Hydrogen Energy 45. 22 (2020): 12347-12359.

［6］ Chen Junjie，Longfei Yan，Wenya Song. Numerical simulation of micro-scale catalytic combustion characteristics with detailed chemical kinetic reaction mechanisms of hydrogen/air. Reaction Kinetics，Mechanisms and Catalysis 113. 1 （2014）：19-37.

［7］ Dekel，Dario R. Review of cell performance in anion exchange membrane fuel cells. Journal of Power Sources 375 （2018）：158-169.

［8］ Zhou，Xia，et al. Two-phase flow in compressed gas diffusion layer：Finite element and volume of fluid modeling. Journal of Power Sources 437 （2019）：226933.

［9］ Fumey B，T. Buetler，U. F. Vogt. Ultra-low NO_x emissions from catalytic hydrogen combustion. Applied Energy 213 （2018）：334-342.

［10］ 代安娜，许林峰，税安泽. 固体氧化物燃料电池的研究与进展. 硅酸盐通报 S1 （2015）：234-238.

［11］ 付凤艳，邢广恩. 碱性燃料电池用阴离子交换膜的研究进展. 化工学报 72. S1 （2021）：42-52.

［12］ 隋升. 磷酸燃料电池（PAFC）进展. 电源技术 24.1 （2000）：49-52.

［13］ 雷超，李韬. 碳中和背景下氢能利用关键技术及发展现状. 发电技术 42.2 （2021）：207.

［14］ 乔伟艳，张宁，解东来. 天然气掺氢的混合工艺研究. 煤气与热力 29.8 （2009）：17-20.

［15］ 王洪建. 天然气掺氢技术应用现状与分析. 煤气与热力 （2021）.

［16］ 任若轩. 天然气掺氢输送技术发展现状及前景. 油气与新能源 33.4 （2021）：26-32.

［17］ 曹彬，陈光文，袁权. 微通道反应器内氢气催化燃烧. 化工学报 55.1 （2004）：42-47.

［18］ 贾双珠，质子交换膜燃料电池关键材料的研究现状与进展. 化工新型材料 47.2 （2019）：6-10.

［19］ 杨博龙，韩清，向中华. 质子交换膜燃料电池膜电极结构与设计研究进展. 化工进展 40.9 （2021）：4882-4893.

［20］ 李俊超，质子交换膜燃料电池双极板材料研究进展. 材料导报 32.15 （2018）：2584-2595.